前言

　　人工智慧技術按照資訊來源主要分為電腦視覺（視覺）、自然語言處理（文字）和語音辨識（語音）三大方向。其中，電腦視覺是需求最多、發展最快、應用最廣泛的領域。電腦視覺演算法通常分為以學習的方法為基礎和以幾何的方法為基礎，前者主要指利用深度學習來實現影像辨識、物體偵測、物體分割、視訊理解和影像生成等；後者主要指利用多視圖立體幾何來實現空間定位、三維重建和測距測繪等。

　　本書主要聚焦於以幾何方法寫基礎的電腦視覺核心技術——同時定位與地圖建構（Simultaneous Localization and Mapping，SLAM）。SLAM 技術最早應用於潛艇、太空車等軍用領域，之後逐漸進入民用領域。近幾年，學術界誕生了大量優秀的 SLAM 演算法框架，並且隨著三維感測器的高速發展和嵌入式裝置算力的快速提升，SLAM 技術開始大規模商業化應用，包括但不限於自主移動機器人、自動駕駛車輛、擴增實境、智慧穿戴裝置和智慧無人機等。

　　那麼什麼是 SLAM 呢？它是指移動智慧體從一個未知環境中的未知地點出發，在運動過程中透過自身感測器觀測周圍環境，根據環境定位自身的位置並進行增量式的地圖建構，從而達到同時定位和建構地圖的目的。

　　對於初學者來說，很難從晦澀的定義中看懂 SLAM 技術到底在幹什麼，也無法理解機器人在應用 SLAM 技術的過程中有什麼困難。其實，人類也能執行定位和地圖建構的任務，為方便讀者理解，這裡不妨拿人類的探索過程和機器人的視覺 SLAM 過程來進行類比。

　　假設我們接到一個任務，需要在不借助專業裝置的前提下到一個陌生的地方探索並簡單繪製當地的地圖。我們如何完成上述任務呢？

- 我們在陌生的起始點用雙眼（機器人上安裝的**視覺感測器**）觀察四周的環境，並記錄那些與眾不同的標識物（**特徵點**），從而確定自己的初始位置（**地圖初始化**）。然後我們一邊行走，一邊觀察環境，記錄當前位置（**定位**）並繪製地圖（**地圖建構**）。

- 由於我們探索的是未知的環境，因此難免發生意外。比如我們不小心從山坡上摔下，爬起來後已經不知道自己具體的位置（**追蹤遺失**）。此時有兩種方法，一種方法是重新爬回山坡上，觀察周圍環境並和已經繪製的地圖進行對比，從而確定自己當前在已繪製地圖中的位置（**重定位**）；另一種方法是從山坡下當前地點出發，重新開始繪製新的地圖（**重新初始化地圖**）。

- 在探索的過程中還可能會遇到曾經去過的地方，這時我們需要非常謹慎地反覆觀察對比，確認這裡是否真的是已繪製地圖中我們曾經走過的某個地方（**閉環檢測**）。由於在繪製地圖的過程中有誤差（**累計飄移**），這時相同的地點在地圖上很可能無法形成一個閉環，而是一個缺口。一旦確認這是同一個地方，就需要整體調整已經繪製的地圖，以便把缺口平滑地銜接起來（**閉環矯正**）。

- 隨著探索的區域越來越大，我們的地圖也越來越完善，如果存在多個地圖，則可以根據地圖的重疊區域將它們合併為統一的地圖（**地圖融合**）。最終我們獲得了整個區域的地圖，完成任務。

上述括號內粗體部分是 SLAM 中的常用術語，讀者暫時不理解也不用擔心，我們會在本書中逐步消化吸收這些術語背後的原理和程式實作。或許有些讀者認為上述探索和繪圖過程對一個普通人來說不難做到，機器人毫無懸念地應該做得更好。但事實上並非如此。人類在成長的過程中不斷觀察和學習，更擅長辨識物體和場景，但在即時量化計算空間座標位置方面比較吃力。而機器人等智慧裝置更擅長精密計算，但在準確辨識物體和場景方面先天不足（影像深度學習技術正在改變這個現狀）。舉一個例子，相機在同一地點不同光源、不同角度、不同遠近等情況下拍攝的影像差別非常大，但人類根據經驗可以快速而準確地判斷這是同一地點。而由於相機拍攝的數位化影像在計算單元中儲存的僅僅是不同數字組成的矩陣，讓機器人去理解這是同一個場景，進而在不同影像的像素之間建立對應關係是比較困難的，這正是 SLAM 技術研究的一個困難。

目前 SLAM 相關書籍還比較少，《SLAM 視覺十四講：雙倍內容強化版》《機器人學中的狀態估計》《電腦視覺中的多視圖幾何》是非常經典的圖書，它們涵蓋了該領域的核心基礎知識，公式推導嚴謹，有的還配有重要概念的程式實作。不過，筆者在和同行學習交流的過程中了解到，很多初學者在掌握了 SLAM 基礎知識後，發現距離真正的專案實作還有較大差距，他們對如何開始自己的第一個 SLAM 專案實作仍然比較迷茫。本書則致力於解決這個問題，選取了最經典的視覺 SLAM 框架 ORB-SLAM2 和 2022 年綜合效果最好的視覺慣性 SLAM 框架 ORB-SLAM3，透過層層拆解、分析，引導讀者循序漸進地掌握自己的第一個 SLAM 專案。

主要特點

- 帶領讀者從頭到尾學習一個完整的 SLAM 專案，從原理解析、程式解讀到專案技巧，一步一個腳印地完成。
- 本書從初學者的角度切入，部分章節以零基礎的小白和經驗豐富的師兄兩人對話的形式闡述。採用對話形式，一方面可以把初學者在學習過程中的很多基礎問題展現出來，幫助讀者在學習過程中不斷思考和提升，提高專案實作經驗；另一方面，對話這種口語化的表達方式能夠讓讀者在輕鬆的氣氛中快速理解理論知識。
- 每個重要的基礎知識都嘗試從 3 個角度去分析——「What（是什麼）」「Why（為什麼）」「How（怎麼做）」，讓讀者知其然也知其所以然。
- 豐富的圖示和類比。我們把大量複雜或難以理解的原理或流程繪製成具體化的影像，一圖勝千言，極大地降低了學習門檻。
- 開放原始程式碼搭配詳細的中文註釋。

　　雖然本書講解的是針對 ORB-SLAM 系列的原理及程式解析，但其中涉及的基礎知識同樣適用於其他同類演算法，學習方法和思路也值得參考。

組織方式

　　本書的內容主要分為三部分。

1. 第一部分：介紹 SLAM 的部分基礎知識，它們將在第二、三部分的原理或專案實作中使用。

- 第 1 章為 SLAM 導覽。你將了解 SLAM 的定義、應用場景和應用領域。
- 第 2 章為程式設計及編譯工具。你將了解 C++ 11 新特性和 CMake 工具，方便讀者看懂程式，提高專案實作能力。
- 第 3 章為 SLAM 中常用的數學基礎知識。你將了解齊次座標和三維空間中剛體旋轉的表達方式。

- 第 4 章為相機成像模型。你將了解針孔相機模型的背景、推導和相機扭曲模型。
- 第 5 章為對極幾何。你將了解對極幾何的基本概念，並從物理意義上理解推導的原理。
- 第 6 章為圖最佳化函式庫的使用。你將了解 g2o 函式庫的程式設計框架，以及如何自己用 g2o 函式庫建構圖的頂點和邊。

2. 第二部分：介紹視覺 SLAM 框架 ORB-SLAM2 的原理和核心程式。

- 第 7 章為 ORB 特徵提取。你將了解 ORB 特徵點的建構及特徵點均勻化策略。
- 第 8 章為 ORB-SLAM2 中的特徵匹配。你將了解不同場景下使用的不同特徵匹配方法，包括單目初始化中的特徵匹配、透過詞袋進行特徵匹配、透過地圖點投影進行特徵匹配、透過 Sim(3) 變換進行相互投影匹配。
- 第 9 章為地圖點、主要畫面格、圖結構。你將了解這 3 個核心概念，它們貫穿在整個 SLAM 過程中。
- 第 10 章為 ORB-SLAM2 中的地圖初始化。你將了解地圖初始化的意義，以及單目模式和雙目模式的不同地圖初始化方法。
- 第 11 章為 ORB-SLAM2 中的追蹤執行緒。你將了解參考主要畫面格追蹤、恒速模型追蹤、重定位追蹤和局部地圖追蹤。
- 第 12 章為 ORB-SLAM2 中的局部地圖建構執行緒。你將了解如何處理新的主要畫面格、剔除不合格的地圖點、生成新的地圖點、檢查並融合當前主要畫面格與相鄰畫面格的地圖點及主要畫面格的剔除。
- 第 13 章為 ORB-SLAM2 中的閉環執行緒。你將了解閉環檢測的原因，如何尋找並驗證閉環候選主要畫面格，計算 Sim(3) 變換，閉環矯正。
- 第 14 章為 ORB-SLAM2 中的最佳化方法。你將了解追蹤執行緒僅最佳化位姿、局部地圖建構執行緒中局部地圖最佳化、閉環執行緒中的 Sim(3) 位姿最佳化、閉環時本質圖最佳化及全域最佳化。

3. 第三部分：介紹 ORB-SLAM2 的升級版——視覺慣性系統 ORB-SLAM3 的主要新增內容和程式。

- 第 15 章為 ORB-SLAM3 中的 IMU 預積分。你將了解視覺慣性緊耦合的意義、IMU 預積分原理及推導、IMU 預積分的程式實作。

- 第 16 章為 ORB-SLAM3 中的多地圖系統。你將了解多地圖的基本概念、多地圖系統的效果和作用、建立新地圖的方法和時機，以及地圖融合。
- 第 17 章為 ORB-SLAM3 中的追蹤執行緒。你將了解 ORB-SLAM3 中追蹤執行緒流程圖及追蹤執行緒的新變化。
- 第 18 章為 ORB-SLAM3 中的局部地圖建構執行緒。你將了解局部地圖建構執行緒的作用、局部地圖建構執行緒的流程及其中 IMU 的初始化。
- 第 19 章為 ORB-SLAM3 中的閉環及地圖融合執行緒。你將了解共同區域檢測、地圖融合的具體流程和程式實作。
- 第 20 章為視覺 SLAM 的現在與未來。你將了解視覺 SLAM 的發展歷程、視覺慣性 SLAM 框架對比及資料集，以及視覺 SLAM 的未來發展趨勢。

書附程式

本書涉及的程式來自 ORB-SLAM2 和 ORB-SLAM3 作者開放原始碼的程式，我們對該程式中的重點和困難部分進行了中文詳細註釋，並託管在 GitHub 上。

https://github.com/electech6/ORB_SLAM2_detailed_comments

https://github.com/electech6/ORB_SLAM3_detailed_comments

GitHub 上的註釋內容和程式會持續更新。如果本書程式和 GitHub 上的有出入，則以 GitHub 上的最新程式及註釋為準。

目標讀者

本書適合有一定 SLAM 基礎的大專院校學生、科學研究機構的研究人員和企業從業者閱讀，尤其適合希望深入研究視覺（慣性）SLAM 的演算法工程師參考。建議在學習本書前，讀者已經具備如下知識。

- 微積分、線性代數和機率論的基礎知識。對於大多數理工科背景的讀者來說，讀懂本書所需的數學知識已經足夠。
- C++ 程式設計基礎。SLAM 領域使用的程式設計語言主要是 C++，所以強烈建議讀者事先掌握 C++ 的程式設計基礎，推薦學習《C++ Primer》等入門圖書。本書第一部分也說明了部分 C++ 11 標準以供參考，它們在程式中出現時能夠讀懂即可。

- Linux 基礎。SLAM 的開發環境用 Linux 會非常方便，如果你不了解 Linux，市面上有許多入門圖書，只需掌握基礎的 Linux 操作指令即可開始學習。
- SLAM 基礎知識。本書第一部分並未詳細講解 SLAM 的完整理論，只是對第二、三部分涉及的基礎知識和專案實作技巧進行了介紹。推薦讀者在閱讀完《SLAM 視覺十四講：雙倍內容強化版 》之後再來看本書的內容，會比較容易理解。

風格說明

本書包含理論闡述、公式推導和程式註釋，內容較多，為了較好的閱讀體驗，我們做如下約定。

- 數學公式中純量使用斜體（如 a），向量和矩陣使用粗體斜體（如 a，A）。為了推導方便，會使用簡單符號來代替上括號或下括號內的複雜內容，比如 $\overbrace{a+2b-3c}^{x}$ 表示用 x 來代替 $a+2b-3c$。
- 程式中重要部分或疑難部分都用中文進行了註釋。程式中部分不重要的內容會進行省略，並用「……」加以標明。讀者可以去 GitHub 上下載完整的原始程式碼和註釋。
- 本書以「*」開頭的內容為選讀部分，對於初學者來說可能有一定難度，讀者可以根據需要選擇性地學習。

致謝與宣告

本書從開始策劃到完稿，經歷了 2 年時間，這期間我獲得了很多朋友的幫助。劉國慶在 ORB-SLAM2 程式的註釋方面提供了幫助，劉宴誠在 ORB-SLAM3 程式的註釋及預積分部分提供了幫助，荊黎明對 ORB-SLAM2 部分內容進行了驗證，在此表示感謝！

本書在寫作過程中獲得了不少朋友的幫助，也參考了部分學者的公開資料，包括但不限於高翔、楊東升、邱笑晨、吳博、吳昭燃、趙德銘、石楠、付堉家、丁瑞旭、馮凱、黃志明、王寰、單鵬輝、周佳峰、張俊傑等。在此向他們表示感謝！

感謝電子工業出版社的宋亞東編輯的大力支持！

　　本書在寫作過程中參考了很多前人的成果，包括論文、程式註釋、文件手冊等，在此表示感謝。

　　由於時間、精力有限，書中難免有不妥和疏漏之處，如讀者發現任何問題，歡迎與我聯繫（E-mail：learn_slam@126.com），我會即時修正。

　　最後，感謝我的妻子的理解和支持，感謝我的父母背後的默默付出！

程 小 六

目錄

第一部分　SLAM 基礎

第 *1* 章　SLAM 導覽

第 *2* 章　程式設計及編譯工具

第 *3* 章　SLAM 中常用的數學基礎知識

第 *4* 章　相機成像模型

第 *5* 章　對極幾何

第 *6* 章　圖最佳化函式庫的使用

第二部分　ORB-SLAM2 理論與實作

第 7 章　ORB 特徵提取

第 8 章　ORB-SLAM2 中的特徵匹配

第 *9* 章　地圖點、主要畫面格和圖結構

第 *10* 章　ORB-SLAM2 中的地圖初始化

第 11 章　ORB-SLAM2 中的追蹤執行緒

第 12 章　ORB-SLAM2 中的局部地圖建構執行緒

第 13 章　ORB-SLAM2 中的閉環執行緒

第 14 章　ORB-SLAM2 中的最佳化方法

第三部分　ORB-SLAM3 理論與實作

第 15 章　ORB-SLAM3 中的 IMU 預積分

第 16 章　ORB-SLAM3 中的多地圖系統

第 17 章　ORB-SLAM3 中的追蹤執行緒

第 18 章　ORB-SLAM3 中的局部地圖建構執行緒

第 *19* 章　ORB-SLAM3 中的閉環及地圖融合執行緒

第 *20* 章　視覺 SLAM 的現在與未來

第一部分

SLAM 基礎

　　各位讀者，大家好！寫作本書的目的是帶領大家一步一步進入同時定位與地圖建構（Simultaneous Localization and Mapping，SLAM）這個有趣的領域。第一部分共 6 章，主要介紹 SLAM 基礎知識，具體如下。

- 第 1 章為 SLAM 導覽。從一個具體的例子出發，介紹了 SLAM 的定義、SLAM 在哪些場景中具有不可替代性和 SLAM 的應用領域。

- 第 2 章為程式設計及編譯工具。首先介紹了程式中用到的 C++ 的新特性，方便讀者看懂程式。然後介紹了跨平臺編譯工具 CMake，讀者在編譯程式、建構專案時會頻繁地使用它。

- 第 3 章為 SLAM 中常用的數學基礎知識。本章介紹了齊次座標和三維空間中剛體旋轉的表達方式。

- 第 4 章為相機成像模型。本章介紹了針孔相機模型產生的背景，推導了成像模型和相機扭曲模型。

- 第 5 章為對極幾何。本章介紹了對極幾何的基本概念和一種簡單的推導方法。

- 第 6 章為圖最佳化函式庫的使用。本章介紹了 g2o 程式設計框架及圖中頂點和邊的建構方法。

　　第一部分並未涵蓋學習 SLAM 所有的必備知識，只介紹了涉及第二部分和第三部分的基礎知識和專案實作經驗。建議讀者在閱讀完《SLAM 視覺十四講：雙倍內容強化版 》(深智數位出版 DM1925) 之後，再來學習本書的內容。

　　為了方便讀者理解，本書部分章節採用對話的形式進行闡述。對話的一方是零基礎的小白，另一方是經驗豐富的師兄。透過小白和師兄互動對話的形式，把小白在學習過程中遇到的問題展現出來，幫助讀者在學習過程中不斷思考和提升。希望這種口語化的表達方式能夠幫助讀者降低入門的難度，快速理解理論知識。

第 1 章
SLAM 導覽

1.1　什麼是 SLAM

　　小白：師兄，你好！我最近剛開始接觸 SLAM，不知從哪裡下手比較合適，想跟著你一起學習可以嗎？我一定會努力的！

　　師兄：好啊，歡迎加入有趣的 SLAM 領域。

　　小白：那太好了！謝謝師兄，我可能會問一些非常基礎的問題，希望你不要介意。

　　師兄：沒問題，藉這個機會，我正好也把相關知識總結整理一遍。我會先從基礎知識講起，循序漸進。

　　小白：嗯，我先問一個非常直接的問題，到底什麼是 SLAM 呢？

　　師兄：SLAM 直譯就是同時定位與地圖建構，對於初學者來說，很難理解這樣的專業詞彙。為了能夠更具體地理解 SLAM，我先不對其用專業術語解釋，而是用掃地機器人（見圖 1-1）的例子來說明。之所以用這個例子，一方面是因為家用掃地機器人已經進入各家各戶，大家比較熟悉；另一方面是因為掃地機器人是 SLAM 最成功的商業應用之一，非常具有代表性。

　　早期的掃地機器人並不智慧，它只具有簡單的避障功能，工作的時候就在家裡隨機行走，遇到障礙物就轉彎，這樣不僅會漏掃很多地方，而且還會重複清掃，效率非常低。

　　要想真正實現智慧清掃的功能，掃地機器人至少需要知道以下幾件事情。

　　第一，我在哪裡？也就是掃地機器人在工作過程中要知道自己在房間的具體位置，對應的術語叫作定位（Localization）。

　　第二，我周圍的環境是什麼樣子的？也就是掃地機器人需要知道整個房間的地圖，對應的術語叫作地圖建構（Mapping）。

▲ 圖 1-1 掃地機器人

　　第三，我怎樣到達指定地點？也就是當系統指定掃地機器人到地圖中的某個地點進行清掃時，如何以最短的路徑到達該位置執行任務，對應的術語叫作運動規劃（Motion Planning）。

　　如果具備了以上能力，掃地機器人就會變得非常智慧，不會再像無頭蒼蠅一樣毫無目的地亂跑了。下面以掃地機器人的使用來引出 SLAM 的過程。

　　第一次使用掃地機器人，稱為探索模式，這時清掃不那麼重要，主要是在最短的時間內把房間的邊界找好，建立一個完整的地圖。具體過程是，把掃地機器人放在房間中的任意一個位置，此時它並不知道自己在哪裡，開始工作後它會朝某個方向出發，一邊清掃，一邊針對周圍的環境（比如房屋二維平面結構、障礙物等）建立地圖，同時根據地圖定位自己當前在地圖中的位置，這樣掃過的地方就不會再去掃了，直到建立整個房間的地圖為止。這就是 SLAM 的過程，定位和地圖建構是同時進行的，如果觀察掃地機器人的行動軌跡，則會發現其軌跡是比較雜亂的。

　　當第二次使用掃地機器人時，它會自動載入第一次清掃時建立的完整地圖，對應的術語叫作地圖重用（Map Reuse）。此時掃地機器人透過重定位（Relocalization）技術可以立即知道自己在整個地圖中的位置，然後根據自己的位置和載入的地圖設計出最佳的清掃路線。此時的清掃軌跡相對於第一次的清掃軌跡來說會非常優雅，基本都是標準的弓字形走位，不會漏掉盲角，效率非常高。

小白：原來是這樣啊，我終於明白 SLAM 的作用了。不過，我有一個小疑問，第二次使用掃地機器人以後雖然載入了完整的地圖，但是家裡的環境是會變的，比如移動或者新增了傢俱，這時候掃地機器人的清掃地圖會更新嗎？

師兄：確實存在這種問題。掃地機器人每次重定位後，在清掃的過程中也會進行 SLAM，比如它按照之前建立的地圖設計了一條可以行走的通道，結果在行走的過程中發現通道被一個新增的障礙物擋住了，此時它會根據自己當前的位置和建立的地圖更新舊地圖。實際上，這個地圖在每次清掃時都會根據環境變化進行小範圍的更新，這樣掃地機器人始終擁有一個最新的地圖，可以確保每次清掃路徑都是根據最新的地圖設計的。

另外，需要補充說明的是，雖然運動規劃在掃地機器人中很重要，但它並不屬於 SLAM 的範圍，而是屬於另外一個細分領域。我們後面只討論 SLAM 本身。

小白：嗯嗯，沒想到一個小小的掃地機器人涉及這麼多技術！

師兄：是的，現在你應該基本了解掃地機器人的工作流程了，這裡舉出 SLAM 的定義。

定義 1-1：SLAM 是指移動智慧體從一個未知環境裡的未知地點出發，在運動過程中透過自身感測器觀測周圍環境，並根據環境定位自身的位置，再根據自身的位置進行增量式的地圖建構，從而達到同時定位和地圖建構的目的。

定位和地圖建構是相輔相成的，地圖可以提供更好的定位，定位可以進一步擴充地圖。從定義中可以發現，SLAM 非常強調在未知環境下自身和環境的相對位置，這其實和人類到一個陌生環境後，透過觀察周圍環境來判斷自己的位置是同樣的道理。

定義中提到的「智慧體」可以是機器人、智慧型手機、無人機、汽車、可穿戴裝置等，「感測器」可以是相機、雷射雷達、慣性測量單元（Inertial Measurement Unit，IMU）和輪速計等。如果只使用相機作為感測器，就稱為視覺 SLAM；如果主要感測器是相機和 IMU，則稱為視覺慣性 SLAM。本書主要討論這兩種形式的 SLAM 技術。

1.2　SLAM 有什麼不可替代性

小白：我還有一個問題，憋在心裡很久了。SLAM 的主要作用是定位和地圖建構，我們現在經常用的手機地圖導航軟體不是也可以定位嗎？而且在裡面可以下載全國的地圖，直接用這些軟體不就可以了嗎？

師兄：這是一個好問題。確實有不少初學者都會有類似的疑惑。在我看來，主要有以下幾個原因。

第一，你剛才提到的這些手機地圖導航軟體一般採用全球定位系統（Global Positioning System，GPS），功能確實很強大，定位導航也非常方便。但是，有一個問題被忽略了，那就是準確度。比如，我們駕駛汽車的時候用手機導航，路上一般會有多條車道，但從導航軟體裡你會發現它不能定位我們當前在哪條車道上，而需要透過人眼判斷自己所在的車道，並根據導航軟體的提示即時變更車道。這是因為我們平時用的民用地圖導航軟體的定位準確度比較低，無法準確定位具體的車道。而 SLAM 的定位準確度已經可以達到公分級，甚至更高。

第二，採用衛星定位的方式僅在室外開闊環境下有效。在建築物內部、洞穴隧道、水下海底，甚至外太空（見圖 1-2），衛星定位會故障；在某些複雜的室外環境下，比如森林、高樓林立的窄路裡，衛星定位可能存在訊號弱、飄移大等問題；在雨、雪、霧等惡劣天氣下，衛星定位也會有較大的干擾。在以上這些條件下，SLAM 就有了極大的用武之地。事實上，SLAM 技術就是先在水下潛艇、太空車等軍用航空領域發揮重要作用，之後逐漸進入民用領域的。

洞穴隧道　　　　　　　　水下海底　　　　　　　　外太空

▲ 圖 1-2　SLAM 的特殊應用場景 [1-3]

第三，地圖導航軟體的定位通常只有一個二維的平面座標，也就是只有 2 個自由度，這在很多情況下是遠遠不夠的。比如，在以智慧型手機為基礎的擴增實境應用中，不僅需要知道手機在三維空間中的位置座標（三維空間中的平移），還需要知道手機的朝向（三維空間中的旋轉）。在 SLAM 名詞術語中通常將朝向稱作姿態。位置和姿態統稱為位姿，位姿有 6 個自由度。透過 SLAM 技術就可以得到擴增實境裝置所需要的即時位姿。在圖 1-3 中，紅色的點為手機中心點在三維空間中的位置，它在二維平面上投影為藍色的點。右邊是手機在同一個位置處的不同姿態。

　　小白：原來 SLAM 有這麼多不可替代的應用場景，我終於明白啦！

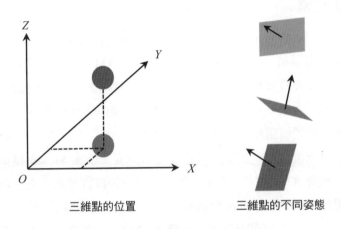

三維點的位置　　　　　　　　　三維點的不同姿態

▲ 圖 1-3　三維空間中的位置和姿態

1.3　SLAM 的應用領域

　　師兄：藉此機會，我們來整理一下 SLAM 的主要應用領域。

1.3.1　自主移動機器人

　　師兄：SLAM 應用最廣泛的領域就是自主移動機器人，包括清潔機器人、倉儲物流機器人和配送機器人等。

　　其中，家用掃地機器人應用最廣泛，是智慧家居中非常受消費者歡迎的產品。它利用雷射雷達、攝影機等感測器，結合 SLAM 演算法，可以快速地建立精確的室內地圖，用於智慧分析和清掃規劃。掃地機器人不僅清掃效率高，而且清掃得很徹底，可以在人類不易觸及的沙發、床底下作業，當電量不足時，它可以自動找到充電椿給自己充電，極大地解放了人力，省力、省心。

隨著人們網購越來越頻繁，物流行業發展非常快，正從工作密集型向技術密集型轉變。大家有沒有發現最近幾年的「雙 11」等購物節快遞收貨速度快了很多？這是因為倉儲物流機器人在背後發揮了巨大的作用。倉儲物流機器人借助雷射雷達、攝影機、碼盤 (encoding disk) 等感測器，結合 SLAM 演算法可以實現自主定位和地圖建構，它可以替代人力，高效、自動地執行貨物搬運、堆放等功能，促進物流行業從傳統模式向現代化、智慧化升級。

1.3.2 擴增實境

在擴增實境（Augmented Reality，AR）領域，智慧裝置（如智慧眼鏡、智慧型手機等）利用攝影機、IMU 等感測器，結合 SLAM 演算法來實現三維空間定位和環境感知，然後在真實世界中疊加虛擬元素，實現虛實結合。AR 技術在軍事、操作員教育訓練、互動遊戲、三維展示等應用場景中非常有潛力。

SLAM 在 AR 領域重點表現如下幾點特性。

（1）高準確度。AR 更關注局部定位準確度，要求 SLAM 提供的位姿必須非常精確，以便疊加的虛擬物體看起來和現實場景真實地融合在一起，否則可能出現明顯的飄移、抖動現象，影響體驗。

（2）高效率。人眼對視訊畫面延遲非常敏感，考慮到演算法延遲的遞推預測，在有限的運算資源下，AR 應用通常要求 SLAM 的每秒顯示畫面能達到 60 畫面格 /s。

（3）最小化硬體規格。考慮到使用者的穿戴體驗，AR 裝置對硬體的體積、功率和成本均比較敏感。

1.3.3 自動駕駛汽車

SLAM 是 L3 及以上等級的自動駕駛的關鍵技術之一。自動駕駛汽車用來導航的高精地圖一般包括兩種：一種是路網地圖，它的目的是讓汽車在車道裡按交通規則行駛；另一種是高準確度的定位地圖，一般提前透過地圖擷取車輛用 SLAM 技術建構，類似於掃地機器人的探索模式，使用的是多感測器融合 SLAM 技術。當自動駕駛汽車在道路上行駛時，透過車載感測器（攝影機陣列、雷射雷達、IMU、衛星定位系統等）獲取周圍的環境資訊，然後在高準確度地圖中重定位，從而確定自身在三維空間中的精確位姿。

這裡需要說明的是，自動駕駛車輛很少直接使用衛星定位系統（準確度差），而是使用以衛星定位系統為基礎的即時動態（Real - Time Kinematic，RTK）載波相位差分定位系統，其定位準確度可以達到公分級。即使如此，這裡也需要強調一下使用 SLAM 技術在自動駕駛汽車領域的必要性。

因為汽車對駕駛的安全性、穩定性要求非常高，所以自動駕駛汽車需要在各種場景下都能精確、堅固地實現定位。但是，在隧道、高架橋、地下停車場和密集建築物中的街道等場景中，衛星定位資訊存在較大的干擾，甚至缺失，這時 RTK 資訊也不可靠，必須依賴 SLAM 技術進行定位。此外，衛星定位系統只能獲取汽車的三維空間位置和航向角，而 SLAM 技術可以獲取三維空間 6 個自由度的位姿，其中翻滾角和俯仰角對行駛中的車輛的操作控制造成關鍵作用。

1.3.4 智慧無人機

智慧無人機的應用場景比較複雜，包括複雜建築物內、高架橋洞中、峽谷和森林中等，因此面臨的挑戰更大。這些挑戰包括需要在狹窄的山洞、建築物內等區域飛行，容易與障礙物發生碰撞；衛星定位訊號弱或缺失；作業空間大，容易飛出操作者的視野等。這對無人機的智慧化、自主化提出了較高的要求。

無人機想要實現自主飛行，其中視覺 SLAM 在定位導航和環境感知方面造成關鍵作用。自主無人機利用機載攝影機、IMU、超音波和 GPS 等感測器，結合 SLAM 演算法可以實現自主定位、三維重建和主動避障等功能。可以說，SLAM 技術是自主無人機的大腦，目前自主無人機可以實現橋樑探傷、災區救援、洞穴重建和叢集協作等功能。

表 1-1 所示為 SLAM 在自主移動機器人、自動駕駛汽車、擴增實境、智慧無人機應用領域的對比。

▼ 表 1-1 SLAM 在不同應用領域的對比

對比項目	自主移動機器人	自動駕駛汽車	擴增實境	智慧無人機
主要感測器	魚眼攝影機、雙目攝影機或 RGB-D 攝影機,雷射雷達,輪速計	環視攝影機、雷射雷達、毫米波雷達、IMU、RTK 和輪速計	魚眼攝影機、雙目攝影機或 RGB-D 攝影機,IMU	雙目攝影機、IMU、超音波、GPS
準確度	關注全域定位準確度,需要獲得全域一致地圖,誤差控制在一定範圍內即可,循環迴路要能閉合	對定位準確度要求較高	關注局部定位準確度,要求估計的位姿非常精確,以便疊加的虛擬物體看起來和現實場景真實地融合在一起,否則可能出現明顯的飄移、重影和抖動	工作範圍大,對定位準確度要求不高
執行效率	低速機器人對效率要求不高	出於安全考慮,對即時性要求非常高	在有限的運算資源下即時執行,對執行效率要求很高	在有限的運算資源下即時執行,對運算效率要求很高
堅固性	一般要求	出於安全考慮,對堅固性要求非常高	要求較高	出於安全考慮,對堅固性要求非常高
設定	可設定高性能硬體,對硬體體積、功耗要求不高	可設定高性能硬體,對硬體體積、功耗要求不高	要求硬體體積儘量小、低功耗、低成本	要求硬體體積儘量小、低功耗

參考文獻

[1]   THRUN S, THAYER S, WHITTAKER W, et al. Autonomous exploration and mapping of abandoned mines[J]. IEEE Robotics & Automation Magazine, 2004, 11(4): 79-91.

[2]   BRANTNER G, KHATIB O. Controlling ocean one[C]//Field and Service Robotics. Springer, Cham, 2018: 3-17.

[3]   CRISP J A, ADLER M, MATIJEVIC J R, et al. Mars exploration rover mission[J]. Journal of Geophysical Research: Planets, 2003, 108(E12).

第 2 章
程式設計及編譯工具

2.1　C++ 新特性

2.1.1　為什麼要學習 C++ 新特性

　　師兄：要學習 SLAM，C++ 程式設計是必備技能。大家在學校裡學習的主要是 C++ 98，而我們這裡說的 C++ 新特性是指 C++ 11 及其之後的 C++ 14、C++ 17 增加的新關鍵字和新語法特性。其中，C++ 11 是 C++ 98 以來最重要的一次變化，而之後的 C++ 14、C++ 17 是對其的完善和補充。

　　小白：我不學習 C++ 新特性，還像以前那樣寫程式可以嗎？

　　師兄：不建議這樣做。推薦學習 C++ 新特性，因為它有很多優點，比如它的程式設計效率比舊版本高很多。這就好比別人在開跑車前進了，你還在坐馬車趕路，你說效率能一樣嗎？

　　小白：確實有道理，看來必須重新學習了。

　　師兄：嗯，這裡我總結了 C++ 新特性的幾個優點。

　　（1）可以大幅度提高程式設計效率。C++ 新特性增加了很多非常高效的關鍵字和語法，如 std::swap。C++ 11 之前的 swap 會執行三次記憶體拷貝操作，這種不必要的記憶體拷貝操作會影響效率。而 C++ 11 之後的 swap 引入了右值引用和資料移動的概念，減少了不必要的記憶體拷貝，大大提高了效率。

　　（2）省心省力。在 C++ 11 之前，如果我們要定義並初始化一個新變數，則必須先知道其類型再定義，這在很多時候（如迭代器）是非常煩瑣的；而 C++ 11 之後引入了自動類型推導，用一個 auto 命令即可解決，開發者不需要關心類型，編譯器會自動推導出類型。

　　（3）能看懂別人的程式，不被時代拋棄。由於 C++ 新特性具有上述優點，因此很多開放原始程式碼都使用它，如果不了解這些新特性，則很難看懂別人的程式。學習如「逆水行舟，不進則退」，跟不上時代可能會被無情地拋棄。

小白：那我們馬上就開始學習吧！能否先列舉幾個比較典型的、經常使用的新特性呢？

2.1.2 常用的 C++ 新特性

師兄：好的，我介紹幾個常用的 C++ 新特性，拋磚引玉。

1. 更便捷的串列初始化

在 C++ 11 之前，只有陣列能使用串列初始化；而在 C++ 11 之後，大部分類型都可以用串列初始化。以下幾種串列初始化方法使用起來是不是方便了很多呢？

```
// 不同資料型態的串列初始化方法範例
double b = double{ 12.12};;
int arr[3]{1,2,3};
vector<int> iv{1,2,3};;
map<int, string> {{1,"a"},{2,"b"}};
string str{"Hello World"};;
int* a=new int {3};;
int* arr=new int[]{1,2,3};;
```

2. 省心省力的自動類型推導

C++ 11 引入了 auto 命令，可以用於自動類型推導，不用關心資料型態，編譯器會自動推導，並且這種方式也不影響編譯速度。以迭代器為例，使用自動類型推導後程式簡潔多了，如下所示。

```
// 自動類型推導 auto 命令的使用範例
// 在沒有使用 auto 命令的情況下進行推導
for(vector<int>::const_iterator itr = vec.cbegin(); itr!= vec.cend(); ++itr)

// 使用 auto 命令進行自動類型推導
// 由於 vec.cbegin() 將傳回 vector<int>::const_iterator 類型
// 因此 itr 也應該是 vector<int>::const_iterator 類型的
for(auto itr = vec.cbegin(); itr!= vec.cend(); ++itr)
```

此外，在使用 auto 命令時也有需要注意的地方，比如 auto 不能代表一個實際的型別宣告，只是一個型別宣告的「預留位置」，auto 宣告的變數必須馬上初始化，以便讓編譯器推導出它的類型，並且在編譯時將 auto 預留位置替換為真正的類型，如下所示。

```
// auto 命令使用範例
auto x = 5;              // 正確，auto 被推導為 int 類型
const auto* v = &x;      // 正確，auto 被推導為 const int* 類型
auto int r;              // 錯誤，auto 不能代表一個實際的型別宣告
auto s;                  // 錯誤，auto 無法推導出 s 的類型 ( 必須馬上初始化 )
```

3. 簡潔的迴圈本體

在各種迴圈命令中，for 迴圈是使用頻率非常高的迴圈方式。在新特性裡，我們不需要再像以前那樣每次都使用自動增加或自減的方式來索引，結合前面介紹的 auto 命令，可以極大地簡化迴圈方式，如下所示。

```
// 簡單高效的 for 迴圈使用範例
int arr[10] = {1,2,3,4,5,6,7,8,9,10};;
// 原來的迴圈方式
for(int i = 0;; i < 10; i++)
    cout << arr[i];;

// 使用 auto 命令後的迴圈方式
for (auto n:arr)
    cout << n;;
```

而且這種迴圈方式支援大部分資料型態，如陣列、容器、字串和迭代器等。

```
// for 迴圈支援不同資料型態的使用範例
map<string, int> m{{"a",1}, {"b",2}, {"c",3}};
for(auto p:m){
    cout << p.first << ":" << p.second << endl;;
}
```

4. 簡潔的 Lambda 運算式

Lambda 運算式可以使得編寫設計的程式非常簡潔，比較適用於簡單的函式，一般形式如下。

```
[ 函式物件參數 ] ( 操作符號多載函式參數 ) -> 傳回數值型別 { 函式本體 }
```

下面是幾個例子及對應的解釋。

```
// Lambda 運算式使用範例
```

```
// [] 中傳入的 b 是全域變數
for_each(iv.begin(), iv.end(), [b](int& x) {cout<<(x+b)<<endl;});

// [] 中傳入 = · 表示可以取得所有的外部變數
for_each(iv.begin(), iv.end(), [=](int& x) {x* = (a+b);});

// -> 後加上的是 Lambda 運算式傳回值的類型 · 下面傳回了 int 類型變數
for_each(iv.begin(), iv.end(), [=](int&x)->int{return x*(a+b);});
```

5. 可隨心所欲變長的參數範本

在 Python 和 MATLAB 中可以非常方便地使用可變長的參數。在 C++ 11 之後的版本中引入了 tuple，其可以實作類似功能，並且可以傳入多種類型的資料，如下所示。

```
// tuple 使用範例

// 不同資料型態的組合
std::tuple<float, string> tup1(3.14, "pi")
std::tuple<int, char> tup2(10, 'a');
auto tup3 = tuple_cat(tup1, tup2);
auto tup4 = std::make_tuple("Hello World!", 'a', 3.14, 0);

// 方便拆分
auto tup5 = std::make_tuple(3.14, 1, 'a');
double a; int b; char c;
// 結果是 a=3.14, b=1, c='a'
std::tie(a, b, c) = tup5;
```

最後我們用一個實際的程式設計程式碼作為例子來對其進行改寫。

```
/*****************************
*  目標：請使用 C++ 新特性改寫下面程式。該函式功能：將一組無序的座標按照 "z" 字形排序 · 並輸出。
*
*  本程式學習目標：熟悉 C++ 新特性 ( 簡化迴圈、自動類型推導、串列初始化和 Lambda 函式 )
*****************************/
#include "opencv2/opencv.hpp"
using namespace cv;
using namespace std;
bool cmp(Point2i pt1, Point2i pt2){
    if (pt1.x != pt2.x){
        return (pt1.x < pt2.x);
    }
    if (pt1.y != pt2.y){
        return (pt1.y < pt2.y);
```

```
    }
}
int main()
{
    vector<Point2i> vec
    vec.push_back(Point2i(2, 1));
    vec.push_back(Point2i(3, 3));
    vec.push_back(Point2i(2, 3));
    vec.push_back(Point2i(3, 2));
    vec.push_back(Point2i(3, 1));
    vec.push_back(Point2i(1, 3));
    vec.push_back(Point2i(1, 1));
    vec.push_back(Point2i(2, 2));
    vec.push_back(Point2i(1, 2));

    cout << "Before sort: " << endl;
    for (int i = 0; i < vec.size(); i++){
        cout << vec[i] << endl;
    }

    sort(vec.begin(), vec.end(), cmp);

    cout << "After sort: " << endl;
    for (int i = 0; i < vec.size(); i++){
        cout << vec[i] << endl;
    }

    return 0;
}
```

正確輸出結果如下。

```
Before sort:
[2,1]
[3,3]
[2,3]
[3,2]
[3,1]
[1,3]
[1,1]
[2,2]
[1,2]
After sort:
[1,1]
[1,2]
[1,3]
[2,1]
[2,2]
```

```
[2,3]
[3,1]
[3,2]
[3,3]
```

　　這裡提供一個改寫的參考程式，感興趣的讀者可以嘗試自己動手改寫。

```cpp
// 參考程式，建議讀者自己實現
#include "opencv2/opencv.hpp"
using namespace cv;
using namespace std;
int main()
{
    // 串列初始化
    vector<Point2i> vec{ Point2i(2, 1), Point2i(3, 3), Point2i(2, 3), Point2i(3,
2), Point2i(3, 1), Point2i(1, 3), Point2i(1, 1), Point2i(2,2), Point2i(1,2) };

    cout << "Before sort: " << endl;
    // 自動類型推導，簡化迴圈
    for (auto p : vec){
        cout << p << endl;
    }

    // Lambda 函式
    sort(vec.begin(), vec.end(), [=](Point2i pt1, Point2i pt2)->bool{ if (pt1.x
!= pt2.x){ return (pt1.x < pt2.x); } if (pt1.y != pt2.y){ return (pt1.y < pt2.y);
} });

    cout << "After sort: " << endl;
    // 自動類型推導，簡化迴圈
    for (auto p : vec){
        cout << p << endl;
    }

    return 0;
}
```

2.2　CMake 入門

　　小白：我在很多 SLAM 的原始程式裡都能看到 CMake 的使用，這個 CMake
到底是什麼呢？

2.2.1 CMake 簡介

師兄：CMake（*C*ross platform *Make*）是一個開放原始碼的跨平臺自動化建構系統，用來管理程式建構，不依賴於特定編譯器。CMake 可以自動化編譯原始程式碼、建立函式庫、生成可執行二進位檔案等，為開發者節省了大量的時間，可以說是專案實作的必備工具。

（1）CMake 的優點。

* 開放原始碼。
* 跨平臺使用，根據目標使用者的平臺進一步生成所需的當地語系化 Makefile 和專案檔案，如 UNIX 的 Makefile 或 Windows 的 Visual Studio 專案。
* 可管理大型專案，如 OpenCV、Caffe 和 MySQL Server。
* 自動化建構編譯，建構專案效率非常高。
* CMake 支援多種語言，如 C、C++ 和 Java 等。

（2）使用 CMake 的注意事項。

* 需要根據 CMake 專用語言和語法自己撰寫 CMakeLists.txt 檔案。
* 如果專案已經有非常完備的專案管理工具，並且不存在維護問題，則沒有必要使用 CMake。

2.2.2 CMake 的安裝

小白：CMake 如何安裝呢？

師兄：CMake 的安裝方法很簡單。這裡分別介紹 CMake 在 Windows 系統和 Linux 系統下的安裝方法。在 Windows 系統下，登入 CMake 官網，根據電腦系統選擇對應的安裝套件，然後按照提示逐步安裝即可。在 Linux 系統下，推薦使用 apt 安裝，安裝指令參考如下程式。

```
sudo apt-get install cmake
```

如果想在 Linux 系統下使用圖形化介面，則用如下程式。

```
sudo apt-get install cmake-gui
```

2.2.3 CMake 自動化建構專案的魅力

小白：前面說過用 CMake 建構專案非常方便，可以舉一個例子嗎？

師兄：沒問題！就以電腦視覺領域最常用的開放原始碼函式庫 OpenCV 為例，展示一下 CMake 的魅力。早期我在 Windows 系統下學習 OpenCV 時，每次設定環境都非常頭疼，準備工作煩瑣、問題明顯。

（1）準備工作。需要做如下事情：

- 手動增加環境變數。
- 在專案中手動增加包含路徑。
- 在專案中手動增加函式庫路徑。
- 在專案中手動增加程式庫名稱。
- 在 Debug 和 Release 下分別設定對應的函式庫。

（2）存在的問題。這種方式的缺點非常明顯，具體如下。

- 方法不通用，對於不同的 OpenCV 版本，函式庫的名稱也不一樣，在手動增加時需要修改函式庫名稱。
- 建構好的專案不能直接移植到其他平臺上，需要重新設定，程式的移植成本很高。
- 整個過程非常煩瑣，並且非常容易出錯。

小白：我光聽你說都感覺非常複雜，如果是沒什麼經驗的小白，估計很容易就放棄了！

師兄：是的，在編譯過程中還容易出現問題。不過，自從我開始使用 CMake 自動建構專案，以上煩惱都消失啦！使用 CMake 只需要簡單幾步，即可自動化完成專案建構。

小白：哇，好期待，那我們快開始實作吧！

師兄：好！CMake 一般有兩種使用方式，一種是命令列方式，一般在 Linux 系統下使用比較多；另一種是圖形化介面，一般在 Windows 系統下比較常用。

我們先來說說在 Linux 系統終端裡如何使用 CMake 命令編譯專案。還以編譯 OpenCV 為例，假設我們已經提前下載好了 OpenCV 的某個版本（這裡用的是 OpenCV 3.4.6）的原始程式，解壓後的資料夾名字為 opencv-3.4.6。如果用命令列來建構專案，則先在該資料夾同級目錄下打開一個終端，執行如下命令即可成功編譯。

```
// 在 Linux 系統終端裡編譯 OpenCV，假設解壓後的資料夾名字為 opencv-3.4.6
cd opencv-3.4.6    // 進入 opencv-3.4.6 資料夾內
mkdir build        // 新建 build 資料夾
cd build           // 進入 build 資料夾內
cmake ..           // 編譯上層目錄的 CMakeLists.txt 檔案，生成 Makefile 等檔案
make               // 呼叫編譯器編譯原始檔案
sudo make install  // 將編譯後的檔案安裝到系統中
```

小白：為什麼要新建一個 build 資料夾呢？

師兄：新建 build 資料夾是為了存放使用 cmake 命令生成的中間檔案，這些中間檔案是在編譯時產生的暫存檔案，在發佈程式時並不需要將它們一起發佈，最好刪除掉。如果不新建 build 資料夾，那麼這些中間檔案會混在程式檔案中，一個一個手動刪除會非常麻煩。build 是大家常用的資料夾名稱，當然，你也可以改成任意名字。

小白：嗯。還有一個問題，cmake 命令後面的兩個點是什麼意思呢？

師兄：在 Linux 系統中，一個點（.）代表目前的目錄，兩個點（..）代表上一級目錄。因為 CMakeLists.txt 和 build 資料夾位於同一層級目錄，在進入 build 資料夾後，CMakeLists.txt 相對於當前位置在上一級目錄中，所以在使用 cmake 命令的時候需要用兩個點，否則會顯示出錯，提示找不到 Makefile 檔案。

小白：明白啦，那上上一級目錄就是四個點（....）吧！

師兄：不是的，上上一級目錄的正確寫法是 ../../，需要在兩個點後加一個左斜線，依此類推。

小白：好的，記住啦！那如果在 Windows 系統下想要使用 CMake 圖形化介面呢？

師兄：也是一樣的簡單。首先打開安裝好的 CMake 軟體，如圖 2-1 所示，在第一欄「Where is the source code:」後面輸入 OpenCV 原始程式解壓後的資料夾 opencv-3.4.6 的路徑，然後在第二欄「Where to build the binaries:」後面輸入和第一欄一樣的路徑，後面加一個斜線，再加一個「build」。這裡的「build」就是我們存放中間檔案的資料夾名字，和 Linux 系統下的「mkdir build」是一樣的作用。

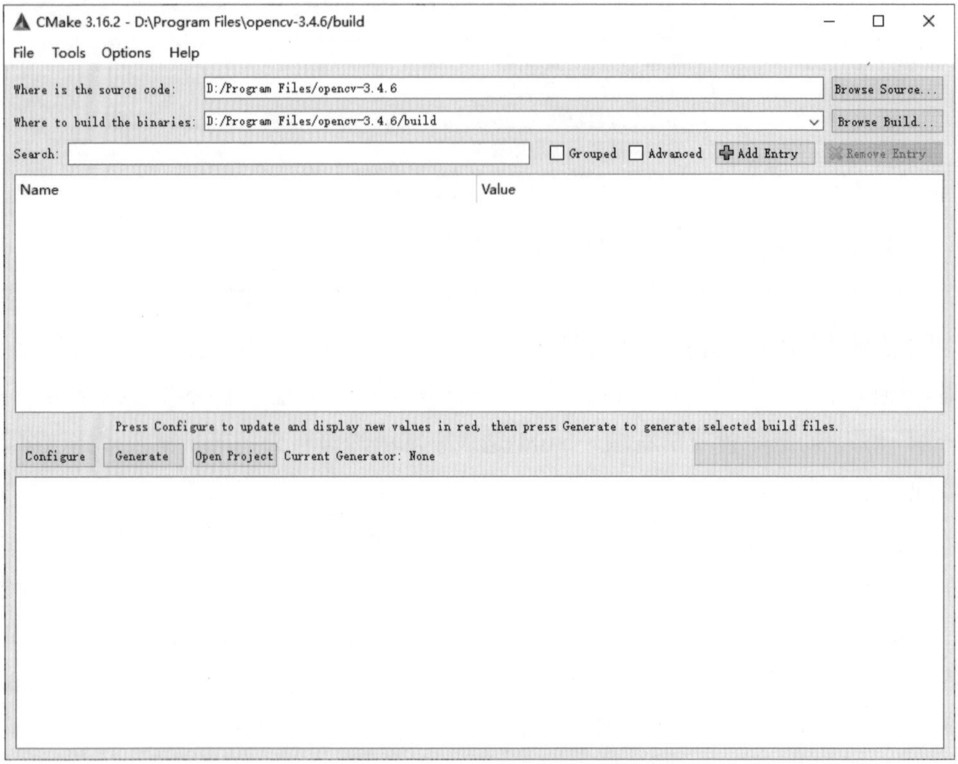

▲ 圖 2-1　CMake 圖形化介面指定路徑

　　點擊「Configure」按鈕，會彈出如圖 2-2 所示的對話方塊，在第一欄中指定生成器，選擇系統裡已有的即可。比如，我安裝了 Visual Studio 2019，就選擇對應的名稱。在第二欄中根據平臺選擇，如果我的電腦是 64 位元系統，就選擇 x64 編譯。最後點擊「Finish」按鈕。

　　此時，CMake 開始自動設定。設定完成後會顯示如圖 2-3 所示的介面，如果出現「Configuring done」，則說明設定成功。

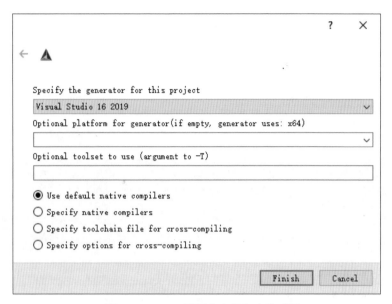

▲ 圖 2-2　CMake 圖形化介面指定生成器

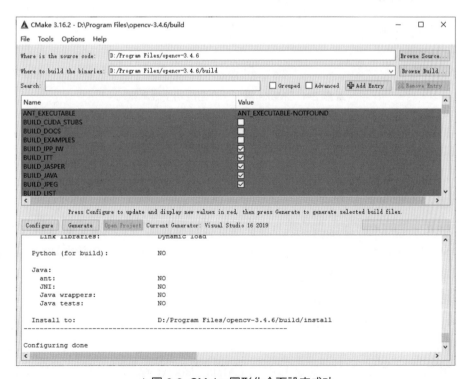

▲ 圖 2-3　CMake 圖形化介面設定成功

點擊「Generate」按鈕，如果能夠正確生成專案，則會顯示「Generating
done」，如圖 2-4 所示。

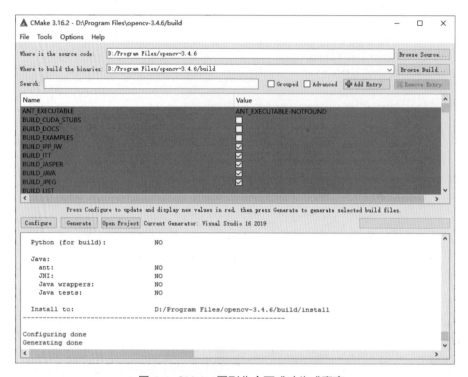

▲圖 2-4 CMake 圖形化介面成功生成專案

此時，專案已經自動建構完畢，點擊「Open Project」按鈕即可打開專案。是
不是很簡單？

小白：哇！前面說的需要增加包含路徑、函式庫路徑、程式庫名稱等都不用
做了嗎？

師兄：是的。前面提到的所有操作都會自動進行連結，無須手動增加，並且
和 OpenCV 版本無關。而且，建構的專案可以很方便地在其他電腦上執行，在不
同作業系統下執行。不僅僅是針對 OpenCV，以後所有的 SLAM 專案都可以用這
種方法快速地完成專案的自動化建構。

小白：這真是傻瓜式操作，簡直是小白們的福音！這背後是透過什麼實作的
呢？

師兄：最主要的功臣就是其中的 CMakeLists.txt 檔案，其內部已經幫我們

自動化地處理好了專案檔案之間的複雜依賴關係。對於現成的協力廠商函式庫或別人撰寫好的專案，CMakeLists.txt 檔案都已經撰寫好了，我們只需要像前面那樣簡單操作就能自動建構好專案。但是，如果我們要自己架設一個專案，就需要自己撰寫 CMakeLists.txt 檔案了，這需要一定的學習時間。下面我們來學習撰寫 CMakeLists.txt 檔案時常用的指令。

2.2.4　CMake 常用指令

　　師兄：CMake 中有很多指令，我們可以在官網上查詢到每個指令的介紹。為方便學習，這裡介紹幾個常用的、比較重要的指令。

```
# 指定要求最小的 CMake 版本，如果版本小於該要求，則程式終止
cmake_minimum_required(VERSION 2.8)

# 設定當前專案名稱為 test
project(test)

# 指定標頭檔的搜尋路徑，方便編譯器查詢對應標頭檔
include_directories
# 例子：檔案 main.cpp 中使用到路徑 /usr/local/include/opencv/cv.h 中的這個檔案
# 那麼需要在 CMakeLists.txt 中增加 include_directories("/usr/local/include")
# 這樣使用時在 main.cpp 開頭寫上 #include "opencv/cv.h"，編譯器即可自動搜尋到該標頭檔

# 設定用變數代替值
set (variable value)
# 例子：set (SRC_LST main.cpp other.cpp) 表示定義 SRC_LST 代替後面的兩個 .cpp 檔案

# 用指定的原始檔案為專案增加可執行檔
add_executable(hello main.cpp)
# 上述例子表示，用 main.cpp 生成一個檔案名稱為 hello 的可執行檔

# 將指定的原始檔案生成程式庫檔案。STATIC 為靜態程式庫，SHARED 為共用程式庫
add_library(libname STATIC/SHARED sources)

# 為函式庫或二進位可執行檔增加函式庫連結
target_link_libraries (target library1 library2 ...)

# 向當前專案中增加檔案的子目錄，目錄可以是絕對路徑或相對路徑
add_subdirectory(source_dir)

# 在目錄下查詢所主動檔案
aux_source_directory(dir varname)

# 列印輸出資訊
message(mode "message text" )
```

```
# mode 包括 FATAL_ERROR、WARNING、STATUS、DEBUG 等，雙引號內是列印的內容

# 搜尋協力廠商函式庫
find_package(packageName version EXACT/QUIET/REQUIRED)
# version：指定查詢函式庫的版本編號。EXACT：要求該版本編號必須精確匹配。
# QUIET：禁止顯示沒有找到時的警告資訊
# REQUIRED 選項表示如果套件沒有找到，則 CMake 的過程會終止，並輸出警告資訊
# 當 find_package 找到一個函式庫時，以下變數會自動初始化，NAME 表示函式庫的名稱：
# <NAME>_FOUND：顯示是否找到函式庫的標記
# <NAME>_INCLUDE_DIRS 或 <NAME>_INCLUDES：標頭檔路徑
# <NAME>_LIBRARIES 或 <NAME>_LIBS：函式庫檔案

# 串列操作 ( 讀取、搜尋、修改、排序 )
list
# 追加例子：LIST(APPEND CMAKE_MODULE_PATH ${PROJECT_SOURCE_DIR}/cmake_modules)

# 判斷敘述，使用方法和 C 語言一致
if, elseif, endif

# 迴圈指令，使用方法類似 C 語言中的 for 迴圈
foreach, endforeach
```

CMake 中一些常用的、預先定義的變數如下。

```
PROJECT_NAME：             專案名稱，替代 project(name) 中的 name
PROJECT_SOURCE_DIR：       專案路徑，通常是包含 project 指令的 CMakeLists.txt 檔案所在的路徑
EXECUTABLE_OUTPUT_PATH：   可執行檔輸出路徑
LIBRARY_OUTPUT_PATH：      函式庫檔案輸出路徑
CMAKE_BINARY_DIR：         預設是 build 資料夾所在的絕對路徑
CMAKE_SOURCE_DIR：         原始檔案所在的絕對路徑
```

小白：我感覺 find_package 指令很重要，具體如何使用呢？可以舉一個例子嗎？

師兄：嗯，這個指令確實很重要，也有一定的使用難度。如果我們當前待編譯的專案需要使用協力廠商函式庫，則需要知道 3 件事，即協力廠商函式庫的名稱、去哪裡找函式庫的標頭檔、去哪裡找函式庫檔案。要解決這些問題，就可以使用 find_package 指令。比如需要一個協力廠商函式庫 Pangolin，如果不使用 find_package 指令，則需要根據函式庫的安裝路徑在 CMakeLists.txt 中指定標頭檔和函式庫檔案的路徑。像這樣：

```
# 在不使用 find_package 指令的情況下需要手動指定路徑
# 下面的 yourpath1 需要替換為 Pangolin 標頭檔在當前電腦上的路徑
include_directiories(yourpath1/Pangolin)
```

```
# 下面的 yourpath2 需要替換為生成的函式庫檔案在當前電腦上的路徑
target_link_libraries(mydemo yourpath2/Pangolin.so)
```

而如果使用 find_package 指令，則在 CMakeLists.txt 中這樣寫：

```
# 在使用 find_package 指令的情況下自動指定路徑
# 查詢電腦中已經安裝的 Pangolin 函式庫
find_package(Pangolin REQUIRED)

# 自動將找到的 Pangolin 函式庫中標頭檔的路徑增加到專案中
include_directories(${Pangolin_INCLUDE_DIRS})

# 自動將找到的 Pangolin 函式庫檔案連結到專案中
target_link_libraries(mydemo ${Pangolin_LIBRARIES})
```

小白：第二種方式看起來比第一種方式還多了一行程式，find_package 指令是不是把問題變得更複雜了？

師兄：單從程式來看，第二種方式確實多了一行程式，但是實際上比第一種方式有極大的靈活性和自動化性，主要表現在以下方面。

- 不需要手動修改每個函式庫檔案的實際路徑。每個人的電腦環境不同，函式庫安裝路徑也不同，如果使用第一種方式，那麼當專案給其他人用時，每個使用者都需要手動修改每個函式庫的位置，不僅煩瑣，還容易出錯。
- 格式化表達標頭檔和函式庫檔案名稱。這樣我們在建構 CMakeLists.txt 檔案時會非常方便，尤其是函式庫檔案互相依賴或需要同時編譯多個可執行檔時，按照格式化的方法來寫標頭檔和函式庫檔案名稱即可，從而可以在不同平臺和環境下維護同一個 CMakeLists.txt 檔案。

正是有了以上優勢，我們在使用協力廠商函式庫時基本不需要改動作者寫好的協力廠商函式庫裡的 CMakeLists.txt 檔案，直接編譯即可。

小白：是的，這樣看來第二種方式確實更方便啦！

2.2.5 CMake 使用注意事項

師兄：前面介紹了 CMake 常用的指令。在撰寫 CMakeLists.txt 檔案時有以下幾點需要注意。

1. CMake 指令不區分大小寫

CMake 指令可以全用大寫或全用小寫，甚至大小寫混用也可以，自己統一風格即可。比如下面兩個指令表示的意義相同。其中，以 # 開頭的行表示註釋。

```
# 指令不區分大小寫

# 指令 add_executable 可以用小寫字母表示
add_executable(hello main.cpp)
# 指令 ADD_EXECUTABLE 也可以用大寫字母表示
ADD_EXECUTABLE(hello main.cpp)
```

2. 參數和變數名稱

　　參數和變數名稱只能用字母、數字、底線、破折號中的一個或多個組合，並且嚴格區分大小寫。引用變數的形式為 ${}。如果有多個參數，則中間應該使用空格間隔，範例如下。

```
# 參數和變數名稱嚴格區分大小寫

# 將 OpenCV 函式庫和 Sophus 函式庫一起命名為 THIRD_PARTY_LIBS
# ${OpenCV_LIBS} 表示引用 OpenCV 所有的函式庫

# 注意 ${OpenCV_LIBS} 和 ${Sophus_LIBRARIES} 之間需要用空格間隔
set(THIRD_PARTY_LIBS ${OpenCV_LIBS} ${Sophus_LIBRARIES})

# 增加可執行檔名稱為 test_Demo
add_executable(test_Demo test.cpp)

# 為可執行檔增加程式庫，注意這裡的 test_Demo 必須和上面的大小寫一致
# ${THIRD_PARTY_LIBS} 表示引用前面定義的變數 THIRD_PARTY_LIBS
target_link_libraries(test_Demo ${THIRD_PARTY_LIBS})
```

　　一般來說，我們的專案是存在多個目錄的。使用 CMakeLists.txt 建構專案有兩種方法。

　　（1）第一種。專案存在多個目錄，只用一個 CMakeLists.txt 檔案來管理。典型的結構如下：

```
// include 資料夾
include
    inc1.h
    inc2.h

// source 資料夾
source
    src1.cpp
    src2.cpp
```

```
// app 為主函式資料夾
app
   main.cpp

// CMakeLists.txt 和 include、source 及 app 位於同級目錄下
CMakeLists.txt
```

　　一個典型的案例就是 ORB-SLAM2 程式，它只在最外層使用了一個 CMake-Lists.txt 來建構整個專案。我們來看看它是如何連結不同目錄下的檔案的。

```
# 以下是 ORB-SLAM2 原始程式中根目錄下的 CMakeLists.txt，這裡適當進行了刪減處理
cmake_minimum_required(VERSION 2.8)
project(ORB_SLAM2)

IF(NOT CMAKE_BUILD_TYPE)
   SET(CMAKE_BUILD_TYPE Release)
ENDIF()

set(CMAKE_C_FLAGS "${CMAKE_C_FLAGS} -Wall -O3 -march=native ")
set(CMAKE_CXX_FLAGS "${CMAKE_CXX_FLAGS} -Wall -O3 -march=native")

# 追加 cmake_modules 資料夾下的檔案
LIST(APPEND CMAKE_MODULE_PATH ${PROJECT_SOURCE_DIR}/cmake_modules)

# 查詢協力廠商函式庫檔案
find_package(OpenCV 3.0 QUIET)
find_package(Eigen3 3.1.0 REQUIRED)
find_package(Pangolin REQUIRED)

# 增加標頭檔
include_directories(
   ${PROJECT_SOURCE_DIR}
   ${PROJECT_SOURCE_DIR}/include
   ${EIGEN3_INCLUDE_DIR}
   ${Pangolin_INCLUDE_DIRS}
)

set(CMAKE_LIBRARY_OUTPUT_DIRECTORY ${PROJECT_SOURCE_DIR}/lib)

# 將 src 資料夾下的原始檔案編譯為共用函式庫
add_library(${PROJECT_NAME} SHARED
   src/System.cc
   # ……
   src/Viewer.cc
)

# 連結共用函式庫
```

```
target_link_libraries(${PROJECT_NAME}
    ${OpenCV_LIBS}
    ${EIGEN3_LIBS}
    ${Pangolin_LIBRARIES}
    # 增加 Thirdparty 資料夾下的函式庫
    ${PROJECT_SOURCE_DIR}/Thirdparty/DBoW2/lib/libDBoW2.so
    ${PROJECT_SOURCE_DIR}/Thirdparty/g2o/lib/libg2o.so
)

# 將 Examples 資料夾下的不同設定模式分別生成對應的可執行檔
set(CMAKE_RUNTIME_OUTPUT_DIRECTORY ${PROJECT_SOURCE_DIR}/Examples/RGB-D)
# ......

set(CMAKE_RUNTIME_OUTPUT_DIRECTORY ${PROJECT_SOURCE_DIR}/Examples/Stereo)
# ......

set(CMAKE_RUNTIME_OUTPUT_DIRECTORY ${PROJECT_SOURCE_DIR}/Examples/Monocular)

add_executable(mono_tum Examples/Monocular/mono_tum.cc)
target_link_libraries(mono_tum ${PROJECT_NAME})

add_executable(mono_kitti Examples/Monocular/mono_kitti.cc)
target_link_libraries(mono_kitti ${PROJECT_NAME})

add_executable(mono_euroc Examples/Monocular/mono_euroc.cc)
target_link_libraries(mono_euroc ${PROJECT_NAME})
```

（2）第二種。專案存在多個目錄，每個原始檔案目錄都使用一個 CMakeLists.txt 檔案來管理。典型的結構如下。

```
// include 資料夾
include
    inc1.h
    inc2.h

// source 資料夾下除了原始檔案，還有 CMakeLists.txt 檔案
source
    src1.cpp
    src2.cpp
    CMakeLists.txt

// app 為主函式資料夾，其下除了原始檔案，還有 CMakeLists.txt 檔案
app
    main.cpp
    CMakeLists.txt

// CMakeLists.txt 和 include、source 及 app 位於同級目錄下
```

CMakeLists.txt

　　一個典型的案例就是《SLAM 視覺十四講：雙倍內容強化版 》裡的原始
程式碼，我們以該書第 13 章中的程式為例進行說明。它在最外層使用了一個
CMakeLists.txt 來建構整個專案，如下所示。

```
# 以下是第 13 章原始程式中根目錄下的 CMakeLists.txt，這裡適當進行了刪減處理
cmake_minimum_required(VERSION 2.8)
project(myslam)

set(CMAKE_CXX_FLAGS "-std=c++11 -Wall")
set(CMAKE_CXX_FLAGS_RELEASE "-std=c++11 -O3 -fopenmp -pthread")

list(APPEND CMAKE_MODULE_PATH ${PROJECT_SOURCE_DIR}/cmake_modules)
set(EXECUTABLE_OUTPUT_PATH ${PROJECT_SOURCE_DIR}/bin)
set(LIBRARY_OUTPUT_PATH ${PROJECT_SOURCE_DIR}/lib)

# 包含標頭檔 Eigen
include_directories("/usr/include/eigen3")

# 查詢並增加 OpenCV 函式庫
find_package(OpenCV 3.1 REQUIRED)
include_directories(${OpenCV_INCLUDE_DIRS})

# 以下省略查詢並增加其他協力廠商函式庫的具體指令
# pangolin
# Sophus
# g2o
# glog
# gtest
# gflags
# csparse

# 設定協力廠商函式庫目錄
set(THIRD_PARTY_LIBS
    ${OpenCV_LIBS}
    ${Sophus_LIBRARIES}
    ${Pangolin_LIBRARIES} GL GLU GLEW glut
    # ......
    )

# 增加 include 路徑下的標頭檔
include_directories(${PROJECT_SOURCE_DIR}/include)
# 增加子資料夾 src、test、app
add_subdirectory(src)
add_subdirectory(test)
add_subdirectory(app)
```

可以看到，最後使用 add_subdirectory 指令增加了 3 個子資料夾，每個子資料夾下又分別有一個 CMakeLists.txt 檔案。我們來看一下每個子資料夾下 CMakeLists.txt 檔案的內容。

```
# src/CMakeLists.txt 中的內容
# 將 src 資料夾下的原始檔案編譯為共用函式庫 myslam
add_library(myslam SHARED
            frame.cpp map.cpp camera.cpp
            config.cpp feature.cpp frontend.cpp backend.cpp
            viewer.cpp visual_odometry.cpp dataset.cpp)
target_link_libraries(myslam ${THIRD_PARTY_LIBS})

# app/CMakeLists.txt 中的內容
# 生成主函式的可執行檔，並連結共用函式庫 myslam 和協力廠商函式庫
add_executable(run_kitti_stereo run_kitti_stereo.cpp)
target_link_libraries(run_kitti_stereo myslam ${THIRD_PARTY_LIBS})

# test/CMakeLists.txt 中的內容
# 生成測試可執行檔，並連結共用函式庫 myslam 和協力廠商函式庫
SET(TEST_SOURCES test_triangulation)
FOREACH (test_src ${TEST_SOURCES})
        ADD_EXECUTABLE(${test_src} ${test_src}.cpp)
        TARGET_LINK_LIBRARIES(${test_src} ${THIRD_PARTY_LIBS} myslam)
        ADD_TEST(${test_src} ${test_src})
ENDFOREACH (test_src)
```

我們可以發現，每個子資料夾下的 CMakeLists.txt 都非常短，並且可以直接使用最外層定義好的變數，如 ${THIRD_PARTY_LIBS}，也可以使用同層級新生成的變數，如 myslam。

小白：這兩種方法有什麼不同嗎？我們平時該怎麼選擇呢？

師兄：本質上沒有什麼不同，你可以視為第一種方法是中央集權式，一個 CMakeLists.txt 檔案管理整個專案，要求熟悉程式框架；第二種方法將部分權力下放到地方，相當於區域自治式，更靈活多變。大家可以根據自己的習慣來選擇使用哪種方法。

第 *3* 章
SLAM 中常用的數學基礎知識

小白：在學習 SLAM 相關資料時，我發現有很多複雜的數學公式難以理解。對於我這樣的小白來說，需要怎樣的數學基礎呢？是不是要重新學習高等數學呢？

師兄：SLAM 確實涉及不少數學知識，不過主要用到的是線性代數、機率論和微積分相關的基礎知識，不需要專門回爐再造，當用到相關知識的時候去查詢就好。下面我們來回顧 SLAM 中常用的數學基礎知識。

3.1 為什麼要用齊次座標

小白：在 SLAM 相關文獻和資料中，經常看到「齊次座標」這個術語。究竟為什麼要用齊次座標？使用齊次座標有什麼好處呢？

師兄：在回答這個問題之前，先來回顧一下什麼是齊次座標。簡單地說，齊次座標就是在原有座標的基礎上加上一個維度，比如

$$[x, y]^\top \to [x, y, 1]^\top \tag{3-1}$$

$$[x, y, z]^\top \to [x, y, z, 1]^\top \tag{3-2}$$

式中，$[*]^\top$ 表示轉置。至於使用齊次座標有什麼優勢，我先舉出結論：**齊次座標能夠大大簡化在三維空間中的點、線、面表達方式和旋轉、平移等操作**。下面具體說明。

3.1.1 能夠非常方便地表達點在直線或平面上

師兄：在二維平面上，一條直線 l 可以用方程式 $ax + by + c = 0$ 來表示，該直線用向量表示的話一般記作

$$l = [a, b, c]^\top \tag{3-3}$$

我們知道二維點 $p = [x, y]^\top$ 在直線 l 上的充分必要條件是 $ax + by + c = 0$。我們記 $\tilde{p} = [x, y, 1]^\top$ 是 p 的齊次座標，則 $ax + by + c = 0$ 可以用兩個向量的內積來表示

$$ax + by + c = [x, y, 1][a, b, c]^\top = \tilde{p}^\top l = 0 \tag{3-4}$$

因此，點 p 在直線 l 上的充分必要條件就可以借助齊次座標表示為 $\tilde{p}^\top l = 0$，是不是很方便呢？

同理，三維空間中的一個平面 π 可以用方程式 $ax + by + cz + d = 0$ 表示，三維空間中的一個點 $P = [x, y, z]^\top$ 的齊次座標表示為 $\tilde{P} = [x, y, z, 1]^\top$，則點 P 在平面 $\pi = [a, b, c, d]^\top$ 上也可以借助齊次座標表示為

$$ax + by + cz + d = [x, y, z, 1][a, b, c, d]^\top = \tilde{P}^\top \pi = 0 \tag{3-5}$$

3.1.2 方便表達直線之間的交點和平面之間的交線

師兄：先舉出結論，在齊次座標下，可以用兩個點 p、q 的齊次座標 $\tilde{p}$、$\tilde{q}$ 的叉積結果表達一條直線 l，也就是 $l = \tilde{p} \times \tilde{q}$；也可以使用兩條直線 m、n 的叉積結果表示它們的齊次座標交點 $\tilde{x}$，$\tilde{x} = m \times n$，如圖 3-1 所示。

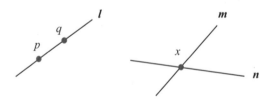

▲ 圖 3-1 範例：兩個點可以表示一條直線，兩條直線的叉積結果可以表示它們的齊次座標交點

小白：什麼是叉積呢？

師兄：叉積，也稱外積。兩個向量 a 和 b 的叉積記為 $a \times b$，它是與向量 a、b 都垂直的向量，其方向透過右手定則決定。

小白：具體怎麼用右手定則來判斷方向呢？

師兄：一種簡單的方法是這樣的，當右手的四指指向向量 a 的方向，並以不超過 $180°$ 的轉角轉向向量 b 時，豎起的大拇指指向的就是 $a \times b$ 的方向。其模

長等於以兩個向量為邊的平行四邊形的面積。

　　小白：模長的計算方式是怎麼確定的呢？

　　師兄：這裡簡單解釋一下。叉積的定義是

$$a \times b = \|a\|\|b\| \sin(\theta)n \tag{3-6}$$

式中，θ 表示向量 a、b 之間的夾角（$0° \sim 180°$）；$\|a\|$ 表示向量 a 的模長；n 表示一個與向量 a、b 所組成的平面垂直的單位向量。如圖 3-2 所示，根據平行四邊形的面積公式，很容易得出 $\|a\|\|b\| \sin(\theta)$ 就是平行四邊形的面積。

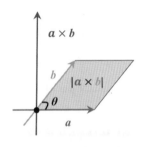

▲ 圖 3-2　叉積示意圖

　　這裡順便介紹一個和叉積很相似的概念——點積，也稱為內積。兩個向量 a 和 b 的點積定義是

$$ab = \|a\|\|b\| \cos(\theta) \tag{3-7}$$

　　下面推導上面的結論：兩條直線 m、n 的叉積結果可以表示它們的齊次座標交點 $\tilde{x}$，也就是 $\tilde{x} = m \times n$。

　　首先，根據點積和叉積的定義進行推導。

　　根據前面介紹的叉積定義可以知道，向量自身叉積結果為 0，因為夾角為 0，則有 $\sin(\theta) = 0$。

　　根據點積的定義，如果兩個向量垂直，$\cos(\theta) = 0$，則點積結果也為 0。

　　然後，根據前面叉積的定義，$m \times n$ 的結果（記為 $\tilde{x}$）與 m 和 n 都垂直；根據點積的定義，垂直的向量之間的點積為 0，因此可以得到

$$(m \times n)^\top m = \tilde{x}^\top m = 0 \tag{3-8}$$

$$(m \times n)^\top n = \tilde{x}^\top n = 0 \tag{3-9}$$

因此，根據點在直線上的結論，可以看到齊次座標點 $\tilde{x}$ 既在直線 m 上，又在直線 n 上，所以 $\tilde{x}$ 是兩條直線的交點。

同樣可以證明，兩個點 p、q 的齊次座標 $\tilde{p}$、$\tilde{q}$ 的叉積結果可以表示過兩點的直線 l，即 $l = \tilde{p} \times \tilde{q}$。

3.1.3 能夠表達無窮遠

師兄：先說結論，如果在一個點的齊次座標中，最後一個元素為 0，則表示該點為無窮遠點。

小白：這怎麼理解呢？

師兄：我們舉一個例子來說明，比如兩條平行的直線

$$ax + by + c = 0$$

$$ax + by + d = 0$$

分別用向量 $m = [a, b, c]^\top$ 和 $n = [a, b, d]^\top$ 表示，根據直線交點的計算方法，其交點的齊次座標為 $m \times n$。根據叉積計算法則，可以得到交點的齊次座標

$$m \times n = [bd - bc, ac - ad, 0] \tag{3-10}$$

式中，等號右邊最後一維是 0，如果想要按照非齊次座標的方式，用前面兩維除以最後一維的 0，則會得到無限大的值。我們認為該點是無窮遠點，這與我們通常理解的平行線相交於無窮遠處的概念相吻合。

因此，如果一個點的齊次座標中的最後一個元素為 0，則表示該點為無窮遠點。

3.1.4 更簡潔地表達空間變換

師兄：使用齊次座標，還可以方便地表達空間中的旋轉、平移和縮放。這是齊次座標最重要的一個優勢。以歐氏空間為例，該空間變換包括兩種操作——旋轉和平移。

如果我們想要對向量 p 進行歐氏變換，則一般先用旋轉矩陣 R 進行旋轉，然後用向量 t 進行平移，其結果是 $p' = Rp + t$。雖然這樣看起來似乎沒什麼問題，但是我們知道 SLAM 中一般都是連續的歐氏變換，所以會有多次連續的旋轉和平

移。假設對向量 p 分別進行了兩次旋轉和平移,分別為 R_1、t_1 和 R_2、t_2,那麼該過程可以分為如下兩步

$$p_1 = R_1 p + t_1 \tag{3-11}$$

$$p_2 = R_2 p_1 + t_2 \tag{3-12}$$

最終從 p 到 p_2 的變換可以表示為

$$p_2 = R_2(R_1 p + t_1) + t_2 \tag{3-13}$$

你有沒有發現什麼問題?

小白:感覺是不斷地代入進行乘法和加法運算,如果連續多次變換,那麼運算式會不會很麻煩?

師兄:是的,使用這種方式在經過多次變換後會變得越來越複雜。此時,齊次座標的魅力就顯示出來了,如果使用齊次座標表達,則 $p' = Rp + t$ 可以寫為

$$\tilde{p}' = \begin{bmatrix} p' \\ 1 \end{bmatrix} = \begin{bmatrix} R & t \\ O & 1 \end{bmatrix} \begin{bmatrix} p \\ 1 \end{bmatrix} = T \begin{bmatrix} p \\ 1 \end{bmatrix} = T\tilde{p} \tag{3-14}$$

式中,波浪號上標代表齊次座標。旋轉和平移可以用一個矩陣 T 來表示,該矩陣 T 稱為變換矩陣(Transformation Matrix)。這樣在進行多次歐氏變換後,只需要連乘變換矩陣即可,比如前面的兩次旋轉和平移變換使用齊次座標可以表示為

$$\begin{cases} \tilde{p_1} = T_1 \tilde{p} \\ \tilde{p_2} = T_2 \tilde{p_1} \end{cases} \rightarrow \tilde{p_2} = T_2 T_1 \tilde{p} \tag{3-15}$$

是不是簡潔多了?

小白:是呀,好神奇!為什麼用齊次座標就能化繁為簡呢?

師兄:根本原因是非齊次的變換方式並不是線性的變換關係,而透過引入齊次座標,可以將旋轉和平移寫在一個變換矩陣中,此時整個變換過程就呈一種線性關係。因此,連續的歐式變換就可以用變換矩陣連乘的形式表示。

小白:原來如此!

3.2 三維空間中剛體旋轉的幾種表達方式

師兄：剛體，顧名思義，是指本身不會在運動過程中產生形變的物體，如相機的運動就是剛體運動，在運動過程中同一個向量的長度和夾角都不會發生變化。剛體變換也稱為歐氏變換。視覺 SLAM 中使用的相機就是典型的剛體。相機一般透過手持、機載（安裝在機器人或無人機上）、車載（安裝在車輛上）等方式在三維空間中運動，形式包括旋轉和平移。其中，剛體在三維空間中最重要的運動形式就是旋轉。

三維空間中剛體的旋轉有 4 種表達方式：旋轉矩陣、四元數、旋轉向量和尤拉角。剛體旋轉的具體定義可以參考《SLAM 視覺十四講：雙倍內容強化版 》一書，這裡對其進行提煉和歸納。

3.2.1 旋轉矩陣

旋轉矩陣是一個 3×3 的矩陣，在 SLAM 程式設計中使用比較頻繁，它主要有如下特點。

- 旋轉矩陣不是普通的矩陣，它有比較強的限制條件：旋轉矩陣具有正交性，它和它的轉置矩陣的乘積是單位矩陣，且行列式值為 1。
- 旋轉矩陣是可反矩陣，它的反矩陣（轉置矩陣）表示相反方向的旋轉。
- 旋轉矩陣用 9 個元素表示 3 個自由度的旋轉，這種表達方式是容錯的。

3.2.2 四元數

四元數由一個實部和三個虛部組成，是一種**非常緊湊、沒有奇異**的表達方式，在 SLAM 中應用很廣泛。在程式設計時需要注意以下幾點。

- 單位四元數才能描述旋轉，所以使用四元數前必須**歸一化**。
- 在線性代數函式庫 Eigen 中，一定要注意四元數構造及初始化的實部、虛部的順序和內部係數儲存的順序不同。

```
// 四元數構造及初始化時的順序是 w,x,y,z,而內部係數 coeffs 的儲存順序是 x,y,z,w
template<typename _Scalar , int _Options>
Eigen::Quaternion< _Scalar, _Options >::Quaternion (const Scalar & w,
    const Scalar & x, const Scalar & y, const Scalar & z
)
```

3.2.3 旋轉向量

旋轉向量用一個旋轉軸 n 和旋轉角 θ 描述一個旋轉，所以也稱軸角。不過很明顯，因為旋轉角度有一定的週期性（360° 一圈），所以這種表達方式具有奇異性。

- 從旋轉向量到旋轉矩陣的轉換過程稱為羅德里格斯公式。很多協力廠商函式庫都提供羅德里格斯函式，如 OpenCV、MATLAB 和 Eigen。
- 旋轉向量和旋轉矩陣的轉換關係，其實對應於李代數和李群的映射，這對於理解李代數很有幫助。

3.2.4 尤拉角

把一次旋轉分解成 3 次繞不同座標軸的旋轉，比如航空領域經常使用的「偏擺 - 俯仰 - 翻滾」（Yaw，Pitch，Roll）就是一種尤拉角，這種表達方式最大的優勢就是直觀。

尤拉角在 SLAM 中使用不多，原因是它有一個致命的缺點——**萬向鎖**，即在俯仰角為 ±90° 時，第 1 次和第 3 次旋轉使用的是同一個座標軸，這樣會遺失一個自由度，引起奇異性。事實上，想要無歧義地表達三維旋轉，至少需要 4 個變數。

3.2.5 矩陣線性代數運算函式庫 Eigen

了解了剛體旋轉的 4 種表達方式，下面介紹在程式設計時如何使用它們。

事實上，上述 4 種旋轉的表達方式在協力廠商函式庫 Eigen 中已經定義好了。Eigen 是一個 C++ 開放原始碼線性代數庫，安裝非常方便，在 Ubuntu 作業系統下輸入一行程式即可成功安裝。

```
sudo apt-get install libeigen3-dev
```

Eigen 在 SLAM 程式設計中是必備基礎。關於 Eigen，主要需要關注如下幾個重點。

- Eigen 函式庫不同於一般的函式庫，它只有標頭檔，**沒有類似 .so 和 .a 的二進位函式庫檔案**，所以在 CMakeLists.txt 中只需要增加標頭檔路徑，並不需要使用 target_link_libraries 將程式連結到函式庫上。

- Eigen 函式庫以**矩陣為基本資料單元**。在 Eigen 函式庫中，所有的矩陣和向量都是 Matrix 範本類別的物件。Matrix 一般使用 3 個參數：資料型態、行數和列數。而向量只是一種特殊的矩陣（一行或者一列）。同時，Eigen 透過 typedef 預先定義好了很多內建類型，如下所示，可以看到底層仍然是 Eigen::Matrix。

```
// Scalar 為資料型態；rowsNum 為行數；colsNum 為列數
Eigen::Matrix<typename Scalar, int rowsNum, int colsNum>

// 內部預先定義好的類型
typedef Eigen::Matrix<float, 4, 4> Matrix4f;
typedef Eigen::Matrix<float, 3, 1> Vector3f;
```

- 為了提高效率，對於已知大小的矩陣，使用時需要**指定矩陣的大小和類型**。如果不確定矩陣的大小，則可以使用**動態矩陣** Eigen::Dynamic，如下所示。

```
// 動態矩陣
Eigen::Matrix<double, Eigen::Dynamic, Eigen::Dynamic> matrix_dynamic;
```

- Eigen 函式庫在資料型態方面「很傻、很天真」。什麼意思呢？就是在使用 Eigen 時**操作資料類型必須完全一致，不能提升自動類型**。因為在 C++ 中，float 類型加上 double 類型變數不會顯示出錯，編譯器會自動將結果提升為 double 類型。但是在 Eigen 函式庫中，float 類型矩陣和 double 類型矩陣不能直接相加，必須統一為 float 類型或 double 類型，否則會顯示出錯。這一點需要注意。

- Eigen 函式庫除提供空間幾何變換函式外，還提供了大量的**矩陣分解、稀疏線性方程求解**等函式，非常方便。如果想學習 Eigen 的更多函式知識，則可以去官網查詢，有詳細的範例可以參考。

上述提到的幾種旋轉表達方式是可以相互轉換的。在 Eigen 函式庫中，它們之間相互轉換非常方便。圖 3-3 所示是旋轉矩陣、四元數和旋轉向量之間的相互轉換過程。

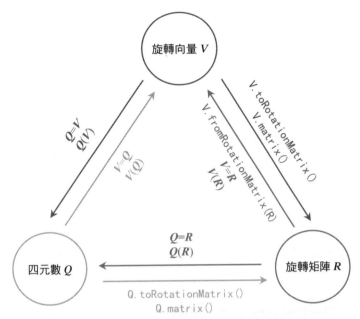

▲ 圖 3-3 旋轉矩陣、四元數和旋轉向量之間的相互轉換過程

　　下面用程式來演示用 Eigen 實作旋轉向量、旋轉矩陣和四元數及其之間的互相轉換。

```
/*****************************
*  目標：已知旋轉向量定義為沿著 z 軸旋轉 45°。下面按照該定義用 Eigen 實現旋轉向量、旋轉矩陣
和四元數及其之間的互相轉換。
*
*  本程式學習目標：熟悉 Eigen 的使用和旋轉表達方式之間的轉換。
*****************************/
#include <iostream>
#include <cmath>
#include <Eigen/Core>
#include <Eigen/Geometry>
using namespace std;

int main ( int argc, char** argv )
{
    // 旋轉向量（軸角）：沿 z 軸旋轉 45°
    Eigen::AngleAxisd rotation_vector ( M_PI/4, Eigen::Vector3d ( 0,0,1 ) );
    cout<<" 旋轉向量的旋轉軸 = \n" << rotation_vector.axis() <<"\n 旋轉向量角度 =
"<< rotation_vector.angle()<<endl;
    // 旋轉矩陣：沿 z 軸旋轉 45°
    Eigen::Matrix3d rotation_matrix = Eigen::Matrix3d::Identity();
    rotation_matrix << 0.707,  -0.707,   0,
                       0.707,   0.707,   0,
                       0,       0,       1;
    cout<<" 旋轉矩陣 =\n"<<rotation_matrix <<endl;
```

```cpp
    // 四元數：沿 z 軸旋轉 45°
    Eigen::Quaterniond quat = Eigen::Quaterniond(0, 0, 0.383, 0.924);
    cout<<" 四元數輸出方法 1：四元數 = \n"<<quat.coeffs() <<endl;
    // 請注意 coeffs 的順序是 (x,y,z,w)，w 為實部，x,y,z 為虛部
    cout<<" 四元數輸出方法 2：四元數 = \n x = " << quat.x() << "\n y = " << quat.y()
<< "\n z = " << quat.z() << "\n w = " << quat.w() << endl;

    // 1. 將旋轉矩陣轉換為其他形式
    rotation_vector.fromRotationMatrix(rotation_matrix);
    cout<<" 旋轉矩陣轉換為旋轉向量方法 1：旋轉軸 = \n" << rotation_vector.axis() <<"\n
旋轉角度 = "<< rotation_vector.angle()<<endl;
    // 注意：fromRotationMatrix 參數只適用於將旋轉矩陣轉換為旋轉向量，
    // 不適用於將旋轉矩陣轉換為四元數

    rotation_vector = rotation_matrix;
    cout<<" 旋轉矩陣轉換為旋轉向量方法 2：旋轉軸 = \n" << rotation_vector.axis() <<"\n
旋轉角度 = "<< rotation_vector.angle()<<endl;

    rotation_vector = Eigen::AngleAxisd(rotation_matrix);
    cout<<" 旋轉矩陣轉換為旋轉向量方法 3：旋轉軸 = \n" << rotation_vector.axis() <<"\n
旋轉角度 = "<< rotation_vector.angle()<<endl;

    quat = Eigen::Quaterniond(rotation_matrix);
    cout<<" 旋轉矩陣轉換為四元數方法 1：Q =\n"<< quat.coeffs() <<endl;

    quat = rotation_matrix;
    cout<<" 旋轉矩陣轉換為四元數方法 2：Q =\n"<< quat.coeffs() <<endl;

    // 2. 將旋轉向量轉換為其他形式
    cout<<" 旋轉向量轉換為旋轉矩陣方法 1：旋轉矩陣 R =\n"<<rotation_vector.matrix()
<<endl;
    cout<<" 旋轉向量轉換為旋轉矩陣方法 2：旋轉矩陣 R =\n"<<rotation_vector.toRotation
Matrix() <<endl;
    quat = Eigen::Quaterniond(rotation_vector);
    // 請注意 coeffs 的順序是 (x,y,z,w)，w 是實部，x,y,z 是虛部
    cout<<" 旋轉向量轉換為四元數：Q =\n"<< quat.coeffs() <<endl;
    // 3. 將四元數轉換為其他形式
    rotation_vector = quat;
    cout<<" 四元數轉換為旋轉向量：旋轉軸 = \n" << rotation_vector.axis() <<"\n 旋轉
角度 = "<< rotation_vector.angle()<<endl;

    rotation_matrix = quat.matrix();
    cout<<" 四元數轉換為旋轉矩陣方法 1：旋轉矩陣 =\n"<<rotation_matrix <<endl;

    rotation_matrix = quat.toRotationMatrix();
    cout<<" 四元數轉換為旋轉矩陣方法 2：旋轉矩陣 =\n"<<rotation_matrix <<endl;

    return 0;
}
```

第 *4* 章

相機成像模型

在視覺 SLAM 中，最常用的相機模型是針孔相機模型。本章主要講解針孔相機成像原理、針孔相機成像模型和相機扭曲模型。

4.1 針孔相機成像原理

師兄：中學時我們都學過小孔成像的原理，如圖 4-1 所示。光線沿直線傳播，三維物體反射光線，由於障礙物的存在，只有少量的光線可以透過小孔在成像平面上形成一個倒立的像。

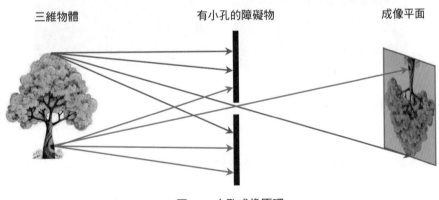

▲ 圖 4-1 小孔成像原理

小白：這裡對小孔的尺寸有什麼要求嗎？

師兄：小孔成像的前提假設是小孔的孔徑要足夠小，像針尖一樣，最好只允許一束光線射進來，這也是針孔相機模型中「針孔」的來源。但在實際場景中，這個條件很難滿足。

　　小白：為什麼一定要用像針尖那樣的小孔呢？如果小孔的孔徑變大，會有什麼影響呢？

　　師兄：當孔徑逐漸增大時，透過障礙物的光線數量也隨之增加。這樣成像平面上的每個點都可能受到來自三維物體的多個點發出的光線的影響，成像會逐漸變模糊。圖 4-2 所示展示了不同小孔孔徑對應的成像結果，可以看到孔徑在 0.35mm 時成像最清晰，但亮度較低。當孔徑增加到 2mm 時，由於透過小孔的光線過多，成像平面上已經變成了非常模糊的光斑，基本上什麼也看不清了。

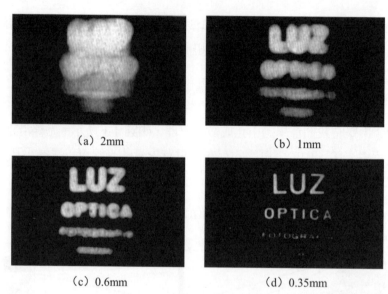

（a）2mm　　　　　　　　　　　　（b）1mm

（c）0.6mm　　　　　　　　　　　（d）0.35mm

孔徑大小對成像的影響，孔徑越小，成像越清晰，但成像亮度越低。

▲ 圖 4-2　不同小孔孔徑對應的成像結果 [1]

　　小白：可是普通相機的鏡頭好像沒有針孔那麼小，拍出來的照片也很亮、很清晰，這是怎麼回事呢？

　　師兄：好問題！小孔成像只是最基本的原理，實際上我們用的相機鏡頭加了透鏡，它可以匯聚光線，解決了成像清晰和高亮度不能兼顧的問題。如圖 4-3 所示的紅線，三維物體的某個點發射的所有光線經過透鏡後發生折射，然後匯聚成一個點，最終清晰地形成足夠亮的像，解決了小孔依賴障礙物來阻擋光線才能清晰成像的問題；同時，由於匯聚了多束光線，因此成像的亮度也足夠高。

　　小白：這個透鏡太神奇了，一箭雙雕啊！

師兄：是的。不過，需要提醒的是，物體與透鏡距離不同，其成像結果也不一樣，有可能光線無法收斂在成像平面上。在圖 4-3 中，藍色光線最終並沒有在成像平面上匯聚為同一個點，所以成像會變模糊。

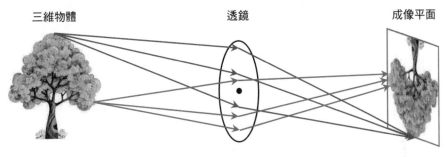

三維物體　　　　　　　　透鏡　　　　　　　　成像平面

▲圖 4-3　透鏡成像示意圖

小白：原來是這樣！所以這也是我們拍照時需要調整相機焦距來使得成像更清晰的原因吧？

師兄：是的。小孔成像還有一個技巧，就是我們經常把倒立的實像對稱到小孔的另一側，從而得到正立的虛像，它們在數學上是等價的，這在後面的針孔相機成像模型中會用到。

4.2　針孔相機成像模型

師兄：我們先來看看相機成像過程涉及的多種座標系。

（1）世界座標系（World Coordinate System）。使用者定義的三維世界的座標系，以某個點為原點，為了描述物體在真實世界中的位置而被引入。單位為 m。

（2）相機座標系（Camera Coordinate System）。以相機為原點建立的座標系，為了從相機的角度描述物體的位置而被定義，作為溝通世界座標系和影像座標系的中間一環。單位為 m。

（3）影像座標系（Image Coordinate System）。為了描述成像過程中物體從相機座標系到影像座標系的投影透視關係而被引入，方便進一步得到像素座標系下的座標。單位為 m。

（4）像素座標系（Pixel Coordinate System）。為了描述物體成像後的像點在數字影像上的座標而被引入，是我們真正從相機內讀取到的影像資訊所在的座標系。單位為像素。

小白：一下子定義這麼多座標系有點量，它們之間有什麼關係呢？

師兄：圖 4-4 所示清晰地表達了這幾種座標系之間的關係。

其中，世界座標系下的座標表示為 (X_w, Y_w, Z_w)，相機座標系下的座標表示為 (X_c, Y_c, Z_c)，影像座標系下的座標表示為 (x, y)，像素座標系下的座標表示為 (u, v)。

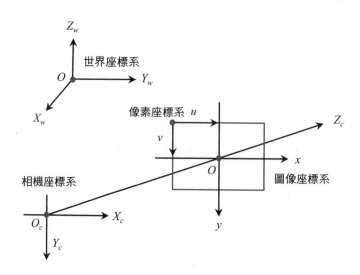

▲ 圖 4-4 不同座標系之間的關係

相機座標系的 Z 軸與光軸重合，且垂直於影像座標系平面並通過影像座標系的原點；像素座標系平面和影像座標系平面重合，但影像座標系的原點位於影像的正中心，而像素座標系的原點位於圖中的左上角。

小白：為什麼影像座標系和像素座標系的原點不一樣呢？

師兄：這是因為雖然成像時是以影像中心為原點的，但是圖像資料都是從左上角開始儲存的，這樣定義方便讀寫資料。需要說明的是，這裡是為了詳細剖析成像過程，所以將影像座標系和像素座標系分開討論，在實際應用中，通常把影像座標系和像素座標系統稱為影像座標系。

小白：原來是這樣。這些座標系之間是怎麼聯繫的呢？

師兄：下面我們來看看一個三維點是如何從世界座標系一步步轉換到像素座標系的。

1. 從世界座標系到相機座標系

師兄：世界座標系用來描述相機相對於世界座標系原點的位置。圖 4-5 所示為剛體從世界座標系轉換到相機座標系的過程。假設世界座標系下的一個三維點 $P_w = (X_w, Y_w, Z_w)$，它可以透過旋轉矩陣 $\boldsymbol{R}$ 和平移向量 $\boldsymbol{t}$ 組成的變換矩陣 $\boldsymbol{T}_{cw}$ 變換到相機座標系下，得到相機座標系下的三維點 $P_c = (X_c, Y_c, Z_c)$。其中 $\boldsymbol{T}_{cw}$ 表示從世界座標系到相機座標系的變換，它的定義是

$$\boldsymbol{T}_{cw} = \begin{bmatrix} \boldsymbol{R} & \boldsymbol{t} \\ \boldsymbol{O} & 1 \end{bmatrix} \tag{4-1}$$

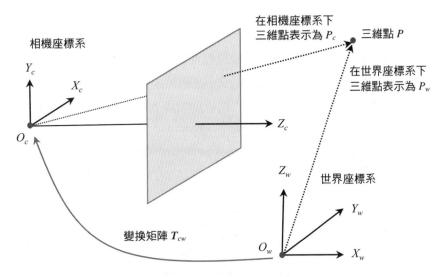

▲ 圖 4-5 剛體從世界座標系轉換到相機座標系的過程

如果用數學公式表示，就是下面這個式子，注意這裡需要使用齊次座標。

$$\begin{bmatrix} X_c \\ Y_c \\ Z_c \\ 1 \end{bmatrix} = \begin{bmatrix} \boldsymbol{R} & \boldsymbol{t} \\ \boldsymbol{O} & 1 \end{bmatrix} \begin{bmatrix} X_w \\ Y_w \\ Z_w \\ 1 \end{bmatrix} \tag{4-2}$$

小白：我看很多地方提到位姿、定向參數和變換矩陣等說法，這些該如何區分呢？

師兄：這幾種說法確實經常出現，它們本質上是同一個概念，只是在不同場景下的不同稱呼而已。

（1）變換矩陣。由 R 和 t 組成的 4×4 矩陣，下標從右到左表示變換的方向，例如 T_{12} 表示從座標系 2 到座標系 1 的變換。

（2）位姿。一般指當前相機的位置（平移）和朝向（旋轉）在世界座標系下的表示，通常用 T_{wc} 表示位姿。

（3）定向參數。根據不同的場景有不同的意義。在多感測器系統的應用場景下，比如雙目相機組成的系統，通常表示兩個相機之間的變換矩陣，這時定向參數是固定值。在一些場景下也用定向參數指代位姿，這時定向參數就像位姿一樣，是一個變數。

2. 從相機座標系到影像座標系

師兄：圖 4-6 所示為根據小孔成像原理抽象出來的針孔相機成像模型，它顯示了相機座標系下的三維點 $P_c = (X_c, Y_c, Z_c)$ 在相機成像平面上成的像為 (x, y)。為了方便後續推導，我們把針孔相機成的倒立的實像對稱地放到相機的前方，變成正立的虛像，與三維點一起放在相機的同一側。

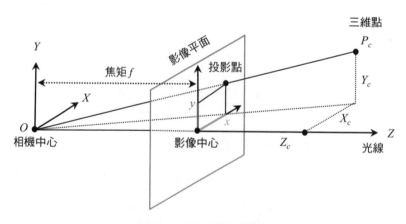

▲ 圖 4-6 針孔相機成像模型

小白：為什麼可以這樣做呢？有什麼影響嗎？

師兄：這是處理相機投影的一種手段，因為虛像和實像是完全對稱的，在數學上可以等價，後面我們在推導公式時比較方便。實際上我們平時用的相機拍攝的影像也都是正像，因為在內部已經進行了變換。下面我們來推導投影過程，記相機的焦距為 f，根據三角形相似原理，可以得到

$$\frac{f}{Z_c} = \frac{x}{X_c} = \frac{y}{Y_c} \tag{4-3}$$

整理後可以得到

$$x = f\frac{X_c}{Z_c}$$
$$y = f\frac{Y_c}{Z_c} \tag{4-4}$$

3. 從影像座標系到像素座標系

　　師兄：上面的成像過程是以影像中心點為座標系原點的，而我們進行影像處理時通常以左上角為影像座標系原點，所以還需要進行了一次平移操作，將影像座標系變換到像素座標系，如圖 4-7 所示。

　　小白：就是把影像中心的座標系原點平移到左上角的像素座標系原點吧？

　　師兄：是的。我們來進行簡單的推導。記 c_x, c_y 分別代表兩個座標系原點在 x, y 方向上的平移，一般是影像長和寬的一半，u, v 都是像素座標系下的座標，則有

$$\begin{cases} u = \alpha x + c_x \\ v = \beta y + c_y \end{cases} \tag{4-5}$$

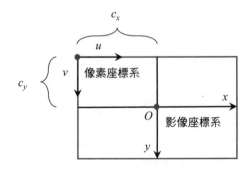

▲ 圖 4-7　影像座標系變換到像素座標系的過程

　　小白：除平移外，還有係數 α, β，這兩個係數是從哪裡冒出來的？

　　師兄：你想一想，前面 x, y 的單位是什麼？c_x, c_y 的單位是什麼？

小白：根據定義，x, y 應該和 X_c, Y_c 類似，單位是 m；c_x, c_y 是加在像素座標系上的，單位應該是像素吧？

師兄：沒錯！所以需要統一單位，這裡的 α, β 單位是像素 /m，這樣和 x, y 相乘後單位就是像素。

小白：哦，這樣就可以直接和 c_x, c_y 相加了。

師兄：對，然後我們把式 (4-4) 代入式 (4-5)，得到

$$\begin{cases} u = f_x \dfrac{X_c}{Z_c} + c_x \\ v = f_y \dfrac{Y_c}{Z_c} + c_y \end{cases} \tag{4-6}$$

式中，$f_x = \alpha f$，$f_y = \beta f$。用矩陣表示為

$$\begin{bmatrix} u \\ v \\ 1 \end{bmatrix} = \frac{1}{Z_c} \begin{bmatrix} f_x & 0 & c_x \\ 0 & f_y & c_y \\ 0 & 0 & 1 \end{bmatrix} \begin{bmatrix} X_c \\ Y_c \\ Z_c \end{bmatrix} = \frac{1}{Z_c} \boldsymbol{K} \boldsymbol{P}_c \tag{4-7}$$

注意：最左側的像素座標 $\boldsymbol{P}_{uv} = [u, v, 1]^\top$ 是我們前面提到過的像素齊次座標，三維點 $\boldsymbol{P}_c = [X_c, Y_c, Z_c]^\top$ 使用的是非齊次座標。矩陣 $\boldsymbol{K}$ 為內部參數矩陣，$\boldsymbol{P}_c$ 是相機座標系下的三維點。

小白：寫成矩陣形式真的很方便。

師兄：對，你看還有一個 $\dfrac{1}{Z_c}$ 的係數，其中 Z_c 是相機座標系下的三維點 $\boldsymbol{P}_c$ 在 z 軸上的座標，如果把 $\dfrac{1}{Z_c}$ 和 $\boldsymbol{P}_c = (X_c, Y_c, Z_c)$ 座標相乘，就會得到相機座標系下 $\boldsymbol{P}_c$ 的歸一化座標 $\tilde{\boldsymbol{P}}_c = (X_c/Z_c, Y_c/Z_c, 1)$，它位於相機前方 z = 1 的平面上。上式可以寫為

$$\boldsymbol{P}_{uv} = \boldsymbol{K} \tilde{\boldsymbol{P}}_c \tag{4-8}$$

小白：原來這就是歸一化座標說法的來源啊！

師兄：對，我們結合前面從世界座標系到相機座標系的變換，就有了如下式子：

$$\begin{bmatrix} u \\ v \\ 1 \end{bmatrix} = \frac{1}{Z_c} \begin{bmatrix} f_x & 0 & c_x \\ 0 & f_y & c_y \\ 0 & 0 & 1 \end{bmatrix} \begin{bmatrix} \boldsymbol{I} & \boldsymbol{O} \end{bmatrix} \begin{bmatrix} \boldsymbol{R} & \boldsymbol{t} \\ \boldsymbol{O} & 1 \end{bmatrix} \begin{bmatrix} X_w \\ Y_w \\ Z_w \\ 1 \end{bmatrix} \tag{4-9}$$

式中，$\boldsymbol{I}$ 表示 3×3 的單位矩陣。

以上就是針孔相機成像模型的推導過程。我們可以發現：

一個三維點投影到影像平面上的二維像素座標是一個從三維到二維的降維過程，這是不可逆的。

小白：「不可逆」該怎麼理解呢？

師兄：我畫一張圖你就明白了。圖 4-8 所示為影像平面上投影的二維點 p 對應空間中的一條射線，在這條射線上任何一個三維點在影像平面上的投影點都是 p，這說明只有一張二維影像無法確定其中某個像素點在三維空間中的具體位置。

小白：這下徹底明白啦！

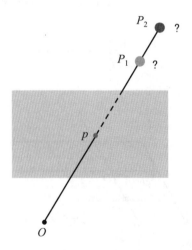

▲圖 4-8 三維點投影到影像平面上的不可逆性示意圖

4.3 相機扭曲模型

師兄：上面的針孔相機成像模型是在理想情況下的結果。實際上，相機會加上透鏡，透鏡本身對成像過程會產生一定的影響，從而形成徑向扭曲和切向扭曲。

下面我們分別解釋。

1. 徑向扭曲

　　透鏡本身是凸透鏡，它會影響相機入射光線的走向。如圖 4-9 所示，如果沒有透鏡，則入射光線是一條直線，在影像平面上的成像點是 A。而相機本身是有透鏡的，入射光線經過透鏡後發生了折射，實際上在影像平面上的成像點是 B。不過，如果光線是沿透鏡光軸入射的，那麼也不會發生折射，實際上在影像平面上的成像點是影像中心點 O。在入射光線和透鏡光軸夾角保持相同的情況下，不管光線從哪個方向入射，折射率都是一樣的，在影像平面上的成像點距離影像中心點的半徑 OB 也是固定的。也就是說，影像扭曲程度在以影像中心點 O 為圓心，距離 OB 為半徑的圓上都是相同的。對於這種扭曲，我們形象地稱為徑向扭曲。

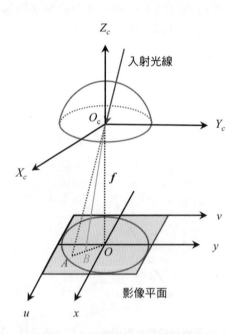

▲ 圖 4-9　凸透鏡對入射光線的影響

　　徑向扭曲主要分為兩種，即桶形扭曲和枕形扭曲。桶形扭曲呈現中間凸起的趨勢，凸起程度隨著與影像幾何中心距離的增加而減小；而枕形扭曲恰好相反，呈現中間凹下的趨勢，如圖 4-10 所示。我們常見的扭曲主要是桶形扭曲。

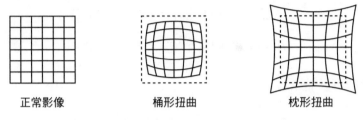

正常影像　　　　　桶形扭曲　　　　　枕形扭曲

▲ 圖 4-10　桶形扭曲和枕形扭曲

2. 切向扭曲

　　切向扭曲是由透鏡和成像感測器的安裝位置誤差引起的，如圖 4-11 所示，由於製程的限制，透鏡在組裝過程中和成像平面可能不嚴格平行，這也會引起影像的扭曲，稱為切向扭曲。不過，隨著相機製造製程的提升，這種影響已經比較小了。

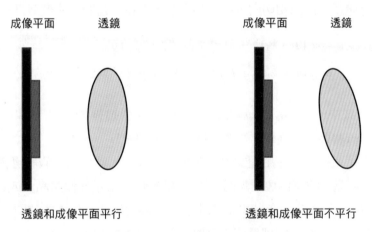

成像平面　　　　　透鏡　　　　　　成像平面　　　　　透鏡

透鏡和成像平面平行　　　　　　　透鏡和成像平面不平行

▲ 圖 4-11　切向扭曲產生的原因

3. 扭曲模型

　　小白：那如何去除扭曲呢？

　　師兄：要想去除扭曲，首先需要用模型來量化描述扭曲。通常的做法是，假設徑向扭曲或切向扭曲可以用多項式來描述。假設歸一化平面上的任意一點 p，其像素座標為 $[x, y]^\top$，用極座標表示為 $[r, \theta]^\top$，其中 r 表示半徑，θ 表示與水平座標軸的夾角，則徑向扭曲模型可以描述為

$$x_{\text{distorted}} = x\left(1 + k_1 r^2 + k_2 r^4 + k_3 r^6\right)$$
$$y_{\text{distorted}} = y\left(1 + k_1 r^2 + k_2 r^4 + k_3 r^6\right)$$

(4-10)

切向扭曲模型可以描述為

$$x_{\text{distorted}} = x + 2p_1 xy + p_2\left(r^2 + 2x^2\right)$$
$$y_{\text{distorted}} = y + p_1\left(r^2 + 2y^2\right) + 2p_2 xy$$

(4-11)

式中，$[x_{\text{distorted}}, y_{\text{distorted}}]^\top$ 是發生扭曲後點的歸一化座標。k_1, k_2, k_3, p_1, p_2 是扭曲模型中的參數，這裡選擇了以上 5 個扭曲項，在實際使用過程中可以根據需要調整扭曲項的數目。扭曲參數可以透過相機標定計算得到，這樣我們就可以根據扭曲參數來對影像去除扭曲。

同時考慮徑向扭曲和切向扭曲，將它們合併在一起的扭曲模型是

$$x_{\text{distorted}} = x\left(1 + k_1 r^2 + k_2 r^4 + k_3 r^6\right) + 2p_1 xy + p_2\left(r^2 + 2x^2\right)$$
$$y_{\text{distorted}} = y\left(1 + k_1 r^2 + k_2 r^4 + k_3 r^6\right) + p_1\left(r^2 + 2y^2\right) + 2p_2 xy$$

(4-12)

小白：式中的 $[x_{\text{distorted}}, y_{\text{distorted}}]^\top$ 一般是我們拍攝的扭曲影像的座標，而 $[x, y]^\top$ 是無扭曲影像的座標，感覺求解比較困難啊！

師兄：不用擔心，在用程式實作時有一個技巧，就是我們假設已經獲得了無扭曲影像，遍歷它的每個像素點的位置，如圖 4-12 所示的像素點 $I(u, v)$，把它代入扭曲模型中，計算得到無扭曲影像中該點對應的扭曲影像中的位置，如圖 4-12 所示的像素點 $I'(u, v)$，它們是同一個點，灰度值應該相等，即 $I(u, v) = I'(u, v)$。但是要注意，$I'(u, v)$ 的座標位置一般是次像素的，可以使用距離它最近的 4 個像素點（圖 4-12 中的 4 個綠色的點）的灰度來插值得到。

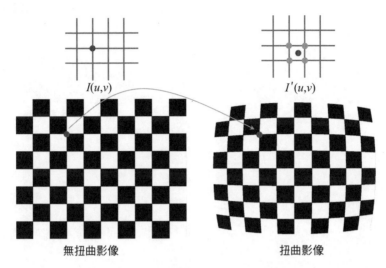

$I(u,v)$　　　　　　　　$I'(u,v)$

無扭曲影像　　　　　　　　　扭曲影像

▲圖 4-12　影像去扭曲時的逆向遍歷

　　小白：那有沒有可能圖 4-12 中左側的無扭曲影像中的座標在右側的扭曲影像中找不到對應的位置？

　　師兄：這是有可能的，如果找不到對應關係，則只需要統一填充為某個灰度值即可。

參考文獻

[1]　https://web.stanford.edu/class/cs231a.

第 5 章
對極幾何

自從小白向師兄學習了李群李代數和相機成像模型的基本原理後，感覺書上的內容沒那麼難了，公式推導也能理解了，簡直進步神速。不過，小白最近在學習對極幾何時，似乎又遇到了麻煩……

小白：師兄，我看過不少資料中關於對極約束原理的推導，感覺很難理解，而且也不知道為什麼要這樣推導，以及推導的物理意義是什麼？

師兄：對於初學者來說，對極約束推導有些複雜，也比較難以直觀地理解。

小白：是的，我只能被動地接受推導結果，而不能理解背後的原理，這種感覺好差。

師兄：嗯，那我換一個思路講解，從幾何意義的角度來推導一下對極約束。

小白：那太好啦！

5.1　對極幾何的基本概念

師兄：在推導之前，先解釋一下對極幾何的基本概念。對極幾何表示一個運動的相機在兩個不同位置的成像，如圖 5-1 所示，其中：

- 左右兩個平行四邊形分別是相機在不同位置的成像平面。
- O_1, O_2 分別是對應位置相機的光心。
- P 是空間中的一個三維點，p_1, p_2 分別是點 P 在不同成像平面上對應的像素點。

先看圖 5-1 中的左側部分，如果將點 P 沿著 O_1P 所在的直線移動，則會發現點 P 在左邊相機下的成像點固定不變，一直都是 p_1。這時點 P 在右邊相機下的成像點 p_2 一直在變化，它在沿著那條紅色的線（其實就是極線）滑動。可以想像一下，O_1O_2P 組成了一個三角形，它所在的平面稱為極平面（Epipolar Plane），它像一把鋒利的刀，切割了左右兩個成像平面。其中和成像平面相交的直線 l_1, l_2 稱為極線（Epipolar Line），兩個光心連線 O_1O_2 和成像平面的交點 e_1, e_2 叫作極點（Epipole）。我們可以發現，上面提到的 O_1, O_2, P, p_1, p_2, e_1, e_2, l_1, l_2 都在同一個平面上，這個平面就是極平面。

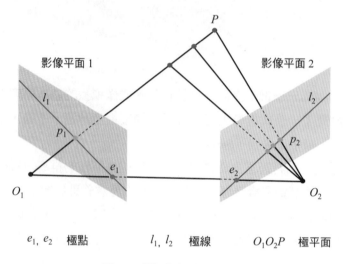

| e_1, e_2 極點 | l_1, l_2 極線 | O_1O_2P 極平面 |

▲ 圖 5-1 對極幾何的基本概念

小白：嗯，這樣講起來就直觀多了。

5.2 理解對極約束

師兄：下面我們用幾何關係推導對極約束。在推導之前，先回顧一下相機成像模型的相關知識。還記得第 4 章中講的歸一化平面座標的定義嗎？

小白：嗯，二維像素點 P_{uv} 是相機座標系下三維點 $P_c = (X_c, Y_c, Z_c)$ 的投影，然後我們對它進行歸一化，也就是 $\tilde{P}_c = (X_c/Z_c, Y_c/Z_c, 1)$，這就是我們常說的歸一化平面座標，它滿足 $P_{uv} = K\tilde{P}_c$。

師兄：沒錯，歸一化座標位於光心和三維點 P 所在的直線上，我們分別記 p_1, p_2 在各自相機座標系下的歸一化座標為 $\tilde{P}_{c1}$, $\tilde{P}_{c2}$，把極平面中的 O_1, O_2, $\tilde{P}_{c1}$, $\tilde{P}_{c2}$「拎」出來，如圖 5-2 所示。

下面根據幾何資訊確定對極約束關係。還記得我們在第 3 章中講的叉積和點積的定義及性質嗎？

小白：記得，兩個向量 a 和 b 的叉積記為 $a×b$，它是與向量 a，b 都垂直的向量，其方向透過右手定則決定。兩個向量 a 和 b 的點積定義是 $ab = \|a\|\|b\| \cos(\theta)$，其中 θ 表示向量的夾角。兩個互相垂直的向量點積結果為 0。這些對推導對極約束有用嗎？

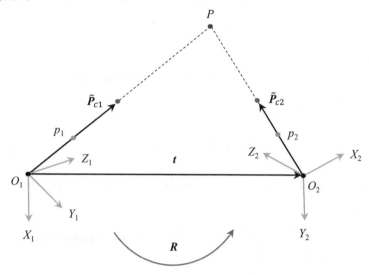

▲ 圖 5-2 對極約束的幾何意義

師兄：當然有用，下面我們就要用到叉積和點積的性質了。根據叉積的性質，兩個向量的叉積結果是一個同時垂直於這兩個向量的向量，則能夠得到下面的結論：

$$\overrightarrow{O_1\tilde{P}_{c1}} \cdot \left(\overrightarrow{O_1O_2} \times \overrightarrow{O_2\tilde{P}_{c2}} \right) = 0 \tag{5-1}$$

這裡需要注意，上式成立的前提是都在**同一個座標系下**計算。很顯然，$\tilde{P}_{c1}, \tilde{P}_{c2}$ 是分別位於相機座標系 1 和相機座標系 2 下的座標。所以，我們需要將其統一到同一個座標系下，這裡統一以相機座標系 1 為參考，O_1 為參考座標系原點。記從相機座標系 2 到相機座標系 1 的旋轉矩陣和平移向量分別是 R, t，那麼 $R\tilde{P}_{c2} + t$ 表示將相機座標系 2 下的 $\tilde{P}_{c2}$ 座標轉換到相機座標系 1 下。記 $\overrightarrow{O_1O_2} = t$，代入上面的式子可得

$$\tilde{P_{c1}}^\top (t \times (R\tilde{P_{c2}} + t)) = \tilde{P_{c1}}^\top (t \times R\tilde{P_{c2}}) = \tilde{P_{c1}}^\top (t \times R)\tilde{P_{c2}} = 0 \qquad (5\text{-}2)$$

通常稱 $E = t \times R$ 為本質矩陣（Essential Matrix）。記 $\tilde{p_1}$, $\tilde{p_2}$ 分別是像素點 p_1, p_2 的齊次座標，將 $\tilde{p_1} = K\tilde{P_{c1}}$, $\tilde{p_2} = K\tilde{P_{c2}}$ 代入上式可得

$$(K^{-1}\tilde{p_1})^\top (t \times R)K^{-1}\tilde{p_2} = \tilde{p_1}^\top K^{-\top} E K^{-1}\tilde{p_2} = 0 \qquad (5\text{-}3)$$

通常稱 $F = K^{-\top} E K^{-1}$ 為基礎矩陣（Fundamental Matrix），則對極約束可以表示為

$$\tilde{P_{c1}}^\top E \tilde{P_{c2}} = \tilde{p_1}^\top F \tilde{p_2} = 0 \qquad (5\text{-}4)$$

式中，$\tilde{p_1}, \tilde{p_2}$ 分別表示二維像素點 p_1, p_2 的齊次座標，$\tilde{P_{c1}}, \tilde{P_{c2}}$ 是相機座標系下的歸一化座標。

小白：原來只靠空間關係也能得到極線約束啊，謝謝師兄！

　　光束平差法（Bundle Adjustment，BA）是 SLAM 中常用的非線性最佳化方法。

　　小白：師兄，最近我在看 SLAM 的最佳化演算法，其中有一種方法叫「圖最佳化」，以前在學習演算法時有一種最佳化方法叫「凸最佳化」，這兩個基礎知識區別大嗎？

　　師兄：雖然它們的中文發音相似，但是意思差別大著呢！我們來看看英文表達吧，「圖最佳化」的英文是 Graph Optimization，你看，它的「圖」其實是資料結構中的 Graph。而「凸最佳化」的英文是 Convex Optimization，這裡的「凸」其實是「凸函式」的意思，所以單從英文來看就能區分開它們。

　　小白：原來是這樣，那麼在 SLAM 中是如何使用圖最佳化的呢？

　　師兄：先說說圖最佳化的背景吧！SLAM 的後端一般分為兩種處理方法，一種是以擴充卡爾曼濾波（Extended Kalman Filter，EKF）為代表的濾波方法；另一種是以圖最佳化為代表的非線性最佳化方法。這裡我們主要講目前比較主流的圖最佳化方法。圖最佳化中的「圖」就是資料結構中的圖，一個圖由若干個頂點（Vertex）及連接這些頂點的邊（Edge）組成。

　　小白：頂點和邊怎麼理解呢？

　　師兄：在 SLAM 系統中，頂點通常是指待最佳化的變數，比如機器人的位姿、空間中的地圖點（也稱路標點）。而邊通常是頂點之間的約束產生的誤差，比如重投影誤差。實作圖最佳化的目的是透過調整頂點來使得邊的整體誤差最小，這時我們認為是最準確的頂點。

　　圖 6-1 所示為圖最佳化示意圖。相機位姿（Pose）和路標點（Landmark）組成了圖最佳化的頂點；實線表示相機的運動模型，虛線表示觀測模型，它們組成

了圖最佳化的邊。

　　小白：那如何實作圖最佳化呢？有沒有現成可以使用的函式庫呢？

　　師兄：在 SLAM 領域，常用的圖最佳化函式庫有兩個，一個是 g2o，另一個是 Ceres Solver，它們都是以 C++ 為基礎的非線性最佳化函式庫。本章以 g2o 為例來詳細說明。

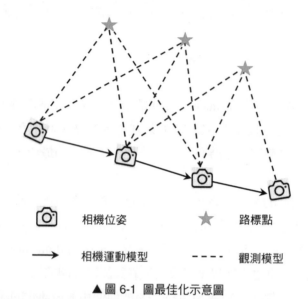

▲圖 6-1　圖最佳化示意圖

6.1　g2o 程式設計框架

　　小白：我查了關於 g2o 的資料，官方資料非常少。GitHub 上的程式理解起來也比較困難。

　　師兄：別急，在第一次接觸 g2o 時，確實有這種感覺。要先理順它的框架，再去看程式，這樣就能很快入手。

　　小白：是的，先對框架了然於胸才行！

　　師兄：嗯，其實 g2o 幫助我們實作了很多內部的演算法，只是在進行構造時，需要遵循一些規則，在我看來這是可以接受的，畢竟一個程式不可能滿足所有的要求，因此以後在 g2o 的使用中還是應該多看多記，這樣才能更好地使用它。我們首先來看 g2o 的基本框架結構，如圖 6-2 所示。

　　小白：這張圖中有好多箭頭，該從哪裡開始看呢？

師兄：如果你想知道這張圖中哪部分最重要，就去看看箭頭的源頭在哪裡。

小白：源頭好像是最左側的 SparseOptimizer。

師兄：對，SparseOptimizer 是整張圖的核心，它是一個可最佳化圖（Optimizable Graph），從而也是一個超圖（HyperGraph）。

小白：突然冒出來這麼多不認識的術語，有點消化不了……

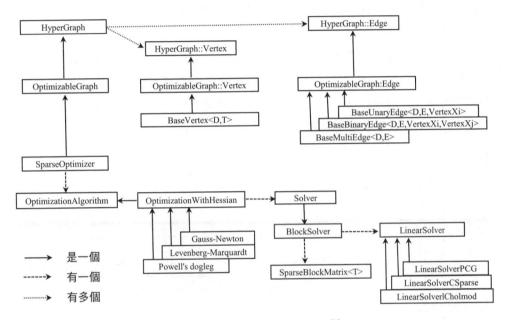

▲ 圖 6-2 g2o 的基本框架結構 [1]

師兄：沒關係，你暫時只需要了解它們的名字，有些以後用不到，有些以後用到了再回看。我們先來看上面的結構。注意看箭頭的類型，這個超圖包含多個頂點（HyperGraph::Vertex）和邊（HyperGraph::Edge）。這些頂點繼承自 Base Vertex，也就是 OptimizableGraph::Vertex；而邊可以繼承自 BaseUnaryEdge（單邊）、BaseBinaryEdge（雙邊）或 BaseMultiEdge（多邊），它們都叫作 OptimizableGraph::Edge。這些頂點和邊是程式設計中的重點，我們後面會詳細解釋。

再來看底部的結構。整張圖的核心──SparseOptimizer 包含一個 OptimizationAlgorithm（最佳化演算法）物件。OptimizationAlgorithm 是透過 OptimizationWithHessian 實作的。其中迭代策略可以從 Gauss-Newton（高斯牛頓法）、Levernberg-Marquardt 和 Powell's dogleg 三種中選擇一種，前兩種使用比較多。那麼問題

來了，如何求解呢？OptimizationWithHessian 內部包含一個 Solver（求解器），這個求解器實際上是由一個 BlockSolver 實現的。這個 BlockSolver 包括兩部分，一部分是 SparseBlockMatrix，用於計算稀疏的雅可比和 Hessian 矩陣；另一部分是 LinearSolver（線性求解器），用於計算迭代過程中最關鍵的一步 $H\Delta x = b$。LinearSolver 有幾種方法可以選擇：預條件共軛梯度（Preconditioned Conjugate Gradient，PCG）、CSparse 和 Cholesky 分解（Cholmod）。

這就是對圖 6-2 的一個簡單說明。

小白：看得迷迷糊糊的，我還是不知道程式設計時具體怎麼寫程式。

師兄：我正好要說這個。我們整理框架時是從頂層到底層，但在程式設計時需要反過來，就像建房子一樣，從底層開始架設框架，一直到頂層。g2o 的整個框架就是按照圖 6-3 中標注的順序來寫的。

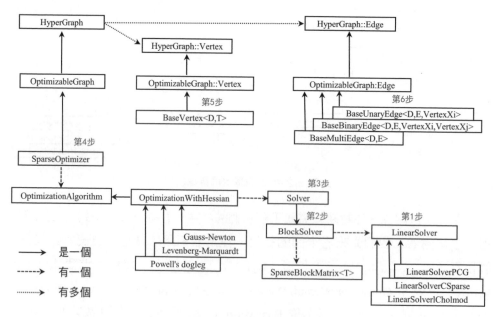

▲圖 6-3 g2o 程式設計順序

我用 g2o 求解曲線參數的例子來說明，如下所示。

```
// 每個誤差項最佳化變數維度為 3，誤差值維度為 1
typedef g2o::BlockSolver< g2o::BlockSolverTraits<3,1> > Block;

// 第 1 步：建立一個線性求解器 ( LinearSolver )
```

```
Block::LinearSolverType* linearSolver = new
g2o::LinearSolverDense<Block::PoseMatrixType>();

// 第 2 步：建立區塊求解器（BlockSolver），並用上面定義的線性求解器初始化
Block* solver_ptr = new Block( linearSolver );

// 第 3 步：建立總求解器（Solver），並從 GN、LM、DogLeg 中選擇一個，再用上述區塊求解器初始化
g2o::OptimizationAlgorithmLevenberg* solver = new
g2o::OptimizationAlgorithmLevenberg( solver_ptr );

// 第 4 步：建立稀疏最佳化器（SparseOptimizer）
g2o::SparseOptimizer optimizer;            // 建立最佳化器
optimizer.setAlgorithm( solver );          // 用前面定義好的求解器作為求解方法
optimizer.setVerbose( true );              // 在最佳化過程中輸出偵錯資訊

// 第 5 步：定義圖的頂點，並增加到最佳化器中
CurveFittingVertex* v = new CurveFittingVertex(); // 向圖中增加頂點

v->setEstimate( Eigen::Vector3d(0,0,0) );
v->setId(0);
optimizer.addVertex( v );
// 第 6 步：定義圖的邊，並增加到最佳化器中
for ( int i=0; i<N; i++ )  // 向圖中增加邊
{
    CurveFittingEdge* edge = new CurveFittingEdge( x_data[i] );
    edge->setId(i);
    edge->setVertex( 0, v );               // 設定連接的頂點
    edge->setMeasurement( y_data[i] ); // 觀測數值
    // 資訊矩陣：協方差矩陣之逆
    edge->setInformation( Eigen::Matrix<double,1,1>::Identity()*1/
    (w_sigma*w_sigma) ); optimizer.addEdge( edge );
}

// 第 7 步：設定最佳化參數，開始執行最佳化
optimizer.initializeOptimization();
optimizer.optimize(100);  // 設定迭代次數
```

結合上面的流程圖和程式，下面一步步解釋具體步驟。

第 1 步，建立一個線性求解器（LinearSolver）。

我們要求的增量方程式的形式是 $H\Delta x = -b$，在大部分的情況下想到的方法就是直接求逆，也就是 $\Delta x = -H^{-1}b$。看起來好像很簡單，但有一個前提，就是 H 的維度較小，此時只需要對矩陣求逆就能解決問題。當 H 的維度較大時，矩陣求逆變得很困難，求解問題也會變得很複雜。

小白：那有什麼辦法嗎？

　　師兄：辦法肯定是有的。此時我們就需要使用一些特殊的方法對矩陣進行求逆，在 g2o 中主要有以下幾種線性求解方法。

```
LinearSolverCholmod：   使用 sparse cholesky 分解法。繼承自 LinearSolverCCS
LinearSolverCSparse：   使用 CSparse 法。繼承自 LinearSolverCCS
LinearSolverPCG：       使用 preconditioned conjugate gradient 法。繼承自 LinearSolver
LinearSolverDense：     使用 dense cholesky 分解法。繼承自 LinearSolver
LinearSolverEigen：     依賴項只有 eigen，使用 eigen 中 sparse Cholesky 求解，編譯好後可
                       以在其他地方使用。繼承自 LinearSolver
```

　　第 2 步，建立區塊求解器（BlockSolver），並用上面定義的線性求解器初始化。

　　區塊求解器的內部包含線性求解器，用上面定義的線性求解器來初始化。區塊求解器有兩種定義方式，一種是固定變數的求解器，定義如下。

```
using BlockSolverPL = BlockSolver< BlockSolverTraits<p, l> >;
```

　　其中，p 表示位姿的維度，l 表示路標點的維度。另一種是可變尺寸的求解器，定義如下。

```
using BlockSolverX = BlockSolverPL<Eigen::Dynamic, Eigen::Dynamic>;
```

　　小白：為何會有可變尺寸的求解器呢？

　　師兄：這是因為在某些應用場景中，位姿和路標點在程式開始時並不能被確定，此時區塊求解器就沒辦法固定變數，應該使用可變尺寸的求解器，以便讓所有的參數都在中間過程中被確定。在區塊求解器標頭檔 block_solver.h 的最後，預先定義了比較常用的幾種類型，如下所示。這個也不用記，以後遇到了知道這些數字代表什麼意思就行了。

```
BlockSolver_6_3：   表示 pose 為 6 維，觀測點為 3 維。用於 3D SLAM 中的 BA
BlockSolver_7_3：   在 BlockSolver_6_3 的基礎上多了一個 scale
BlockSolver_3_2：   表示 pose 為 3 維，觀測點為 2 維
```

　　第 3 步，建立總求解器（Solver），並從 GN、LM、DogLeg 中選擇一個，再用上述區塊求解器初始化。

　　下面來看 g2o/g2o/core/ 目錄 [2]，可以發現 Solver 的最佳化方法有 3 種，分別是 Gauss Newton 法、Levenberg-Marquardt 法和 Dogleg 法。如果進入這幾個演算法內部，就會發現它們都繼承自同一個類別—— OptimizationWithHessian，而

OptimizationWithHessian 又繼承自 OptimizationAlgorithm，和圖 6-2 正好對應。

```
// optimization_algorithm_gauss_newton.h
// Gauss Newton 演算法
class G2O_CORE_API OptimizationAlgorithmGaussNewton : public OptimizationAlgo-
rithmWithHessian
{
    // ......
};

// optimization_algorithm_levenberg.h
// Levenberg 演算法
class G2O_CORE_API OptimizationAlgorithmLevenberg : public OptimizationAlgo-
rithmWithHessian
{
    // ......
};

// optimization_algorithm_dogleg.h
// Powell's Dogleg 演算法
class G2O_CORE_API OptimizationAlgorithmDogleg : public OptimizationAlgo-
rithmWithHessian
{
    // ......
};

// optimization_algorithm_with_hessian.h
// brief Base for solvers operating on the approximated Hessian, e.g., Gauss-
Newton, Levenberg
class G2O_CORE_API OptimizationAlgorithmWithHessian : public OptimizationAlgo-
rithm
{
    // ......
};
```

總之，在該階段，可以選擇以下 3 種方法，其中用得比較多的是 Optimiza-tionAlgorithmLevenberg。

```
g2o::OptimizationAlgorithmGaussNewton // Gauss Newton 法
g2o::OptimizationAlgorithmLevenberg   // Levenberg-Marquardt 法
g2o::OptimizationAlgorithmDogleg      // Dogleg 法
```

第 4 步，建立稀疏最佳化器（SparseOptimizer），並用已定義求解器作為求解方法。

第 5 ～ 6 步，定義圖的頂點和邊，並增加到最佳化器中。這部分比較複雜，我們在後面單獨介紹。

第 7 步，設定最佳化參數，開始執行最佳化。

小白：終於明白 g2o 的流程了！

6.2 建構 g2o 頂點

師兄：前面我們講解了 g2o 程式設計框架，下面來講解其中頂點（Vertex）的建構方法。

6.2.1 頂點從哪裡來

師兄：在圖 6-2 中，涉及頂點的 3 個類別是 HyperGraph::Vertex、Optimizable-Graph::Vertex 和 BaseVertex。先來看第 1 個類別——HyperGraph::Vertex，它是一個抽象頂點類別，必須透過衍生來使用。下面是其定義中的說明。

```
// hyper_graph.h
class G2O_CORE_API HyperGraph
{
    public:
    // ......
    //! abstract Vertex, your types must derive from that one
    class G2O_CORE_API Vertex : public HyperGraphElement
    {
        // ......
    }
}
```

然後我們看第 2 個類別——OptimizableGraph::Vertex，查看定義可以發現它繼承自 HyperGraph::Vertex，如下所示。

```
// optimizable_graph.h
struct G2O_CORE_API OptimizableGraph : public HyperGraph
{
    // ......
    // A general case Vertex for optimization
    class G2O_CORE_API Vertex : public HyperGraph::Vertex, public
HyperGraph::DataContainer
    {
        // ......
    }
```

```
    }
```

　　不過，OptimizableGraph::Vertex 也是非常底層的類別，在具體使用時一般都
會進行擴充，因此 g2o 提供了一個比較通用的適合大部分情況的範本，也就是第
3 個類別——BaseVertex。我們找到原始程式中關於 BaseVertex 的定義，可以發現
BaseVertex 繼承自 OptimizableGraph::Vertex。以上 3 個類別的關係和圖 6-2 中顯示
的完全一致。

```cpp
// g2o/core/base_vertex.h
namespace g2o {
#define G2O_VERTEX_DIM ((D == Eigen::Dynamic) ? _dimension : D)
 /**
  * \brief Templatized BaseVertex
  *
  * Templatized BaseVertex
  * D : minimal dimension of the vertex, e.g., 3 for rotation in 3D. -1 means
dynamically assigned at runtime.
  * T : internal type to represent the estimate, e.g., Quaternion for rotation
in 3D
  */
 template <int D, typename T>
 class BaseVertex : public OptimizableGraph::Vertex
 {
   static const int Dimension = D;
      // dimension of the estimate (minimal) in the manifold space
   // ......
 }
 // ......
}
```

　　最後我們來看上述程式中的範本參數 D 和 T。

　　D 是 int 類型的，表示 Vertex 的最小維度，比如在 3D 空間中旋轉是三維的，
那麼這裡 D = 3。

　　T 是待估計 Vertex 的資料型態，比如用四元數表達三維旋轉，那麼 T 就是
Quaternion 類型的。

6.2.2　如何自己定義頂點

　　小白：那我們如何自己定義頂點呢？

　　師兄：我們知道了頂點的基本類型是 BaseVertex，下一步關心的就是如何使

用它。在不同的應用場景（二維空間、三維空間）中，有不同的待最佳化變數（位姿、地圖點），還涉及不同的最佳化類型（李代數位姿、李群位姿）。

小白：面對這麼多種情況，需要自己根據 BaseVertex 一個一個地實作嗎？

師兄：不需要！g2o 內部定義了一些常用的頂點類型，整理如下。

```
// g2o 定義好的常用頂點類型

// 2D 位姿頂點 (x,y,theta)
VertexSE2 : public BaseVertex<3, SE2>

// 六維向量 (x,y,z,qx,qy,qz)，省略了四元數中的 qw
VertexSE3 : public BaseVertex<6, Isometry3>

// 二維點和三維點
VertexPointXY : public BaseVertex<2, Vector2>
VertexPointXYZ : public BaseVertex<3, Vector3>
VertexSBAPointXYZ : public BaseVertex<3, Vector3>

// SE(3) 頂點，內部用變換矩陣參數化，外部用指數映射參數化
VertexSE3Expmap : public BaseVertex<6, SE3Quat>

// SBACam 頂點
VertexCam : public BaseVertex<6, SBACam>

// Sim(3) 頂點
VertexSim3Expmap : public BaseVertex<7, Sim3>
```

小白：好全啊，我們可以直接用啦！

師兄：我們當然可以直接用這些，但是有時需要的頂點類型並不在其中，這時就需要自己定義了。重新定義頂點一般需要考慮重寫如下函式。

```
// 讀 / 寫函式，一般情況下不需要進行讀 / 寫操作的話，僅僅宣告一下就可以
virtual bool read(std::istream& is);
virtual bool write(std::ostream& os) const;
// 頂點更新函式。這是一個非常重要的函式，主要用於最佳化過程中增量 Δx 的計算。
// 計算出增量後，就是透過這個函式對估計值進行調整的
virtual void oplusImpl(const number_t* update);

// 設定被最佳化頂點的初值
virtual void setToOriginImpl();
```

我們一般用下面的格式自訂 g2o 頂點。

```
// 自訂 g2o 頂點通用格式
```

```
class myVertex: public g2o::BaseVertex<Dim, Type>
{
    public:
        EIGEN_MAKE_ALIGNED_OPERATOR_NEW

        myVertex(){}

        virtual void read(std::istream& is) {}
        virtual void write(std::ostream& os) const {}

        virtual void setOriginImpl()
        {
            _estimate = Type();
        }
        virtual void oplusImpl(const double* update) override
        {
            _estimate += /* 更新 */;
        }
}
}
```

上面是一個範本，我們先來看一個簡單的在曲線擬合中自訂頂點的例子。可以看到，程式中將頂點的初值設定為 0，當頂點更新時直接把更新量「update」加上去，知道為什麼嗎？

```
// 在曲線擬合中自訂頂點
class CurveFittingVertex: public g2o::BaseVertex<3, Eigen::Vector3d>
{
    public:
        EIGEN_MAKE_ALIGNED_OPERATOR_NEW

        // 設定被最佳化頂點的初值為 0
        virtual void setToOriginImpl()
        {
            _estimate << 0,0,0;
        }
        // 頂點更新函式
        virtual void oplusImpl( const double* update )
        {
            _estimate += Eigen::Vector3d(update);
        }
        // 存檔和讀盤：留空
        virtual bool read( istream& in ) {}
        virtual bool write( ostream& out ) const {}
};
```

小白：更新不就是 $x + \Delta x$ 嗎，這是定義吧？

師兄：嗯，對於這個例子可以直接做加法，因為頂點類型是向量 Eigen::Vector3d，所以可以透過加法來更新。但是在有些情況下，不能直接做加法，比如在下面 VertexSE3Expmap 的頂點定義中，更新函式用的就是乘法。

```
// 以 SE(3) 位姿作為頂點的定義範例
// g2o/types/sba/types_six_dof_expmap.h
class g2o_TYPES_SBA_API VertexSE3Expmap : public BaseVertex<6, SE3Quat>{
    public:
        EIGEN_MAKE_ALIGNED_OPERATOR_NEW
            VertexSE3Expmap();

        bool read(std::istream& is);
        bool write(std::ostream& os) const;

        // 設定被最佳化頂點的初值
        virtual void setToOriginImpl() {
            _estimate = SE3Quat();
        }

        // 頂點更新函式
        virtual void oplusImpl(const number_t* update_) {
            Eigen::Map<const Vector6> update(update_);
            // 乘法更新
            setEstimate(SE3Quat::exp(update)*estimate());
        }
};
```

小白：第一行程式中的參數如何理解呢？

師兄：第一個參數「6」表示內部儲存的最佳化變數維度，這是一個六維的李代數。第二個參數是最佳化變數的類型，這裡使用了 g2o 定義的相機位姿類型 —— SE3Quat。SE3Quat 內部使用了四元數表達旋轉，然後加上位移來儲存 SE(3) 位姿。

小白：為什麼這裡更新時沒有直接做加法呢？

師兄：這裡不用加法來更新位姿是因為 SE(3) 位姿不滿足加法封閉性，但它對乘法是封閉的。

小白：原來如此！

師兄：剛才是以位姿作為頂點的例子，還有一種常用的頂點是三維點，以常用的類型 VertexSBAPointXYZ 為例，它的維度為 3，類型是 Eigen 的 Vector3，所以在更新時可以直接做加法。

```
// 以三維點作為頂點的定義範例
class g2o_TYPES_SBA_API VertexSBAPointXYZ : public BaseVertex<3, Vector3>
{
    public:
        EIGEN_MAKE_ALIGNED_OPERATOR_NEW
        VertexSBAPointXYZ();
        virtual bool read(std::istream& is);
        virtual bool write(std::ostream& os) const;

        // 設定被最佳化頂點的初值
        virtual void setToOriginImpl()
        {
            _estimate.fill(0);
        }
        // 頂點更新函式
        virtual void oplusImpl(const number_t* update)
        {
            Eigen::Map<const Vector3> v(update);
            _estimate += v; // 加法更新
        }
};
```

6.2.3 如何向圖中增加頂點

師兄：下面講解如何向最佳化器中增加頂點，其實比較簡單。我們來看一個曲線擬合的例子。

```
// 在曲線擬合中向圖中增加頂點範例
// 新建頂點
CurveFittingVertex* v = new CurveFittingVertex();
// 設定估計值
v->setEstimate( Eigen::Vector3d(0,0,0) );
// 設定頂點編號 ID
v->setId(0);
// 將頂點增加到最佳化器中
optimizer.addVertex( v );
```

下面是增加 VertexSBAPointXYZ 頂點的例子。

```
// 頂點初始 ID 為 1
int index = 1;
// 迴圈增加所有三維點並作為頂點
for ( const Point3f p:points_3d )
{
    // 新建頂點
    g2o::VertexSBAPointXYZ* point = new g2o::VertexSBAPointXYZ();
```

```
// 設定頂點編號，由於迴圈增加多個頂點，因此編號需要自動增加
point->setId ( index++ );
// 設定估計值
point->setEstimate ( Eigen::Vector3d ( p.x, p.y, p.z ) );
// 設定需要邊緣化

point->setMarginalized ( true );
// 將頂點增加到最佳化器中
optimizer.addVertex ( point );
}
```

至此，我們講完了 g2o 頂點的來源、定義、自訂方法和增加方法，你以後再看到頂點就不會陌生啦！

小白：太棒啦！

6.3　建構 g2o 邊

師兄：前面我們講解了如何建構 g2o 頂點，下面開始講如何建構 g2o 的邊，這比建構 g2o 頂點稍微複雜一些。經過前面的講解，你有沒有發現 g2o 的程式設計基本都是固定的格式呢？

小白：是的，我現在按照 g2o 框架和頂點的設計方法，再去看 g2o 實作不同功能的程式，發現都是一個模子裡刻出來的，只不過在某些地方稍微進行了修改。

師兄：是這樣的。我們來看 g2o 的邊到底是怎麼回事。

6.3.1　初步認識圖的邊

師兄：我們在講解頂點時，還專門去追根溯源地查詢頂點類別之間的繼承關係， g2o 中的邊其實也是類似的，就不去溯源了。在 g2o 的框架圖中，我們已經介紹了邊的 3 種類型——BaseUnaryEdge、BaseBinaryEdge 和 BaseMultiEdge，它們分別表示一元邊、二元邊和多元邊。

小白：它們有啥區別呢？

師兄：一元邊可以視為一條邊只連接一個頂點，二元邊可以視為一條邊連接兩個頂點，如圖 6-4 所示，多元邊可以視為一條邊能夠連接多個（3 個及以上）頂點。

下面來看它們的參數有什麼區別。主要有這幾個參數——D、E、VertexXi、VertexXj。

- D 是 int 類型的，表示測量值的維度（Dimension）。
- E 表示測量值的資料型態。
- VertexXi、VertexXj 分別表示不同頂點的類型。

一元邊示意圖　　　　　　二元邊示意圖

📷 相機位姿

⭐ 路標點

→ 二元邊

一元邊

▲圖 6-4　一元邊和二元邊示意圖

　　比如我們用邊表示三維點投影到影像平面上的重投影誤差，就可以設定如下輸入參數。

```
BaseBinaryEdge<2, Vector2D, VertexSBAPointXYZ, VertexSE3Expmap>
```

　　根據頂點中的定義，你猜猜看這些參數是什麼意思？

　　小白：好的！ BaseBinaryEdge 類型的邊是一個二元邊。第 1 個參數「2」是說測量值是二維的，測量值就是影像的二維像素座標，對應測量值的類型是 Vector2D，邊連接的兩個頂點分別是三維點 VertexSBAPointXYZ 和李群位姿 VertexSE3Expmap ？

　　師兄：完全正確！和定義頂點類似，在定義邊時我們通常也需要複寫一些重要的成員函式。

```
// 讀 / 寫函式，一般情況下不需要進行讀 / 寫操作，僅宣告一下就可以
virtual bool read(std::istream& is);
virtual bool write(std::ostream& os) const;

// 使用當前頂點的值計算的測量值與真實的測量值之間的誤差
virtual void computeError();

// 誤差對最佳化變數的偏導數，也就是我們說的 Jacobian
virtual void linearizeOplus();
```

　　除了上面的幾個成員函式，關於邊還有幾個重要的成員變數和函式，這裡也

一併解釋。

```
_measurement          儲存觀測值
_error                儲存計算的誤差
_vertices[]           儲存頂點資訊
setVertex(int, vertex) 定義頂點及其編號
setId(int)            定義邊的編號
setMeasurement(type)  定義觀測值
setInformation()      定義資訊矩陣
```

後面我們寫程式時會經常遇到它們。

6.3.2 如何自訂邊

小白：前面介紹了 g2o 中邊的基本類型、重要的成員變數和成員函式，如果我們要定義邊，那麼具體如何程式設計呢？

師兄：我這裡正好有一個定義 g2o 中邊的範本。

```
// g2o 中邊的定義格式
class myEdge: public g2o::BaseBinaryEdge<errorDim, errorType, Vertex1Type,
Vertex2Type>
{
    public:
        EIGEN_MAKE_ALIGNED_OPERATOR_NEW
        myEdge(){}

        // 讀 / 寫函式
        virtual bool read(istream& in) {}
        virtual bool write(ostream& out) const {}

        // 誤差 = 測量值 – 估計值
        virtual void computeError() override
        {
            _error = _measurement - /* 估計值 */;
        }

        // 增量計算函式：誤差對最佳化變數的偏導數
        virtual void linearizeOplus() override
        {
            _jacobianOplusXi(pos, pos) = something;
            _jocobianOplusXj(pos, pos) = something;
        }
}
```

我們可以發現，最重要的兩個函式就是 computeError()、linearizeOplus()。我

們先來看一個曲線擬合中一元邊的簡單例子 [3]。

```
// 曲線擬合中一元邊的簡單例子
class CurveFittingEdge: public g2o::BaseUnaryEdge<1,double,CurveFittingVertex>
{
    public:
        EIGEN_MAKE_ALIGNED_OPERATOR_NEW
        CurveFittingEdge( double x ): BaseUnaryEdge(), _x(x) {}
        // 計算曲線模型誤差
        void computeError()
        {
        const CurveFittingVertex* v = static_cast<const CurveFittingVertex*>
(_vertices[0]);
        const Eigen::Vector3d abc = v->estimate();
        // 曲線模型為 a*x^2 + b*x + c
        // 誤差 = 測量值 - 估計值
        _error(0,0) = _measurement - std::exp( abc(0,0)*_x*_x + abc(1,0)*_x +
abc(2,0) ) ;
        }
        // 讀 / 寫函式
        virtual bool read( istream& in ) {}
        virtual bool write( ostream& out ) const {}
    public:
        double _x;
};
```

師兄：下面是一個稍微複雜的例子，涉及 3D-2D 點的 PnP 問題，也就是最小化重投影誤差問題。這個問題在 SLAM 中很常見，使用的是最常用的二元邊，理解了它，與邊相關的程式就能舉一反三了。

```
// g2o/types/sba/edge_project_xyz2uv.h，g2o/types/sba/edge_project_xyz2uv.cpp
// PnP 問題中三維點投影到二維影像上二元邊定義範例
class g2o_TYPES_SBA_API EdgeProjectXYZ2UV : public BaseBinaryEdge<2, Vector2,
VertexPointXYZ, VertexSE3Expmap>
{
    public:
    EIGEN_MAKE_ALIGNED_OPERATOR_NEW;
    EdgeProjectXYZ2UV();
    // 讀 / 寫函式
    bool read(std::istream& is);
    bool write(std::ostream& os) const;
    // 計算誤差
    void computeError();
    // 增量計算函式
    virtual void linearizeOplus();
    // 相機參數
```

```
        CameraParameters * _cam;
};


void EdgeProjectXYZ2UV::computeError()
{

        // 將頂點中李群相機位姿記為 v1
        const VertexSE3Expmap* v1 = static_cast<const VertexSE3Expmap*>
(_vertices[1]);
        // 將頂點中三維點記為 v2
        const VertexPointXYZ* v2 = static_cast<const VertexPointXYZ*>(_vertices[0]);
        const CameraParameters* cam = static_cast<const CameraParameters*>
(parameter(0));
        // 誤差 = 測量值 - 估計值
        _error = measurement() - cam->cam_map(v1->estimate().map(v2->estimate()));
}

// 增量計算函式：誤差對最佳化變數的偏導數
void EdgeProjectXYZ2UV::linearizeOplus()
{
        VertexSE3Expmap* vj = static_cast<VertexSE3Expmap*>(_vertices[1]);
        SE3Quat T(vj->estimate());
        VertexPointXYZ* vi = static_cast<VertexPointXYZ*>(_vertices[0]);
        Vector3 xyz = vi->estimate();
        Vector3 xyz_trans = T.map(xyz);

        number_t x = xyz_trans[0];
        number_t y = xyz_trans[1];
        number_t z = xyz_trans[2];
        number_t z_2 = z * z;

        const CameraParameters* cam = static_cast<const CameraParameters*>
(parameter(0));
        // 重投影誤差關於三維點的雅可比矩陣
        Eigen::Matrix<number_t, 2, 3, Eigen::ColMajor> tmp;
        tmp(0, 0) = cam->focal_length;
        tmp(0, 1) = 0;
        tmp(0, 2) = -x / z * cam->focal_length;

        tmp(1, 0) = 0;
        tmp(1, 1) = cam->focal_length;
        tmp(1, 2) = -y / z * cam->focal_length;

        _jacobianOplusXi = -1. / z * tmp * T.rotation().toRotationMatrix();

        // 重投影誤差關於相機位姿的雅可比矩陣
        _jacobianOplusXj(0, 0) = x * y / z_2 * cam->focal_length;
        _jacobianOplusXj(0, 1) = -(1 + (x * x / z_2)) * cam->focal_length;
```

```
    _jacobianOplusXj(0, 2) = y / z * cam->focal_length;
    _jacobianOplusXj(0, 3) = -1. / z * cam->focal_length;
    _jacobianOplusXj(0, 4) = 0;
    _jacobianOplusXj(0, 5) = x / z_2 * cam->focal_length;
    _jacobianOplusXj(1, 0) = (1 + y * y / z_2) * cam->focal_length;
    _jacobianOplusXj(1, 1) = -x * y / z_2 * cam->focal_length;
    _jacobianOplusXj(1, 2) = -x / z * cam->focal_length;
    _jacobianOplusXj(1, 3) = 0;
    _jacobianOplusXj(1, 4) = -1. / z * cam->focal_length;
    _jacobianOplusXj(1, 5) = y / z_2 * cam->focal_length;
}
```

其中有一些比較難理解的地方，我們分別解釋。首先是誤差的計算。

```
// 誤差 = 測量值 – 估計值
_error = measurement() - cam->cam_map(v1->estimate().map(v2->estimate()));
```

小白：我確實看不懂這行程式……

師兄：這裡的本質是誤差 = 測量值 - 估計值。下面我幫你整理一下思路。我們先來看 cam_map 函式，它的功能是把相機座標系下的三維點（輸入）用本身參數轉換為影像座標（輸出），具體定義如下。

```
// g2o/types/sba/types_six_dof_expmap.cpp
// cam_map 函式定義
Vector2 CameraParameters::cam_map(const Vector3 & trans_xyz) const {
    Vector2 proj = project2d(trans_xyz);
    Vector2 res;
    res[0] = proj[0]*focal_length + principle_point[0];
    res[1] = proj[1]*focal_length + principle_point[1];
    return res;
}
```

然後看 map 函式，它的功能是把世界座標系下的三維點轉換到相機座標系下，定義如下。

```
// g2o/types/sim3/sim3.h
// map 函式定義
Vector3 map (const Vector3& xyz) const
{
    return s*(r*xyz) + t;
}
```

因此，下面的程式就是用 v1 估計的位姿把 v2 代表的三維點轉換到相機座標系下。

```
v1->estimate().map(v2->estimate())
```

小白:原來如此,我終於明白誤差是如何計算的了。

師兄:嗯,前面主要是對 computeError() 的理解,還有一個很重要的函式,就是 linearizeOplus(),它用來定義雅可比矩陣。在上面的例子中,透過最小化重投影誤差求解 PnP。重投影誤差關於相機位姿及三維點的雅可比矩陣在很多資料中都有推導,我們這裡直接舉出結論。

重投影誤差關於相機位姿的雅可比矩陣為

$$\frac{\partial e}{\partial \delta \boldsymbol{\xi}} = \begin{bmatrix} \dfrac{f_x XY}{Z^2} & -f_x - \dfrac{f_x X^2}{Z^2} & \dfrac{f_x Y}{Z} & -\dfrac{f_x}{Z} & 0 & \dfrac{f_x X}{Z^2} \\ f_y + \dfrac{f_y Y^2}{Z^2} & -\dfrac{f_y XY}{Z^2} & -\dfrac{f_y X}{Z} & 0 & -\dfrac{f_y}{Z} & \dfrac{f_y Y}{Z^2} \end{bmatrix} \tag{6-1}$$

重投影誤差關於三維點的雅可比矩陣為

$$\frac{\partial e}{\partial \boldsymbol{P}} = - \begin{bmatrix} \dfrac{f_x}{Z} & 0 & -\dfrac{f_x X}{Z^2} \\ 0 & \dfrac{f_y}{Z} & -\dfrac{f_y Y}{Z^2} \end{bmatrix} \boldsymbol{R} \tag{6-2}$$

上述矩陣與函式 EdgeProjectXYZ2UV::linearizeOplus() 中的實作是一一匹配的。

6.3.3 如何向圖中增加邊

師兄:前面我們講過如何向圖中增加頂點,可以說非常容易,而向圖中增加邊則會稍微複雜一些,我們還是先從最簡單的例子說起。先來看一元邊的增加方法,仍然以曲線擬合的例子來說明。

```
// 增加一元邊範例:曲線擬合
for ( int i=0; i<N; i++ )
{
    CurveFittingEdge* edge = new CurveFittingEdge( x_data[i] );
    edge->setId(i);                        // 設定邊的 ID
    edge->setVertex( 0, v );               // 設定連接的頂點 v，其編號為 0
    edge->setMeasurement( y_data[i] )      // 設定觀測的數值
    edge->setInformation( Eigen::Matrix<double,1,1>::Identity()*1/
```

```
(w_sigma*w_sigma) );                   // 資訊矩陣
   optimizer.addEdge( edge );          // 將邊增加到最佳化器
}
```

小白：setMeasurement 函式輸入的觀測值具體指什麼？

師兄：對於這個曲線擬合的例子來說，觀測值就是實際觀測到的資料。對於視覺 SLAM 來說，觀測值通常就是我們觀測到的特徵點座標。下面是一個增加二元邊的例子，需要用邊連接兩個頂點。

```
// 增加二元邊範例：PnP 投影
// 頂點包括地圖點和位姿
index = 1;
// points_2d 是由二維影像特徵點組成的向量
for ( const Point2f p:points_2d )
{
   g2o::EdgeProjectXYZ2UV* edge = new g2o::EdgeProjectXYZ2UV();
   // 設定邊的 ID
   edge->setId ( index );
   // 設定邊連接的第 1 個頂點：三維地圖點
   edge->setVertex ( 0, dynamic_cast<g2o::VertexSBAPointXYZ*>
( optimizer.vertex ( index ) ) );
   // 設定邊連接的第 2 個頂點：位姿
   edge->setVertex ( 1, pose );
   // 設定觀測：影像上的二維特徵點座標
   edge->setMeasurement ( Eigen::Vector2d ( p.x, p.y ) );
   // 設定資訊矩陣
   edge->setInformation ( Eigen::Matrix2d::Identity() );
   // 將邊增加到最佳化器中
   optimizer.addEdge ( edge );
   // 增加邊的 ID
   index++;
}
```

小白：這裡的 setMeasurement 函式中的 p 來自由特徵點組成的向量 points_2d，也就是特徵點的影像座標 (x,y) 吧？

師兄：是的。另外，你看 setVertex 有兩個，一個是 0 和 VertexSBAPointXYZ 類型的頂點，另一個是 1 和 pose。你覺得這裡的 0 和 1 是什麼意思？能否互換呢？

小白：這裡的 0 和 1 應該分別指代頂點的 ID，能不能互換可能需要查看頂點定義部分的程式。

師兄：沒錯！這裡的 0 和 1 代表頂點的 ID。我們來看 setVertex 在 g2o 中的定義。

```cpp
// g2o/core/hyper_graph.h
// set the ith vertex on the hyper-edge to the pointer supplied
void setVertex(size_t i, Vertex* v)
{
    assert(i < _vertices.size() && "index out of bounds");
    _vertices[i]=v;
}
```

你看，_vertices[i] 中的 i 對應的就是這裡的 0 和 1。程式中的類型 g2o:: EdgeProjectXYZ2UV 的定義如下。

```cpp
class g2o_TYPES_SBA_API EdgeProjectXYZ2UV
{
    // ......
    // 相機位姿 v1
    const VertexSE3Expmap* v1 = static_cast<const VertexSE3Expmap*>
(_vertices[1]);
    // 三維點 v2
    const VertexSBAPointXYZ* v2 = static_cast<const VertexSBAPointXYZ*>
(_vertices[0]);
    // ......
}
```

你看，vertices[0] 對應的是 VertexSBAPointXYZ 類型的頂點，也就是三維點。 vertices[1] 對應的是 VertexSE3Expmap 類型的頂點，也就是位姿 pose。因此，前面 1 對應的應該是 pose，0 對應的應該是三維點。所以，這個 ID 絕對不能互換。

小白：原來如此，之前都沒注意這些，看來 g2o 不會幫我區分頂點的類型，以後在程式設計時要對應好，不然錯了都找不到原因呢！

師兄：是的，以上就是 g2o 中邊的介紹，在 ORB-SLAM2 和 ORB-SLAM3 中會用到。

參考文獻

[1] GRISETTI G, KÜMMERLE R, STRASDAT H, et al. g2o: A general framework for (hyper) graph optimization[C]//Proceedings of the IEEE International Conference on Robotics and Automation (ICRA). 2011: 9-13.

[2] https://github.com/RainerKuemmerle/g2o.

[3] 高翔 . SLAM 視覺十四講：雙倍內容強化版 [M]. 深智數位出版社 DM1925.

第二部分

ORB-SLAM2 理論與實作

1. ORB-SLAM2 介紹

2015 年，西班牙的薩拉哥薩大學機器人感知與即時研究小組開放原始碼 ORB-SLAM 第一個版本 [1]，ORB-SLAM 出色的效果引起人們的廣泛關注。該團隊分別在 2017 年和 2021 年發表了第二個版本 ORB-SLAM2 [2] 和第三個版本 ORB-SLAM3 [3]。其中，ORB-SLAM2 是目前業內最知名、應用最廣泛的開放原始程式碼，也是本書第二部分將詳細介紹的演算法。

（1）名詞術語。在繼續介紹之前，我們有必要先簡單介紹一些術語，如果初學者一時難以理解也沒關係，我們在後面章節中會詳細介紹，見表 1。

▼ 表 1 術語及含義

名詞術語	含義
位姿	位置（平移）和姿態（旋轉）的統稱
Sim(3) 變換	三維空間的相似變換群
主要畫面格	根據一定規則在連續幾個普通畫面格中選取的最具代表性的一畫面格
特徵點	按照人工設計的模式從影像上提取的二維像素點，可辨識度比較高
地圖點	也稱路標點，來自三維空間中物體表面的點。可以透過特徵點匹配得到，也可以透過 RGB-D、雷射雷達等感測器直接測量得到
共視圖	一種無向加權圖，每個頂點都是主要畫面格。如果兩個頂點之間滿足一定的共視關係（共同觀測到一定數量的地圖點），則它們就會連成一條邊，邊的權重就是共視地圖點的數目
本質圖	共視圖的簡化版，保留共視圖中所有的頂點，僅保留權重大於設定值的邊
生成樹	本質圖的簡化版，僅保留本質圖中具有父子關係的節點和邊
尺度	單位的度量。純單目視覺影像無法獲得真實尺度，會被指定一個相對的尺度；雙目和 RGB-D 影像可以得到真實的尺度
視覺單字	一般將特徵點對應的描述子向量作為視覺單字
視覺詞袋	視覺單字的集合
視覺字典	由詞袋組成的樹稱為視覺字典或視覺字典樹
BA 最佳化	用 Bundle Adjustment 進行非線性最佳化
地圖初始化	生成最初的地圖。使用單目相機進行地圖初始化比較複雜，需要透過運動恢復結構的方式完成地圖初始化。使用雙目相機和 RGB-D 相機進行地圖初始化則比較容易，可以直接將其第一畫面格對應的三維點作為初始化地圖
參考主要畫面格追蹤	將當前普通畫面格（位姿未知）和它對應的參考主要畫面格（位姿已知）進行特徵匹配及最佳化，從而估計當前普通畫面格的位姿

名詞術語	含義
恒速模型追蹤	兩個影像畫面格之間一般只有幾十毫秒的時間，假設在相鄰畫面格間極短的時間內相機處於等速運動狀態，則可以用上一畫面格的位姿和速度估計當前畫面格的位姿
重定位追蹤	當參考主要畫面格追蹤、恒速模型追蹤都失敗時，透過詞袋匹配、EPnP、反覆的投影匹配和 BA 最佳化來找回遺失的位姿
局部主要畫面格	滿足一定共視關係的主要畫面格
局部地圖點	滿足一定共視關係的主要畫面格對應的地圖點
局部地圖建構	一個獨立的執行緒，輸入是從追蹤執行緒傳入的主要畫面格。目的是用共視主要畫面格及其他地圖點進行局部 BA 最佳化，讓已有的主要畫面格之間產生更多的匹配，生成新的地圖點，最終最佳化得到精確的位姿和地圖點
閉環	一個獨立的執行緒，輸入是從局部地圖建構執行緒傳入的主要畫面格。目的是判斷機器人是否經過同一地點，一旦檢測成功，即可進行全域最佳化，從而消除累計軌跡誤差和地圖誤差
位置辨識	用詞袋匹配等方法判斷兩個場景是不是同一個地點

（2）框架模組。ORB-SLAM2 演算法框架如圖 1 所示，以下是對各個模組的說明。

- 輸入。有 3 種輸入模式可以選擇：單目相機模式、雙目相機模式和 RGB-D 相機模式。

- 追蹤執行緒。ORB-SLAM2 地圖初始化成功後，會分成兩個階段來追蹤。第一階段追蹤的主要目的是「跟得上」，包括恒速模型追蹤、參考主要畫面格追蹤和重定位追蹤。首先會選擇參考主要畫面格追蹤，在得到速度之後，後面主要使用的追蹤方式是恒速模型追蹤。當追蹤遺失時，啟動重定位追蹤。在經過以上追蹤後，可以得到初始位姿。然後進入第二階段追蹤 —— 局部地圖追蹤，目的是對位姿進一步最佳化。最後根據設定條件判斷是否需要將當前畫面格建立為主要畫面格。

- 局部地圖建構執行緒。輸入的主要畫面格是追蹤執行緒中新建的主要畫面格。為了增加地圖點的數目，在局部地圖建構執行緒中共視主要畫面格之間會重新匹配特徵，生成新的地圖點。局部 BA 會同時最佳化共視圖中的主要畫面格位姿和地圖點，最佳化後也會刪除不準確的地圖點和容錯的主要畫面格。

- 閉環執行緒。首先透過詞袋查詢主要畫面格資料庫，找到和當前主要畫面格可能發生閉環的候選主要畫面格，然後求解它們之間的 Sim(3) 變換，最後執行閉環矯正和本質圖最佳化，使得所有主要畫面格的位姿更準確。
- 全域 BA。最佳化地圖中所有的主要畫面格及其地圖點。
- 位置辨識。利用離線訓練好的視覺字典判斷場景的相似性，主要應用於特徵匹配、重定位和閉環檢測。
- 地圖。地圖包括地圖點、主要畫面格、主要畫面格之間根據共視地圖點數目組成的共視圖及根據父子關係組成的生成樹。

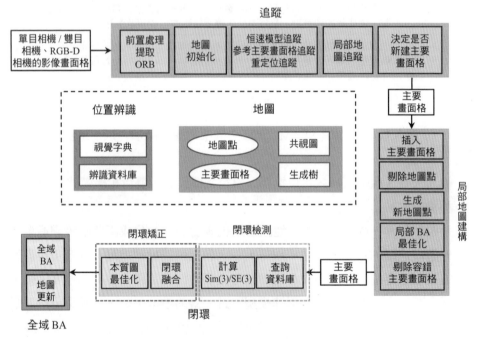

▲ 圖 1 ORB-SLAM2 演算法框架[2]

（3）優點和缺點。因為 ORB-SLAM2 具備功能全面、準確度高、適合延伸開發等特點，於是成為視覺 SLAM 領域的代表作，之後有大量的研究者以此為基礎進行延伸和拓展。下面對該演算法的優缺點進行總結。

1）ORB-SLAM2 的優點

- 支持單目相機、雙目相機和 RGB-D 相機的完整開放原始碼 SLAM 方案，能夠實作閉環檢測和重新定位的功能。

- 支援輕量級僅定位模式，該模式不使用局部地圖建構和閉環檢測執行緒，用視覺里程計追蹤未建構地圖區域，可以達到零飄移。
- 追蹤、局部地圖建構、閉環和重定位等任務都採用相同的 ORB 特徵點，使得系統內資料互動更高效、穩定可靠。
- ORB 特徵點具有旋轉不變性、光源不變性和尺度不變性，匹配速度快，適合即時應用。無論是在室內使用的小型手持裝置，還是在工廠環境中使用的無人機和在城市裡駕駛的汽車，該演算法都能夠在 CPU 上即時工作。
- 單目初始化和應用場景解耦，不管是平面場景還是非平面場景，都可以自動初始化，無須人工操作。
- 地圖點和主要畫面格的建立比較寬鬆，但後續會被嚴格篩選，剔除容錯主要畫面格和誤差大的地圖點，增加地圖建構過程的彈性，可以在大旋轉、快速運動和紋理不足等惡劣情況下提高追蹤的堅固性。
- 採用共視圖，使得追蹤和地圖建構控制在局部共視區域，與全域地圖大小無關，可以在大場景下執行。
- 使用本質圖最佳化位姿實作閉環檢測，耗時少、準確度高。
- 相比直接法，特徵點法可用於寬基準線特徵匹配，更適合對深度、準確度要求較高的場景，如三維重建。
- 定位準確度高，可達公分等級，是特徵點法 SLAM 的經典代表作品。
- 程式規範，可讀性強，包含很多專案化技巧，適合延伸開發和擴充。

    2）ORB-SLAM2 的缺點

- 相比直接法 SLAM 框架，ORB-SLAM2 的特徵提取部分比較耗時，執行速度沒有直接法快。
- 相比直接法 SLAM 框架，ORB-SLAM2 在弱紋理、重複紋理和影像模糊場景下容易追蹤遺失。
- ORB-SLAM2 產生的定位地圖比較稀疏，應用有限。

2. 變數命名規範

後續章節中會有大量的原始程式詳解。在介紹之前，我們有必要先了解程式中常見變數的命名規則，這對我們快速、高效率地理解和學習程式非常有用。我們以後自己寫程式時也可以參考類似的規範寫法，既方便閱讀，又能避免出錯。

以下是程式中常見的幾種變數的命名規範。

以小寫字母 m（member 的字首）開頭的變數表示**類別的成員變數**。比如：

```
int mSensor;
int mTrackingState;
std::mutex mMutexMode;
```

對於某些複雜的資料型態，第 2 個字母，甚至第 3 個字母也有一定的意義，比如。

以 mp 開頭的變數表示指標（pointer）型類別成員變數。

```
Tracking* mpTracker;
LocalMapping* mpLocalMapper;
LoopClosing* mpLoopCloser;
Viewer* mpViewer;
```

以 mb 開頭的變數表示布林（bool）型類別成員變數。

```
bool mbOnlyTracking;
```

以 mv 開頭的變數表示向量（vector）型類別成員變數。

```
std::vector<int> mvIniLastMatches;
std::vector<cv::Point3f> mvIniP3D;
```

以 mpt 開頭的變數表示指標（pointer）型類別成員變數，並且它是一個執行緒（thread）。

```
std::thread* mptLocalMapping;
std::thread* mptLoopClosing;
std::thread* mptViewer;
```

以 ml 開頭的變數表示串列（list）型類別成員變數。

以 mlp 開頭的變數表示串列（list）型類別成員變數，並且它的元素類型是指標（pointer）。

以 mlb 開頭的變數表示串列（list）型類別成員變數，並且它的元素類型是布林（bool）。

```
list<double> mlFrameTimes;
list<bool> mlbLost;
```

```
list<cv::Mat> mlRelativeFramePoses;
list<KeyFrame*> mlpReferences;
```

3. 內容安排

第二部分包括 8 章，將詳細解讀經典視覺 SLAM 開放原始碼框架 ORB-SLAM2 中各個模組的原理和程式。每章內容安排如下。

- 第 7 章為 ORB 特徵提取。你將了解 ORB 特徵點的建構及特徵點均勻化策略。

- 第 8 章為 ORB-SLAM2 中的特徵匹配。你將了解不同場景下使用的不同特徵匹配方法，包括單目初始化中的特徵匹配、透過詞袋進行特徵匹配、透過地圖點投影進行特徵匹配、透過 Sim(3) 變換進行相互投影匹配。

- 第 9 章為地圖點、主要畫面格、圖結構。你將了解這 3 個核心概念，它們貫穿在整個 SLAM 過程中。

- 第 10 章為 ORB-SLAM2 中的地圖初始化。你將了解地圖初始化的意義，以及單目模式和雙目模式的不同地圖初始化方法。

- 第 11 章為 ORB-SLAM2 中的追蹤執行緒。你將了解參考主要畫面格追蹤、恒速模型追蹤、重定位追蹤和局部地圖追蹤。

- 第 12 章為 ORB-SLAM2 中的局部地圖建構執行緒。你將了解如何處理新的主要畫面格、剔除不合格的地圖點、生成新的地圖點、檢查並融合當前主要畫面格與相鄰畫面格的地圖點及主要畫面格的剔除。

- 第 13 章為 ORB-SLAM2 中的閉環執行緒。你將了解閉環檢測的原因，如何尋找並驗證閉環候選主要畫面格，計算 Sim(3) 變換，閉環矯正。

- 第 14 章為 ORB-SLAM2 中的最佳化方法。你將了解追蹤執行緒僅最佳化位姿、局部地圖建構執行緒中局部地圖最佳化、閉環執行緒中的 Sim(3) 位姿最佳化、閉環時本質圖最佳化及全域最佳化。

參考資料

[1]   MUR-ARTAL R, MONTIEL J M M, TARDOS J D. ORB-SLAM: a versatile and accurate monocular SLAM system[J]. IEEE transactions on robotics, 2015, 31(5): 1147-1163.

[2]   MUR-ARTAL R, TARDÓS J D. Orb-slam2: An open-source slam system for monocular, stereo, and rgb-d cameras[J]. IEEE transactions on robotics, 2017, 33(5):

1255-1262.

[3]   CAMPOS C, ELVIRA R, RODRÍGUEZ J J G, et al. Orb-slam3: An accurate open-source library for visual, visual–inertial, and multimap slam[J]. IEEE Transactions on Robotics, 2021, 37(6): 1874-1890.

第 7 章
ORB 特徵提取

小白：師兄，ORB-SLAM 的名字我比較熟悉，其中的 ORB 應該是一種特徵點。這種開放原始碼演算法能夠用 ORB 這種特徵點命名，一定是因為這種特徵點具有非常大的優勢吧？

師兄：沒錯。ORB（Oriented FAST and Rotated BRIEF）特徵點出自美國的 Willow Garage 公司在 2012 年發表的一篇論文，題目為「ORB：an efficient alternative to SIFT or SURF」[1]。ORB-SLAM 框架確實得益於該特徵點，下面就來詳細介紹。

7.1 ORB 特徵點

師兄：我們常說的特徵點實際上是由關鍵點（Keypoint）和描述子（Descriptor）兩部分組成的。關鍵點是指該特徵點在影像中的位置。而描述子是用來量化描述該關鍵點周圍的像素資訊的，這裡的「量化」一般是人為設計的某種方式，設計的原則是「外觀相似的特徵應該具有相似的描述子」。這樣當我們想要判斷兩個不同位置的關鍵點是否相似時，就可以透過計算它們之間的描述子的距離來確定。

小白：那 ORB 特徵點也有關鍵點和描述子嗎？

師兄：是的。ORB 的關鍵點在 FAST（Features from Accelerated Segments Test）關鍵點[2] 的基礎上進行了改進，主要增加了特徵點的主方向，稱為 Oriented FAST。描述子在 BRIEF（Binary Robust Independent Elementary Features）描述子[3] 的基礎上加入了上述方向資訊，稱為 Steered BRIEF。

7.1.1 關鍵點 Oriented FAST

1. FAST 角點

師兄：我們先來了解一下 FAST 關鍵點，它是一種檢測角點的方法。與它的英文縮寫意思一樣，FAST 確定關鍵點的速度非常快。

小白：請問什麼是角點呢？

師兄：我們前面提到的特徵點其實是影像中一些比較特殊的地方，它大致可分為三類：平坦區域、邊緣和角點，如圖 7-1 所示。我們在影像中取一個小視窗來判斷局部區域的類型。從圖 7-1 中可以看到，左邊平坦區域內部沿所有方向灰度都沒有變化；而中間的邊緣沿水平方向灰度是有變化的，沿垂直方向灰度沒有變化；右邊的角點則沿所有方向都有灰度變化。這個角點就是影像中有辨識度的點，而 FAST 就是一種高效的角點判定方法。

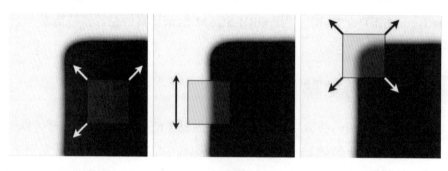

(a) 平坦區域　　　　　(b) 邊緣　　　　　　(c) 角點
所有方向無灰度變化　沿邊緣方向無灰度變化　所有方向都有灰度變化

▲ 圖 7-1　平坦區域、邊緣和角點的對比

小白：那 FAST 也要像這樣用一個視窗來統計裡面所有像素灰度的變化嗎？

師兄：不需要，那樣太慢了。FAST 的思想是，如果一個像素和它周圍的像素灰度差別較大（超過設定的設定值），並且達到一定數目，那麼這個像素很可能就是角點。具體檢測過程如下。

第 1 步，在影像中選擇某個像素 p，將它的灰度值記為 I_p。

第 2 步，設定一個設定值 T，用於判斷兩個像素灰度值的差異大小。為了能夠自我調整不同的影像，一般採用相對百分比例，比如設定為 I_p 的 20%。

第 3 步，以像素 p 為中心，選取半徑為 3 的圓上的 16 個像素點。選取方式如圖 7-2 所示。

第 4 步，如果 16 個像素點中有連續的 N 個點的灰度大於 $I_p + T$ 或者小於 $I_p - T$，就可以將像素 p 確定為關鍵點。在 ORB 的論文中，作者說 $N = 9$ 時效果較好，稱為 FAST-9。在實際操作中，為了加速，可以把第 1、5、9、13 個像素點當作錨點。在 FAST-9 演算法中，只有當這 4 個錨點中有 3 個及以上錨點的灰度值同時大於 $I_p + T$ 或者小於 $I_p - T$ 時，當前像素才可能是一個關鍵點，否則就可以排除掉，這大大加快了關鍵點檢測的速度。

第 5 步，遍歷影像中每個像素點，迴圈執行以上 4 個步驟。

此外，由於 FAST 關鍵點很容易成堆出現，因此第一次遍歷完影像後還需要用到非極大值抑制，在一定範圍內保留響應值最大的值作為該範圍內的 FAST 關鍵點。

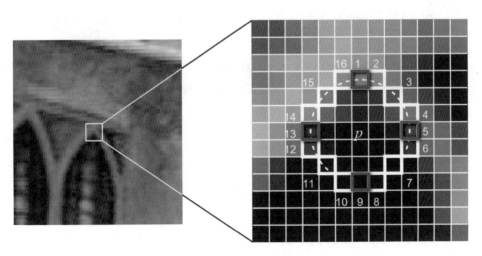

▲ 圖 7-2　FAST 關鍵點 [2]

2. 為什麼需要影像金字塔

　　小白：根據上面的描述，FAST 固定選取的是半徑為 3 的圓，那這個關鍵點是不是就和相機拍攝物體的解析度有關了？我在初始位置（見圖 7-3（a））透過 FAST-9 判定是關鍵點，但是當相機靠近物體進行拍攝時（見圖 7-3（b）），這個角點佔用的像素數目就會變多，固定的半徑為 3 的圓就檢測不到角點了；或者當相機遠離物體進行拍攝時（見圖 7-3（c）），這個角點佔用的像素數目就會變少，固定的半徑為 3 的圓也檢測不到角點。

　　師兄：是的，這就是 FAST 存在的問題，我們稱為尺度問題。ORB 特徵點使用影像金字塔來確保特徵點的尺度不變性。影像金字塔是電腦視覺領域中常用的一種方法，如圖 7-4 所示，金字塔底層是原始影像，在 ORB-SLAM2 中對應的金字塔層級是 level=0。每往上一層，就對影像進行一個固定倍率的縮放，得到不同解析度的影像。當提取 ORB 特徵點時，我們會在每一個金字塔層級上進行特徵提取，這樣不管相機拍攝時距離物體是遠還是近，都可以在某個金字塔層級上提取到真正的角點。我們在對不同影像特徵點進行特徵匹配時，就可以匹配不同影像中在不同金字塔層級上提取到的特徵點，實現尺度不變性。

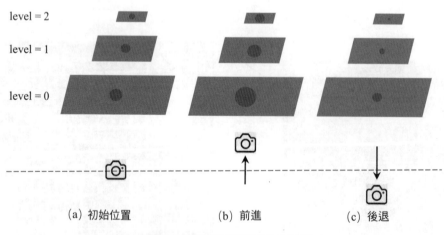

level = 2
level = 1
level = 0

（a）初始位置　　　　　　（b）前進　　　　　　（c）後退

▲ 圖 7-3 相機運動對關鍵點的影響

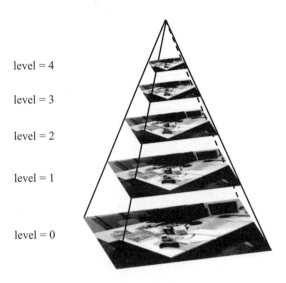

level = 4

level = 3

level = 2

level = 1

level = 0

▲ 圖 7-4 影像金字塔

3. 灰度質心法

小白：原來如此，那麼 ORB 特徵點的旋轉不變性是怎麼實現的呢？

師兄：所謂旋轉不變性，其實現思路也比較直觀，就是先想辦法計算出每個關鍵點的「主方向」，然後統一將像素旋轉到這個「主方向」，使得每個特徵點的描述子不再受旋轉的影響。

小白：那怎麼計算關鍵點的「主方向」呢？

師兄：我們使用灰度質心（Intensity Centroid）法來計算關鍵點的「主方向」。這裡的灰度質心就是將一個影像區域內像素的灰度值作為權重的中心，是需要我們計算的。這裡的影像區域一般是圓形區域，在 ORB-SLAM2 中設定的是直徑為 31 的圓形。這個圓形的圓心叫作形心，也就是幾何中心。形心指向質心的向量就代表這個關鍵點的「主方向」。

下面重點講解如何計算灰度質心[4]。我們定義該區域影像的矩為

$$m_{pq} = \sum_{x,y} x^p y^q I(x,y), \quad p,q = \{0,1\} \tag{7-1}$$

式中，p, q 取 0 或 1；$I(x,y)$ 表示在像素座標 (x, y) 處影像的灰度值；m_{pq} 表示影像的矩。

在半徑為 R 的圓形影像區域，沿兩個座標軸 x, y 方向的影像矩分別為

$$m_{10} = \sum_{x=-R}^{R} \sum_{y=-R}^{R} x I(x, y)$$

$$m_{01} = \sum_{x=-R}^{R} \sum_{y=-R}^{R} y I(x, y)$$

(7-2)

圓形區域內所有像素的灰度值總和為

$$m_{00} = \sum_{x=-R}^{R} \sum_{y=-R}^{R} I(x, y)$$

(7-3)

影像的質心為

$$C = (c_x, c_y) = \left(\frac{m_{10}}{m_{00}}, \frac{m_{01}}{m_{00}} \right)$$

(7-4)

關鍵點的「主方向」就可以表示為從圓形影像形心 O 指向質心 C 的方向向量 $\overrightarrow{OC}$，於是關鍵點的旋轉角度記為

$$\theta = \arctan 2 \left(c_y, c_x \right) = \arctan 2 \left(m_{01}, m_{10} \right)$$

(7-5)

以上就是利用灰度質心法求關鍵點旋轉角度的原理。

ORB-SLAM2 程式使用了一些技巧加速計算灰度質心，下面講解其背後的原理和流程。

第 1 步，我們要處理的是一個圓形影像區域，而圓形是具有對稱性的，加速的原理就是根據對稱性一次索引多行像素。因此，首先把索引基準點放在圓形的中心像素點上，記為 center。

第 2 步，圓形半徑記為 R，先計算圓形區域內水平座標軸上的一行像素灰度（圖 7-5 中的紅色區域），對應的座標範圍是 $(-R < x < R, y = 0)$。這一行對應的影像矩分別為

$$m_{10}^{\text{center}} = \sum_{-R<x<R,y=0} xI(x,y)$$
$$m_{01}^{\text{center}} = \sum_{-R<x<R,y=0} yI(x,y) = 0 \tag{7-6}$$

第 3 步，以水平座標軸為對稱軸，一次性索引與水平座標軸上下對稱的兩行像素（圖 7-5 中的綠色區域），上下某兩個對稱的像素分別記為

$$p_{\text{up}} = (x', -y')$$
$$p_{\text{bottom}} = (x', y') \tag{7-7}$$

則這兩個點對應的影像矩分別為

$$m_{10}^{\text{up}'} = x'I(p_{\text{bottom}}) + x'I(p_{\text{up}}) = x'(I(x',y') + I(x',-y'))$$
$$m_{01}^{\text{bottom}'} = y'I(p_{\text{bottom}}) - y'I(p_{\text{up}}) = y'(I(x',y') - I(x',-y')) \tag{7-8}$$

最後累加即可。

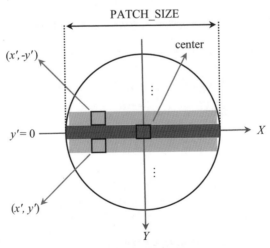

▲ 圖 7-5　加速計算灰度質心

```
/**
 * @brief 這個函式用於計算特徵點的方向，這裡以傳回角度作為方向
 * 計算特徵點方向是為了使得提取的特徵點具有旋轉不變性。
 * 方法是灰度質心法：以幾何中心和灰度質心的連線作為該特徵點的方向
 * @param[in] image      要進行操作的某層金字塔影像
 * @param[in] pt         當前特徵點的座標
 * @param[in] u_max      影像區塊的每一行的座標邊界 u_max
 * @return float         傳回特徵點的角度，範圍為 [0,360)，準確度為 0.3°
 */
static float IC_Angle(const Mat& image, Point2f pt, const vector<int> & u_max)
{
    // 影像的矩，前者按照影像區塊的 y 座標加權，後者按照影像區塊的 x 座標加權
    int m_01 = 0, m_10 = 0;

    // 獲得這個特徵點所在的影像區塊的中心點座標灰度值的指標 center
    const uchar* center = &image.at<uchar> (cvRound(pt.y), cvRound(pt.x));

    //v=0 中心線的計算需要特殊對待
    // 由於是中心行 + 若干行對，因此 PATCH_SIZE 應該是一個奇數
    for (int u = -HALF_PATCH_SIZE; u <= HALF_PATCH_SIZE; ++u)
        // 注意，這裡 center 的下標 u 可以是負數。中心水平線上的像素按 x 座標 (u 座標) 加權
        m_10 += u * center[u];

    // 這裡的 step1 表示這個影像一行包含的位元組總數
    int step = (int)image.step1();
    // 注意，這裡以 v=0 中心線為對稱軸，每成對的兩行之間對稱地進行遍歷，這樣處理加快了計算速度
    for (int v = 1; v <= HALF_PATCH_SIZE; ++v)
    {

        // Proceed over the two lines
        // 本來 m_01 應該一列一列地計算，但由於對稱及座標 x,y 正負的原因，現在可以一次計算兩行
        int v_sum = 0;
        // 獲取某行像素水平座標的最大範圍，注意這裡的影像區塊是圓形的！
        int d = u_max[v];
        // 在座標範圍內逐一遍歷像素，實際上一次遍歷 2 個像素
        // 假設每次處理的兩個點座標，中心線下方為 (x,y)，中心線上方為 (x,-y)
        // 對於某次待處理的兩個點：m_10 = Σ x*I(x,y) = x*I(x,y) + x*I(x,-y) =
        // x*(I(x,y) + I(x,-y))
        // 對於某次待處理的兩個點：m_01 = Σ y*I(x,y) = y*I(x,y) - y*I(x,-y) =
        // y*(I(x,y) - I(x,-y))
        for (int u = -d; u <= d; ++u)
        {

            // 得到需要進行加運算和減運算的像素灰度值
            //val_plus：在中心線下方 x=u 時的像素灰度值
            //val_minus：在中心線上方 x=u 時的像素灰度值
            int val_plus = center[u + v*step], val_minus = center[u - v*step];
            // 在 v 軸 (y 軸) 上，2 行像素灰度值之差
```

```
        v_sum += (val_plus - val_minus);
        // 在 u 軸 ( x 軸 ) 方向上用 u 座標加權和 ( u 座標也有正負符號 )，相當於同時計算兩行
        m_10 += u * (val_plus + val_minus);
    }
    // 將這一行上的和按照 y 座標加權
    m_01 += v * v_sum;
}

// 為了加快速度，還使用了 fastAtan2() 函式，輸出為 [0,360)，準確度為 0.3;
return fastAtan2((float)m_01, (float)m_10);
}
```

小白：我們計算出來的這個角點 θ 具體怎麼用呢？

師兄：在關鍵點部分，我們根據灰度質心法得到關鍵點的旋轉角度後，在計算描述子之前會先用這個角度進行旋轉。如圖 7-6 所示，點 P 為圓形區域的幾何中心，點 Q 為圓形區域的灰度質心，我們的目的就是把左圖中的像素旋轉到和主方向座標軸對齊（見圖 7-6 右圖）。

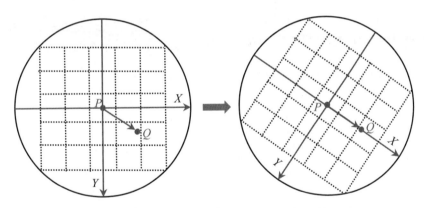

▲ 圖 7-6 旋轉灰度質心圓和主方向座標軸對齊

7.1.2 描述子 Steered BRIEF

師兄：前面我們用 Oriented FAST 確定了關鍵點，下面就要對每個關鍵點的資訊進行量化，計算其描述子。ORB 特徵點中的描述子是在 BRIEF 的基礎上進行改進的，稱為 Steered BRIEF。我們先來了解什麼是 BRIEF。

BRIEF 是一種二進位編碼的描述子，在 ORB-SLAM2 中它是一個 256 bit 的向量，其中每個 bit 是 0 或 1。這樣我們在比較兩個描述子時，可以直接用互斥位

元運算計算漢明距離，速度非常快。

以下是 BRIEF 描述子的具體計算方法。

> 第 1 步，為減少雜訊干擾，先對影像進行高斯濾波。
>
> 第 2 步，以關鍵點為中心，取一定大小的影像視窗 p。在視窗內隨機選取一對點，比較二者像素的大小，進行如下二進位賦值。
>
> $$\tau(p; x, y) := \begin{cases} 1 & : p(x) < p(y) \\ 0 & : p(x) \geqslant p(y) \end{cases} \tag{7-9}$$
>
> 式中，$p(x)$ 表示像素 x 在視窗 p 內的灰度值。
>
> 第 3 步，在視窗中隨機選取 N（在 ORB-SLAM2 中 $N = 256$）對隨機點，重複第 2 步的二進位賦值，最後得到一個 256 維的二進位描述子。

對於上述第 2 步，在 ORB-SLAM2 中採用了一種固定的選點範本。這個範本是精心設計的，保證了描述子具有較高的辨識度。下面是範本的前 4 行。

```
static int bit_pattern_31_[256*4] =
{
    8,-3, 9,5         /*mean (0), correlation (0)*/,
    4,2, 7,-12        /*mean (1.12461e-05), correlation (0.0437584)*/,
    -11,9, -8,2       /*mean (3.37382e-05), correlation (0.0617409)*/,
    7,-12, 12,-13     /*mean (5.62303e-05), correlation (0.0636977)*/,
    ...
}
```

我們可以看到，這是一個 256 × 4 個值組成的陣列。256 代表描述子的維度，每行的 4 個值表示一對點的座標，比如第一行表示 $p(x) = (8, -3), p(y) = (9, 5)$，根據第 2 步即可判斷這一行對應的二進位是 0 還是 1，這樣最終就獲得了 256 維的描述子。

在 ORB 特徵點中對原始的 BRIEF 進行了改進，利用前面計算的關鍵點的主方向旋轉 BRIEF 描述子，旋轉之後的 BRIEF 描述子稱為 Steered BRIEF，這樣 ORB 的描述子就具有了旋轉不變性。

小白：如何實現旋轉不變性呢？

師兄：假設現在有一個點 $V = (x, y)$，原點指向它的向量 $\overrightarrow{OV}$，經過角度為 θ

的旋轉，得到一個新的點 $V' = (x', y')$，那麼在數學上如何實現呢？

我們來推導。如圖 7-7 所示，假設向量 $\overrightarrow{OV}$ 和水平座標軸 x 的夾角為 φ，向量模長 $\|\overrightarrow{OV}\| = r$，則有

$$
\begin{aligned}
x &= r\cos(\varphi) \\
y &= r\sin(\varphi)
\end{aligned}
\tag{7-10}
$$

根據三角公式容易得到

$$
\begin{aligned}
x' &= r\cos(\theta + \varphi) = r\cos(\theta)\cos(\varphi) - r\sin(\theta)\sin(\varphi) = x\cos(\theta) - y\sin(\theta) \\
y' &= r\sin(\theta + \varphi) = r\sin(\theta)\cos(\varphi) + r\cos(\theta)\sin(\varphi) = x\sin(\theta) + y\cos(\theta)
\end{aligned}
\tag{7-11}
$$

將上式寫為矩陣形式，可以得到

$$
\begin{bmatrix} x' \\ y' \end{bmatrix} = \begin{bmatrix} \cos\theta & -\sin\theta \\ \sin\theta & \cos\theta \end{bmatrix} \begin{bmatrix} x \\ y \end{bmatrix}
\tag{7-12}
$$

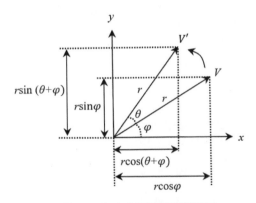

▲圖 7-7 主方向旋轉的數學原理

以上就是 Steered BRIEF 的原理，程式實作如下。

```
/**
 * @brief 計算 ORB 特徵點的描述子
 * @param[in] kpt        特徵點物件
 * @param[in] img        提取特徵點的影像
 * @param[in] pattern    預先定義好的採樣範本
 * @param[out] desc       用作輸出變數，保存計算好的描述子，維度為 32×8 bit = 256 bit
 */
```

```
static void computeOrbDescriptor(const KeyPoint& kpt, const Mat& img, const
Point* pattern, uchar* desc)
{
    // 得到特徵點的角度，用弧度制表示。其中 kpt.angle 是角度制，範圍為 [0,360) 度
    float angle = (float)kpt.angle*factorPI;
    // 計算這個角度的餘弦值和正弦值
    float a = (float)cos(angle), b = (float)sin(angle);

    // 獲得影像中心指標
    const uchar* center = &img.at<uchar>(cvRound(kpt.pt.y), cvRound(kpt.pt.x));
    // 獲得影像每行的位元組數
    const int step = (int)img.step;

    // 原始的 BRIEF 描述子沒有方向不變性，透過加入關鍵點的方向來計算描述子
    // 稱為 Steered BRIEF，具有較好的旋轉不變性
    // 具體地，在計算時需要將這裡選取的採樣範本中點的 x 軸方向旋轉到特徵點的方向
    // 獲得採樣點中某個 idx 所對應的點的灰度值，這裡旋轉前的座標為 (x,y)
    // 旋轉後的座標為 (x',y')，它們的變換關係：
    // x'= xcos(θ) - ysin(θ), y'= xsin(θ) + ycos(θ)
    // 下面表示 y'* step + x'
    #define GET_VALUE(idx) center[cvRound(pattern[idx].x*b +
pattern[idx].y*a)*step + cvRound(pattern[idx].x*a - pattern[idx].y*b)]

    //BRIEF 描述子由 32×8 bit 組成
    // 其中每一位元都來自兩個像素點灰度的直接比較，所以每比較出 8bit 結果需要 16 個隨機點，
    // 這也是 pattern 需要 +=16 的原因
    for (int i = 0; i < 32; ++i, pattern += 16)
    {
        int t0, // 參與比較的第 1 個特徵點的灰度值




            t1, // 參與比較的第 2 個特徵點的灰度值
            val;// 描述子這個位元組的比較結果，0 或 1

        t0 = GET_VALUE(0); t1 = GET_VALUE(1);
        val = t0 < t1;              // 描述子本位元組的 bit0
        t0 = GET_VALUE(2); t1 = GET_VALUE(3);
        val |= (t0 < t1) << 1;      // 描述子本位元組的 bit1
        t0 = GET_VALUE(4); t1 = GET_VALUE(5);
        val |= (t0 < t1) << 2;      // 描述子本位元組的 bit2
        t0 = GET_VALUE(6); t1 = GET_VALUE(7);
        val |= (t0 < t1) << 3;      // 描述子本位元組的 bit3
        t0 = GET_VALUE(8); t1 = GET_VALUE(9);
        val |= (t0 < t1) << 4;      // 描述子本位元組的 bit4
        t0 = GET_VALUE(10); t1 = GET_VALUE(11);
        val |= (t0 < t1) << 5;      // 描述子本位元組的 bit5
        t0 = GET_VALUE(12); t1 = GET_VALUE(13);
```

```
        val |= (t0 < t1) << 6;      // 描述子本位元組的 bit6
        t0 = GET_VALUE(14); t1 = GET_VALUE(15);
        val |= (t0 < t1) << 7;      // 描述子本位元組的 bit7

        // 保存當前比較出來的描述子的位元組
        desc[i] = (uchar)val;
    }

    // 為了避免和程式中的其他部分衝突，在使用完之後就取消這個巨集定義
    #undef GET_VALUE
}
```

師兄：留一道思考題，在影像中取圓形區域操作比較複雜，那麼為什麼在計算 ORB 特徵點時還要取圓形而非方形像素區域呢？

7.2　ORB 特徵點均勻化策略

7.2.1　為什麼需要特徵點均勻化

小白：師兄，在 ORB-SLAM2 中，程式中 ORB 特徵點為什麼沒有直接呼叫 OpenCV 的函式呢？

師兄：OpenCV 的 ORB 特徵提取方法存在一個問題，就是特徵點往往集中在紋理豐富的區域，而在缺乏紋理的區域提取到的特徵點數量會少很多，這會帶來哪些問題呢？

小白：比如會導致一部分特徵點是沒有用的，本來一個特徵點就可以表達清楚一個小的區域，如果在這個區域附近提取了 10 個特徵點，那麼其他 9 個特徵點就是容錯的。

師兄：是的，除了容錯，還有一個問題就是會影響位姿的解算。特徵點在空間中分佈的層次越多、越均勻，特徵匹配越能精確地表達出空間的幾何關係。極端來說，當所有特徵點都集中在一個點上時，是無法計算出相機的位姿的。也就是說，特徵點分佈太過集中會影響 SLAM 的準確度。

因此，ORB-SLAM2 採用了特徵點均勻化策略來避免特徵點過於集中。我們來看在同一張圖中 ORB-SLAM2 的 ORB 特徵點提取結果和 OpenCV 的 ORB 特徵點提取結果的對比，如圖 7-8 所示。

(a) OpenCV 的 ORB 特徵點提取結果　　　(b)ORB-SLAM2 的 ORB 特徵點提取結果

▲ 圖 7-8 不同 ORB 特徵點提取結果對比

　　小白：從圖 7-8 中可以看到，ORB-SLAM2 的特徵點均勻化效果非常明顯，它是怎樣做的呢？

　　師兄：如果讓你實現特徵點均勻化，你有沒有想法？

　　小白：我想想……我剛想到一種比較簡單的方法，先根據要求提取的特徵點數目把影像劃分成許多小格子，這樣得到每個小格子裡需要提取的特徵點數目，然後在每個小格子裡單獨提取，最後再把這些特徵點匯聚到一起，這樣可以嗎？

　　師兄：在理論上是可以的，但是在實際操作過程中可能會出現一些問題。首先，很難達到要求的特徵點數量。比如某個小格子在弱紋理區域，那麼在這個小區域內提取到的有效的特徵點數目可能會達不到要求，這樣最後在整張影像上提取的特徵點總數就達不到要求的數量。

　　其次，每個小格子是獨立不相關的，這樣可能會出現「雞頭」不如「鳳尾」的情況，也就是在某個小格子裡提取到的最好的特徵點品質比其他小格子裡最差的還要差。

　　小白：那 ORB-SLAM2 裡是怎麼做的呢？

　　師兄：其實基本思想和你說的差不多，只不過最佳化了流程，加入了四叉樹的方法來實作。下面來看具體步驟。

　　第 1 步，根據總的影像金字塔層級數和待提取的特徵點總數，計算影像金字塔中每個層級需要提取的特徵點數量。

第 2 步，劃分格子，在 ORB-SLAM2 中格子固定尺寸為 30 像素 × 30 像素。

第 3 步，對每個格子提取 FAST 角點，如果初始的 FAST 角點設定值沒有檢測到角點，則降低 FAST 角點設定值，這樣在弱紋理區域也能提取到更多的角點。如果降低一次設定值後還是提取不到角點，則不在這個格子裡提取，這樣可以避免提取到品質特別差的角點。

第 4 步，使用四叉樹均勻地選取 FAST 角點，直到達到特徵點總數。

下面分別詳細介紹。

7.2.2 如何給影像金字塔分配特徵點數量

師兄：影像金字塔層級數越高，對應層級數的影像解析度越低，面積（高 × 寬）越小，所能提取到的特徵點數量就越少。所以分配策略是根據影像的面積來定，將總特徵點數目根據面積比例均攤到每層影像上。

假設需要提取的特徵點數目為 N，影像金字塔總共有 m 層，第 0 層影像的寬為 W，高為 H，對應的面積 $HW = C$，影像金字塔縮放因數為 s，$0 < s < 1$。在 ORB-SLAM2 中，$m = 8$，$s = 1/1.2$。

那麼整個影像金字塔總的影像面積是

$$S = HW(s^2)^0 + HW(s^2)^1 + \cdots + HW(s^2)^{(m-1)}$$
$$= HW\frac{1-(s^2)^m}{1-s^2} = C\frac{1-(s^2)^m}{1-s^2} \tag{7-13}$$

單位面積應該分配的特徵點數量為

$$N_{\text{avg}} = \frac{N}{S} = \frac{N}{C\frac{1-(s^2)^m}{1-s^2}} = \frac{N(1-s^2)}{C[1-(s^2)^m]} \tag{7-14}$$

第 0 層應該分配的特徵點數量為

$$N_0 = \frac{N(1-s^2)}{1-(s^2)^m} \tag{7-15}$$

第 i 層應該分配的特徵點數量為

$$N_i = \frac{N(1-s^2)}{C[1-(s^2)^m]}C(s^2)^i = \frac{N(1-s^2)}{1-(s^2)^m}(s^2)^i \qquad (7\text{-}16)$$

在 ORB-SLAM2 的程式中不是按照面積來均攤特徵點的，而是按照面積的開方均攤，也就是將式 (7-16) 中的 s^2 換成 s。

這部分程式實作如下。

```
ORBextractor::ORBextractor(int _nfeatures,     // 指定要提取的特徵點數目
                           float _scaleFactor,// 指定影像金字塔的縮放係數
                           int _nlevels,       // 指定影像金字塔的層數
                           int _iniThFAST,     // 指定初始的 FAST 角點設定值，可以
                                               // 提取出最明顯的角點
                           int _minThFAST):    // 如果初始的 FAST 角點設定值沒有檢
                                               // 測到角點，則降低到這個設定值提取出
                                               // 弱一點的角點
    nfeatures(_nfeatures), scaleFactor(_scaleFactor), nlevels(_nlevels),
    iniThFAST(_iniThFAST), minThFAST(_minThFAST)// 設定這些參數
{

    // 將儲存每層影像縮放係數的 vector 調整為符合圖層數目的大小
    mvScaleFactor.resize(nlevels);
    // 儲存 sigma^2，其實就是每層影像相對初始影像縮放因數的平方
    mvLevelSigma2.resize(nlevels);
    // 對於初始影像，這兩個參數都是 1
    mvScaleFactor[0]=1.0f;
    mvLevelSigma2[0]=1.0f;
    // 逐層計算影像金字塔中影像相對初始影像的縮放係數
    for(int i=1; i<nlevels; i++)
    {
        // 其實就是這樣累乘計得出來的
        mvScaleFactor[i]=mvScaleFactor[i-1]*scaleFactor;
        // 原來這裡的 sigma^2 就是每層影像相對初始影像縮放因數的平方
        mvLevelSigma2[i]=mvScaleFactor[i]*mvScaleFactor[i];
    }

    // 接下來的兩個向量保存上面的參數的倒數
    mvInvScaleFactor.resize(nlevels);
    mvInvLevelSigma2.resize(nlevels);
    for(int i=0; i<nlevels; i++)
    {
        mvInvScaleFactor[i]=1.0f/mvScaleFactor[i];
        mvInvLevelSigma2[i]=1.0f/mvLevelSigma2[i];
    }

    // 調整影像金字塔 vector 以使其符合設定的影像層數
    mvImagePyramid.resize(nlevels);
```

```
    // 每層需要提取出來的特徵點個數‧這個向量也要根據影像金字塔設定的層數進行調整
    mnFeaturesPerLevel.resize(nlevels);

    // 圖片降採樣縮放係數的倒數
    float factor = 1.0f / scaleFactor;
    // 第 0 層影像應該分配的特徵點數量
    float nDesiredFeaturesPerScale = nfeatures*(1 - factor)/
(1 - (float)pow((double)factor, (double)nlevels));

    // 清空特徵點的累計計數
    int sumFeatures = 0;
    // 開始逐層計算要分配的特徵點個數‧頂層影像除外 ( 看迴圈後面 )
    for( int level = 0; level < nlevels-1; level++ )
    {
        // 分配 cvRound: 傳回這個參數最接近的整數值
        mnFeaturesPerLevel[level] = cvRound(nDesiredFeaturesPerScale);
        // 累計
        sumFeatures += mnFeaturesPerLevel[level];
        // 乘係數
        nDesiredFeaturesPerScale *= factor;
    }
    // 由於前面的特徵點個數取整‧因此可能會導致剩餘一些特徵點沒有被分配‧
    // 這裡將剩餘特徵點分配到最高圖層中
    mnFeaturesPerLevel[nlevels-1] = std::max(nfeatures - sumFeatures, 0);
    // ......
}
```

7.2.3 使用四叉樹實作特徵點均勻化分佈

師兄：使用四叉樹實作特徵點均勻化分佈既是重點，也是困難，下面先講步驟和原理。

第 1 步，確定初始的節點（node）數目。根據影像長寬比取整來確定，所以一般的 VGA（640 像素 × 480 像素）解析度影像剛開始時只有一個節點，也是四叉樹的根節點。

下面我們用一個具體的例子來分析四叉樹是如何均勻化選取特定數目的特徵點的。如圖 7-9 所示，假設初始節點只有 1 個，那麼所有的特徵點都屬於該節點。我們的目標是均勻地選取 25 個特徵點，因此後面就需要分裂出 25 個節點，然後從每個節點中選取一個有代表性的特徵點。

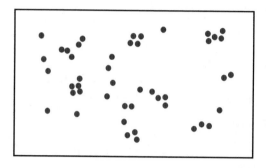

首先獲取全部的特徵點

▲圖 7-9 初始的特徵點

第 2 步，節點第 1 次分裂，1 個根節點分裂為 4 個節點。如圖 7-10 所示，分裂之後根據影像的尺寸劃分節點的區域，對應的邊界為 UL_i, UR_i, BL_i, BR_i, $i = 1, 2, 3, 4$，分別對應左上角、右上角、左下角、右下角的 4 個座標。有些座標會被多個節點共用，比如影像中心點座標就同時被 BR_1, BL_2, UR_3, UL_4 4 個點共用。落在某個節點區域範圍內的所有特徵點都屬於該節點的元素。

然後，統計每個節點中包含的特徵點數目。如果某個節點中包含的特徵點數目為 0，則刪掉該節點；如果某個節點中包含的特徵點數目為 1，則該節點不再進行分裂。判斷此時的節點總數是否超過設定值 25，如果沒有超過，則繼續對每個節點進行分裂。

這裡需要注意的是，一個母節點分裂為 4 個子節點後，需要在節點鏈結串列中刪掉原來的母節點，所以實際上一次分裂淨增加了 3 個節點。因此，下次分裂後，節點的總數是可以提前預估的，計算方式為：當前節點總數 + 即將分裂的節點總數 ×3。對於圖 7-10 來說，下次分裂最多可以得到 4 + 4 × 3 = 16 個節點，顯然還沒有達到「25 個」的要求，需要繼續分裂。

1 個節點分裂為 4 個節點，4<25，繼續分裂

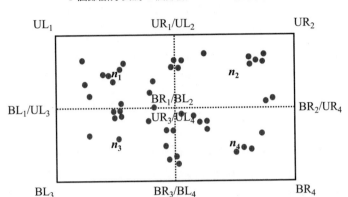

U: up, B: bottom, L: left, R: right

▲圖 7-10　節點第 1 次分裂

第 3 步，對上一步得到的 4 個節點分別進行一分為四的操作，然後統計分裂後的每個節點中包含的特徵點數目。我們可以看到，有 2 個節點中的特徵點數目為 0，於是在節點鏈結串列中刪掉這 2 個節點（在圖 7-11 中標記為×）。如果某個節點中的特徵點數目為 1，則該節點不再進行分裂。此次分裂共得到 14 個節點。

4 個節點分裂為 14 個節點，14<25，繼續分裂

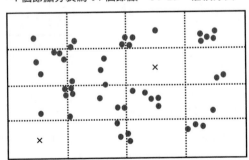

▲圖 7-11　節點第 2 次分裂

第 4 步,對上一步得到的 14 個節點繼續進行一分為四的操作。預計這次分裂最多可以得到 14 + 14×3 = 56 個節點,已經超過「25 個」。此時需要注意的是,我們不需要把所有的節點都進行分裂,在分裂得到的所有節點數目剛剛達到 25 時,即可停止分裂。這樣操作的目的一方面是可以避免多分裂後再刪除而做無用功;另一方面,因為提前避免了無效的指數級分裂,所以也大大加速了四叉樹分裂的過程。

那麼,如何選取分裂的順序呢?原始程式採用的策略是對所有節點按照內部包含的特徵點數目進行排列,優先分裂特徵點數目多的節點,這樣做的目的是使得特徵密集的區域能夠更加細分。對於包含特徵點較少的節點,有可能因為提前達到要求而不再分裂。圖 7-12 中綠色方框內的節點就是因為包含的特徵點數目太少(這裡包括只有 1 個特徵點也不再分裂的情況),分裂的優先順序很低,最終在達到要求的節點數目前沒有再分裂。

14 個節點分裂會超過 25 個,停止分裂

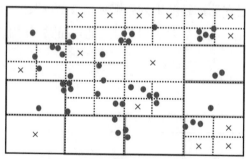

▲ 圖 7-12 節點第 3 次分裂

第 5 步,上一步已經獲得了所需要的 25 個節點,現在只需要從每個節點中選出角點回應值最高的特徵點,作為該節點的唯一特徵點,將該節點內其他低回應值的特徵點全部刪掉。這樣就獲得了均勻化後的、要求數目的特徵點,如圖 7-13 所示。

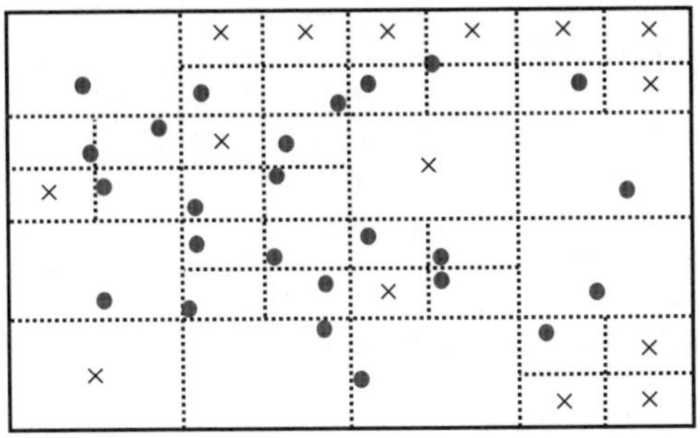

從 25 個節點中選擇最佳的 25 個特徵點

▲ 圖 7-13 從每個節點中選出角點回應值最高的特徵點作為最終結果

以上就是使用四叉樹對影像特徵點進行均勻化的原理，程式及註釋如下。

```
/**
 * @brief 使用四叉樹對一個影像金字塔層級上的特徵點進行均勻化
 *
 * @param[in] vToDistributeKeys     等待進行分配到四叉樹中的特徵點
 * @param[in] minX                  當前層級的影像的邊界
 * @param[in] maxX
 * @param[in] minY
 * @param[in] maxY
 * @param[in] N                     希望提取出的特徵點個數
 * @param[in] level                 指定的金字塔層級
 * @return vector<cv::KeyPoint>     已經均勻分散好的特徵點容器
 */
vector<cv::KeyPoint> ORBextractor::DistributeOctTree(const vector<cv::
KeyPoint>& vToDistributeKeys, const int &minX, const int &maxX, const int &minY,
const int &maxY, const int &N, const int &level)
{
    // Step 1：根據長寬比確定初始節點數目
    // 計算應該生成的初始節點個數，數量 nIni 是根據邊界的長寬比值確定的，一般是 1 或者 2
    // ! bug：如果長寬比小於 0.5，nIni=0，則後面 hx 會顯示出錯
    const int nIni = round(static_cast<float>(maxX-minX)/(maxY-minY));
    // 一個初始節點的 x 方向上有多少個像素
    const float hX = static_cast<float>(maxX-minX)/nIni;
    // 儲存有提取器節點的鏈結串列
    list<ExtractorNode> lNodes;
    // 儲存初始提取器節點指標的 vector
    vector<ExtractorNode*> vpIniNodes;
    // 重新設定其大小
    vpIniNodes.resize(nIni);
    // Step 2：生成初始提取器節點
    for(int i=0; i<nIni; i++)
    {
```

```
    // 生成一個提取器節點
    ExtractorNode ni;
    // 設定提取器節點的影像邊界
    ni.UL = cv::Point2i(hX*static_cast<float>(i),0);          // 左上
    ni.UR = cv::Point2i(hX*static_cast<float>(i+1),0);        // 右上
    ni.BL = cv::Point2i(ni.UL.x,maxY-minY);                   // 左下
    ni.BR = cv::Point2i(ni.UR.x,maxY-minY);                   // 右下
    // 重新設定 vkeys 的大小
    ni.vKeys.reserve(vToDistributeKeys.size());
    // 將剛才生成的提取器節點增加到鏈結串列中
    lNodes.push_back(ni);
    // 儲存初始的提取器節點控制碼
    vpIniNodes[i] = &lNodes.back();
}

// Step 3：將特徵點分配到子提取器節點中
for(size_t i=0;i<vToDistributeKeys.size();i++)
{
    // 獲取特徵點物件
    const cv::KeyPoint &kp = vToDistributeKeys[i];
    // 按特徵點的橫軸位置，分配給屬於影像區域的提取器節點 (最初的提取器節點)
    vpIniNodes[kp.pt.x/hX]->vKeys.push_back(kp);
}

// Step 4：遍歷此提取器節點串列，標記不可再分裂的節點，刪除沒有分配到特徵點的節點
list<ExtractorNode>::iterator lit = lNodes.begin();
while(lit!=lNodes.end())
{
    // 如果初始的提取器節點分配到的特徵點個數為 1
    if(lit->vKeys.size()==1)
    {
        // 那麼就將標識位置位，表示此節點不可再分
        lit->bNoMore=true;
        // 更新迭代器
        lit++;
    }
    // 如果一個提取器節點沒有分配到特徵點，那麼從串列中直接刪除它
    else if(lit->vKeys.empty())
        // 注意，由於直接刪除了它，因此這裡的迭代器沒有必要更新；
        // 否則反而會出現跳過元素的情況
        lit = lNodes.erase(lit);
    else
        // 如果上面的這些情況和當前的特徵點提取器節點無關，那麼就只更新迭代器
        lit++;
}

// 結束標識位元清空
bool bFinish = false;
// 記錄迭代次數，只是記錄，並未造成作用
```

```
int iteration = 0;
// 宣告一個 vector 用於儲存節點的 vSize 和控制碼對
// 這個變數記錄了在一次分裂迴圈中，那些可以再繼續進行分裂的節點中包含的特徵點數目和其控制碼
vector<pair<int,ExtractorNode*> > vSizeAndPointerToNode;
// 調整大小，這裡的意思是 1 個初始化節點將「分裂」成 4 個節點
vSizeAndPointerToNode.reserve(lNodes.size()*4);
// Step 5：利用四叉樹方法對影像進行區域劃分，均勻分配特徵點
while(!bFinish)
{
    // 更新迭代次數計數器，只是記錄，並未造成作用
    iteration++;
    // 保存當前節點個數，prev 在這裡理解為「保留」比較好
    int prevSize = lNodes.size();
    // 重新定位迭代器指向列標頭部
    lit = lNodes.begin();
    // 需要展開的節點計數，其一直保持累計，不清零
    int nToExpand = 0;
    // 因為是在迴圈中，在前面的迴圈本體中可能污染了這個變數，所以清空
    // 這個變數只統計了某一個迴圈中的點
    // 這個變數記錄了在一次分裂迴圈中，可以繼續進行分裂的節點中包含的特徵點數目和其控制碼
    vSizeAndPointerToNode.clear();

    // 將目前的子區域進行劃分
    // 開始遍歷串列中所有的提取器節點，分解或者保留
    while(lit!=lNodes.end())
    {
        // 如果提取器節點只有一個特徵點
        if(lit->bNoMore)
        {
            // 就沒有必要再細分了
            lit++;
            // 跳過當前節點，繼續下一個
            continue;
        }
        else
        {
            // 如果當前的提取器節點具有超過一個的特徵點，就要繼續分裂
            ExtractorNode n1,n2,n3,n4;
            // 再細分成 4 個子區域
            lit->DivideNode(n1,n2,n3,n4);
            // 如果分出來的子區域中有特徵點，就將這個子區域的節點增加到提取器節點的串列中
            // 注意，這裡的條件是有特徵點即可
            if(n1.vKeys.size()>0)
            {
                // 注意，這裡也是增加到串列前面的
                lNodes.push_front(n1);
                // 判斷其子提取器節點中的特徵點的數目是否大於 1
                if(n1.vKeys.size()>1)
```

```
                        {
                            // 如果有超過一個的特徵點，則待展開的節點計數加 1
                            nToExpand++;
                            // 保存特徵點數目和節點指標的資訊
                            vSizeAndPointerToNode.push_back(make_pair(n1.vKeys.size(),
                                &lNodes.front()));
                            // lNodes.front().lit 和前面迭代的 lit 不同，只是名字相同而已
                            // lNodes.front().lit 是 node 結構中的指標，用來記錄節點位置
                            // 迭代的 lit 是 while 迴圈中作者命名的遍歷的指標名稱
                            lNodes.front().lit = lNodes.begin();
                        }
                    }
                    //......

                    // 當這個母節點展開之後就從串列中刪除它，能夠進行分裂操作說明至少有一個子節點
                    // 的區域中特徵點的數量是大於 1 的
                    // 分裂方式是後加的節點先分裂，先加的節點後分裂
                    lit=lNodes.erase(lit);
                    // 繼續下一次迴圈，其實這裡加不加這一行作用都是一樣的
                    continue;
                }

        // 停止這個過程的條件有兩個，滿足其中一個即可：
        //1.當前的節點數已經超過了要求的特徵點數
        //2.當前所有的節點中都只包含一個特徵點
        //prevSize 中保存的是分裂之前的節點個數，如果分裂之前和分裂之後的總節點個數一樣，
        // 說明當前所有的節點區域中只有一個特徵點，已經不能夠再細分了
        if((int)lNodes.size()>=N || (int)lNodes.size()==prevSize)
        {
            bFinish = true;  // 停止標識置位
        }


        // Step 6：當再劃分之後所有的 Node 數大於要求的數目時，
        // 就慢慢劃分，直到使其剛剛達到或者超過要求的特徵點個數
        // 可以展開的子節點個數 nToExpand x3，因為一分為四之後會刪除原來的主節點，所以乘以 3
        else if(((int)lNodes.size()+nToExpand*3)>N)
        {
            // 如果再分裂一次，那麼數目就要超了，這裡想辦法盡可能地使其剛剛達到或者
            // 超過要求的特徵點個數時就退出
            // 這裡的 nToExpand 和 vSizeAndPointerToNode 不是一次迴圈對一次迴圈的關係
            // 前者是累計計數，後者只保存某一個迴圈的計數
            // 繼續迴圈，直到結束標識位元被置位
            while(!bFinish)
            {
                // 獲取當前的 list 中的節點個數
                prevSize = lNodes.size();
                // 保留那些還可以分裂的節點的資訊，這裡是深拷貝
                vector<pair<int,ExtractorNode*> > vPrevSizeAndPointerToNode =
                    vSizeAndPointerToNode;
                vSizeAndPointerToNode.clear();
```

```
        // 對需要劃分的節點進行排序，對 pair 對的第一個元素排序，預設從小到大排序
        // 優先分裂包含特徵點多的節點，使得特徵點密集的區域保留更少的特徵點
        // 注意，這裡的排序規則非常重要！會導致每次最後產生的特徵點數目都不一樣。
        // 建議使用 stable_sort
sort(vPrevSizeAndPointerToNode.begin(),vPrevSizeAndPointerToNode.
end());
        // 遍歷這個儲存了 pair 對的 vector，注意是從後往前遍歷的
        for(int j=vPrevSizeAndPointerToNode.size()-1;j>=0;j--)
        {
            ExtractorNode n1,n2,n3,n4;
            // 對每個需要進行分裂的節點進行分裂
            vPrevSizeAndPointerToNode[j].second->DivideNode(n1,n2,n3,n4);
            // 其實這裡的節點可以說是二級子節點，執行和前面一樣的操作
            if(n1.vKeys.size()>0)
            {
            lNodes.push_front(n1);
            if(n1.vKeys.size()>1)
            {
                // 因為這裡還會對 vSizeAndPointerToNode 進行操作，
                // 所以前面才會備份 vSizeAndPointerToNode 中的資料
                // 為可能的、後續的又一次 for 迴圈做準備
                vSizeAndPointerToNode.push_back(make_pair(n1.vKeys.
                    size(),&lNodes.front()));
                    lNodes.front().lit = lNodes.begin();
            }
        }
        // ......
        // 刪除母節點，這裡其實應該是一級子節點
        lNodes.erase(vPrevSizeAndPointerToNode[j].second->lit);
        // 判斷是否超過了需要的特徵點數，是的話就退出，
        // 否則繼續這個分裂過程，直到剛剛達到或者超過求的特徵點個數
        if((int)lNodes.size()>=N)
            break;
    // 遍歷 vPrevSizeAndPointerToNode 並對其中指定的 node 進行分裂，
    // 直到剛剛達到或者超過要求的特徵點個數
    }
    // 這裡在理想狀態下應該一個 for 迴圈就能夠達成結束條件，但是作者想的可能是，
    // 有些子節點所在的區域會沒有特徵點，因此很有可能一次 for 迴圈之後特徵點的
    // 數目還是不能夠滿足要求，所以還需要判斷結束條件並且再來一次
    // 判斷是否達到了停止條件
    if((int)lNodes.size()>=N || (int)lNodes.size()==prevSize)
        bFinish = true;
}// 一直進行 nToExpand 累加的節點分裂過程，直到分裂後的 nodes 數目剛剛達到或者
    // 超過要求的特徵點數目
}// 當本次分裂後達不到結束條件但是再進行一次完整的分裂之後就可以達到結束條件時
}// 根據特徵點分佈，利用四叉樹方法對影像進行區域劃分

// Step 7：保留每個區域內響應值最大的一個特徵點
```

```
    // 使用 vector 來儲存我們感興趣的特徵點的過濾結果
    vector<cv::KeyPoint> vResultKeys;
    // 調整容器大小為要提取的特徵點數目
    vResultKeys.reserve(nfeatures);
    // 遍歷這個節點鏈結串列
    for(list<ExtractorNode>::iterator lit=lNodes.begin(); lit! =lNodes.end();
lit++)
    {
        // 得到這個節點區域中的特徵點容器控制碼
        vector<cv::KeyPoint> &vNodeKeys = lit->vKeys;
        // 得到指向第一個特徵點的指標，後面作為最大回應值對應的關鍵點
        cv::KeyPoint* pKP = &vNodeKeys[0];
        // 用第 1 個關鍵點回應值初始化最大回應值
        float maxResponse = pKP->response;
        // 開始遍歷這個節點區域中的特徵點容器中的特徵點，注意是從 1 開始的，0 已經用過了
        for(size_t k=1;k<vNodeKeys.size();k++)
        {
            // 更新最大回應值
            if(vNodeKeys[k].response>maxResponse)
            {
                // 更新 pKP，指向具有最大回應值的 keypoints
                pKP = &vNodeKeys[k];
                maxResponse = vNodeKeys[k].response;
            }
        }
        // 將這個節點區域中的回應值最大的特徵點加入最終結果容器
        vResultKeys.push_back(*pKP);
    }
    // 傳回最終結果容器，其中保存有分裂出來的區域中我們最感興趣、響應值最大的特徵點
    return vResultKeys;
}
```

參考文獻

[1]   RUBLEE E, RABAUD V, KONOLIGE K, et al. ORB: An efficient alternative to SIFT
       or SURF[C]//2011 International conference on computer vision. Ieee, 2011: 2564-2571.

[2]   ROSTEN E, DRUMMOND T. Machine learning for high-speed corner detection[C]//
       European conference on computer vision. Springer, Berlin, Heidelberg, 2006: 430-443.

[3]   CALONDER M, LEPETIT V, STRECHA C, et al. Brief: Binary robust independent
       elementary features[C]//European conference on computer vision. Springer, Berlin,
       Heidelberg, 2010: 778-792.

[4]   ROSIN P L. Measuring corner properties[J]. Computer Vision and Image
       Understanding, 1999, 73(2): 291-307.

## 第 8 章

ORB-SLAM2 中的特徵匹配

小白：師兄，ORB-SLAM2 中有很多種特徵匹配函式，看得我眼花繚亂，為什麼有這麼多種呢？怎麼決定什麼時候用哪一種特徵匹配函式呢？

師兄：特徵匹配函式確實比較多，但是它們的基本思想是類似的，而且很多函式會多次多載。我把特徵匹配的幾個重要函式都列出來了，加了說明，你理解起來就容易了。

```
// 透過詞袋搜尋匹配，用於剛剛初始化後追蹤參考主要畫面格中的快速匹配
int SearchByBoW(KeyFrame* pKF,Frame &F, vector<MapPoint*> &vpMapPointMatches)

// 透過詞袋搜尋匹配，用於閉環計算 Sim(3) 時當前主要畫面格和閉環候選主要畫面格之間快速匹配
int SearchByBoW(KeyFrame *pKF1, KeyFrame *pKF2, vector<MapPoint *> &vpMatches12)

// 用於單目初始化時只在原圖上進行的區域搜尋匹配
int SearchForInitialization(Frame &F1, Frame &F2, vector<cv::Point2f>
&vbPrevMatched, vector<int> &vnMatches12, int windowSize)

// 透過詞袋搜尋匹配，用於局部地圖建構執行緒中兩兩主要畫面格之間
// 尚未匹配特徵點的快速匹配，為了生成新的匹配點對
int SearchForTriangulation(KeyFrame *pKF1, KeyFrame *pKF2, cv::Mat F12,
vector<pair<size_t, size_t> > &vMatchedPairs, const bool bOnlyStereo)

// 用於恒速模型追蹤，用前一個普通畫面格投影到當前畫面格中進行匹配
int SearchByProjection(Frame &CurrentFrame, const Frame &LastFrame, const float
th, const bool bMono)

// 用於局部地圖點追蹤，用所有局部地圖點透過投影進行特徵點匹配
int SearchByProjection(Frame &F, const vector<MapPoint*> &vpMapPoints, const
float th)

// 用於閉環執行緒，將閉環主要畫面格及其共視主要畫面格的所有地圖點投影到當前主要畫面格中進行
投影匹配
int SearchByProjection(KeyFrame* pKF, cv::Mat Scw, const vector<MapPoint*>
```

```
&vpPoints, vector<MapPoint*> &vpMatched, int th)

// 用於重定位追蹤，將候選主要畫面格中未匹配的地圖點投影到當前畫面格中，生成新的匹配
int SearchByProjection(Frame &CurrentFrame, KeyFrame *pKF, const set<MapPoint*>
&sAlreadyFound, const float th , const int ORBdist)

// 用於閉環執行緒中 Sim(3) 變換，對當前主要畫面格和候選閉環主要畫面格相互投影匹配，生成更多的
匹配點對
int SearchBySim3(KeyFrame *pKF1, KeyFrame *pKF2, vector<MapPoint*> &vpMatches12,
const float &s12, const cv::Mat &R12, const cv::Mat &t12, const float th)

// 用於局部地圖建構執行緒，將地圖點投影到主要畫面格中進行匹配和融合
int Fuse(KeyFrame *pKF, const vector<MapPoint *> &vpMapPoints, const float th)

// 用於閉環執行緒，將當前主要畫面格閉環匹配上的主要畫面格及其共視主要畫面格
// 組成的地圖點投影到當前主要畫面格中進行匹配和融合
int Fuse(KeyFrame *pKF, cv::Mat Scw, const vector<MapPoint *> &vpPoints, float
th, vector<MapPoint *> &vpReplacePoint)
```

下面選擇其中典型的程式進行分析。

8.1　單目初始化中的特徵匹配

師兄：在單目初始化時，如果沒有任何的先驗資訊，那麼該如何進行特徵匹配呢？

小白：我能想到的就是暴力匹配了……

師兄：暴力匹配的缺點太多了，比如：

首先，效率極低。在單目初始化時提取的特徵點是平時追蹤的好幾倍，在 ORB-SLAM2 中是 2 倍，在 ORB-SLAM3 中可以達到 5 倍，若採用暴力匹配，則計算量會呈指數級上升，令人無法接受。

其次，效果不好。花那麼大的代價去匹配，效果卻不盡如人意。因為是「毫無目的」的匹配，所以誤匹配非常多。

因此，用「吃力不討好」來形容暴力匹配太適合不過了。如果能找到一些先驗資訊，哪怕不那麼準確，如能加以利用，那麼也能大大緩解上述問題。

在 ORB-SLAM2 的單目純視覺初始化中的思路是這樣的，參與初始化的兩畫面格預設是比較接近的，也就是說，在第 1 畫面格提取的特徵點座標對應的第 2 畫面格中的位置附近畫一個圓（原始程式碼中使用的是正方形，筆者認為圓形更合理），匹配點應該落在這個圓中。

如圖 8-1 所示，假設在第 1 畫面格中提取到的某個特徵點座標為 $P = (x_1, y_1)$，在第 2 畫面格中相同座標（圓心 $O = (x_1, y_1)$）附近畫一個半徑為 r 的圓，則所有在這個圓內的特徵點（圓內紅色的點）都是候選的匹配特徵點。然後再用 P 和所有的候選匹配點進行匹配，找到滿足如下條件的特徵點 $M = (x_2, y_2)$ 就認為完成了特徵匹配。

- 條件 1：遍歷候選匹配點中最優和次優的匹配，最優匹配對應的描述子距離比次優匹配對應的描述子距離小於設定的比例。
- 條件 2：最優匹配對應的描述子距離小於設定的設定值。
- 條件 3：經過方向一致性檢驗。

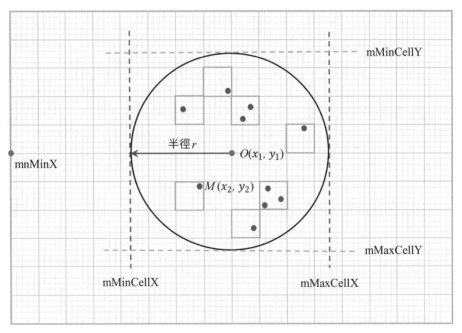

▲ 圖 8-1 使用網格法快速搜尋候選匹配點

8.1.1 如何快速確定候選匹配點

師兄：上面提到了需要先確定候選匹配點，由於在初始化時無法知曉相機的運動大小，因此在確定候選匹配點時搜尋圓半徑會設定得相對比較大（程式中半徑為 100 個像素）。你算一算圓內大概有多少個像素？

小白：有 $\pi r^2 \approx 31400$ 個像素，這個區域太大了！

師兄：是的，這樣做雖然比暴力匹配縮小了範圍，但是搜尋的像素區域也是比較大的，如果逐像素匹配，則代價也非常大。

小白：ORB-SLAM2 肯定採取了什麼方法來加速吧？

師兄：是的，方法就是劃分網格。這在提取完特徵點後會直接將特徵點劃分到不同的網格中並記錄在 mGrid 裡。如圖 8-1 所示，在搜尋時是以網格為單位進行的，程式中的網格尺寸預設是 64 像素 × 48 像素，這樣圓內包含的網格數目相比像素數目就大大減少了。具體過程如下。

第 1 步，先根據圓的範圍確定圓的上、下、左、右邊界分別在哪個網格內。圖 8-1 中圓的邊界在水準座標軸上的座標範圍是 mMinCellX ～ mMaxCellX，在垂直座標軸上的座標範圍是 mMinCellY ～ mMaxCellY。mnMinX 是影像的左邊界對應的像素座標。

第 2 步，遍歷圓形區域內所有的網格。如果某個網格內沒有特徵點，那麼直接跳過；如果某個網格內有特徵點（圖 8-1 中的綠色方框），則遍歷這些特徵點，判斷這些特徵點是否符合要求的金字塔層級，是否在圓內，如果滿足條件，則會把該特徵點作為候選特徵點。這種方式大大提高了搜尋效率。

快速搜尋候選匹配點的程式如下。

```
/**
 * @brief 找到在以 (x,y) 為中心，半徑為 r 的圓形內且金字塔層級在 [minLevel, maxLevel]
之間的候選特徵點
 *
 * @param[in] x              特徵點座標 x
 * @param[in] y              特徵點座標 y
 * @param[in] r              搜尋半徑
 * @param[in] minLevel       最小金字塔層級
 * @param[in] maxLevel       最大金字塔層級
 * @return vector<size_t>    傳回搜尋到的候選匹配點 ID
 */
vector<size_t> Frame::GetFeaturesInArea(const float &x, const float &y, const
float &r, const int minLevel, const int maxLevel) const
{
    // 儲存搜尋結果的 vector
    vector<size_t> vIndices;
    vIndices.reserve(N);
```

```
// Step 1 計算半徑為 r 的圓的左、右、上、下邊界所在的網格列和行的 ID
// 查詢半徑為 r 的圓的左邊界所在網格的列座標。這個地方有點繞，慢慢理解
// (mnMaxX-mnMinX)/FRAME_GRID_COLS:表示列方向每個網格可以平均分得幾個像素(肯定大於 1)
// mfGridElementWidthInv=FRAME_GRID_COLS/(mnMaxX-mnMinX) 表示每個像素可以均分
// 幾個網格列(肯定小於 1)
// (x-mnMinX-r)，可以看作從影像的左邊界 mnMinX 到半徑為 r 的圓的左邊界區域占的像素列數
// 兩者相乘，就能求出半徑為 r 的圓的左邊界在哪個網格列中，保證 nMinCellX 結果大於或等於 0
const int nMinCellX = max(0,(int)floor((x-mnMinX-r)*mfGridElementWidthInv));
// 如果最終求得的圓的左邊界所在的網格列超過了設定的上限，就說明計算出錯，找不到符合要求的
// 特徵點，傳回空 vector
if(nMinCellX>=FRAME_GRID_COLS)
    return vIndices;
// 計算圓所在的右邊界網格列索引
const int nMaxCellX = min((int)FRAME_GRID_COLS-1, (int)ceil((x-
mnMinX+r)*mfGridElementWidthInv));
// 如果計算出的圓右邊界所在的網格不合法，則說明該特徵點不好，直接傳回空 vector
if(nMaxCellX<0)
    return vIndices;
// 後面的操作也都類似，計算出這個圓的上、下邊界所在的網格行的 ID
const int nMinCellY = max(0,(int)floor((y-
mnMinY-r)*mfGridElementHeightInv));
if(nMinCellY>=FRAME_GRID_ROWS)
    return vIndices;
const int nMaxCellY = min((int)FRAME_GRID_ROWS-1,(int)ceil((y-
mnMinY+r)*mfGridElementHeightInv));
if(nMaxCellY<0)
    return vIndices;
// 檢查需要搜尋的影像金字塔層級範圍是否符合要求
const bool bCheckLevels = (minLevel>0) || (maxLevel>=0);

// Step 2 遍歷圓形區域內的所有網格，尋找滿足條件的候選特徵點，並將其 index 放到輸出中
for(int ix = nMinCellX; ix<=nMaxCellX; ix++)
{
    for(int iy = nMinCellY; iy<=nMaxCellY; iy++)
    {
        // 獲取網格內的所有特徵點在 Frame::mvKeysUn 中的索引
        const vector<size_t> vCell = mGrid[ix][iy];
        // 如果網格中沒有特徵點，那麼跳過這個網格繼續遍歷下一個
        if(vCell.empty())
            continue;
        // 如果網格中有特徵點，那麼遍歷這個影像網格中所有的特徵點
        for(size_t j=0, jend=vCell.size(); j<jend; j++)
        {
            // 根據索引先讀取這個特徵點
            const cv::KeyPoint &kpUn = mvKeysUn[vCell[j]];
            // 保證給定的搜尋金字塔層級範圍合法
            if(bCheckLevels)
            {
```

```
              // cv::KeyPoint::octave 中表示的是從金字塔的哪一層提取資料
              // 保證特徵點在金字塔層級 minLevel 和 maxLevel 之間，若不是，則跳過
              if(kpUn.octave<minLevel)
                  continue;
              if(maxLevel>=0)
                  if(kpUn.octave>maxLevel)
                      continue;
          }
          // 透過檢查，計算候選特徵點到圓中心的距離，查看是否在這個圓形區域內
          const float distx = kpUn.pt.x-x;
          const float disty = kpUn.pt.y-y;
          // 如果 x 方向和 y 方向的距離都在指定的半徑之內，則儲存其 index 為候選特徵點
          // if(fabs(distx)<r && fabs(disty)<r) // 原始程式碼這樣寫，搜尋區域為正方形
              if(distx*distx + disty*disty < r*r) // 這裡改成圓形搜尋區域，更合理
                  vIndices.push_back(vCell[j]);
          }
      }
  }
  return vIndices;
}
```

8.1.2 方向一致性檢驗

　　師兄：經過上面條件 1、條件 2 的檢驗後，我們還需要進行方向一致性檢驗。因為透過特徵點匹配後的結果仍然不一定準確，所以需要剔除其中的錯誤匹配。原理是統計兩張影像所有匹配對中兩個特徵點主方向的差，建構一個長條圖。由於兩張影像整體發生了運動，因此特徵點匹配對主方向整體會有一個固定一致的變化。通常長條圖中前三個最大的格子（在程式也稱為 bin）裡就是正常的匹配點對，那些誤匹配的特徵點對此時就會曝露出來，落在長條圖之外的其他格子裡，這些就是需要剔除的錯誤匹配。

　　我們舉一個例子，軍訓時所有人都站得筆直，教官下令「向左轉」，此時大部分人都能正確地向左轉 90° 左右。當然，大家轉動的幅度可能不同，但基本都朝著同一個方向旋轉了 90° 左右，這就相當於前面說的長條圖裡前三個最大的格子。但可能會有少量分不清左右的人向右轉或者乾脆不轉，此時他們相對之前的旋轉角度可能是 –90° 或 0°，因為這樣的人很少，對應長條圖的頻率就很低，角度變化不在長條圖前三個最大的格子裡，就是需要剔除的物件。

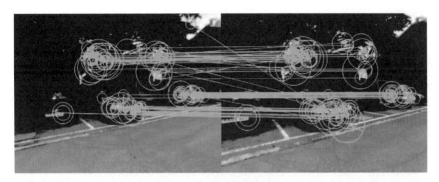

（a）初始的特徵匹配對

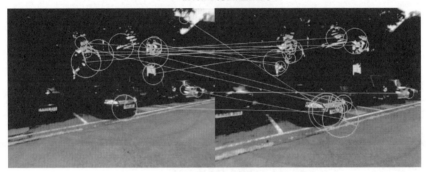

（b）　經過方向一致性檢驗後剔除的特徵匹配對

▲圖 8-2 方向一致性檢驗的效果 [1]

　　圖 8-2（a）所示為初始的特徵匹配對，圖 8-2（b）所示為經過方向一致性檢驗後剔除的特徵匹配對。可以很明顯地看到錯誤匹配對被剔除了。

8.1.3　原始程式解析

　　這部分程式如下。

```
/**
 * @brief 單目初始化中用於參考畫面格和當前畫面格的特徵點匹配
 * 步驟
 * Step 1 建構旋轉長條圖
 * Step 2 在半徑視窗內搜尋當前畫面格 F2 中所有的候選匹配特徵點
 * Step 3 遍歷視窗中的所有潛在的匹配候選點，找到最優的和次優的匹配候選點
 * Step 4 對最優結果、次優結果進行檢查，滿足設定值、最優 / 次優比例，刪除重複匹配
 * Step 5 計算匹配點旋轉角度差所在的長條圖
 * Step 6 根據上面的長條圖統計資訊剔除錯誤匹配的特徵點對
 * Step 7 將最後透過篩選的匹配好的特徵點保存
```

```
 * @param[in] F1                         初始化參考畫面格
 * @param[in] F2                         當前畫面格

 * @param[in & out] vbPrevMatched        本來儲存的是參考畫面格的所有特徵點座標，該函式將其
                                         更新為匹配好的當前畫面格的特徵點座標
 * @param[in & out] vnMatches12          保存參考畫面格 F1 中特徵點的匹配情況。index 保存的
                                         是 F1 對應特徵點索引，本身的值保存的是匹配好的 F2 特
                                         徵點索引
 * @param[in] windowSize                 搜尋視窗
 * @return int                           傳回成功匹配的特徵點數目
 */
int ORBmatcher::SearchForInitialization(Frame &F1, Frame &F2,
vector<cv::Point2f> &vbPrevMatched, vector<int> &vnMatches12, int windowSize)
{
    int nmatches=0;
    // F1 中特徵點和 F2 中特徵點匹配關係，注意是按照 F1 特徵點數目分配空間的
    vnMatches12 = vector<int>(F1.mvKeysUn.size(),-1);

    // Step 1：建構旋轉長條圖，HISTO_LENGTH = 30
    vector<int> rotHist[HISTO_LENGTH];
    for(int i=0;i<HISTO_LENGTH;i++)
        rotHist[i].reserve(500);
    // 原作者程式是 const float factor = 1.0f/HISTO_LENGTH，這是錯誤的，更改為下面程式
    const float factor = HISTO_LENGTH/360.0f;
    // 匹配點對距離，注意是按照 F2 特徵點數目分配空間的
    vector<int> vMatchedDistance(F2.mvKeysUn.size(),INT_MAX);
    // 從畫面格 2 到畫面格 1 的反向匹配，注意是按照 F2 特徵點數目分配空間的
    vector<int> vnMatches21(F2.mvKeysUn.size(),-1);
    // 遍歷畫面格 1 中的所有特徵點
    for(size_t i1=0, iend1=F1.mvKeysUn.size(); i1<iend1; i1++)
    {
        cv::KeyPoint kp1 = F1.mvKeysUn[i1];
        int level1 = kp1.octave;
        // 只使用在原始影像上提取的特徵點
        if(level1>0)
            continue;

        // Step 2：在半徑視窗內搜尋當前畫面格 F2 中所有的候選匹配特徵點
        // vbPrevMatched 輸入的是參考畫面格 F1 的特徵點
        // windowSize = 100，輸入最大、最小金字塔層級均為 0
        vector<size_t> vIndices2 = F2.GetFeaturesInArea(vbPrevMatched[i1].x,
vbPrevMatched[i1].y, windowSize,level1,level1);
        // 沒有候選匹配特徵點，跳過
        if(vIndices2.empty())
            continue;
        // 取出參考畫面格 F1 中當前遍歷特徵點對應的描述子
        cv::Mat d1 = F1.mDescriptors.row(i1);
```

```
        int bestDist = INT_MAX;          // 最佳描述子匹配距離，越小越好
        int bestDist2 = INT_MAX;         // 次佳描述子匹配距離
        int bestIdx2 = -1;               // 最佳候選特徵點在 F2 中的索引

    // Step 3：遍歷視窗中的所有潛在的匹配候選點，找到最優的和次優的匹配候選點
        for(vector<size_t>::iterator vit=vIndices2.begin();
vit!=vIndices2.end(); vit++)
        {
            size_t i2 = *vit;
            // 取出候選特徵點對應的描述子
            cv::Mat d2 = F2.mDescriptors.row(i2);

            // 計算兩個特徵點描述子的距離
            int dist = DescriptorDistance(d1,d2);
            if(vMatchedDistance[i2]<=dist)
                continue;
            // 如果當前匹配距離更小，則更新最佳、次佳距離
            if(dist<bestDist)
            {
                bestDist2=bestDist;
                bestDist=dist;
                bestIdx2=i2;
            }
            else if(dist<bestDist2)
            {
                bestDist2=dist;
            }
        }

    // Step 4：對最優結果、次優結果進行檢查，滿足設定值、最優 / 次優比例，刪除重複匹配
    // 即使計算出了最佳描述子匹配距離，也不一定保證匹配成功。要小於設定設定值
        if(bestDist<=TH_LOW)
        {
            // 最佳距離比次佳距離要小於設定的比例，這樣特徵點的辨識度更高
            if(bestDist<(float)bestDist2*mfNNratio)
            {
                // 如果找到的候選特徵點對應 F1 中的特徵點已經匹配過了，
                // 則說明發生了重複匹配，將原來的匹配也刪掉
                if(vnMatches21[bestIdx2]>=0)
                {
                    vnMatches12[vnMatches21[bestIdx2]]=-1;
                    nmatches--;
                }
                // 次優的匹配關係，雙向建立
                // vnMatches12 保存參考畫面格 F1 和 F2 的匹配關係，index 保存的是 F1 對應
                // 特徵點索引，本身點值保存的是匹配好的 F2 特徵點索引
                vnMatches12[i1]=bestIdx2;
                vnMatches21[bestIdx2]=i1;
```

```
                    vMatchedDistance[bestIdx2]=bestDist;
                    nmatches++;

                    // Step 5：計算匹配點旋轉角度差所在的長條圖
                    if(mbCheckOrientation)
                    {
                        // 計算匹配特徵點的角度差，其單位是角度（°），而非弧度
                        float rot = F1.mvKeysUn[i1].angle-F2.mvKeysUn[bestIdx2].angle;
                        if(rot<0.0)
                            rot+=360.0f;
                        // bin 表示當前 rot 被分配在第幾個長條圖格子裡
                        int bin = round(rot*factor);
                        // 如果 bin 滿了，則又是一個輪回
                        if(bin==HISTO_LENGTH)
                            bin=0;
                        assert(bin>=0 && bin<HISTO_LENGTH);
                        rotHist[bin].push_back(i1);
                    }
                }
            }
        }

        // Step 6：根據上面的長條圖統計資訊剔除錯誤匹配的特徵點對
        if(mbCheckOrientation)
        {
            int ind1=-1;
            int ind2=-1;
            int ind3=-1;
            // 篩選出旋轉角度差落在長條圖區間內數量最多的前三個 bin 的索引
            ComputeThreeMaxima(rotHist,HISTO_LENGTH,ind1,ind2,ind3);
            for(int i=0; i<HISTO_LENGTH; i++)
            {
                // 如果特徵點的旋轉角度變化量屬於這三個組，則說明符合整體運動趨勢，屬於內點匹配對
                if(i==ind1 || i==ind2 || i==ind3)
                    continue;
                // 否則屬於外點匹配對，需要剔除，因為它們和整體運動趨勢有較大偏差
                for(size_t j=0, jend=rotHist[i].size(); j<jend; j++)
                {
                    int idx1 = rotHist[i][j];
                    if(vnMatches12[idx1]>=0)
                    {
                        vnMatches12[idx1]=-1;
                        nmatches--;
                    }
                }
            }
        }
    }
```

```
// Step 7：將最後透過篩選的匹配好的特徵點保存到 vbPrevMatched 中
for(size_t i1=0, iend1=vnMatches12.size(); i1<iend1; i1++)
    if(vnMatches12[i1]>=0)
        vbPrevMatched[i1]=F2.mvKeysUn[vnMatches12[i1]].pt;
    return nmatches;
}
```

8.2 透過詞袋進行特徵匹配

小白：師兄，詞袋是什麼？為什麼在 ORB-SLAM2 中要用詞袋呢？

8.2.1 什麼是詞袋

師兄：詞袋（Bag of Words，BoW）最早在自然語言處理領域應用，其中的 Words 就表示文字中的單字。後來研究者把詞袋用在視覺 SLAM 領域，這時 Words 表示的是影像中的局部資訊，如特徵點。注意，在詞袋中的單字是沒有順序的，也就是我們只關心某張影像中有沒有出現某個單字，出現了多少次，而不關心到底是在影像哪個位置出現的，也不關心單字出現的先後順序，這樣就大大簡化了詞袋模型的表達方式，節省了儲存空間，可以實現高效索引。

8.2.2 詞袋有什麼用

師兄：在 ORB-SLAM2 中，詞袋主要用於兩個方面。

第一，用於加速特徵匹配。在沒有任何先驗資訊的情況下，如果想要對兩張影像中提取的特徵點進行匹配，則通常只能用暴力匹配的方法，這樣不僅非常慢，而且很容易出現錯誤匹配。而透過詞袋搜尋匹配，只需要比較同一個節點下的特徵點，因為同一個節點下的特徵點通常都是比較相似的，這相當於提前對相似的特徵點進行了區域劃分，不僅提高了搜尋效率，也能減少很多錯誤匹配。論文「Bags of Binary Words for Fast Place Recognition in Image Sequences」[2] 中提到，在 26292 張圖片中的 false positive 為 0，說明準確度是有保證的。在實際應用中效果非常不錯。

第二，用於閉環檢測。閉環檢測的核心就是判斷兩張影像是不是同一個場景，也就是判斷影像的相似性。判斷兩張影像的相似性對於人類來說非常容易，但對於電腦來說是相對困難的。比如兩張影像很可能會有較大的角度變化，如圖 8-3

所示。

▲圖 8-3 同一場景不同角度下拍攝影像的對比

也可能會在不同的時間、不同的光源條件下拍攝同一場景，此時兩張影像也會有較大差異，如圖 8-4 所示。

▲圖 8-4 同一場景不同光源條件下拍攝影像的對比

即使是同一時間、用同樣的角度拍攝，由於相機本身曝光等參數不同，拍攝的兩張影像也會有較大差異，如圖 8-5 所示。

▲圖 8-5　同一場景不同曝光參數下拍攝影像的對比

　　在以上種種複雜的情況下，很難找到一種既簡單又通用的傳統辦法來判斷兩張影像是否相似。

　　而詞袋可以解決上述問題。因為詞袋用影像特徵的集合作為單字，只關心影像中這些單字出現的頻率，不關心單字出現的位置，而且通常採用的是二進位影像特徵，對光源變化比較堅固，使用詞袋進行閉環檢測更符合人類的感知方式。

　　小白：那其他開放原始碼 SLAM 演算法也是用的詞袋嗎？

　　師兄：目前在主流的 SLAM 開放原始碼演算法中，用詞袋進行閉環檢測是最主要的方法。其中 DBoW2 [2] 是使用詞袋的一個協力廠商函式庫。

　　小白：那詞袋模型有沒有什麼缺點呢？

　　師兄：使用詞袋模型是有前提的，具體如下。

　　首先，需要離線訓練字典樹（Vocabulary Tree），也稱為字典。我們也可以用別人訓練好的字典。

　　其次，系統啟動時需要先載入字典，而這個字典一般比較大（可能有一百多百萬位元組），載入會慢一點，也會佔用記憶體空間。不過現在有很多種方法可以將字典壓縮到幾百萬位元組，有效提升了載入速度，減少了記憶體佔用。

　　最後，每畫面格影像中的特徵點需要先透過這個離線字典線上轉換成特徵向量（FeatureVector）和詞袋向量（BowVector）。

不過使用詞袋模型的好處遠大於弊端，在實際使用時基本沒什麼影響。下面介紹如何離線訓練字典，如何用字典生成特徵向量和詞袋向量。

8.2.3 ORB 特徵點建構詞袋是否可靠

小白：建構詞袋需要先提取特徵點，用不同種類的特徵點有什麼不同嗎？比如 SIFT、SURF 等準確度更高的特徵點是不是比 ORB 特徵點更好呢？

師兄：這個問題問得很好。我們可以發現大部分程式使用詞袋時選用的都是 ORB 特徵點，而非 SIFT、SURF。先說結論，有學者專門研究過，使用 BRIEF 等二進位描述子和使用 SIFT、SURF 等浮點數描述子相比，二者閉環效果相當，前者的速度更快。我們結合文獻 [2] 分別討論。

1. 速度方面

首先 BRIEF 作為二進位描述子，透過漢明距離判斷相似性，只需要互斥操作即可，所以計算速度和匹配速度都非常快，這在第 7 章 ORB 特徵點部分已經介紹過了。而 SIFT、SURF 描述子都是浮點數的，需要計算歐氏距離，會比二進位描述子慢很多。

在文獻 [2] 中，作者在 Intel Core i7、2.67GHz CPU 上，使用 FAST+BRIEF 特徵，在 26300 畫面格影像中進行「特徵提取 + 詞袋位置辨識」，每畫面格耗時 22ms。

2. 準確度方面

先說結論：閉環效果並不比 SIFT、SURF 等高準確度特徵點差。

在文獻 [2] 中，BRIEF、SURF64（帶旋轉不變性的 64 維描述子）、U-SURF128（不帶旋轉不變性的 128 維描述子）3 種描述子使用同樣的參數，在訓練資料集 NewCollege、Bicocca25b 上的 Precision-recall 曲線如圖 8-6 所示。

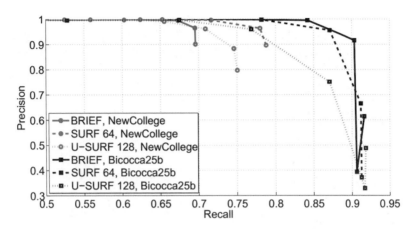

▲圖 8-6　BRIEF、SURF64、U-SURF128 的 Precision-recall 曲線對比 [2]

在這兩個資料集中，SURF64 明顯比 U-SURF128 表現更好（曲線下面積更大）。可以看到，在 Bicocca25b 資料集上，BRIEF 表現明顯比 U-SURF128 好，比 SURF64 表現也稍微好一些；在 NewCollege 資料集上，SURF64 表現比 BRIEF 更好一點，但是 BRIEF 表現也不錯。總之，BRIEF 和 SURF64 效果基本相差不大，可以說打了一個平手。

3. 視覺化效果

如圖 8-7 所示為文獻 [2] 中的閉環效果對比。如圖 8-7（a）所示為 BRIEF 的閉環匹配結果，同樣的特徵連成了一條線；如圖 8-7（b）所示為在相同資料集中 SURF64 的閉環匹配結果。

從第一行影像來看，儘管有一定的角度變換，但 BRIEF 和 SURF64 的匹配結果接近；從第二行影像來看，BRIEF 閉環成功，而 SURF64 並沒有閉環，原因是 SURF64 沒有得到足夠多的匹配關係；從第三行影像來看，BRIEF 閉環失敗，而 SURF64 閉環成功。

分析原因可知主要和近景、遠景有關。因為 BRIEF 相比 SURF64 沒有尺度不變性，所以在尺度變換較大的近景中很容易匹配失敗，比如第三行影像。而在中景和遠景中，由於尺度變化不大，所以 BRIEF 的表現接近甚至優於 SURF64。

(a) BRIEF   (b) SURF

▲ 圖 8-7 BRIEF 和 SURF64 閉環匹配效果對比 [2]

　　ORB 特徵點透過灰度質心法保證了特徵點的旋轉不變性，透過影像金字塔保證了尺度不變性，所以用 ORB 特徵點建構詞袋效果比論文中更好，完全值得信賴。

8.2.4　離線訓練字典

　　師兄：離線訓練字典的流程如下。

　　第 1 步,準備好足夠數量的圖像資料集。資料集最好涵蓋不同光源、不同場景、不同天氣和不同季節等條件下拍攝的影像集合,種類儘量多而不重複,比如在 ORB-SLAM2 中使用的字典訓練資料集包括幾萬張圖片。這樣做是為了盡可能多地涵蓋不同的情況,使得 ORB-SLAM2 在各種情況下詞袋都能工作。當然,如果只在某種特定場景中使用,則可以只擷取該場景中盡可能不同類型的影像。

　　第 2 步,遍歷以上所有的訓練影像,對每張影像提取 ORB 特徵點。最後得到的特徵點總數目是非常大的,比如 ORB-SLAM2 使用的離線字典就有超過 108 萬個特徵點。

　　第 3 步,建立字典樹。為了方便理解,以現實生活中的一個例子來說明。這個字典樹的生成過程類似於一個國家從上往下各級機構的建立過程。假設一個國家從上到下的結構是中央、省、市、鎮、村。首先設定字典樹的分支數 K 和深度 L。這裡的分支數可以類比為平行機構的數目,如每個省有 K 個市,每個市有 K 個鎮,每個鎮有 K 個村。這裡的深度 L 就是這個機構的層級數,在這個例子中是 5 層。

　　將提取到的所有影像特徵點的描述子用 K-means 聚類,變成 K 個集合,作為字典樹的第 1 層級,這類似於把所有公民按照某種相似的屬性分成 K 個省。然後對每個集合內部重複聚類操作,就獲得了字典樹的第 2 層級,這類似於把每個省的公民按照某種相似的屬性分成 K 個市。然後再對第 $2, 3, \cdots,$ L 層級每個集合內部重複上述聚類操作,最後得到深度為 L、分支數為 K 的字典樹。如圖 8-8 所示,第 0 層是根節點,離根節點最遠的一層是葉子,也稱為單字(Word)。

　　第 4 步,根據每個單字在訓練集中出現的頻率給其指定一定的權重,其在訓練集中出現的次數越多,說明辨別力越差,指定的權重就越低。

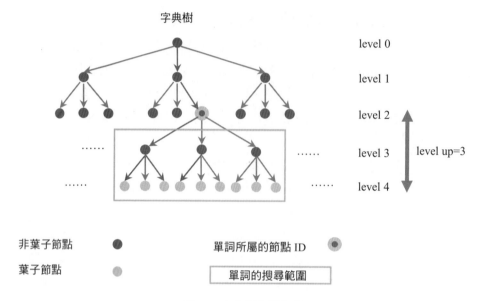

▲ 圖 8-8 字典樹索引示意圖

師兄：通常透過協力廠商函式庫 DBoW2 或更新的版本 DBoW3 訓練資料集生成字典。利用 DBoW2 函式庫中的函式可以很方便地把訓練好的字典保存為 .txt 檔案，這個字典檔案是通用的，也可以借別人訓練好的字典來用。具體程式如下。

```
/**
 * @brief 將訓練好的字典保存為 .txt 格式的檔案
 * @param filename 要保存的檔案名稱
 */
template<class TDescriptor, class F>
void TemplatedVocabulary<TDescriptor,F>::saveToTextFile(const std::string
&filename) const
{
    // 打開檔案
    fstream f;
    f.open(filename.c_str(),ios_base::out);
    // 第一行列印字典樹的分支數、深度、評分方式、權重計算方式
    f << m_k << " " << m_L << " " << " " << m_scoring << " " << m_weighting <<
endl;
    // 開始遍歷每個節點資訊並保存
    for(size_t i=1; i<m_nodes.size();i++)
    {
        // 取出某個節點
        const Node& node = m_nodes[i];
```

```
        // 每行第 1 個數字為父節點 ID
        f << node.parent << " ";
        // 每行第 2 個數字標記是(1)否(0)為葉子(單字)
        if(node.isLeaf())
            f << 1 << " ";
        else
            f << 0 << " ";
        // 接下來儲存 256 位元描述子,最後儲存節點權重
        f << F::toString(node.descriptor) << " " << (double)node.weight << endl;
    }
    // 關閉檔案
    f.close();
}
```

打開 ORB-SLAM2 載入的字典 ORBvoc.txt 核對一下,打開的字典檔案是下面這樣的。

```
10 6 0 0
0 0 252 188 188 242 169 109 85 143 187 191 164 25 222 255 72 27 129 215 237 16
58 111 219 51 219 211 85 127 192 112 134 34 0
0 0 93 125 221 103 180 14 111 184 112 234 255 76 215 115 153 115 22 196 124 110
233 240 249 46 237 239 101 20 104 243 66 33 0
...
```

與保存時的定義一樣,第一行的 10, 6, 0, 0 分別是字典樹的分支數、深度、評分方式和權重計算方式。

第二行的第 1 個 0 表示父節點 ID 是 0,第 2 個 0 表示該節點不是葉子(單詞),後面的 252, 188, 188, 242, ⋯ 表示儲存的是 256 位元描述子。

小白:確實和我們保存時是對應的,那如何載入自己訓練好的或者別人訓練好的字典呢?

師兄:DBoW2 函式庫中有相關的函式,在看原始程式之前,先計算給定參數後所有節點的數目。

假設 K 表示樹的分支數,L 表示樹的深度,這裡的「深度」不考慮根節點 K^0,即從根節點下面開始算共有 L 層深度,最後葉子層總共有 K^{L+1} 個葉子(單字)。那麼所有節點的數目是一個等比數列求和問題。

等比數列前 n 項和通項公式為

$$S_n = \frac{a_1 - a_n q}{1 - q} \tag{8-1}$$

式中，a_1, a_n, q 分別表示等比數列的首項、末項和公比；S_n 表示前 n 項和。

套用式 (8-1)，最後所有節點的數目應該是

$$\frac{K^{L+2}-1}{K-1} \qquad (8\text{-}2)$$

我們一起來看原始程式。

```cpp
/**
 * @brief 載入訓練好的 .txt 格式的字典
 * @param filename      字典檔案名稱
 * @return true         載入成功
 * @return false        載入失敗
 */
template<class TDescriptor, class F>
bool TemplatedVocabulary<TDescriptor,F>::loadFromTextFile(const std::string
&filename)
{
    // 打開檔案
    ifstream f;
    f.open(filename.c_str());
    // 如果為空，則傳回 false
    if(f.eof())
    return false;
    // 清空變數
    m_words.clear();
    m_nodes.clear();
    // 讀取第一行內容
    string s;
    getline(f,s);
    stringstream ss;
    ss << s;
    ss >> m_k;        // 樹的分支數目
    ss >> m_L;        // 樹的深度
    int n1, n2;
    ss >> n1;         // 評分方式
    ss >> n2;         // 權重計算方式
    // 如果不滿足參數要求，則認為載入錯誤，傳回 false
    if(m_k<0 || m_k>20 || m_L<1 || m_L>10 || n1<0 || n1>5 || n2<0 || n2>3)
    {
        std::cerr << "Vocabulary loading failure: This is not a correct text
file!" << endl;
        return false;
    }

    m_scoring = (ScoringType)n1;        // 評分類型
    m_weighting = (WeightingType)n2;    // 權重類型
```

```
createScoringObject();

// 總節點數，是一個等比數列求和問題
int expected_nodes = (int)((pow((double)m_k, (double)m_L + 1) - 1)/(m_k - 1));
m_nodes.reserve(expected_nodes);
// 預分配空間給單字（葉子）向量
m_words.reserve(pow((double)m_k, (double)m_L + 1));
// 第一個節點是根節點，ID 設為 0
m_nodes.resize(1);
m_nodes[0].id = 0;
// 開始遍歷所有的節點，直到檔案尾端
while(!f.eof())
{
    string snode;
    getline(f,snode);
    stringstream ssnode;
    ssnode << snode;
    // nid 表示當前節點 ID，實際讀取順序從 0 開始
    int nid = m_nodes.size();
    // 節點容量加 1
    m_nodes.resize(m_nodes.size()+1);
    m_nodes[nid].id = nid;
    // 讀取每行的第 1 個數字，表示父節點 ID
    int pid;
    ssnode >> pid;
    // 記錄節點 ID 的相互父子關係
    m_nodes[nid].parent = pid;
    m_nodes[pid].children.push_back(nid);
    // 讀取第 2 個數字，表示是否是葉子（單字）
    int nIsLeaf;
    ssnode >> nIsLeaf;
    // 每個特徵點描述子是 256 bit，一個位元組對應 8 bit，所以儲存一個特徵點需要 32 位元組
    // 這裡 F::L=32，也就是讀取 32 位元組，最後以字串的形式儲存在 ssd 中
    stringstream ssd;
    for(int iD=0;iD<F::L;iD++)
    {
        string sElement;
        ssnode >> sElement;
        ssd << sElement << " ";
    }
    // 將 ssd 儲存在該節點的描述子中
    F::fromString(m_nodes[nid].descriptor, ssd.str());
    // 讀取最後一個數字：節點的權重（單字才有）
    ssnode >> m_nodes[nid].weight;
    if(nIsLeaf>0)
    {
        // 如果是葉子（單字），則儲存到 m_words 中
        int wid = m_words.size();
```

```
        m_words.resize(wid+1);

        // 儲存單字的 ID，具有唯一性
        m_nodes[nid].word_id = wid;
        // 建構 vector<Node*> m_words，儲存單字所在節點的指標
        m_words[wid] = &m_nodes[nid];
    }
    else
    {
        // 非葉子節點，直接分配 m_k 個分支
        m_nodes[nid].children.reserve(m_k);
    }
}
// 傳回讀取成功
return true;
}
```

另外，關於權重類型和評分類型，程式中是這樣定義的。

```
/// 權重類型
enum WeightingType
{
    TF_IDF,             // 詞頻 – 逆文字頻率
    TF,                 // 詞頻
    IDF,                // 逆文字頻率
    BINARY
};
/// 評分類型
enum ScoringType
{
    L1_NORM,            // L1 範數
    L2_NORM,            // L2 範數
    CHI_SQUARE,         // 卡方檢定
    KL,                 // KL 散度
    BHATTACHARYYA,      // 巴氏距離
    DOT_PRODUCT,        // 點乘
};
```

8.2.5 線上生成詞袋向量

　　師兄：以上是離線訓練字典的過程。在 ORB-SLAM2 中，對於新的一畫面格影像，會利用上面的離線字典為當前影像線上生成詞袋向量，具體流程如下。

第 1 步，對新的一畫面格影像先提取 ORB 特徵點，特徵點描述子和離線字典中的一致。

第 2 步，對於每個特徵點的描述子，從離線建立好的字典樹中從上往下開始尋找自己的位置，從根節點開始，用該描述子和每個節點的描述子計算漢明距離，選擇漢明距離最小的節點作為自己所在的節點，一直遍歷到葉子節點。最終把葉子的單字 id 和權重等屬性指定這個特徵點。在圖 8-8 中，紫色的線表示一個特徵點從根節點到葉子節點的搜尋過程。在樹狀結構中，這個過程是非常快的。

小白：圖 8-8 中的 level up 是什麼意思？

師兄：可以簡單地將 level up 理解為搜尋範圍。每個描述子轉化為單字後會包含一個屬性，叫作單字所屬的節點 ID，這個節點 ID 距離葉子的層級就是 level up。在進行特徵匹配時，只在該單字所屬的節點 ID 內部搜尋即可。如果 level up 設定得比較大，單字所屬的節點 ID 會比較靠近根節點，那麼搜尋範圍就會擴大，極端情況是在整個字典樹中進行搜尋，肯定相當慢；如果 level up 設定得比較小，單字所屬的節點 ID 會比較靠近葉子節點，那麼很可能搜不到匹配的特徵點。還是拿前面某個國家機構的例子來類比，假如想在整個國家中尋找一個人（單字），是在某個省級範圍還是村級範圍內搜尋。如果在省級範圍內搜尋，則搜尋的效率會很低；如果在村級範圍內搜尋，則搜尋速度雖然很快，但如果要找的人在隔壁村，就會無法搜尋到。因此 level up 要設定為一個合適的值，在 ORB-SLAM2 中，通常設定 level up=3。

確定一個特徵描述子的單字 ID、權重、單字所屬的節點（距離葉子節點為 level up 深度的節點）ID，對應的實作程式如下。

```
/**
 * @brief 確定一個特徵描述子的單字 ID、權重、單字所屬的節點 ( 距離葉子節點為 level up 深度
   的節點 ) ID
 * @param[in] feature            特徵描述子
 * @param[in & out] word_id      單字 ID
 * @param[in & out] weight       單字權重
 * @param[in & out] nid          單字所屬的節點 ( 距離葉子節點為 level up 深度的節點 ) ID
 * @param[in] levelsup           單字距離葉子的深度
 */
```

```
template<class TDescriptor, class F>
void TemplatedVocabulary<TDescriptor,F>::transform(const TDescriptor &feature,
    WordId &word_id, WordValue &weight, NodeId *nid, int levelsup) const
{
    vector<NodeId> nodes;
    typename vector<NodeId>::const_iterator nit;
    // m_L 表示樹的深度
    // nid_level 表示當前特徵點轉化為單字所屬的節點 ID
    const int nid_level = m_L - levelsup;
    if(nid_level <= 0 && nid != NULL) *nid = 0; // 根節點
    NodeId final_id = 0;
    int current_level = 0;
    // 開始沿著字典樹搜尋
    do
    {
        ++current_level;
        nodes = m_nodes[final_id].children;
        final_id = nodes[0];
        // 取當前節點內第一個子節點的描述子距離作為初始化最佳距離
        double best_d = F::distance(feature, m_nodes[final_id].descriptor);
        // 遍歷節點中所有的描述子，找到最小距離對應的描述子
        for(nit = nodes.begin() + 1; nit != nodes.end(); ++nit)
        {
            NodeId id = *nit;
            double d = F::distance(feature, m_nodes[id].descriptor);
            if(d < best_d)
            {
                best_d = d;
                final_id = id;
            }
        }
        // 記錄當前描述子所屬的節點 ID，它距離葉子節點的深度為 level up
        if(nid != NULL && current_level == nid_level)
            *nid = final_id;
    } while( !m_nodes[final_id].isLeaf() );

    // 取出字典樹葉子節點中與當前特徵描述子距離最小的節點的單字 ID 和權重，並將其指定該特徵點
    word_id = m_nodes[final_id].word_id;
    weight = m_nodes[final_id].weight;
}
```

將一張影像中所有的特徵點按照上述方法，透過字典樹最終轉換為兩個向量—— BowVector 和 FeatureVector，詳細程式如下。

```
/**
 * @brief 將一張影像中所有的特徵點轉換為 BowVector 和 FeatureVector
 * @param[in] features      影像中所有的特徵點
```

```
 * @param[in & out] v      BowVector
 * @param[in & out] fv     FeatureVector
 * @param[in] levelsup     單字距離葉子節點的深度
 */
template<class TDescriptor, class F>
void TemplatedVocabulary<TDescriptor,F>::transform(
    const std::vector<TDescriptor>& features,
    BowVector &v, FeatureVector &fv, int levelsup) const
{
    // ......

    // 根據選擇的評分類型，確定是否需要將 BowVector 歸一化
    LNorm norm;
    bool must = m_scoring_object->mustNormalize(norm);
    typename vector<TDescriptor>::const_iterator fit;
    // 程式中使用的權重類型是 TF_IDF
    if(m_weighting == TF || m_weighting == TF_IDF)
    {
        unsigned int i_feature = 0;
        // 遍歷影像中所有的特徵點
        for(fit = features.begin(); fit < features.end(); ++fit, ++i_feature)
        {
        WordId id;       // 單字節點
        NodeId nid;      // 單字所屬的節點 ( 距離葉子節點為 level up 深度的節點 ) ID，
                         // 用於限制搜尋範圍
        WordValue w;     // 單字對應的權重

        // 確定特徵描述子的單字 ID、權重、單字所屬的節點 ( 距離葉子節點為 level up 深度的節點 ) ID
        // id：單字 ID，w：單字權重，nid：單字所屬的節點 ID
        transform(*fit, id, w, &nid, levelsup);

        if(w > 0)
        {
            // 如果單字權重大於 0，則將其增加到 BowVector 和 FeatureVector 中
            v.addWeight(id, w);
            fv.addFeature(nid, i_feature);
        }
        }
    }
}
```

小白：我們費那麼大勁兒把影像中所有的特徵點轉換為 BowVector 和 FeatureVector 向量，有什麼具體作用呢？

師兄：先舉出結論，這些操作相當於對當前影像資訊進行了壓縮，這兩個向量對特徵點快速匹配、閉環檢測、重定位的意義重大。下面具體分析。

先說 BowVector，它的資料結構如下。

```
std::map<WordId, WordValue>
```

其中，WordId 和 WordValue 表示單字 Word 在所有葉子節點中距離最近葉子節點的 ID 和權重，這和我們前面介紹的一致。對於同一個單字 ID，它的權重是累加並不斷更新的，程式如下。

```
/**
 * @brief 更新 BowVector 中的單字權重
 *
 * @param[in] id       單字的 ID
 * @param[in] v        單字的權重
 */
void BowVector::addWeight(WordId id, WordValue v)
{
    // 傳回指向大於或等於 id 的第一個值的位置
    BowVector::iterator vit = this->lower_bound(id);
    // 根據新增的單字是否在 BowVector 中更新權重
    if(vit != this->end() && !(this->key_comp()(id, vit->first)))
    {
        // 如果 id=vit->first，則說明是同一個單字，累加更新權重
        vit->second += v;
    }
    else
    {
        // 如果該單字 ID 不在 BowVector 中，則作為新成員增加進來
        this->insert(vit, BowVector::value_type(id, v));
    }
}
```

再來介紹 FeatureVector，它的資料結構如下。

```
std::map<NodeId, std::vector<unsigned int> >
```

其中，NodeId 並不是該葉子節點的直接父節點 ID，而是距離葉子節點深度為 level up 的節點的 ID，這在前面也反覆提到了。在進行特徵匹配時，搜尋該單字的匹配點時，搜尋範圍是和它具有同樣 NodeId 的所有子節點，搜尋區域見圖 8-8 中單字的搜尋範圍。所以，搜尋範圍的大小是根據 level up 確定的，level up 值越大，搜尋範圍越廣，搜尋速度越慢；level up 值越小，搜尋範圍越小，搜尋速度越快，但能夠匹配的特徵就越少。

第 2 個參數 std::vector<unsigned int> 中實際儲存的是 NodeId 下所有特徵點在影像中的索引，程式如下。

```
/**
 * @brief 把節點 ID 下所有的特徵點的索引值歸屬到它的向量中
 *
 * @param[in] id          節點 ID，內部包含很多單字
 * @param[in] i_feature   特徵點在影像中的索引
 */
void FeatureVector::addFeature(NodeId id, unsigned int i_feature)
{
    // 傳回指向大於或等於 ID 的第一個值的位置
    FeatureVector::iterator vit = this->lower_bound(id);
    // 將同樣節點 ID 下的特徵點索引值放在一個向量中
    if(vit != this->end() && vit->first == id)
    {
        // 如果這個節點 ID 已經建立，則可以直接插入特徵點索引
        vit->second.push_back(i_feature);
    }
    else
    {
        // 如果這個節點 ID 還未建立，則建立後再插入特徵點索引
        vit = this->insert(vit, FeatureVector::value_type(id, std::vector<unsigned
int>() ));
        vit->second.push_back(i_feature);
    }
}
```

8.2.6 原始程式解析

　　師兄：下面來看在 ORB-SLAM2 特徵匹配中詞袋具體是如何加速特徵點匹配的。前面說過，FeatureVector 的第一個元素就是節點 ID，第二個元素是一個向量，儲存的是該節點內所有的特徵點在影像中的索引。在搜尋特徵點時，只需要找到在相同節點 ID 內的兩張影像的特徵點，逐一匹配即可。

　　下面總結詞袋匹配方法的優缺點。

- 優點 1：因為只需要在同一個節點下搜尋候選匹配點，不需要地圖點投影，所以匹配效率很高。
- 優點 2：不需要位姿即可匹配，比地圖點投影匹配方法的應用場景更廣泛，比如可以用於追蹤遺失重定位、閉環檢測等場景。
- 缺點：比較依賴字典，能夠成功匹配到的特徵對較少，適用於粗糙的特徵匹配來估計初始位姿。

　　詞袋在 ORB-SLAM2 中加速特徵點匹配的過程如下。

```
/*
 * @brief 透過詞袋對主要畫面格和當前畫面格的特徵點進行匹配
 * 步驟
 * Step 1：分別取出屬於同一節點的 ORB 特徵點 ( 只有屬於同一節點，才有可能是匹配點 )
 * Step 2：遍歷 KF 中屬於該節點的特徵點
 * Step 3：遍歷 F 中屬於該節點的特徵點，尋找最佳匹配點
 * Step 4：根據設定值剔除錯誤匹配，統計角度變化長條圖
 * Step 5：根據上面長條圖統計資訊剔除錯誤匹配的特徵點對
 * @param pKF                      主要畫面格
 * @param F                        當前普通畫面格
 * @param vpMapPointMatches        F 中地圖點對應的匹配，NULL 表示未匹配
 * @return                         成功匹配的數量
 */
int ORBmatcher::SearchByBoW(KeyFrame* pKF,Frame &F, vector<MapPoint*>
&vpMapPointMatches)
{
    // 獲取該主要畫面格的地圖點
    const vector<MapPoint*> vpMapPointsKF = pKF->GetMapPointMatches();
    // 和普通畫面格 F 特徵點的索引一致
    vpMapPointMatches = vector<MapPoint*>(F.N,static_cast<MapPoint*>(NULL));
    // 取出主要畫面格的詞袋特徵向量
    const DBoW2::FeatureVector &vFeatVecKF = pKF->mFeatVec;
    int nmatches=0;
    // 特徵點角度旋轉差統計用的長條圖
    vector<int> rotHist[HISTO_LENGTH];
    for(int i=0;i<HISTO_LENGTH;i++)
        rotHist[i].reserve(500);
    // 原作者程式是 const float factor = 1.0f/HISTO_LENGTH，這是錯誤的，更改為下面程式
    const float factor = HISTO_LENGTH/360.0f;
    // 準備好待匹配的主要畫面格 KF 和普通畫面格 F 的各自特徵向量迭代器的頭和尾
    DBoW2::FeatureVector::const_iterator KFit = vFeatVecKF.begin();
    DBoW2::FeatureVector::const_iterator Fit = F.mFeatVec.begin();
    DBoW2::FeatureVector::const_iterator KFend = vFeatVecKF.end();
    DBoW2::FeatureVector::const_iterator Fend = F.mFeatVec.end();
    // 開始迴圈搜尋
    while(KFit != KFend && Fit != Fend)
    {
        // Step 1：分別取出屬於同一節點的特徵點索引 ( 只有屬於同一節點，才有可能是匹配點 )
        // first 儲存的是節點 ID
        if(KFit->first == Fit->first)
        {
            // second 儲存的是該節點內所有特徵點在原影像中的索引集合
            const vector<unsigned int> vIndicesKF = KFit->second;
            const vector<unsigned int> vIndicesF = Fit->second;

            // Step 2：遍歷 KF 中屬於該節點的特徵點索引集合
            for(size_t iKF=0; iKF<vIndicesKF.size(); iKF++)
            {
                // 該節點中特徵點的索引
```

```
            const unsigned int realIdxKF = vIndicesKF[iKF];
            // 取出 KF 中該特徵對應的地圖點
            MapPoint* pMP = vpMapPointsKF[realIdxKF];
            // 判斷地圖點是否有效,如果無效則跳過
            if(!pMP)
                continue;
            if(pMP->isBad())
                continue;
            // 取出 KF 中該特徵點對應的描述子
            const cv::Mat &dKF= pKF->mDescriptors.row(realIdxKF);

            int bestDist1=256; // 最好的距離 ( 最小距離 )
            int bestIdxF =-1 ; // 最好距離對應的索引值
            int bestDist2=256; // 次好距離 ( 第二小距離 )
            // Step 3 : 遍歷 F 中屬於該節點的特徵點,尋找最佳匹配點
            for(size_t iF=0; iF<vIndicesF.size(); iF++)
            {

                // realIdxF 是指普通畫面格中該節點中特徵點的索引
                const unsigned int realIdxF = vIndicesF[iF];
                // 如果地圖點存在,則說明這個點已經被匹配過了,跳過不再匹配
                if(vpMapPointMatches[realIdxF])
                    continue;
                // 取出 F 中該特徵點對應的描述子
                const cv::Mat &dF = F.mDescriptors.row(realIdxF);
                // 計算描述子的距離
                const int dist = DescriptorDistance(dKF,dF);
                // 更新最佳距離、最佳距離對應的索引、次佳距離
                // 如果 dist < bestDist1 < bestDist2,則更新 bestDist1 和 bestDist2
            if(dist<bestDist1)
            {
                bestDist2=bestDist1;
                bestDist1=dist;
                bestIdxF=realIdxF;
            }
            // 如果 bestDist1 < dist < bestDist2,則更新 bestDist2
            else if(dist<bestDist2)
            {
                bestDist2=dist;
              }
            }

            // Step 4 : 根據設定設定值剔除錯誤匹配,統計角度變化長條圖
        }
        KFit++;
        Fit++;
    }
}
// Step 5 : 根據上面長條圖統計資訊剔除錯誤匹配的特徵點對
```

```
    // 傳回成功匹配的特徵點對數目
    return nmatches;
}
```

8.3 透過地圖點投影進行特徵匹配

師兄：ORB-SLAM2 中用得最多的匹配方式就是投影匹配，不同的參數有多個多載函式，如下所示。不過它們的基本思想都差不多，我們後面會以最複雜的一個函式（下面第 1 個函式）為例進行說明。

```
// 用於恒速模型追蹤，用前一個普通畫面格投影到當前畫面格中進行匹配
int SearchByProjection(Frame &CurrentFrame, const Frame &LastFrame, const float
th, const bool bMono)

// 用於局部地圖點追蹤，用所有局部地圖點透過投影進行特徵點匹配
int SearchByProjection(Frame &F, const vector<MapPoint*> &vpMapPoints, const
float th)

// 用於閉環執行緒，將閉環主要畫面格及其共視主要畫面格的所有地圖點投影到當前主要畫面格中進行
投影匹配
int SearchByProjection(KeyFrame* pKF, cv::Mat Scw, const vector<MapPoint*>
&vpPoints, vector<MapPoint*> &vpMatched, int th)

// 用於重定位追蹤，將候選主要畫面格中未匹配的地圖點投影到當前畫面格中，生成新的匹配
int SearchByProjection(Frame &CurrentFrame, KeyFrame *pKF, const set<MapPoint*>
&sAlreadyFound, const float th , const int ORBdist)
```

8.3.1 投影匹配原理

師兄：首先，「投影」投的是什麼呢？肯定是地圖點，這些地圖點的來源主要如下。

- 在恒速模型追蹤中，投影的地圖點來自前一個普通畫面格。
- 在局部地圖追蹤中，投影的地圖點來自所有局部地圖點。
- 在重定位追蹤中，投影的地圖點來自候選主要畫面格。
- 在閉環執行緒中，投影的地圖點來自閉環主要畫面格及其共視主要畫面格。

其次，怎麼投影？答案是透過位姿來投影。比如在恒速模型追蹤中，在位姿還沒有估計出來時，可以假設一個初始位姿來投影，即使位姿不準確也沒關係，因為是在投影位置附近區域進行特徵匹配的，而且後續還會持續最佳化位姿；如

果已經有估計的位姿，就可以用這個位姿直接投影。

最後，投影後如何匹配？地圖點經過位姿變換後，對應當前普通畫面格或主要畫面格的相機座標系下的三維點，然後用針孔模型投影到影像平面的二維影像座標上，再在該座標周圍的圓形區域內尋找候選匹配特徵點，這和前面快速確定候選匹配特徵點用的是同樣的函式。

圖 8-9 所示是恒速模型追蹤中投影匹配的一個示意圖。圖 8-9（a）所示為上一個成功追蹤的普通畫面格，其中綠色的點為提取的特徵點，紅色的點為特徵點對應的地圖點。圖 8-9（b）所示為當前普通畫面格，將上一畫面格中的地圖點投影到當前畫面格中，在投影點附近的圓形區域（圖 8-9（b）中紅色的圓）內搜尋候選匹配點。

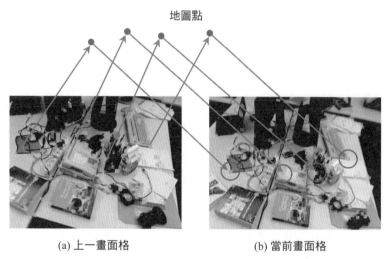

(a) 上一畫面格　　　　　　　(b) 當前畫面格

▲ 圖 8-9　恒速模型追蹤中的投影匹配示意圖

8.3.2　根據相機運動方向確定金字塔搜尋層級

師兄：恒速模型追蹤中的特徵匹配相對複雜，它會根據相機前進或後退（相對於光軸方向）來選擇不同層級的金字塔中的特徵點來作為候選匹配點，保證特徵點能夠正確匹配。

第 1 步，判斷相機是否有明顯的前進或後退。這就需要求解當前畫面格到上一畫面格的平移變化量。記 T_{cw}, T_{lw} 分別是當前畫面格、上一畫面格的位姿，R, t 分別是旋轉矩陣和平移向量。寫成矩陣的形式：

$$T_{\mathrm{cw}} = \begin{bmatrix} R_{\mathrm{cw}} & t_{\mathrm{cw}} \\ O & 1 \end{bmatrix} \tag{8-3}$$

$$T_{\mathrm{cw}}^{-1} = \begin{bmatrix} R_{\mathrm{cw}}^{\top} & -R_{\mathrm{cw}}^{\top} t_{\mathrm{cw}} \\ O & 1 \end{bmatrix} \tag{8-4}$$

$$T_{\mathrm{lw}} = \begin{bmatrix} R_{\mathrm{lw}} & t_{\mathrm{lw}} \\ O & 1 \end{bmatrix} \tag{8-5}$$

那麼，當前畫面格到上一畫面格的位姿變換 T_{lc} 為

$$
\begin{aligned}
T_{\mathrm{lc}} &= T_{\mathrm{lw}} T_{\mathrm{cw}}^{-1} \\
&= \begin{bmatrix} R_{\mathrm{lw}} & t_{\mathrm{lw}} \\ O & 1 \end{bmatrix} \begin{bmatrix} R_{\mathrm{cw}}^{\top} & -R_{\mathrm{cw}}^{\top} t_{\mathrm{cw}} \\ O & 1 \end{bmatrix} \\
&= \begin{bmatrix} R_{\mathrm{lw}} R_{\mathrm{cw}}^{\top} & -R_{\mathrm{lw}} R_{\mathrm{cw}}^{\top} t_{\mathrm{cw}} + t_{\mathrm{lw}} \\ O & 1 \end{bmatrix}
\end{aligned} \tag{8-6}
$$

當前畫面格到上一畫面格的平移向量為

$$t_{\mathrm{lc}} = -R_{\mathrm{lw}} R_{\mathrm{cw}}^{\top} t_{\mathrm{cw}} + t_{\mathrm{lw}} \tag{8-7}$$

我們根據當前畫面格到上一畫面格的平移向量 t_{lc} 在 z 軸的分量和相機基準線距離比較來判斷是否發生了明顯的前進或後退。

第 2 步，根據第 1 步中判斷的相機運動方向（前進或後退），確定搜尋候選匹配特徵點的尺度範圍。

圖 8-10（b）所示為上一畫面格相機原始位置，如果當前畫面格明顯沿 z 軸方向向前移動（見圖 8-10（a）），那麼根據「近大遠小」的規則，想要和圖 8-10（b）中 level=0 的特徵點匹配，就需要在圖 8-10（a）中金字塔的更高層級 level=1 上搜尋才能正確匹配。同樣，如果當前畫面格明顯沿 z 軸方向向後移動（見圖 8-10（c），那麼想要和圖 8-10（b）中 level=1 的特徵點匹配，就需要在圖 8-10（c）中金字塔的更低層級 level=0 上搜尋才能正確匹配。

小白：為什麼確定相機前進或後退要和相機的基準線進行比較？單目相機沒有基準線怎麼辦？

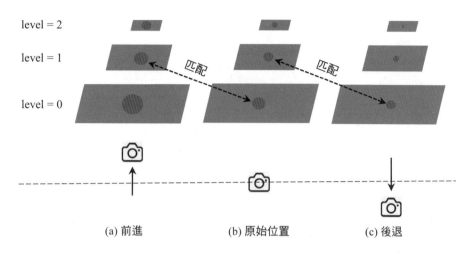

level = 2

level = 1

level = 0

匹配

匹配

(a) 前進　　　　　　　　(b) 原始位置　　　　　　　(c) 後退

▲圖 8-10　根據相機前進還是後退確定搜尋候選匹配特徵點的尺度範圍

　　師兄：這裡相機前進或後退的判定只針對雙目相機和 RGB-D 相機，因為它們有絕對尺度，而且有已知的基準線可以進行比較。至於為什麼用相機基準線作為判定標準，這可能是為了方便度量而取的經驗值。對於單目相機，因為沒有辦法獲得絕對尺度，所以不進行前進或後退的判定，在搜尋匹配時限定在當前金字塔層級 ±1 的範圍內即可。

8.3.3　原始程式解析

　　師兄：在恒速模型追蹤中，用上一個普通畫面格投影到當前畫面格中進行特徵匹配的原始程式及註釋如下，其中尋找最佳候選匹配點和次佳候選匹配點、透過長條圖統計檢驗方向一致性的部分和前面類似，在原始程式中進行了刪減處理。

```
/**
 * @brief 在恒速模型追蹤中，將上一畫面格影像的地圖點投影到當前畫面格中，搜尋匹配特徵點
 * 步驟：
 * Step 1 建立旋轉長條圖，用於檢測旋轉一致性
 * Step 2 計算當前畫面格和上一畫面格的平移向量
 * Step 3 對於前一畫面格的每一個地圖點，透過相機投影模型得到投影到當前畫面格中的像素座標
 * Step 4 根據相機的運動方向判斷搜尋尺度範圍
 * Step 5 遍歷候選匹配點，尋找描述子距離最小的特徵點，作為最佳匹配點
 * Step 6 統計匹配點旋轉角度差建構長條圖
```

```
 * Step 7 進行旋轉一致性檢驗，剔除不一致的匹配
 * @param[in] CurrentFrame        當前畫面格
 * @param[in] LastFrame           上一畫面格
 * @param[in] th                  搜尋範圍設定值
 * @param[in] bMono               是否為單目相機
 * @return int                    成功匹配的數量
 */
int ORBmatcher::SearchByProjection(Frame &CurrentFrame, const Frame &LastFrame,
const float th, const bool bMono)
{
    int nmatches = 0;

    // Step 1：建立旋轉長條圖，用於檢驗旋轉一致性
    // ......

    // Step 2：計算當前畫面格相對前一畫面格的平移向量
    // 當前畫面格的相機位姿
    const cv::Mat Rcw = CurrentFrame.mTcw.rowRange(0,3).colRange(0,3);
    const cv::Mat tcw = CurrentFrame.mTcw.rowRange(0,3).col(3);
    // 當前相機座標系到世界座標系的平移向量
    const cv::Mat twc = -Rcw.t()*tcw;
    // 上一畫面格的相機位姿
    const cv::Mat Rlw = LastFrame.mTcw.rowRange(0,3).colRange(0,3);
    const cv::Mat tlw = LastFrame.mTcw.rowRange(0,3).col(3); // tlw(l)
    // 當前畫面格相對於上一畫面格的平移向量
    const cv::Mat tlc = Rlw*twc+tlw;
    // 根據相對平移 z 分量判斷相機是前進還是後退
    // 僅針對雙目相機或 RGB-D 相機：如果 z 大於基準線，則表示相機明顯前進
    const bool bForward = tlc.at<float>(2) > CurrentFrame.mb && !bMono;
    // 僅針對雙目相機或 RGB-D 相機：如果 -z 小於基準線，則表示相機明顯後退
    const bool bBackward = -tlc.at<float>(2) > CurrentFrame.mb && !bMono;

    // Step 3：對於上一畫面格的每一個地圖點，透過相機投影模型得到投影到當前畫面格中的像素座標
    for(int i=0; i<LastFrame.N; i++)
    {
        MapPoint* pMP = LastFrame.mvpMapPoints[i];
        if(pMP)
        {
            if(!LastFrame.mvbOutlier[i])
            {
                // 根據位姿將上一畫面格有效的地圖點變換到當前相機座標系下
                cv::Mat x3Dw = pMP->GetWorldPos();
                cv::Mat x3Dc = Rcw*x3Dw+tcw;
                const float xc = x3Dc.at<float>(0);
                const float yc = x3Dc.at<float>(1);
                const float invzc = 1.0/x3Dc.at<float>(2);
                // 在當前相機座標系下三維點深度值必須為正，否則跳過該點
                if(invzc<0)
                    continue;
```

```
                    // 投影到當前畫面格中的二維影像座標
                    float u = CurrentFrame.fx*xc*invzc+CurrentFrame.cx;
                    float v = CurrentFrame.fy*yc*invzc+CurrentFrame.cy;
                    // 二維影像座標需要在有效範圍內
                    if(u<CurrentFrame.mnMinX || u>CurrentFrame.mnMaxX)
                        continue;
                    if(v<CurrentFrame.mnMinY || v>CurrentFrame.mnMaxY)
                        continue;
                    // 上一畫面格中地圖點對應的二維特徵點所在的金字塔層級
                    int nLastOctave = LastFrame.mvKeys[i].octave;
                    // 搜尋視窗大小和特徵點所在的金字塔尺度有關,尺度越大,搜尋範圍越廣
                    // 視窗擴大係數為 th,單目為 th=7,雙目為 th=15
                    float radius = th*CurrentFrame.mvScaleFactors[nLastOctave];
                    // 記錄候選匹配點的 ID
                    vector<size_t> vIndices2;

                    // Step 4:根據相機的運動方向來判斷搜尋尺度範圍
                    // 當相機前進時,原來的特徵點需要在更高的尺度下才能找到正確的匹配點
                    // 當相機後退時,原來的特徵點需要在更低的尺度下才能找到正確的匹配點
                    if(bForward)
                        // 前進,則當前特徵點所在的金字塔尺度 nCurOctave>=nLastOctave
                        vIndices2 = CurrentFrame.GetFeaturesInArea(u,v, radius,
nLastOctave);
                    else if(bBackward)
                        // 後退,則當前特徵點所在的金字塔尺度 [0,nLastOctave]
                        vIndices2 = CurrentFrame.GetFeaturesInArea(u,v, radius, 0,
nLastOctave);
                    else
                        // 在沒有明顯的前進或後退及單目相機的情況下,
                        // 當前特徵點所在的金字塔尺度為 [nLastOctave-1,nLastOctave+1]
                        vIndices2 = CurrentFrame.GetFeaturesInArea(u,v, radius,
nLastOctave-1, nLastOctave+1);
                    // 如果候選匹配特徵點為空,則跳過本次迴圈
                    if(vIndices2.empty())
                        continue;

                    // Step 5:遍歷候選匹配點,尋找描述子距離最小的特徵點作為最佳匹配點
                    // ......
                    // Step 6:統計匹配點旋轉角度差建構長條圖
                    // ......
            // Step 7:對所有匹配特徵點進行旋轉一致性檢驗,剔除不一致的匹配
            // ......
        return nmatches;
}
```

8.4 透過 Sim(3) 變換進行相互投影匹配

8.4.1 相互投影匹配原理

師兄：在閉環執行緒中，閉環候選畫面格和當前主要畫面格最早是透過詞袋進行搜尋匹配的，你知道為什麼嗎？

小白：因為它們間隔的時間比較遠，沒有先驗資訊，這時用詞袋搜尋是最合適的。

師兄：是的，但是用詞袋搜尋有一個缺點，就是會有漏匹配。而成功的閉環需要在閉環候選畫面格和當前畫面格之間盡可能多地建立更多的匹配關係，這時可以利用初步估計的 Sim(3) 位姿進行相互投影匹配，忽略已經匹配的特徵點，只在尚未匹配的特徵點中挖掘新的匹配關係。

小白：什麼是相互投影匹配呢？

師兄：假設待匹配的主要畫面格分別是 KF1、KF2，以圖 8-11 為例介紹具體方法。

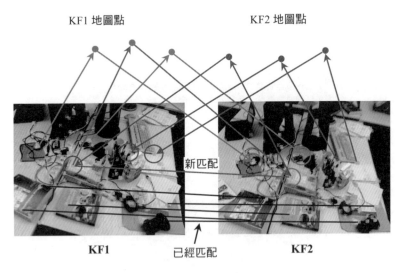

▲ 圖 8-11 相互投影匹配

第 1 步，先統計它們之間已經匹配好的特徵點對（圖 8-11 中黑色連線表示已經匹配好的特徵點對），目的是在後續投影中跳過這些已經匹配好的特徵點對，從剩下的未匹配的特徵點中尋找新的匹配關係。

第 2 步，把 KF1 的地圖點用 Sim21 變換投影到 KF2 影像上，在投影點附近一定的範圍（圖 8-11 中右側藍色的圓圈）內尋找候選匹配點，從中選擇描述子距離最近的點作為最佳匹配點。

第 3 步，把 KF2 的地圖點用 Sim12 變換投影到 KF1 影像上，在投影點附近一定的範圍（圖 8-11 中左側紫色的圓圈）內尋找候選匹配點，從中選擇描述子距離最近的點作為最佳匹配點。

第 4 步，找出同時滿足第 2、3 步要求的特徵點匹配對，也就是在兩次相互匹配中同時出現的匹配點對，作為最終可靠的新的匹配結果（圖 8-11 中紅色連線對應的匹配點）。

小白：這裡的 Sim(3) 是什麼呢？

師兄：Sim(3) 中的「Sim」是 Similarity 的縮寫，「3」表示三維空間。關於如何求解 Sim(3)，我們後面會詳細介紹，這裡我們把 Sim(3) 當作帶尺度因數的變換矩陣即可。相似變換 Sim(3) 矩陣記為

$$S = \begin{bmatrix} sR & t \\ O & 1 \end{bmatrix} \tag{8-8}$$

Sim(3) 變換矩陣的逆為

$$S^{-1} = \begin{bmatrix} \dfrac{1}{s}R^{\top} & -\dfrac{1}{s}R^{\top}t \\ O & 1 \end{bmatrix} \tag{8-9}$$

它們在我們下面的原始程式中會用到。

8.4.2 原始程式解析

師兄：下面的程式是在閉環檢測執行緒中，用 Sim(3) 變換對當前主要畫面格和候選閉環主要畫面格進行相互投影匹配，目的是生成更多的匹配點對。

```
/**
 * @brief 用 Sim(3) 變換對當前主要畫面格和候選閉環主要畫面格進行相互投影匹配
 * @param[in] pKF1          當前畫面格
 * @param[in] pKF2          閉環候選畫面格
 * @param[in] vpMatches12i 表示匹配的 pKF1 特徵點索引，vpMatches12[i] 表示匹
 *                          配的地圖點，null 表示沒有匹配
 * @param[in] s12           pKF2 到 pKF1 的 Sim(3) 變換中的尺度
 * @param[in] R12           pKF2 到 pKF1 的 Sim(3) 變換中的旋轉矩陣
 * @param[in] t12           pKF2 到 pKF1 的 Sim(3) 變換中的平移向量
 * @param[in] th            搜尋視窗的倍數
 * @return int              新增的匹配點對數目
 */
int ORBmatcher::SearchBySim3(KeyFrame *pKF1, KeyFrame *pKF2, vector<MapPoint*>
&vpMatches12, const float &s12, const cv::Mat &R12, const cv::Mat &t12, const
float th)
{
    // Step 1：準備工作：本身參數，計算 Sim(3) 的逆
    const float &fx = pKF1->fx;
    const float &fy = pKF1->fy;
    const float &cx = pKF1->cx;
    const float &cy = pKF1->cy;
    // 從 world 到 camera1 的變換
    cv::Mat R1w = pKF1->GetRotation();
    cv::Mat t1w = pKF1->GetTranslation();
    // 從 world 到 camera2 的變換
    cv::Mat R2w = pKF2->GetRotation();
    cv::Mat t2w = pKF2->GetTranslation();
    // 求 Sim(3) 變換的逆
    cv::Mat sR12 = s12*R12;
    cv::Mat sR21 = (1.0/s12)*R12.t();
    cv::Mat t21 = -sR21*t12;
    // 取出主要畫面格中的地圖點
    const vector<MapPoint*> vpMapPoints1 = pKF1->GetMapPointMatches();
    const int N1 = vpMapPoints1.size();
    const vector<MapPoint*> vpMapPoints2 = pKF2->GetMapPointMatches();
    const int N2 = vpMapPoints2.size();
    // 記錄 pKF1、pKF2 中已經匹配的特徵點，已經匹配記為 true，否則記為 false
    vector<bool> vbAlreadyMatched1(N1,false);
    vector<bool> vbAlreadyMatched2(N2,false);
    // Step 2：記錄已經匹配的特徵點
    for(int i=0; i<N1; i++)
    {
        MapPoint* pMP = vpMatches12[i];
        if(pMP)
        {
            // pKF1 中第 i 個特徵點已經匹配成功
            vbAlreadyMatched1[i]=true;
            // 得到該地圖點在主要畫面格 pkF2 中的 ID
            int idx2 = pMP->GetIndexInKeyFrame(pKF2);
```

```
            if(idx2>=0 && idx2<N2)
                // pKF2 中第 idx2 個特徵點在 pKF1 中有匹配
                vbAlreadyMatched2[idx2]=true;
    }
}
vector<int> vnMatch1(N1,-1);
vector<int> vnMatch2(N2,-1);

// Step 3：透過 Sim(3) 變換，尋找 pKF1 中特徵點和 pKF2 中特徵點的新的匹配關係
for(int i1=0; i1<N1; i1++)
{
    MapPoint* pMP = vpMapPoints1[i1];
    // 該特徵點存在對應的地圖點或者該特徵點已經有匹配點了，跳過
    if(!pMP || vbAlreadyMatched1[i1])
        continue;
    // 地圖點是要刪掉的，跳過
    if(pMP->isBad())
        continue;
    // Step 3.1：透過 Sim(3) 變換，將 pKF1 的地圖點投影到 pKF2 中的影像座標上
    cv::Mat p3Dw = pMP->GetWorldPos();
    // 把 pKF1 的地圖點從 world 座標系下變換到 camera1 座標系下
    cv::Mat p3Dc1 = R1w*p3Dw + t1w;
    // 透過 Sim(3) 將該地圖點從 camera1 座標系下變換到 camera2 座標系下
    cv::Mat p3Dc2 = sR21*p3Dc1 + t21;
    // 深度值為負，跳過
    if(p3Dc2.at<float>(2)<0.0)
        continue;
    // 投影到 camera2 影像座標 (u,v)
    const float invz = 1.0/p3Dc2.at<float>(2);
    const float x = p3Dc2.at<float>(0)*invz;
    const float y = p3Dc2.at<float>(1)*invz;
    const float u = fx*x+cx;
    const float v = fy*y+cy;
    // 投影點必須在影像範圍內，否則跳過
    if(!pKF2->IsInImage(u,v))
        continue;
    const float maxDistance = pMP->GetMaxDistanceInvariance();
    const float minDistance = pMP->GetMinDistanceInvariance();
    const float dist3D = cv::norm(p3Dc2);
    // 深度值在有效範圍內
    if(dist3D<minDistance || dist3D>maxDistance )
        continue;
    // Step 3.2：預測投影的點在影像金字塔的哪一層上
    const int nPredictedLevel = pMP->PredictScale(dist3D,pKF2);
    // 計算特徵點搜尋半徑
    const float radius = th*pKF2->mvScaleFactors[nPredictedLevel];
    // Step 3.3：搜尋該區域內的所有候選匹配特徵點
    const vector<size_t> vIndices = pKF2->GetFeaturesInArea(u,v,radius);
    if(vIndices.empty())
```

```
            continue;
        const cv::Mat dMP = pMP->GetDescriptor();
        int bestDist = INT_MAX;
        int bestIdx = -1;
        // Step 3.4：遍歷所有候選特徵點，將描述子距離最小的特徵點作為最佳匹配點
        // ......
    }
    // Step 4：透過 Sim(3) 變換，尋找 pKF2 中特徵點和 pKF1 中特徵點的新的匹配關係。過程
和上面一致
    // ......

    // Step 5：一致性檢驗，只有在兩次相互匹配中都出現，才能夠認為是可靠的匹配
    int nFound = 0;
    for(int i1=0; i1<N1; i1++)
    {

        int idx2 = vnMatch1[i1];
        if(idx2>=0)
        {

            int idx1 = vnMatch2[idx2];
            if(idx1==i1)
            {

                // 匹配點在左右相互匹配中同時存在，更新匹配的地圖點
                vpMatches12[i1] = vpMapPoints2[idx2];
                // 記錄新增匹配點數目
                nFound++;
            }
        }
    }
    // 傳回新增加的匹配點數目
    return nFound;
}
```

參考文獻

[1] MUR-ARTAL R, TARDÓS SOLANO J D. Real-Time Accurate Visual SLAM with Place Recognition[J]. Ph. D Thesis, 2017.

[2] GÁLVEZ-LÓPEZ D, TARDOS J D. Bags of binary words for fast place recognition in image sequences[J]. IEEE Transactions on Robotics, 2012, 28(5): 1188-1197.

第 *9* 章
地圖點、主要畫面格和圖結構

9.1 地圖點

師兄：地圖點和特徵點容易混淆，這裡先舉出解釋。

- 地圖點是三維點，有時候也稱為路標點，來自真實世界的三維物體有唯一的 ID，不同畫面格中的特徵點可能對應三維空間中的同一個三維點。
- 特徵點是二維點，是特徵提取得到的影像上的像素點。特徵點透過三角化可以變成三維空間中的地圖點。

9.1.1 平均觀測方向及觀測距離範圍

師兄：地圖點有幾個重要的成員變數——mNormalVector、mfMaxDistance、mfMinDistance。其中，mNormalVector 稱為平均觀測方向向量，該翻譯和英文單字直譯有些區別，但是如果了解了它的原理，就會感覺這裡翻譯得比較貼切。

因為同一個地圖點可能同時被多畫面格觀測到，所以把每個能觀測到該地圖點的畫面格所在的光心和該地圖點連成一個向量並歸一化為單位向量，如圖 9-1 所示，然後將所有歸一化向量累加並求平均，得到的就是平均觀測方向向量。

而 mfMaxDistance、mfMinDistance 表示最大距離、最小距離，是這樣計算的：

- 首先計算參考主要畫面格相機光心到地圖點的距離 dist。
- 觀測到該地圖點的參考畫面格對應的特徵點在金字塔中的層級數，記為 level。
- 計算上一步中層級數對應的尺度因數 $scale^{level}$。其中，程式中 scale = 1.2，金字塔總層級數 $n = 8$，level 的範圍是 $0 \sim 7$。
- 最大距離為 $dist * scale^{level}$，最小距離為 $dist * scale^{level+1-n}$

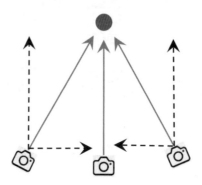

▲圖 9-1 地圖點的平均觀測方向

小白：為什麼用參考主要畫面格呢？

師兄：我們先來看定義，該地圖點的參考主要畫面格的定義是該地圖點第一次建立時的主要畫面格。此時觀察到的地圖點應該是最「正」的方向。

```
/**
 * @brief 更新地圖點的平均觀測方向向量、觀測距離範圍
 *
 */
void MapPoint::UpdateNormalAndDepth()
{
    // Step 1：獲得觀測到該地圖點的所有主要畫面格、座標等資訊
    map<KeyFrame*,size_t> observations;
    KeyFrame* pRefKF;
    cv::Mat Pos;
    {
        unique_lock<mutex> lock1(mMutexFeatures);
        unique_lock<mutex> lock2(mMutexPos);
        if(mbBad)
            return;
        observations=mObservations;  // 獲得觀測到該地圖點的所有主要畫面格
        pRefKF=mpRefKF;              // 觀測到該點的參考主要畫面格( 第一次建立時的主要畫面格 )
        Pos = mWorldPos.clone();    // 地圖點在世界座標系中的位置
    }
    if(observations.empty())
        return;

    // Step 2：計算該地圖點的平均觀測方向
    // 能觀測到該地圖點的所有主要畫面格，將該點的觀測方向歸一化為單位向量，然後進行求和，
    // 得到該地圖點的朝向
    // 初值為 0 向量，累加為歸一化向量，最後除以總數 n
    cv::Mat normal = cv::Mat::zeros(3,1,CV_32F);
    int n=0;
    for(map<KeyFrame*,size_t>::iterator mit=observations.begin(),
```

```
mend=observations.end(); mit!=mend; mit++)
    {
        KeyFrame* pKF = mit->first;
        cv::Mat Owi = pKF->GetCameraCenter();
        // 獲得地圖點和觀測到它的主要畫面格的向量並進行歸一化
        cv::Mat normali = mWorldPos - Owi;
        normal = normal + normali/cv::norm(normali);
        n++;
    }
    // 參考主要畫面格相機指向地圖點的向量 ( 在世界座標系下的表示 )
    cv::Mat PC = Pos - pRefKF->GetCameraCenter();
    // 該點到參考主要畫面格相機的距離
    const float dist = cv::norm(PC);
    // 觀測到該地圖點的參考主要畫面格的特徵點在金字塔的第幾層級上
    const int level = pRefKF->mvKeysUn[observations[pRefKF]].octave;
    // 當前金字塔層級對應的尺度因數 scale^n,scale=1.2,n 為層級數
    const float levelScaleFactor = pRefKF->mvScaleFactors[level];
    // 金字塔總層級數,預設為 8
    const int nLevels = pRefKF->mnScaleLevels;
    {
        unique_lock<mutex> lock3(mMutexPos);
        // 觀測到該點的距離上限
        mfMaxDistance = dist*levelScaleFactor;
        // 觀測到該點的距離下限
        mfMinDistance = mfMaxDistance/pRefKF->mvScaleFactors[nLevels-1];
        // 獲得地圖點的平均觀測方向
        mNormalVector = normal/n;
    }
}
```

9.1.2 最具代表性的描述子

師兄：一個地圖點會被多個影像畫面格觀測到，每次觀測都對應影像上的一個特徵點，但是地圖點在投影匹配時只能對應一個特徵描述子，如何從這麼多的描述子中選擇最具代表性的一個呢？

具體流程如下。

第 1 步，獲取該地圖點所有有效的觀測主要畫面格及對應特徵點的索引。

第 2 步，遍歷觀測到該地圖點的所有主要畫面格，把對應的特徵描述子都放在一個向量中。

第 3 步，計算所有描述子之間的兩兩距離，找到和其他描述子具有最小距離中值的描述子，將其作為最具代表性的描述子。

小白：最小距離中值的描述子該如何理解呢？它有什麼物理意義嗎？

師兄：它是有物理意義的。如圖 9-2（a）所示，藍色圓點表示所有的描述子，黑色方框內的數字表示方框左右兩個描述子的距離。為方便示範，用位置距離代替描述子距離，假設相鄰圓點之間的距離為 1。如果當前描述子從左到右數是第 2 個，那麼當前描述子按照從左到右的順序到其他描述子的距離分別為 1、1、2、3、4、5，排序後的中值為 2.5，也就是說當前描述子和其他描述子的距離中值為 2.5。同理，在圖 9-2（b）中，當前描述子從左到右數是第 4 個，那麼當前描述子按照從左到右的順序到其他描述子的距離分別為 3、2、1、1、2、3，排序後當前描述子和其他描述子的距離中值為 2。依次移動當前描述子的位置，會得到更多的距離中值。當前描述子和其他描述子的距離中值最小的值最能代表這些描述子的特點，也就是我們要求的最具代表性的描述子。這就是它的物理意義。

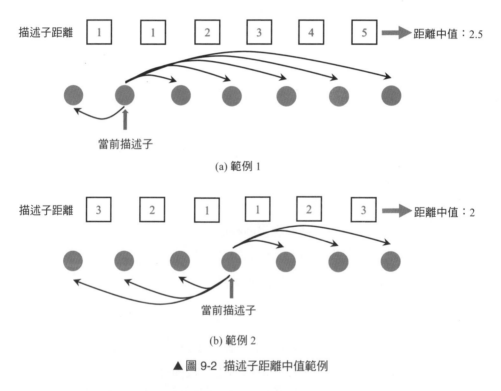

(a) 範例 1

(b) 範例 2

▲ 圖 9-2 描述子距離中值範例

計算地圖點最具代表性的描述子的程式如下。

```
/**
 * @brief 計算地圖點最具代表性的描述子
 */
void MapPoint::ComputeDistinctiveDescriptors()
{
    vector<cv::Mat> vDescriptors;
    map<KeyFrame*,size_t> observations;
    // Step 1：獲取該地圖點所有有效的觀測主要畫面格資訊
    {
        unique_lock<mutex> lock1(mMutexFeatures);
        if(mbBad)
            return;
        observations=mObservations;
    }
    if(observations.empty())
        return;
    vDescriptors.reserve(observations.size());

    // Step 2：遍歷觀測到該地圖點的所有主要畫面格，對應的 ORB 描述子放到向量 vDescriptors 中
    for(map<KeyFrame*,size_t>::iterator mit=observations.begin(),
mend=observations.end(); mit!=mend; mit++)
    {
        // mit->first 取觀測到該地圖點的主要畫面格
        // mit->second 取該地圖點在主要畫面格中的索引
        KeyFrame* pKF = mit->first;
        if(!pKF->isBad())
            // 取對應的描述子向量
            vDescriptors.push_back(pKF->mDescriptors.row(mit->second));
    }
    if(vDescriptors.empty())
        return;
    // Step 3：計算這些描述子兩兩之間的距離
    // N 表示一共有多少個描述子
    const size_t N = vDescriptors.size();
    // 將 Distances 表述成一個對稱的矩陣
    // float Distances[N][N];
    std::vector<std::vector<float> > Distances;
    Distances.resize(N, vector<float>(N, 0));
    for (size_t i = 0; i<N; i++)
    {
        // 和自己的距離當然是 0
        Distances[i][i]=0;
        // 計算並記錄不同描述子的距離
        for(size_t j=i+1;j<N;j++)
        {
            int distij = ORBmatcher::DescriptorDistance(vDescriptors[i],
vDescriptors[j]);
            Distances[i][j]=distij;
```

```
                Distances[j][i]=distij;
        }
    }

// Step 4：選擇最具代表性的描述子，它與其他描述子應該具有最小距離中值
int BestMedian = INT_MAX; // 記錄最小的中值
int BestIdx = 0;          // 最小中值對應的索引
for(size_t i=0;i<N;i++)
{
    // 第 i 個描述子到其他所有描述子的距離
    vector<int> vDists(Distances[i].begin(), Distances[i].end());
    sort(vDists.begin(), vDists.end());
    // 獲得中值
    int median = vDists[0.5*(N-1)];
    // 尋找最小的中值
    if(median<BestMedian)
    {
        BestMedian = median;
        BestIdx = i;
    }
    }
    {
        unique_lock<mutex> lock(mMutexFeatures);
        mDescriptor = vDescriptors[BestIdx].clone();
    }
}
```

9.1.3 預測地圖點對應的特徵點所在的金字塔尺度

師兄：原始程式中還根據地圖點的深度來預測它對應的二維特徵點的金字塔層級數。如圖 9-3 所示，記最遠距離為 $d_{\max}$，最近距離為 $d_{\min}$，金字塔尺度因數為 s，層級 $l \in [0, n-1]$，那麼如何估計某個距離 d_i 所在的金字塔層級 l_i 呢？根據圖 9-3 可以推導得到

$$\frac{d_{\max}}{d_i} = s^{l_i} \tag{9-1}$$

兩邊取以 s 為底的對數，可得

$$l_i = \log_s \frac{d_{\max}}{d_i} = \lg\left(\frac{d_{\max}}{d_i}\right) / \lg(s) \tag{9-2}$$

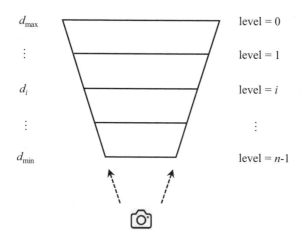

▲ 圖 9-3 根據距離預測金字塔尺度示意圖

預測地圖點對應的特徵點所在的金字塔尺度原始程式如下。

```
/**
 * @brief 預測地圖點對應的特徵點所在的金字塔尺度
 *
 * @param[in] currentDist      相機光心距離地圖點的距離
 * @param[in] pKF              主要畫面格
 * @return int                 預測的金字塔尺度
 */
int MapPoint::PredictScale(const float &currentDist, KeyFrame* pKF)
{
    float ratio;
    {
        unique_lock<mutex> lock(mMutexPos);
        ratio = mfMaxDistance/currentDist;
    }
    // 取對數
    int nScale = ceil(log(ratio)/pKF->mfLogScaleFactor);
    // 限制尺度範圍，防止越界
    if(nScale<0)
        nScale = 0;
    else if(nScale>=pKF->mnScaleLevels)
        nScale = pKF->mnScaleLevels-1;
    return nScale;
}
```

9.1.4 新增地圖點

師兄： 我們來總結 ORB-SLAM2 中的新增地圖點。

在第一階段追蹤中的恒速模型追蹤中新增地圖點。針對雙目相機或 RGB-D
相機，找出上一畫面格中具有有效深度值且不是地圖點的特徵點，將其中較近的
點作為上一畫面格新的臨時地圖點，並記錄在向量 mlpTemporalPoints 中。注意，
這裡因為是臨時地圖點，所以沒有增加地圖點的相互觀測和屬性資訊（最佳描述
子、平均觀測方向、觀測距離範圍）。

```
void Tracking::UpdateLastFrame()
{
    // Step 1：利用參考主要畫面格更新上一畫面格在世界座標系下的位姿
    // ......
    // Step 2：對於雙目相機或 RGB-D 相機，為上一畫面格生成新的臨時地圖點
    // ......
    // 加入上一畫面格的地圖點中
    mLastFrame.mvpMapPoints[i]=pNewMP;
    // 標記為臨時增加的地圖點，之後會全部刪除
    mlpTemporalPoints.push_back(pNewMP);
    // ......
}
```

當完成第二階段追蹤後，清除這些臨時地圖點。

```
for(list<MapPoint*>::iterator lit = mlpTemporalPoints.begin(),
lend = mlpTemporalPoints.end(); lit!=lend; lit++)
    {
        MapPoint* pMP = *lit;
        delete pMP;
    }
mlpTemporalPoints.clear();
```

第二階段追蹤結束後新建主要畫面格時，針對雙目相機或 RGB-D 相機，找
出當前畫面格中具有有效深度值且不是地圖點的特徵點，將其中較近的點作為當
前畫面格的新的地圖點。與函式 Tracking::UpdateLastFrame() 功能類似，不同之處
是這裡增加的是真正的地圖點，會增加地圖點和主要畫面格的相互觀測和屬性資
訊，如最佳描述子、平均觀測方向、觀測距離範圍。

```
void Tracking::CreateNewKeyFrame()
    {
        // ......
        MapPoint* pNewMP = new MapPoint(x3D,pKF,mpMap);
        // 增加地圖點和主要畫面格的相互觀測和屬性資訊，如最佳描述子、平均觀測方向、觀測距離範圍
        pNewMP->AddObservation(pKF,i);
        pKF->AddMapPoint(pNewMP,i);
```

```
        pNewMP->ComputeDistinctiveDescriptors();
        pNewMP->UpdateNormalAndDepth();
        mpMap->AddMapPoint(pNewMP);
        mCurrentFrame.mvpMapPoints[i]=pNewMP;
        // ……
    }
```

在局部地圖建構執行緒中，用當前主要畫面格與相鄰主要畫面格透過三角化生成新的地圖點。這裡地圖點會增加相互觀測和屬性資訊，如最佳描述子、平均觀測方向、觀測距離範圍，並且會將新增地圖點放到一個名為「最近新增地圖點」的佇列 mlpRecentAddedMapPoints 中，這些新增的地圖點後續需要接受函式 MapPointCulling 的檢驗。

```
void LocalMapping::CreateNewMapPoints()
{
    // ……
    // 三角化後成功生成三維點，將其構造成地圖點
    MapPoint* pMP = new MapPoint(x3D,mpCurrentKeyFrame,mpMap);
    // 為新地圖點增加屬性：地圖點和主要畫面格的相互觀測關係
    pMP->AddObservation(mpCurrentKeyFrame,idx1);
    pMP->AddObservation(pKF2,idx2);
    mpCurrentKeyFrame->AddMapPoint(pMP,idx1);
    pKF2->AddMapPoint(pMP,idx2);
    // 該地圖點的最佳描述子
    pMP->ComputeDistinctiveDescriptors();
    // 該地圖點的平均觀測方向和觀測距離範圍
    pMP->UpdateNormalAndDepth();
    mpMap->AddMapPoint(pMP);
    // 將新產生的地圖點放入「最近新增地圖點」佇列中，後續會接受函式 MapPointCulling 的檢驗
    mlpRecentAddedMapPoints.push_back(pMP);
    // ……
}
```

在局部地圖建構執行緒中，將當前主要畫面格的地圖點分別與一級、二級相連主要畫面格的地圖點進行正向融合和反向融合。這裡的融合包括替換或新增地圖點，並且會增加相互觀測。最後會統一更新地圖點的屬性資訊。

```
void LocalMapping::SearchInNeighbors()
{
    // ……
    // 地圖點融合
        matcher.Fuse(pKFi,vpMapPointMatches);
        // 統一更新地圖點的屬性資訊
        vpMapPointMatches = mpCurrentKeyFrame->GetMapPointMatches();
```

```
        for(size_t i=0, iend=vpMapPointMatches.size(); i<iend; i++)
        {
            MapPoint* pMP=vpMapPointMatches[i];
            if(pMP)
        {
                if(!pMP->isBad())
                {
                    pMP->ComputeDistinctiveDescriptors();
                    pMP->UpdateNormalAndDepth();
                }
            }
        }
        // ......
    }
```

9.1.5 地圖點融合

小白：地圖點融合是怎麼回事？為什麼需要融合呢？

師兄：第 8 章講解了如何透過投影匹配增加更多的匹配關係，進而增加地圖點的數目。當地圖點規模比較大時，其中會存在很多鄰近的地圖點，有的來自追蹤執行緒，有的來自局部地圖建構執行緒，有的來自閉環執行緒，這些鄰近的地圖點很可能是同一個路標點在不同階段形成的「影子」。因此，需要將這些地圖點融合為一個地圖點，這樣不僅可以避免容錯，縮小地圖點的規模，還能透過融合過程提高地圖點的準確度。

小白：可以舉一個具體的融合例子嗎？

師兄：嗯，在 ORB-SLAM2 中，融合地圖點主要出現在兩個地方，在局部地圖建構執行緒中，將當前主要畫面格的一級和二級相連主要畫面格對應的所有地圖點投影到當前主要畫面格中。如果投影的地圖點能匹配當前主要畫面格的特徵點，並且該特徵點有對應的地圖點，那麼選擇這兩個地圖點中被觀測數目最多的那個來替換兩個地圖點，這稱為地圖點替換；如果投影的地圖點能匹配當前主要畫面格的特徵點，而該特徵點沒有對應的地圖點，那麼新增該地圖點和主要畫面格之間的觀測關係，稱為地圖點新增。

在閉環執行緒中，我們將當前主要畫面格閉環匹配上的主要畫面格及其共視主要畫面格組成的所有地圖點投影到當前主要畫面格中，然後執行上述地圖點融合（替換或新增）操作。

下面我們對局部地圖建構執行緒中的投影匹配融合函式進行說明，它的整個過程如下。

第 1 步，做好準備工作。取出當前畫面格位姿、本身參數、光心在世界座標系下的座標。

第 2 步，開始遍歷所有地圖點，判斷投影地圖點是否有效。如果地圖點不存在、無效、已經在當前畫面格中（無須融合），則跳過該地圖點，遍歷下一個地圖點。

第 3 步，對於有效的地圖點，將其投影到當前主要畫面格中的二維影像座標。

第 4 步，投影座標需要在有效的影像範圍內，地圖點到主要畫面格相機光心的距離需滿足在有效範圍內，地圖點到光心的連線與該地圖點的平均觀測方向向量之間的夾角要小於 60°。同時滿足這些條件後繼續下一步，否則跳過該地圖點，遍歷下一個地圖點。

第 5 步，根據地圖點到相機光心的距離預測匹配點所在的金字塔尺度，確定搜尋範圍。確定候選匹配點。

第 6 步，遍歷候選匹配點，最佳候選匹配點要同時滿足投影點和候選匹配點的距離在合理範圍內（因此此時的位姿認為是準確的，投影位置也接近真實匹配點），以及投影點的描述子距離最小。

第 7 步根據匹配點對應的地圖點情況執行地圖點替換或新增。

以下是局部地圖建構執行緒中的投影匹配融合函式的實作程式，具體步驟和上面講解的一致。

```
/**
 * @brief 將當前主要畫面格的一級和二級相連主要畫面格對應的所有地圖點投影到該主要畫面格中，進
行融合（替換或新增）
 * @param[in] pKF              主要畫面格
 * @param[in] vpMapPoints      待投影的地圖點
 * @param[in] th               搜尋視窗放大倍數，預設為 3
 * @return int                 更新地圖點的數量
 */
int ORBmatcher::Fuse(KeyFrame *pKF, const vector<MapPoint *> &vpMapPoints,
const float th)
{
```

```cpp
// 取出當前畫面格位姿、本身參數、光心在世界座標系下的座標
cv::Mat Rcw = pKF->GetRotation();
cv::Mat tcw = pKF->GetTranslation();
const float &fx = pKF->fx;
const float &fy = pKF->fy;
const float &cx = pKF->cx;
const float &cy = pKF->cy;
const float &bf = pKF->mbf;
cv::Mat Ow = pKF->GetCameraCenter();
int nFused=0;
const int nMPs = vpMapPoints.size();
// 遍歷所有的待投影地圖點
for(int i=0; i<nMPs; i++)
{
    MapPoint* pMP = vpMapPoints[i];
    // Step 1：判斷地圖點的有效性
    if(!pMP)
        continue;
    // 地圖點無效或已經是該畫面格中的地圖點（無須融合），跳過
    if(pMP->isBad() || pMP->IsInKeyFrame(pKF))
        continue;
    // 將地圖點變換到主要畫面格的相機座標系下
    cv::Mat p3Dw = pMP->GetWorldPos();
    cv::Mat p3Dc = Rcw*p3Dw + tcw;
    // 深度值為負，跳過
    if(p3Dc.at<float>(2)<0.0f)
        continue;

    // Step 2：得到地圖點投影到主要畫面格中的影像座標
    const float invz = 1/p3Dc.at<float>(2);
    const float x = p3Dc.at<float>(0)*invz;
    const float y = p3Dc.at<float>(1)*invz;
    const float u = fx*x+cx;
    const float v = fy*y+cy;
    // 投影點需要在有效範圍內
    if(!pKF->IsInImage(u,v))
        continue;
    const float ur = u-bf*invz;
    const float maxDistance = pMP->GetMaxDistanceInvariance();
    const float minDistance = pMP->GetMinDistanceInvariance();
    cv::Mat PO = p3Dw-Ow;
    const float dist3D = cv::norm(PO);

    // Step 3：地圖點到主要畫面格相機光心的距離需在有效範圍內
    if(dist3D<minDistance || dist3D>maxDistance )
        continue;

    // Step 4：地圖點到光心的連線與該地圖點的平均觀測方向向量之間的夾角要小於 60°
    cv::Mat Pn = pMP->GetNormal(); ;
```

```
        if(PO.dot(Pn)<0.5*dist3D)
            continue;
        // 根據地圖點到相機光心的距離預測匹配點所在的金字塔尺度
        int nPredictedLevel = pMP->PredictScale(dist3D,pKF);
        // 確定搜尋範圍
        const float radius = th*pKF->mvScaleFactors[nPredictedLevel];

        // Step 5：在投影點附近搜尋視窗內找到候選匹配點的索引
        const vector<size_t> vIndices = pKF->GetFeaturesInArea(u,v,radius);
        if(vIndices.empty())
            continue;

        // Step 6：遍歷尋找最佳匹配點
        const cv::Mat dMP = pMP->GetDescriptor();
        int bestDist = 256;
        int bestIdx = -1;
        for(vector<size_t>::const_iterator vit=vIndices.begin(),
vend=vIndices.end(); vit!=vend; vit++)
        {
            const size_t idx = *vit;
            const cv::KeyPoint &kp = pKF->mvKeysUn[idx];
            const int &kpLevel= kp.octave;
            // 金字塔層級要接近，否則跳過
            if(kpLevel<nPredictedLevel-1 || kpLevel>nPredictedLevel)
                continue;
            // 計算投影點與候選匹配特徵點的距離，如果偏差很大，則直接跳過
            if(pKF->mvuRight[idx]>=0)
            {
                // 雙目重投影誤差
                    const float &kpx = kp.pt.x;
                    const float &kpy = kp.pt.y;
                    const float &kpr = pKF->mvuRight[idx];
                    const float ex = u-kpx;
                    const float ey = v-kpy;
                    // 右目資料的偏差也要考慮進去
                    const float er = ur-kpr;
                    const float e2 = ex*ex+ey*ey+er*er;
                    // 自由度為 3，誤差小於 1 像素，
                    // 發生這種事情 95% 的機率對應卡方檢定設定值為 7.82
                    if(e2*pKF->mvInvLevelSigma2[kpLevel]>7.8)
                        continue;
            }
            else
            {
                // 單目重投影誤差
                const float &kpx = kp.pt.x;
                const float &kpy = kp.pt.y;
                const float ex = u-kpx;
```

```
                const float ey = v-kpy;
                const float e2 = ex*ex+ey*ey;
                // 自由度為 2．卡方檢定設定值為 5.99 ( 假設測量有 1 像素的偏差 )
                if(e2*pKF->mvInvLevelSigma2[kpLevel]>5.99)
                    continue;
            }
            const cv::Mat &dKF = pKF->mDescriptors.row(idx);
            const int dist = DescriptorDistance(dMP,dKF);
            // 和投影點的描述子距離最近
            if(dist<bestDist)
            {
                bestDist = dist;
                bestIdx = idx;
            }
        }

        // Step 7 : 找到投影點對應的最佳匹配特徵點，根據是否存在地圖點進行替換或新增
        // 最佳匹配距離要小於設定值
        if(bestDist<=TH_LOW)
        {
            MapPoint* pMPinKF = pKF->GetMapPoint(bestIdx);
            if(pMPinKF)
            {
                // 如果最佳匹配點有對應的有效地圖點，則選擇被觀測次數最多的地圖點替換
                if(!pMPinKF->isBad())
                {
                    if(pMPinKF->Observations()>pMP->Observations())
                        pMP->Replace(pMPinKF);
                    else
                        pMPinKF->Replace(pMP);
                }
            }
            else
            {
                // 如果最佳匹配點沒有對應的地圖點，則增加觀測關係
                pMP->AddObservation(pKF,bestIdx);
                pKF->AddMapPoint(pMP,bestIdx);
            }
            nFused++;
        }
    }
    return nFused;
}
```

9.2 主要畫面格

9.2.1 什麼是主要畫面格

　　小白：師兄，前面你提到過很多次的「主要畫面格」到底是什麼呢？是不是還有「非主要畫面格」？

　　師兄：主要畫面格是 SLAM 中常用的一種選擇影像畫面格的策略，一般稱普通畫面格為非主要畫面格。通俗地理解，主要畫面格就是連續幾個普通畫面格中最具有代表性的一畫面格。

　　小白：為什麼要選主要畫面格，背後的出發點是什麼？

　　師兄：主要畫面格主要有如下幾個作用。

　　（1）主要畫面格可以降低資訊容錯度。假設相機輸出每秒顯示畫面為 25 畫面格 /s，那麼平均兩個普通畫面格之間的時間間隔是 40ms。在這麼短的時間內，相機運動幅度有限，所以相鄰畫面格之間大部分內容是一樣的。如果在定位和地圖建構時不加取捨，那麼不僅需要處理的畫面格數目增加了很多，而且很多處理是沒有太大意義的，因為重複的內容太多了。所以，需要從一定數量或時間間隔的普通畫面格中選擇一畫面格作為它們的代表，主要畫面格承載的內容可以覆蓋這部分普通畫面格的資訊，這樣可以極大地降低資訊容錯度。舉一個例子，當相機靜止放置時，輸出普通影像畫面格數目會一直增加，當然它們的內容都一樣，但此時主要畫面格數目不會增加。

　　（2）主要畫面格可以降低計算負擔，減少誤差累積。如果所有畫面格全部參與計算，那麼不僅浪費了算力，記憶體也面臨極大的考驗，這在對即時性要求較高的 SLAM 系統中根本無法接受。使用主要畫面格不僅能夠降低算力和記憶體佔用，還能參與到後端最佳化中，即時調整自身位姿，減少誤差累積。尤其是在嵌入式系統等算力有限的平臺，主要畫面格策略可以將有限的運算資源用在刀刃上，保證系統平穩執行。舉一個例子，在 ORB-SLAM2 中，局部地圖建構、閉環執行緒都只使用了主要畫面格。如果在追蹤執行緒中放鬆主要畫面格選擇限制條件，則會產生比正常情況下多幾倍的主要畫面格，這會導致局部地圖建構執行緒中局部 BA 最佳化規模非常大，一次最佳化會消耗更久的時間，不僅無法即時地最佳化更新主要畫面格的位姿，還會反過來影響追蹤效果。

　　（3）主要畫面格可以保證影像畫面格的品質。在很多視覺 SLAM 系統中，選擇主要畫面格時還會對影像品質、特徵點數目等因素進行考查，選擇影像較為清晰、紋理特徵較為豐富的普通畫面格作為主要畫面格；在 Bundle Fusion [4]、RKD SLAM [5] 等 RGB-D SLAM 系統中，也會將普通畫面格的深度圖投影到主要畫面格中進行深度圖增強最佳化，提高主要畫面格的品質，防止錯誤的資訊透過主要畫面格進入最佳化過程，從而破壞定位和地圖建構的準確性。

9.2.2 如何選擇主要畫面格

師兄：前面講了主要畫面格的應用背景，下面分析如何選擇主要畫面格。

選擇主要畫面格主要從**主要畫面格自身和主要畫面格與其他主要畫面格的關係**兩方面來考慮。

（1）主要畫面格自身品質要好。這在前面也提到過，比如當相機快速運動時，儘量選擇其中不模糊的影像，在弱紋理環境下儘量選擇特徵點數量較多的影像等。

（2）主要畫面格與其他主要畫面格之間要保持合適的連接關係。比如主要畫面格既要和局部地圖中的其他主要畫面格有一定的共視關係，又不能重複度太高，達到**既存在約束，又儘量減少資訊容錯**的效果。

在 ORB-SLAM2 中，主要是透過主要畫面格和其他主要畫面格的關係來選擇主要畫面格的，所以這裡進行重點介紹。選擇主要畫面格的量化指標主要如下。

- 距離上一主要畫面格的畫面格數是否足夠多（**時間**）。比如每隔固定畫面格數選擇一個主要畫面格，這樣程式設計雖然簡單，但效果不好。舉一個例子，當相機運動很慢甚至靜止時，就會選擇大量相似的容錯主要畫面格，而當相機快速運動時，又可能遺失很多重要的畫面格。

- 距離最近主要畫面格的距離是否足夠遠（**空間**）。比如和距離最近的主要畫面格計算運動的相對大小，這裡的「運動」既可以是位移，也可以是旋轉，或者二者兼有。當「運動」超過一定的設定值時，新建一個主要畫面格。這種方法相比第一種方法稍好。但是如果相機對著同一個物體來回做往復運動，則也會出現大量容錯的相似主要畫面格。

- 追蹤局部地圖品質（**共視特徵點數目**）。記錄當前角度下成功追蹤的地圖點數目或者比例，這樣就避免了使用第二種方法出現的問題，只有當相機離開當前場景時，才會新建主要畫面格。

在 ORB-SLAM2 中，結合以上幾種指標選擇主要畫面格。選擇主要畫面格的策略是，在追蹤執行緒中，建立主要畫面格的限制條件比較寬鬆，但在後續的局部地圖建構執行緒中會嚴格篩選，剔除容錯的主要畫面格。這樣做的目的是，在大旋轉、快速運動、紋理不足等惡劣情況下提高追蹤的堅固性，從而大大降低跟丟的機率。

9.2.3　如何選擇並建立主要畫面格

　　師兄：追蹤分為兩個階段，當完成第二階段的追蹤（局部地圖追蹤）後，就需要根據當前追蹤的狀態來判斷是否需要插入主要畫面格。

　　小白：在什麼情況下需要插入主要畫面格呢？

　　師兄：先來看在什麼情況下不需要插入主要畫面格。

- 在僅定位追蹤模式下不需要插入主要畫面格。因為在該模式下只有追蹤執行緒，沒有局部地圖建構和閉環執行緒。
- 如果局部地圖建構執行緒正在被閉環執行緒使用，則不插入主要畫面格。
- 如果距離上一次重定位比較近（1s 以內），則不插入主要畫面格。
- 如果地圖中主要畫面格數目已經超出最大限制，則不插入主要畫面格。

　　而在什麼情況下需要插入主要畫面格相對比較複雜，分條件 1 和條件 2，條件 1 又分 a、b、c 三個條件。

- 條件 1a：距離上次插入主要畫面格超過 1s。認為時間比較久了。
- 條件 1b：滿足插入主要畫面格的最小間隔，並且局部地圖建構執行緒處於空閒狀態。
- 條件 1c：在雙目相機或 RGB-D 相機模式下，當前畫面格追蹤到的點比參考主要畫面格追蹤到的點不足 1/4，或者追蹤到的近點太少且沒有追蹤到的近點較多，兩者滿足其一即可，我們稱為滿足近點條件。

　　條件 1 成立需要滿足 1a ‖ 1b ‖ 1c，也就是說 1a、1b、1c 三個條件中只要有一個滿足即可認為條件 1 成立。

　　條件 2 也有三個條件，具體如下。

- 條件 2a：和參考畫面格相比，當前畫面格追蹤到的點數目太少，小於設定值比例。這個比例在單目相機模式下是 0.9，在雙目相機或 RGB-D 相機模式下是 0.75，在主要畫面格小於 2 畫面格時是 0.4。這個比例越高，插入頻率越高。
- 條件 2b：滿足近點條件，同條件 1c。
- 條件 2c：成功追蹤到的匹配內點數目大於 15。

條件 2 成立需要滿足 (2a ‖ 2b)&& 2c，也就是說 2a 和 2b 兩個條件中至少滿足一個，同時滿足 2c，才能認為條件 2 成立。

插入主要畫面格有兩個階段。

- 階段 1：條件 1、條件 2 同時成立。此時進入階段 2。
- 階段 2：如果此時局部地圖建構執行緒空閒，則插入主要畫面格；如果此時局部地圖建構執行緒繁忙，則通知中斷局部地圖建構執行緒中的局部 BA 過程；如果是單目相機模式，則先不插入主要畫面格；如果是雙目相機或 RGB-D 相機模式，並且局部地圖建構執行緒中待處理的主要畫面格少於 3 畫面格，則插入主要畫面格，否則不插入。

小白：什麼是近點呢？為什麼要強調這個近點？

師兄：在 ORB-SLAM2 中，近點的討論僅針對雙目相機或 RGB-D 相機模式，它的定義為相機基準線長度的 40 倍。也就是說，我們認為在這個距離內，雙目相機立體匹配恢復的深度值比較準，因為更遠的點視差太小，三角化誤差會比較大；RGB-D 相機測量的深度值也在可靠範圍內，因為量程有限。

圖 9-4 所示是近點和遠點的直觀例子，綠色的點表示近點，藍色的點表示遠點。近點可以恢復出比較準確的平移向量，但是遠點只對估計旋轉有用，對平移和尺度的估計都不準確。所以，當我們發現近點數目不足、遠點增多時，就需要插入主要畫面格，保證正確追蹤，估計準確的位姿。

▲ 圖 9-4 近點和遠點範例 [1]

小白：為什麼插入主要畫面格的條件這麼複雜呢？

師兄：確實，這麼多條件看起來很繞，但是我們仔細去分析背後的原理，就

可以發現幾個影響主要畫面格插入的主要因素。比如追蹤到的地圖點數目太少、
太久沒有插入主要畫面格、有效的近點太少等，如果不即時增加主要畫面格，則
可能會導致追蹤遺失。再如局部地圖建構執行緒空閒還是繁忙，這直接關係到能
否正常插入滿足條件的主要畫面格。而局部地圖建構執行緒中最耗時的部分就是
局部 BA，參與最佳化的主要畫面格數目和地圖點都會影響計算量，所以也要控
制局部 BA 的範圍，以免影響主要畫面格插入。

插入主要畫面格的程式及註釋如下。

```
/**
 * @brief          判斷是否需要插入主要畫面格
 * @return true    需要
 * @return false   不需要
 */
bool Tracking::NeedNewKeyFrame()
{

    // Step 1：在僅定位模式下不插入主要畫面格
    if(mbOnlyTracking)
        return false;

    // Step 2：如果局部地圖建構執行緒被閉環執行緒使用，則不插入主要畫面格
    if(mpLocalMapper->isStopped() || mpLocalMapper->stopRequested())
        return false;
    // 獲取當前地圖中的主要畫面格數目
    const int nKFs = mpMap->KeyFramesInMap();

    // Step 3：如果距離上一次重定位比較近，或者主要畫面格數目超出最大限制，則不插入主要畫面格
    // mCurrentFrame.mnId 是當前畫面格的 ID，mnLastRelocFrameId 是最近一次重定位畫面格的
ID
    // mMaxFrames 等於影像輸入的每秒顯示畫面
    if( mCurrentFrame.mnId < mnLastRelocFrameId + mMaxFrames && nKFs>mMaxFrames)
        return false;

    // Step 4：得到參考主要畫面格追蹤到的地圖點數量
    // 地圖點的最小觀測次數
    int nMinObs = 3;
    if(nKFs<=2)
        nMinObs=2;
    // 參考主要畫面格地圖點中觀測的數目大於或等於 nMinObs 的地圖點數目
    int nRefMatches = mpReferenceKF->TrackedMapPoints(nMinObs);

    // Step 5：查詢局部地圖建構執行緒是否繁忙，當前能否接受新的主要畫面格
    bool bLocalMappingIdle = mpLocalMapper->AcceptKeyFrames();

    // Step 6：在雙目相機或 RGBD 相機模式下，如果成功追蹤到的近點太少，沒有追蹤到的近點較多，
```

```
    // 則可以插入主要畫面格
    int nNonTrackedClose = 0;    // 雙目相機或 RGB-D 相機中沒有追蹤到的近點
    int nTrackedClose= 0;  // 雙目相機或 RGB-D 相機中成功追蹤到的近點
    if(mSensor!=System::MONOCULAR)
    {
        for(int i =0; i<mCurrentFrame.N; i++)
        {
            // 深度值在有效範圍（40 倍相機基準線）內
            if(mCurrentFrame.mvDepth[i]>0 && mCurrentFrame.mvDepth[i]<mThDepth)
            {
                if(mCurrentFrame.mvpMapPoints[i] && !mCurrentFrame.mvbOutlier[i])
                    nTrackedClose++;
                else
                    nNonTrackedClose++;
            }
        }
    }
    // 在雙目相機或 RGB-D 相機模式下，成功追蹤到的近點太少，沒有追蹤到的近點較多，
    // 則需要插入主要畫面格
    bool bNeedToInsertClose = (nTrackedClose<100) && (nNonTrackedClose>70);

    // Step 7：決策是否需要插入主要畫面格
    // Step 7.1：設定比例設定值，當前畫面格和參考主要畫面格追蹤到的點的比例，比例越大，越傾向
於增加主要畫面格 float thRefRatio = 0.75f;
    // 主要畫面格只有一畫面格，插入頻率較低
    if(nKFs<2)
    thRefRatio = 0.4f;
    // 在單目相機模式下插入主要畫面格的頻率較高，防止跟丟
    if(mSensor==System::MONOCULAR)
        thRefRatio = 0.9f;
    // Step 7.2：很長時間沒有插入主要畫面格，可以插入
    const bool c1a = mCurrentFrame.mnId>=mnLastKeyFrameId+mMaxFrames;
    // Step 7.3：滿足插入主要畫面格的最小間隔且局部地圖建構執行緒空閒，可以插入
    const bool c1b = (mCurrentFrame.mnId>=mnLastKeyFrameId+mMinFrames && bLo-
calMappingIdle);
    // Step 7.4：在雙目相機或 RGB-D 相機模式下，當前畫面格追蹤到的點
    // 比參考主要畫面格追蹤到的點的 0.25 倍還少，或者滿足近點插入條件
    const bool c1c = mSensor!=System::MONOCULAR && (mnMatchesInliers
<nRefMatches*0.25 || bNeedToInsertClose) ;
    // Step 7.5：和參考畫面格相比，當前追蹤到的點太少或者滿足近點插入條件，
    // 同時追蹤到的內點數目超過 15
    const bool c2 = ((mnMatchesInliers<nRefMatches*thRefRatio|| bNeedToInsert-
Close) && mnMatchesInliers>15);
    if((c1a||c1b||c1c)&&c2)
    {
        // Step 7.6：局部地圖建構執行緒空閒時可以直接插入主要畫面格，繁忙時要根據情況插入
        if(bLocalMappingIdle)
        {
            // 可以插入主要畫面格
```

```
                return true;
        }
        else
        {
            mpLocalMapper->InterruptBA();
            if(mSensor!=System::MONOCULAR)
            {
                if(mpLocalMapper->KeyframesInQueue()<3)
                    // 佇列中的主要畫面格數目小於 3，可以插入主要畫面格
                    return true;
                else
                    // 佇列中緩衝的主要畫面格數目太多，暫時不能插入主要畫面格
                    return false;
            }
            else
                // 對於單目相機模式，就直接無法插入主要畫面格了
                return false;
        }
    }
    else
        // 不滿足上面的條件，不能插入主要畫面格
        return false;
}
```

　　師兄：當確定要插入主要畫面格時，就把當前普通畫面格包裝成主要畫面格，如果是雙目相機或 RGB-D 相機模式，則還會選擇具有有效深度值但沒有被追蹤到的三維點，包裝為該主要畫面格的地圖點，最後將主要畫面格送入局部地圖建構執行緒中。

9.2.4 更新主要畫面格之間的共視關係

　　師兄：每次新建主要畫面格時也需要新建和它相連主要畫面格的關係。當主要畫面格的地圖點發生變化時，需要更新和它相連主要畫面格之間的聯繫，具體步驟如下。

　　第 1 步，獲得該主要畫面格的所有地圖點，透過地圖點被主要畫面格觀測來間接統計主要畫面格之間的共視程度（權重）。

　　第 2 步，建立共視關係需要大於或等於 15 個共視地圖點，當前畫面格和符合條件的這些共視主要畫面格建立連接。如果沒有超過 15 個共視地圖點的主要畫面格，則只對權重最大的主要畫面格建立連接。

第 3 步，按照共視程度從大到小對所有共視主要畫面格進行排列。

第 4 步，更新主要畫面格的父子關係。初始化當前主要畫面格的父主要畫面格為共視程度最高的主要畫面格，將當前主要畫面格作為其子主要畫面。

具體程式如下。

```
/*
 * 更新主要畫面格之間的共視關係和連接關係
 */
void KeyFrame::UpdateConnections()
{
    // 主要畫面格 - 權重，權重為其他主要畫面格與當前主要畫面格共視地圖點的個數，也稱為共視程度
    map<KeyFrame*,int> KFcounter;
    vector<MapPoint*> vpMP;
    {
        // 獲得該主要畫面格的所有地圖點
        unique_lock<mutex> lockMPs(mMutexFeatures);
        vpMP = mvpMapPoints;
    }

    // Step 1：透過地圖點被主要畫面格觀測來間接統計主要畫面格之間的共視程度
    // 統計每個地圖點有多少個主要畫面格與當前主要畫面格存在共視關係，統計結果放在 KFcounter 中
    for(vector<MapPoint*>::iterator vit=vpMP.begin(), vend=vpMP.end();
vit!=vend; vit++)
    {
        MapPoint* pMP = *vit;
        if(!pMP)
            continue;
        if(pMP->isBad())
            continue;
        // 對於每一個地圖點，observations 記錄了可以觀測到該地圖點的所有主要畫面格
        map<KeyFrame*,size_t> observations = pMP->GetObservations();
        for(map<KeyFrame*,size_t>::iterator mit=observations.begin(),
mend=observations.end(); mit!=mend; mit++)
        {
            // 除去自身，自己與自己不算共視
            if(mit->first->mnId==mnId)
                continue;
            // 這裡的操作原理：
            // map[key] = value，當要插入的鍵存在時，會覆蓋鍵對應的原來的值。
            // 如果鍵不存在，則增加一組鍵值對
            // mit->first 是地圖看到的主要畫面格，同一個主要畫面格看到的地圖點會累加到該
            // 主要畫面格計數
            // KFcounter 第一個參數表示某個主要畫面格，第二個參數表示該主要畫面格看到了多少
            // 個當前畫面格的地圖點，也就是共視程度
```

```
                KFcounter[mit->first]++;
        }
    }
    // 沒有共視關係，直接退出
    if(KFcounter.empty())
        return;
    int nmax=0; // 記錄最高的共視程度
    KeyFrame* pKFmax=NULL;
    // 至少有 15 個共視地圖點才會增加共視關係
    int th = 15;
    // vPairs 記錄與其他主要畫面格共視畫面格數大於 th 的主要畫面格
    // pair<int,KeyFrame*> 將主要畫面格的權重寫在前面，將主要畫面格寫在後面，方便後面排序
    vector<pair<int,KeyFrame*> > vPairs;
    vPairs.reserve(KFcounter.size());

    // Step 2：找到對應權重最大的主要畫面格 ( 共視程度最高的主要畫面格 )
    for(map<KeyFrame*,int>::iterator mit=KFcounter.begin(),
mend=KFcounter.end(); mit!=mend; mit++)
    {
        if(mit->second>nmax)
        {
            nmax=mit->second;
            pKFmax=mit->first;
        }
        // 建立共視關係需要大於或等於 th 個共視地圖點
        if(mit->second>=th)
        {
            // 對應權重需要大於設定值，對這些主要畫面格建立連接
            vPairs.push_back(make_pair(mit->second,mit->first));
            // 對方主要畫面格也要增加該資訊
            // 更新 KFcounter 中該主要畫面格的 mConnectedKeyFrameWeights
            // 更新其他主要畫面格的 mConnectedKeyFrameWeights，
            // 更新其他主要畫面格與當前畫面格的連接權重
            (mit->first)->AddConnection(this,mit->second);
        }
    }

    // Step 3：如果沒有超過設定值的權重，則對權重最大的主要畫面格建立連接
    if(vPairs.empty())
    {
        // 如果每個主要畫面格與它共視的主要畫面格的個數都少於 th，
        // 則只更新與其他主要畫面格共視程度最高的主要畫面格的 mConnectedKeyFrameWeights
        // 這是對之前 th 設定值可能過高的一個補丁
        vPairs.push_back(make_pair(nmax,pKFmax));
        pKFmax->AddConnection(this,nmax);
    }

    // Step 4：對滿足共視程度的主要畫面格對更新連接關係及權重 ( 從大到小 )
    // vPairs 中保存的都是相互共視程度比較高的主要畫面格和共視權重，接下來由大到小進行排序
```

```
        sort(vPairs.begin(),vPairs.end()); // sort 函式預設按昇冪排序
        // 將排序後的結果分別組織成兩種資料型態
        list<KeyFrame*> lKFs;
        list<int> lWs;
        for(size_t i=0; i<vPairs.size();i++)
        {
            // push_front 後變成了從大到小的順序
            lKFs.push_front(vPairs[i].second);
            lWs.push_front(vPairs[i].first);
        }
        {
            unique_lock<mutex> lockCon(mMutexConnections);
            // 更新當前畫面格與其他主要畫面格的連接權重
            mConnectedKeyFrameWeights = KFcounter;
            mvpOrderedConnectedKeyFrames = vector<KeyFrame*>(lKFs.begin(),lKFs.end());
            mvOrderedWeights = vector<int>(lWs.begin(), lWs.end());

            // Step 5：更新生成樹的連接
            if(mbFirstConnection && mnId!=0)
            {
                // 初始化該主要畫面格的父主要畫面格為共視程度最高的主要畫面格
                mpParent = mvpOrderedConnectedKeyFrames.front();
                // 建立雙向連接關係，將當前主要畫面格作為其子主要畫面格
                mpParent->AddChild(this);
                mbFirstConnection = false;
            }
        }
    }
```

　　師兄：AddConnection 函式為當前主要畫面格新建或更新和其他主要畫面格的連接權重，需要用到如下容器，定義如下。

```
// 與當前主要畫面格連接（至少 15 個共視地圖點）的主要畫面格與權重（共視地圖點數目）
std::map<KeyFrame*,int> mConnectedKeyFrameWeights;
```

　　我們可以根據 mConnectedKeyFrameWeights 判斷是否已經有連接關係，如果待連接的主要畫面格不在 mConnectedKeyFrameWeights 中，則新建連接關係；如果在其中，則判斷是否和最新的權重相等，如果不相等，則更新權重。然後更新當前主要畫面格的所有共視主要畫面格串列。

```
/**
 * @brief 為當前主要畫面格新建或更新和其他主要畫面格的連接權重
 *
 * @param[in] pKF        和當前主要畫面格共視的其他主要畫面格
 * @param[in] weight     當前主要畫面格和其他主要畫面格的權重（共視地圖點數目）
```

```
    */
void KeyFrame::AddConnection(KeyFrame *pKF, const int &weight)
{
    {
        // 互斥鎖，防止同時操作共用資料產生衝突
        unique_lock<mutex> lock(mMutexConnections);
        // 新建連接權或更新連接權重
        if(!mConnectedKeyFrameWeights.count(pKF))
            // count 函式傳回 0，說明 mConnectedKeyFrameWeights 中沒有 pKF，新建連接
            mConnectedKeyFrameWeights[pKF]=weight;
        else if(mConnectedKeyFrameWeights[pKF]!=weight)
            // 和之前連接的權重不一樣了，需要更新
            mConnectedKeyFrameWeights[pKF]=weight;
        else
            return;
    }
    // 連接關係變化就要更新最佳共視主要畫面格，主要是重新對共視主要畫面格進行排序
    UpdateBestCovisibles();
}
```

其中，UpdateBestCovisibles() 主要用於根據權重對當前主要畫面格的所有共視主要畫面格進行重新排序，具體實作過程如下。

```
/**
 * @brief 按照權重從大到小對連接 ( 共視 ) 的主要畫面格進行排序
 */
void KeyFrame::UpdateBestCovisibles()
{
    // 互斥鎖，防止同時操作共用資料產生衝突
    unique_lock<mutex> lock(mMutexConnections);
    vector<pair<int,KeyFrame*> > vPairs;
    vPairs.reserve(mConnectedKeyFrameWeights.size());
    // 取出所有連接的主要畫面格，vPairs 變數將權重 ( 共視地圖點數目 ) 放在前面，方便按照權重排序
    for(map<KeyFrame*,int>::iterator mit=mConnectedKeyFrameWeights.begin(),
mend=mConnectedKeyFrameWeights.end(); mit!=mend; mit++)
        vPairs.push_back(make_pair(mit->second,mit->first));
    // 按照權重進行排序 ( 預設為從小到大 )
    sort(vPairs.begin(),vPairs.end());
    list<KeyFrame*> lKFs; // 所有連接主要畫面格的鏈結串列
    list<int> lWs;        // 所有連接主要畫面格對應的權重 ( 共視地圖點數目 ) 的鏈結串列
    for(size_t i=0, iend=vPairs.size(); i<iend;i++)
    {
        // push_front 後變成從大到小
        lKFs.push_front(vPairs[i].second);
        lWs.push_front(vPairs[i].first);
    }
    // 按照權重從大到小排列的連接主要畫面格
    mvpOrderedConnectedKeyFrames = vector<KeyFrame*>(lKFs.begin(),lKFs.end());
```

```
    // 從大到小排列的權重，與 mvpOrderedConnectedKeyFrames 一一對應
    mvOrderedWeights = vector<int>(lWs.begin(), lWs.end());
}
```

小白：得到按權重排序的連接主要畫面格有什麼作用呢？

師兄：這樣可以根據需要獲取共視主要畫面格，如獲取當前主要畫面格前 *N* 個最強共視主要畫面格可以使用這個函式。

```
/**
 * @brief 得到與該主要畫面格連接的前 N 個最強共視主要畫面格 （已按權值排序）
 *
 * @param[in] N              設定要取出的主要畫面格數目
 * @return vector<KeyFrame*>    滿足權重條件的主要畫面格集合
 */
vector<KeyFrame*> KeyFrame::GetBestCovisibilityKeyFrames(const int &N)
{
    unique_lock<mutex> lock(mMutexConnections);
    if((int)mvpOrderedConnectedKeyFrames.size()<N)
        // 如果總數不夠，就傳回所有的主要畫面格
        return mvpOrderedConnectedKeyFrames;
    else
        // 取前 N 個最強共視主要畫面格
        return vector<KeyFrame*>
(mvpOrderedConnectedKeyFrames.begin(),mvpOrderedConnectedKeyFrames.begin()+N);
}
```

獲取與當前主要畫面格連接的權重超過一定設定值的主要畫面格可以使用這個函式。

```
/**
 * @brief 得到與該主要畫面格連接的權重超過 w 的主要畫面格
 *
 * @param[in] w              權重設定值
 * @return vector<KeyFrame*>    滿足權重條件的主要畫面格向量
 */
vector<KeyFrame*> KeyFrame::GetCovisiblesByWeight(const int &w)
{
    unique_lock<mutex> lock(mMutexConnections);
    // 如果沒有和當前主要畫面格連接的主要畫面格，則直接傳回空
    if(mvpOrderedConnectedKeyFrames.empty())
        return vector<KeyFrame*>();
    // 從 mvOrderedWeights 中找出第一個大於 w 的迭代器
    vector<int>::iterator it = upper_bound( mvOrderedWeights.begin(), // 起點
                        mvOrderedWeights.end(),      // 終點
                        w,                           // 目標設定值
                        KeyFrame::weightComp);       // 比較函式從大到小排序
```

```
    // 如果沒有找到，則說明最大的權重也比給定的設定值小，傳回空
    if(it==mvOrderedWeights.end() && *mvOrderedWeights.rbegin()<w)
        return vector<KeyFrame*>();
    else
    {
        // 如果存在，則傳回滿足要求的主要畫面格
        int n = it-mvOrderedWeights.begin();
        return vector<KeyFrame*>(mvpOrderedConnectedKeyFrames.begin(),
    mvpOrderedConnectedKeyFrames.begin()+n);
    }
}
```

師兄：根據共視關係，我們還定義了主要畫面格的鄰接關係，常用的是一級相連主要畫面格和二級相連主要畫面格。如圖 9-5 所示，當前主要畫面格記為 KF，則 KF 的一級相連主要畫面格位於圖 9-5 中的紅色橢圓形內，二級相連主要畫面格位於圖 9-5 中的綠色橢圓形內。一起來看看這是如何構造的。

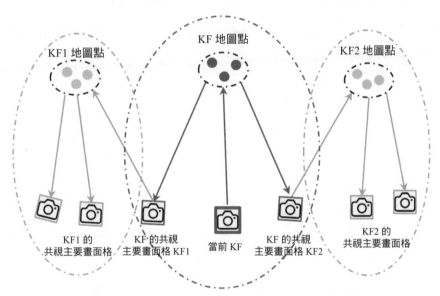

KF 的二級相連主要畫面格   KF 的一級相連主要畫面格   KF 的二級相連主要畫面格

▲ 圖 9-5 一級相連主要畫面格和二級相連主要畫面格

（1）一級相連主要畫面格。滿足和 KF 具有一定共視關係的主要畫面格，稱為 KF 的一級相連主要畫面格（圖 9-5 中的 KF1、KF2）。這裡的共視地圖點的數目可以自己定義。

（2）二級相連主要畫面格。滿足和 KF1、KF2 具有一定共視關係的主要畫面格，稱為 KF 的二級相連主要畫面格。這裡的共視地圖點的數目也可以自己定義。

9.2.5 刪除主要畫面格

師兄：由於主要畫面格之間的聯繫比較複雜，因此如果要刪除一個主要畫面格，就會產生「牽一髮而動全身」的效應，需要清除和該主要畫面格相連主要畫面格的聯繫，需要清除該主要畫面格觀測到的地圖點的聯繫，需要為該主要畫面格的子主要畫面格重新尋找合適的父主要畫面格。前面兩個操作相對容易，第三個操作會比較複雜，它涉及整個主要畫面格的父子關係，處理不好會造成整個主要畫面格維護的生成樹（見後續介紹）的斷裂或混亂。

這裡主要介紹為待刪除主要畫面格的子主要畫面格重新尋找合適的父主要畫面格。由於涉及的變數比較多，我們統一定義，如表 9-1 所示。

▼ 表 9-1 為待刪除主要畫面格的子主要畫面格重新尋找合適的父主要畫面格涉及的變數

變數	含義
mpParent	當前待刪除主要畫面格的父主要畫面格
sParentCandidates	候選父主要畫面格，初始化時只有一個元素—— mpParent
mspChildrens	當前待刪除主要畫面格的子主要畫面格，可能有多個
pKF	當前待刪除主要畫面格的某個子主要畫面格，mspChildrens 中的一個元素
vpConnected	和 pKF 共視的主要畫面格
pC	vpConnected 和 sParentCandidates 中相同的元素中和 pKF 共視程度最高的子主要畫面格
pP	vpConnected 和 sParentCandidates 中相同的元素中和 pKF 共視程度最高的 vpConnected 中的元素

這部分是迭代循環進行的，我們先來看第一階段，如圖 9-6 所示。

第 1 步，將 mpParent 放入 sParentCandidates 中，在第一階段 sParent-Candidates 中只有這一個元素，它其實是 mspChildrens 元素的祖父。

第 2 步，開始遍歷 mspChildrens 中的每個元素 pKF，它是當前待刪除主要畫面格的子主要畫面格。對於每個 pKF，遍歷和它共視的主要畫面格 vpConnected，判斷其中有沒有 sParentCandidates 中的元素 mpParent，如果有，則記錄 mpParent 和 pKF 的權重（共視地圖點數目）。找出其中權重值最高時對應的 pKF 作為 pC，此時的 mpParent 作為 pP。圖 9-6 中左側的子主要畫面格和 mpParent 的權重為 60，大於右側子主要畫面格和 mpParent 的權重50，所以左側的子主要畫面格升級為 pC，mpParent 記為 pP。更新記錄標識bContinue 為 true。

　　第 3 步，如果 bContinue 為 true，則說明發生了第 2 步中的更新，此時將pC 的父主要畫面格更新為 pP，並把 pC 從子主要畫面格串列 mspChildrens 中刪除，並放到 sParentCandidates 中。也就是說，當前待刪除主要畫面格不能作為 pC 的父主要畫面格了，由於 pC 和 pP 共視程度高於其他所有子主要畫面格，因此 pC 從子主要畫面格升級為祖父主要畫面格。第一階段結束。

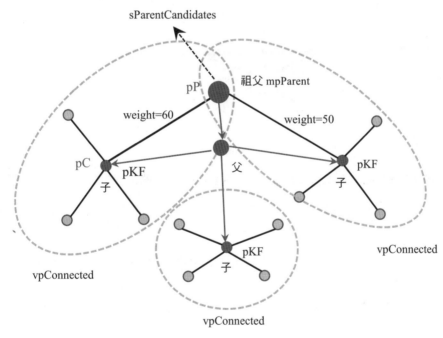

▲圖 9-6　待刪除主要畫面格的子主要畫面格重新尋找合適的父主要畫面格過程第一階段

　　第二階段如圖 9-7 所示，此時 sParentCandidates 中包含 mpParent 及第一階段升級的 pC。需要重新尋找父主要畫面格的串列 mspChildrens 中的元素也少

了一個（刪除了第一階段升級的 pC）。然後開始重複第一階段的過程，直到
mspChildrens 中的元素全部刪除完畢，理論上此時為所有的子主要畫面格都找到
了新的父主要畫面格。如果經歷上述迭代後還有部分子主要畫面格因為不滿足
bContinue 條件提前退出迴圈，沒有找到新的父主要畫面格，那麼就把 mpParent
作為這些落單的子主要畫面格的新的父主要畫面格。

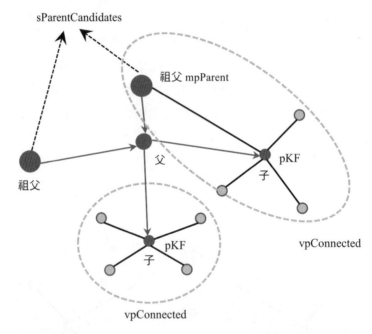

▲ 圖 9-7 待刪除主要畫面格的子主要畫面格重新尋找合適的父主要畫面格過程第二階段

這部分程式及註釋如下。

```
/**
 * @brief 刪除主要畫面格及其和其他所有主要畫面格、地圖點之間的連接關係，為其子主要畫面格尋找新
 的父主要畫面格
 */
void KeyFrame::SetBadFlag()
{
    // Step 1：處理刪除不了的特殊情況
    {
        unique_lock<mutex> lock(mMutexConnections);
        // 第 0 主要畫面格不允許被刪除
        if(mnId==0)
            return;
        else if(mbNotErase)
        {
```

```
            mbToBeErased = true;
            return;
        }
    }
    // Step 2：遍歷所有和當前主要畫面格相連的主要畫面格，刪除它們與當前主要畫面格的聯繫
    for(map<KeyFrame*,int>::iterator mit = mConnectedKeyFrameWeights.begin(),
mend=mConnectedKeyFrameWeights.end(); mit!=mend; mit++)
        mit->first->EraseConnection(this);
    // Step 3：遍歷每一個當前主要畫面格的地圖點，刪除每一個地圖點和當前主要畫面格的聯繫
    for(size_t i=0; i<mvpMapPoints.size(); i++)

        if(mvpMapPoints[i])
            mvpMapPoints[i]->EraseObservation(this);
    {

        unique_lock<mutex> lock(mMutexConnections);
        unique_lock<mutex> lock1(mMutexFeatures);
        // 清除自己與其他主要畫面格之間的聯繫
        mConnectedKeyFrameWeights.clear();
        mvpOrderedConnectedKeyFrames.clear();
        // Step 4：更新生成樹，主要是處理好主要畫面格的父子關係，不然會造成
        // 整個主要畫面格維護的生成樹的斷裂或混亂
        // 候選父主要畫面格
        set<KeyFrame*> sParentCandidates;
        // 將當前畫面格的父主要畫面格列入候選父主要畫面格
        sParentCandidates.insert(mpParent);
        // 每迭代一次就為其中一個子主要畫面格尋找父主要畫面格（最高共視程度），
        // 找到父主要畫面格的子主要畫面格可以作為其他子主要畫面格的候選父主要畫面格
        while(!mspChildrens.empty())
        {
            bool bContinue = false;
            int max = -1;
            KeyFrame* pC;
            KeyFrame* pP;
            // Step 4.1 遍歷每一個子主要畫面格，讓它們更新它們指向的父主要畫面格
            for(set<KeyFrame*>::iterator sit=mspChildrens.begin(),
send=mspChildrens.end(); sit!=send; sit++)
            {
                KeyFrame* pKF = *sit;
                // 跳過無效的子主要畫面格
                if(pKF->isBad())
                    continue;

                // Step 4.2 子主要畫面格遍歷每一個與它共視的主要畫面格
                vector<KeyFrame*> vpConnected=pKF->GetVectorCovisibleKeyFrames();
                for(size_t i=0, iend=vpConnected.size(); i<iend; i++)
                {
                    for(set<KeyFrame*>::iterator spcit=sParentCandidates.begin(),
spcend=sParentCandidates.end(); spcit!=spcend; spcit++)
```

```
                    {
                        // Step 4.3 如果子主要畫面格和 sParentCandidates 中有共視關係,
                        // 則選擇共視關係最強的主要畫面格作為新的父主要畫面格
                        if(vpConnected[i]->mnId == (*spcit)->mnId)
                        {
                            int w = pKF->GetWeight(vpConnected[i]);
                            // 尋找並更新權值最大的共視關係
                            if(w>max)
                            {
                                pC = pKF;                // 子主要畫面格
                                pP = vpConnected[i];     // 目前和子主要畫面格具有最大權值的
                                                         // 主要畫面格 ( 將來的父主要畫面格 )
                                max = w;                 // 這個是最大權值
                                bContinue = true;        // 說明子節點找到了可以作為其新
                                                         // 的父主要畫面格的畫面格
                            }
                        }
                    }
                }
            }

            // Step 4.4 如果在上面的過程中找到了新的父節點,則確定父子關係
            if(bContinue)
            {
                // 因為父節點死了,並且子節點找到了新的父節點,所以把它更新為自己的父節點
                pC->ChangeParent(pP);
                // 因為子節點找到了新的父節點並更新了父節點,所以該子節點升級,
                // 作為其他子節點的備選父節點
                sParentCandidates.insert(pC);
                // 該子節點處理完畢,刪除
                mspChildrens.erase(pC);
            }
            else
                break;
        }

        // Step 4.5 如果還有子節點沒有找到新的父節點,則把父節點的父節點作為自己的父節點
        if(!mspChildrens.empty())
            for(set<KeyFrame*>::iterator sit=mspChildrens.begin();
sit!=mspChildrens.end(); sit++)
            {
                // 對於這些子節點來說,它們的新的父節點其實就是自己的祖父節點
                (*sit)->ChangeParent(mpParent);
            }
        mpParent->EraseChild(this);
        // mTcp 表示原父主要畫面格到當前主要畫面格的位姿變換,在保存位姿時使用
        mTcp = Tcw*mpParent->GetPoseInverse();
        // 標記當前主要畫面格無效
```

```
        mbBad = true;
    }
    // 在地圖和主要畫面格資料庫中刪除該主要畫面格
    mpMap->EraseKeyFrame(this);
    mpKeyFrameDB->erase(this);
}
```

9.2.6　主要畫面格的分類

1.　父主要畫面格和子主要畫面格

當新建一個主要畫面格時，初始化當前主要畫面格的父主要畫面格為和它共視程度最高的主要畫面格，將當前主要畫面格作為其子主要畫面格。當主要畫面格被刪除時，需要更新主要畫面格的父子關係。

2.　參考主要畫面格

在追蹤局部地圖中，在當前畫面格的一級共視主要畫面格中，將與它共視程度最高的主要畫面格作為當前畫面格的參考主要畫面格。在追蹤執行緒中，將最新建立的主要畫面格作為當前畫面格的參考主要畫面格。

9.3　圖結構

師兄：在 ORB-SLAM2 中，由主要畫面格組成了幾種非常重要的圖結構，包括共視圖、本質圖和生成樹。

9.3.1　共視圖

師兄：我們先來看圖 9-8（a），其中藍色表示上面提到的主要畫面格，需要注意的是，後續所提到的共視圖、本質圖和生成樹都是由主要畫面格組成的，和普通畫面格無關；綠色表示當前相機的位置；紅色的點表示局部地圖點；紅色的點和黑色的點組成了所有的地圖點。

圖 9-8（b）所示為共視圖。共視圖是無向加權圖，每個頂點都是主要畫面格。如果兩個主要畫面格之間滿足一定的共視關係（至少有 15 個共視地圖點），則它們就會連成一條邊，邊的權重就是共視地圖點數目。

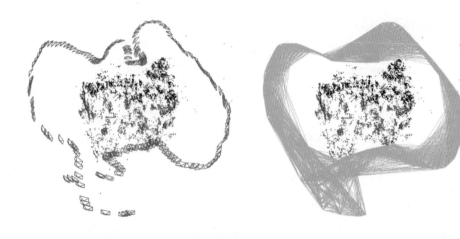

(a) 主要畫面格（藍色），當前相機位置（綠色）　　　　　　　　(b) 共視圖
地圖點（黑色和紅色），當前局部地圖點（紅色）

▲ 圖 9-8 主要畫面格和共視圖 [2]

小白：共視圖有什麼用呢？

師兄：共視圖貫穿在整個 ORB-SLAM2 流程中，下面列舉幾個共視圖在其中的應用。

（1）在追蹤執行緒中。透過共視圖建構當前畫面格的局部地圖，增加了投影匹配的地圖點數目，增加了匹配點對。圖 9-8（a）中綠色表示當前畫面格，未使用共視圖時能夠投影到它的地圖點非常有限，而透過共視圖建構的局部地圖幾乎占了整個地圖的一半，大大增加了投影匹配的地圖點數目。

（2）在局部地圖建構執行緒中。用當前主要畫面格與和它相鄰的共視主要畫面格透過三角化產生更多新的地圖點，使得追蹤更穩定。

（3）在閉環執行緒中。尋找閉環候選主要畫面格及篩查滿足連續性條件的閉環候選主要畫面格時，多次使用共視關係建立主要畫面格組，這樣能夠保證閉環候選主要畫面格足夠可靠。

（4）在本質圖最佳化中。將共視程度較高的主要畫面格之間的約束作為邊加入最佳化。

9.3.2 本質圖

小白：有了共視圖，為什麼還需要本質圖呢？

　　師兄：在閉環矯正環節，通常使用位姿圖最佳化的方法將閉環時的誤差沿著位姿圖進行分攤。但由於共視圖中主要畫面格之間的聯繫非常緊密，因此最佳化時速度會很慢。為了能夠在加速最佳化的同時保證最佳化結果的準確度，我們就建構了一種圖結構——本質圖（Essential Graph）。如圖 9-9（b）所示，本質圖中保留了所有的頂點（主要畫面格），但是減少了頂點之間連接的邊，它只保留了聯繫緊密的邊，從而保證最佳化結果準確度比較高。

　　本質圖中邊的連接關係如下。

- 生成樹連接關係。
- 形成閉環的連接關係，閉環後地圖點變動後新增加的連接關係。
- 共視關係非常好（至少有 100 個共視地圖點）的連接關係。

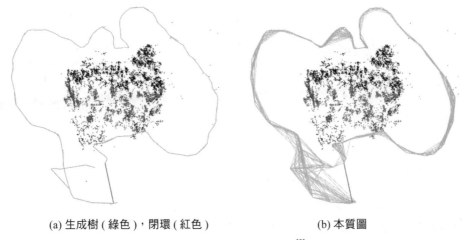

(a) 生成樹（綠色），閉環（紅色）　　　　　　　　(b) 本質圖

▲ 圖 9-9　生成樹和本質圖[2]

　　小白：為什麼本質圖比共視圖少了很多邊，但是最佳化結果仍然比較精確呢？這有什麼依據嗎？

　　師兄：根本原因是本質圖保留了最重要的邊，去掉了相對不那麼重要的邊，最佳化時效率更高，收斂更快。我們來看本質圖最佳化和全域 BA（full BA）最佳化在 KITTI 09 [6] 資料集上的對比結果，如表 9-2 所示，其中 θ_{min} 表示共視地圖點數目。需要注意的是，本質圖最佳化只最佳化所有主要畫面格的位姿，而全域 BA 最佳化最佳化所有主要畫面格的位姿及地圖點。可以得到如下結論。

- 全域 BA 最佳化存在收斂問題。即使迭代 100 次，均方根誤差（Root Mean

Squared Error，RMSE）也比較高。

- 相比全域 BA 最佳化，本質圖最佳化可以快速收斂並且結果更精確。

- θ_{min} 的大小對準確度影響不大，但是較大的 θ_{min} 值可以顯著減少本質圖中邊的數目，減少執行時間。

- 進行本質圖最佳化後，再進行全域 BA 最佳化可以達到最高準確度（均方根誤差最小），但是會顯著增加執行時間。

▼ 表 9-2 本質圖最佳化和全域 BA 最佳化的對比結果 [3]

方法	時間 /s	圖中的邊數目	RMSE/m
不做閉環	-	-	48.77
全域 BA（20 次迭代）	14.64	-	49.9
全域 BA（100 次迭代）	72.16	-	18.82
本質圖（θ_{min} = 200）	0.38	890	8.84
本質圖（θ_{min} = 100）	0.48	1797	8.36
本質圖（θ_{min} = 50）	0.59	3583	8.95
本質圖（θ_{min} = 15）	0.94	6663	8.88
本質圖（θ_{min} = 100）+ 全域 BA（20 次迭代）	13.4	1979	7.22

9.3.3 生成樹

師兄：生成樹（Spanning Tree）由子主要畫面格和父主要畫面格組成。它是共視圖的一個子圖，具有最少的邊。當新插入一個主要畫面格時，它就和生成樹中和它共視程度最高的主要畫面格建立了連接；當需要刪除一個主要畫面格時，系統會更新受到該主要畫面格影響的連接關係。生成樹的示意圖如圖 9-10 所示，其中箭頭方向表示父節點指向子節點的連接關係。所有主要畫面格中父子關係組成的連接關係都稱為生成樹。非父子關係之間的連接關係會被拋棄，表現在圖 9-10 中就變成了孤立的點（圖 9-10 中的藍色點）。

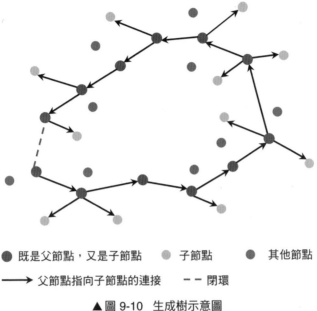

● 既是父節點，又是子節點　　● 子節點　　　● 其他節點

⟶ 父節點指向子節點的連接　　− − 閉環

▲ 圖 9-10　生成樹示意圖

參考文獻

[1]　MUR-ARTAL R, TARDÓS J D. Orb-slam2: An open-source slam system for monocular, stereo, and rgb-d cameras[J]. IEEE transactions on robotics, 2017, 33(5): 1255-1262.

[2]　MUR-ARTAL R, MONTIEL J M M, TARDOS J D. ORB-SLAM: a versatile and accurate monocular SLAM system[J]. IEEE transactions on robotics, 2015, 31(5): 1147-1163.

[3]　MUR-ARTAL R, TARDÓS SOLANO J D. Real-Time Accurate Visual SLAM with Place Recognition[J]. Ph. D Thesis, 2017.

[4]　DAI A, NIEßNER M, ZOLLHÖFER M, et al. Bundlefusion: Real-time globally consistent 3d reconstruction using on-the-fly surface reintegration[J]. ACM Transactions on Graphics (ToG), 2017, 36(4): 1.

[5]　LIU H, LI C, CHEN G, et al. Robust keyframe-based dense SLAM with an RGB-D camera[J]. arXiv preprint arXiv:1711.05166, 2017.

[6]　GEIGER A, LENZ P, STILLER C, et al. Vision meets robotics: The kitti dataset[J]. The International Journal of Robotics Research, 2013, 32(11): 1231-1237.

第 *10* 章
ORB-SLAM2 中的地圖初始化

10.1　為什麼需要初始化

師兄：下面聚焦於 SLAM 的初始化，你聽說過「初始化」這個概念嗎？

小白：聽過，很多系統啟動時都需要載入資料、設定參數等，SLAM 中的初始化是這個意思嗎？

師兄：SLAM 中的初始化通常是指地圖的初始化（如無特殊說明，第二部分講的初始化均為地圖初始化），也就是生成最初的地圖。在 ORB-SLAM2 中，初始化和使用的感測器類型有關，其中在單目相機模式下初始化相對複雜，需要執行一段時間才能成功。而在雙目相機、RGB-D 相機模式下初始化比較簡單，一般在第一畫面格就可以完成。

小白：為什麼使用不同感測器類型初始化差別這麼大呢？

師兄：對於最簡單的 RGB-D 相機初始化來說，因為該相機可以直接輸出 RGB 影像和對應的深度影像，所以每個像素點對應的深度值是確定的。也就是說，在第一畫面格提取了特徵點後，特徵點對應的三維點在空間中的絕對座標是可以計算出來的（需要用到本身參數）。對於雙目相機初始化來說，也可以透過第一畫面格左右目影像立體匹配來得到特徵點對應的三維點在空間中的絕對座標。因為第一畫面格的三維點是作為地圖來實作追蹤的，所以這些三維點也稱為地圖點。所以，從理論上來說，雙目相機、RGB-D 相機在第一畫面格就可以完成初始化。而對於單目相機初始化來說，僅有第一畫面格還無法得到三維點，要想初始化，需要像雙目相機那樣進行立體匹配。

小白：所以單目相機只需要兩畫面格就能完成初始化？

師兄：並非如此。雙目相機能夠直接用第一畫面格進行左右目影像立體匹配有一個隱含條件，就是左右目具有一定的物理距離，而且這個距離是可以提前透過相機標定得到的。該距離不能太近，否則無法進行三角化得到三維點。所以，在單目相機模式下，需要相機移動一定的距離並且滿足必要的條件，才能夠完成初始化。此外，由於單目相機無法知道「移動一定的距離」對應的絕對距離，因此得到的三維點是缺乏尺度資訊的，是一個相對座標。

小白：嗯，沒有尺度會有什麼影響嗎？

師兄：缺乏尺度會帶來一系列的問題，這裡先列舉幾個例子，以後我們講到時再討論。

- 沒有絕對尺度會導致位姿和地圖點都和真實世界相差一個未知的比例，因此無法應用在測距相關領域。不過，可以借助其他感測器恢復尺度，比如在 ORB-SLAM3 中透過引入 IMU 計算出單目相機模式下的尺度。
- 我們可以在初始化時固定某個參考尺度，但是在追蹤過程中很可能會產生尺度飄移。
- 在閉環時需要計算當前畫面格和閉環候選畫面格之間的尺度，並進行誤差均攤。

總之，沒有絕對尺度會帶來很多不利的影響。我們會分別講解相對複雜的單目初始化、雙目初始化的過程。

小白：那就請先從最複雜的單目初始化開始講起吧！

10.2 單目模式地圖初始化

師兄：ORB-SLAM2 中的單目初始化和應用場景無關，不管初始化時的場景是平面的還是非平面的，都可以自動完成初始化，無須人工操作。我們先來看單目初始化需要的前提條件。

- 參與初始化的兩畫面格各自特徵點的數目都需要大於 100。
- 兩畫面格特徵點成功匹配的數目需要大於或等於 100。
- 兩畫面格特徵點三角化成功的三維點數目需要大於 50。

小白：這裡的 100、50 是怎麼來的呢？

師兄：ORB-SLAM2 中有很多參數，比如這裡的 100、50 都是經驗參數，是作者在 640 像素 × 480 像素的解析度下測試效果比較好的經驗值。當然，和這個相近的解析度也可以使用這套參數。

　　小白：所以，如果要用 ORB-SLAM2 程式，則需要儘量將影像縮放到該解析度附近？

　　師兄：嗯，這樣做的效果是最好的。我們繼續說上面的單目初始化條件。第 1 個條件只需要判斷影像中特徵點的數目滿足條件即可，第 2 個條件中的特徵匹配會在後面講解。第 3 個條件中的三角化是重點，具體流程如下。

　　第 1 步，記錄當前畫面格和參考畫面格（第 1 畫面格）之間的特徵匹配關係。

　　第 2 步，在特徵匹配點對中隨機選擇 8 對匹配點作為一組。

　　第 3 步，用這 8 對點分別計算基礎矩陣 F（Fundamental matrix）和單應矩陣 H（Homography matrix），並得到得分。

　　第 4 步，計算得分比例，據此判斷選取基礎矩陣還是單應矩陣求位姿和三角化。

10.2.1　求單應矩陣

　　師兄：在初始化中，單應矩陣主要用於平面場景中的位姿估計。求單應矩陣的步驟如下。

　　第 1 步，對特徵匹配點座標進行歸一化。

　　第 2 步，開始迭代，每次選擇 8 對點計算單應矩陣。

　　第 3 步，根據當次計算的單應矩陣的重投影誤差對結果進行評分。

　　第 4 步，重複第 2、3 步，以得分最高的單應矩陣作為最優的單應矩陣。

下面我們分別來介紹每一步。

1. 座標歸一化

　　小白：這裡為什麼要對座標進行歸一化呢？

　　師兄：因為我們的 8 對點是隨機選取的，所以特徵點可能分佈在影像的任何地方，這可能會導致座標值的量級差別比較大。如果不對資料進行前置處理，直接求解單應矩陣或基礎矩陣，則會帶來較大的誤差。

　　預先對特徵點影像座標進行歸一化有以下好處：能夠提高運算結果的準確度；利用歸一化處理後的影像座標，對尺度縮放和原點的選擇不敏感。歸一化步驟預先為影像座標選擇了一個標準的座標系，消除了座標變換對結果的影響。

　　所以，建議在用 8 點法求單應矩陣或基礎矩陣之前，先對特徵點座標進行歸一化處理。

　　歸一化操作步驟如下。

　　第 1 步，假設共有 N 對特徵點，計算特徵點座標 (x_i, y_i), $i = 1, \cdots, N$ 分別在兩個座標軸方向上的均值 meanX、meanY：

$$\text{mean}X = \frac{\sum_{i=1}^{N} x_i}{N}$$
$$\text{mean}Y = \frac{\sum_{i=1}^{N} y_i}{N} \tag{10-1}$$

　　第 2 步，求出平均到每個點上，其座標偏離均值 meanX、meanY 的程度，記為 meanDevX、meanDevY，並將其倒數作為一個尺度縮放因數 sX、sY：

$$\text{meanDev}X = \sum_{i=1}^{N} \frac{||x_i - \text{mean}X||}{N} = \frac{1}{sX}$$
$$\text{meanDev}Y = \sum_{i=1}^{N} \frac{||y_i - \text{mean}Y||}{N} = \frac{1}{sY} \tag{10-2}$$

　　第 3 步，用均值和尺度縮放因數對座標進行歸一化，歸一化後的座標記為 (x_i', y_i'), $i = 1, \cdots, N$：

$$x_i' = sX(x_i - \text{mean}X)$$
$$y_i' = sY(y_i - \text{mean}Y) \tag{10-3}$$

　　第 4 步，用矩陣表示上述變換關係，得到歸一化矩陣 $\boldsymbol{T}$：

$$\begin{bmatrix} x_i' \\ y_i' \\ 1 \end{bmatrix} = \begin{bmatrix} sX & 0 & -sX * \text{mean}X \\ 0 & sY & -sY * \text{mean}Y \\ 0 & 0 & 1 \end{bmatrix} \begin{bmatrix} x_i \\ y_i \\ 1 \end{bmatrix} = \boldsymbol{T} \begin{bmatrix} x_i \\ y_i \\ 1 \end{bmatrix} \tag{10-4}$$

小白：尺度縮放因數的作用是什麼呢？

師兄：是為了控制雜訊對影像座標的影響，讓其保持在同一個數量級上。歸一化對應的程式實作如下。

```
/**
 * @brief 將特徵點歸一化到同一尺度
 * @param[in] vKeys                        待歸一化的特徵點
 * @param[in & out] vNormalizedPoints      特徵點歸一化後的座標
 * @param[in & out] T                      歸一化變換矩陣
 */
void Initializer::Normalize(const vector<cv::KeyPoint> &vKeys,
vector<cv::Point2f> &vNormalizedPoints, cv::Mat &T)
{
    // Step 1：計算特徵點 X、Y 座標的均值 meanX、meanY
    float meanX = 0;
    float meanY = 0;
    // 獲取特徵點的數量
    const int N = vKeys.size();
    // 設定用來儲存歸一化後特徵點的向量大小，和歸一化前保持一致
    vNormalizedPoints.resize(N);
    // 開始遍歷所有的特徵點
    for(int i=0; i<N; i++)
    {
        // 分別累加特徵點的 X、Y 座標
        meanX += vKeys[i].pt.x;
        meanY += vKeys[i].pt.y;
    }
    // 計算 X、Y 座標的均值
    meanX = meanX/N;
    meanY = meanY/N;

    // Step 2：計算特徵點 X、Y 座標離均值的平均偏離程度 meanDevX、meanDevY
    float meanDevX = 0;
    float meanDevY = 0;
    // 用原始特徵點減去均值座標
    for(int i=0; i<N; i++)
    {
        vNormalizedPoints[i].x = vKeys[i].pt.x - meanX;
        vNormalizedPoints[i].y = vKeys[i].pt.y - meanY;

        // 累計這些特徵點偏離橫、垂直座標均值的程度
        meanDevX += fabs(vNormalizedPoints[i].x);
        meanDevY += fabs(vNormalizedPoints[i].y);
    }
    // 求出平均到每個點上，其座標偏離橫、垂直座標均值的程度；將其倒數作為一個尺度縮放因數
    meanDevX = meanDevX/N;
    meanDevY = meanDevY/N;
```

```
float sX = 1.0/meanDevX;
float sY = 1.0/meanDevY;

// Step 3：利用計算的尺度縮放因數對 x,y 座標分別進行歸一化
for(int i=0; i<N; i++)
{
    vNormalizedPoints[i].x = vNormalizedPoints[i].x * sX;
    vNormalizedPoints[i].y = vNormalizedPoints[i].y * sY;
}

// Step 4：計算歸一化矩陣：將前面的操作用矩陣變換表示
T = cv::Mat::eye(3,3,CV_32F);
T.at<float>(0,0) = sX;
T.at<float>(1,1) = sY;
T.at<float>(0,2) = -meanX*sX;
T.at<float>(1,2) = -meanY*sY;
}
```

2. 求解單應矩陣

師兄：前面講解了如何對特徵點進行歸一化，下面推導如何利用特徵點求解單應矩陣 $\boldsymbol{H}$。

特徵匹配點分別為 $\boldsymbol{p}_1 = [u_1, v_1, 1]^\top, \boldsymbol{p}_2 = [u_2, v_2, 1]^\top$，用單應矩陣 $\boldsymbol{H}_{21}$ 描述特徵點對之間的變換關係：

$$\boldsymbol{p}_2 = \boldsymbol{H}_{21}\boldsymbol{p}_1 \qquad (10\text{-}5)$$

寫成矩陣形式為

$$\begin{bmatrix} u_2 \\ v_2 \\ 1 \end{bmatrix} = \begin{bmatrix} h_1 & h_2 & h_3 \\ h_4 & h_5 & h_6 \\ h_7 & h_8 & h_9 \end{bmatrix} \begin{bmatrix} u_1 \\ v_1 \\ 1 \end{bmatrix} \qquad (10\text{-}6)$$

為了轉化為齊次方程式，左右兩邊同時叉乘 $\boldsymbol{p}_2$，得到

$$\boldsymbol{p_2} \times \boldsymbol{H}_{21}\boldsymbol{p_1} = 0 \qquad (10\text{-}7)$$

寫成矩陣形式為

$$\begin{bmatrix} 0 & -1 & v_2 \\ 1 & 0 & -u_2 \\ -v_2 & u_2 & 0 \end{bmatrix} \begin{bmatrix} h_1 & h_2 & h_3 \\ h_4 & h_5 & h_6 \\ h_7 & h_8 & h_9 \end{bmatrix} \begin{bmatrix} u_1 \\ v_1 \\ 1 \end{bmatrix} = 0 \qquad (10\text{-}8)$$

結果展開並整理得到

$$v_2 = (h_4u_1 + h_5v_1 + h_6)/(h_7u_1 + h_8v_1 + h_9)$$
$$u_2 = (h_1u_1 + h_2v_1 + h_3)/(h_7u_1 + h_8v_1 + h_9)$$

(10-9)

整理成齊次方程式為

$$-(h_4u_1 + h_5v_1 + h_6) + (h_7u_1v_2 + h_8v_1v_2 + h_9v_2) = 0$$
$$h_1u_1 + h_2v_1 + h_3 - (h_7u_1u_2 + h_8v_1u_2 + h_9u_2) = 0$$

(10-10)

再轉化為矩陣形式

$$\begin{bmatrix} 0 & 0 & 0 & -u_1 & -v_1 & -1 & u_1v_2 & v_1v_2 & v_2 \\ u_1 & v_1 & 1 & 0 & 0 & 0 & -u_1u_2 & -v_1u_2 & -u_2 \end{bmatrix} \begin{bmatrix} h_1 \\ h_2 \\ h_3 \\ h_4 \\ h_5 \\ h_6 \\ h_7 \\ h_8 \\ h_9 \end{bmatrix} = 0$$

(10-11)

等式左邊兩項分別用 A, h 表示，則有

$$Ah = 0$$

(10-12)

　　透過上面的結論可以發現，一對特徵點可以提供兩個約束方程式。單應矩陣的自由度是 8，所以只需要 4 對點提供 8 個約束方程式就可以求解了。

　　小白：為什麼單應矩陣自由度是 8 呢？

　　師兄：從單應矩陣和特徵點的變換關係來看，等式右邊是 0，也就是說該等式左右兩邊同時乘以一個不為 0 的數，等式恒成立，這稱為尺度等價性。單應矩陣 H 共有 9 個元素，去掉 1 自由度，就是 8 自由度。

　　小白：剛才說計算單應矩陣只需要 4 對特徵點即可，為什麼 ORB-SLAM2 中使用了 8 對特徵點呢？

師兄：因為後面我們講解計算基礎矩陣時需要 8 對點，為了程式實作方便，這裡也使用 8 對點來求最小平方解。我們先舉出結論，上述矩陣 A 進行 SVD 分解後，右奇異矩陣的最後一列就是最優解。

小白：為什麼右奇異矩陣的最後一列就是最優解呢？

師兄：我來簡單推導一下，我們定義代價函式為

$$f(\boldsymbol{h}) = \frac{1}{2}(\boldsymbol{Ah})^\top(\boldsymbol{Ah}) = \frac{1}{2}\boldsymbol{h}^\top \boldsymbol{A}^\top \boldsymbol{Ah} \tag{10-13}$$

最優解就是找到使得代價函式為極小值時對應的矩陣 $\boldsymbol{h}$，所以令導數為 0，得到

$$\frac{\mathrm{d}f(\boldsymbol{h})}{\mathrm{d}\boldsymbol{h}} = 0$$
$$\boldsymbol{A}^\top \boldsymbol{Ah} = 0 \tag{10-14}$$

問題就轉換為求 $\boldsymbol{A}^\top \boldsymbol{A}$ 的最小特徵值向量

$$\boldsymbol{A}^\top \boldsymbol{A} = (\boldsymbol{UDV}^\top)^\top(\boldsymbol{UDV}^\top) = \boldsymbol{VD}^\top \boldsymbol{U}^\top \boldsymbol{UDV}^\top = \boldsymbol{VD}^\top \boldsymbol{DV}^\top \tag{10-15}$$

可見 $\boldsymbol{A}^\top \boldsymbol{A}$ 的特徵向量就是 $\boldsymbol{V}$。因此求解得到 $\boldsymbol{V}$ 之後取出最後一列奇異值向量作為 f 的最優值，然後整理成三維矩陣形式。需要說明的是，其實 $\boldsymbol{V}$ 的其他列向量也是 $\boldsymbol{h}$ 的一個解，只不過不是最優解罷了。

這部分程式實作如下。

```
/**
 * @brief 用 DLT 方法求解單應矩陣 H
 *
 * @param[in] vP1      參考畫面格中歸一化後的特徵點
 * @param[in] vP2      當前畫面格中歸一化後的特徵點
 * @return cv::Mat     計算的單應矩陣 H
 */
cv::Mat Initializer::ComputeH21(const vector<cv::Point2f> &vP1,
const vector<cv::Point2f> &vP2)
{
    // 獲取參與計算的特徵點的數目
    const int N = vP1.size();
    // 構造用於計算的矩陣 A
    cv::Mat A(2*N,      // 行，注意每對特徵點對應兩行約束
              9,        // 列
```

```
            CV_32F);        //float 資料型態
// 構造矩陣 A,將特徵點增加到矩陣 A 中
for(int i=0; i<N; i++)
{
    // 獲取特徵點對的像素座標
    const float u1 = vP1[i].x;
    const float v1 = vP1[i].y;
    const float u2 = vP2[i].x;
    const float v2 = vP2[i].y;
    // 生成當前特徵點對應的第 1 行約束,對應公式 11
    A.at<float>(2*i,0) = 0.0;
    A.at<float>(2*i,1) = 0.0;
    A.at<float>(2*i,2) = 0.0;
    A.at<float>(2*i,3) = -u1;
    A.at<float>(2*i,4) = -v1;
    A.at<float>(2*i,5) = -1;
    A.at<float>(2*i,6) = v2*u1;
    A.at<float>(2*i,7) = v2*v1;
    A.at<float>(2*i,8) = v2;
    // 生成當前特徵點對應的第 2 行約束,對應公式 11
    A.at<float>(2*i+1,0) = u1;
    A.at<float>(2*i+1,1) = v1;
    A.at<float>(2*i+1,2) = 1;
    A.at<float>(2*i+1,3) = 0.0;
    A.at<float>(2*i+1,4) = 0.0;
    A.at<float>(2*i+1,5) = 0.0;
    A.at<float>(2*i+1,6) = -u2*u1;
    A.at<float>(2*i+1,7) = -u2*v1;
    A.at<float>(2*i+1,8) = -u2;
}
// 定義輸出變數,分別為左奇異矩陣、對角矩陣、右奇異矩陣的轉置
cv::Mat u,w,vt;
// 奇異值分解
cv::SVDecomp(A,                    // 輸入,待進行奇異值分解的矩陣
            w,                     // 輸出,奇異值矩陣
            u,                     // 輸出,矩陣 U
            vt,                    // 輸出,矩陣 V 的轉置
            cv::SVD::MODIFY_A |    // 允許修改待分解的矩陣,可以加速計算、節省記憶體
            cv::SVD::FULL_UV);     // 把 U 和 V 補充成單位正交方陣
// 傳回最小奇異值所對應的右奇異向量
// 本應取 v 的最後一列,但這裡 vt 是經過轉置的,所以是行;
// 由於 A 有 9 列資料,故最後一列的下標為 8
return vt.row(8).reshape(0,        // 轉換後的通道數,設定為 0 表示通道不變
                        3);        // 轉換後的行數,這樣傳回的是 3×3 的矩陣

}
```

3. 檢驗單應矩陣並評分

小白：每次迭代根據上面的方法都能得到一個單應矩陣，如何判斷當前單應矩陣的好壞，最終如何選擇一個最佳的呢？

師兄：這就需要用到單應矩陣的定義，透過單應矩陣對已經判斷為內點的特徵點進行雙向投影，計算加權重投影誤差，最終選擇誤差最小的單應矩陣作為最優解。

小白：什麼叫雙向投影？

師兄：我們前面說過單應矩陣可以用來描述特徵點對之間的關係，把這個關係稍微進行一下變換：

$$p_2 - H_{21}p_1 = 0$$
$$p_1 - H_{12}p_2 = 0$$

(10-16)

式中，$H_{21} = H_{12}^{-1}$。當然，上述等式是在理想狀態下的結果，實際上特徵點和單應矩陣都存在誤差，等式右邊不為零。我們定義誤差為

$$e_1 = \frac{||p_2 - H_{21}p_1||^2}{\sigma^2}$$
$$e_2 = \frac{||p_1 - H_{12}p_2||^2}{\sigma^2}$$

(10-17)

程式中 $\sigma = 1$。累計所有特徵點對中的內點誤差，誤差越大，該單應矩陣評分越低。得分計算公式為

$$\text{score}_1 = \sum_{i=1}^{N}(\text{th} - e_1(i)), e_1(i) < \text{th}$$
$$\text{score}_2 = \sum_{i=1}^{N}(\text{th} - e_2(i)), e_2(i) < \text{th}$$

(10-18)

$$\text{score} = \text{score}_1 + \text{score}_2$$

式中，th 表示自由度為 2 的卡方分佈在顯著性水準為 0.05 時對應的臨界設定值。

具體程式實作如下。

```
/**
 * @brief 對給定的單應矩陣計算雙向重投影誤差並進行評分
```

```
 *
 * @param[in] H21                  從參考畫面格到當前畫面格的單應矩陣
 * @param[in] H12                  從當前畫面格到參考畫面格的單應矩陣
 * @param[in] vbMatchesInliers     匹配好的特徵點對中的內點標記
 * @param[in] sigma                方差，預設為 1
 * @return float                   傳回單應矩陣得分
 */
float Initializer::CheckHomography(const cv::Mat &H21, const cv::Mat &H12,
    vector<bool> &vbMatchesInliers,float sigma)
{
    // 特徵點匹配個數
    const int N = mvMatches12.size();

    // Step 1：獲取從參考畫面格到當前畫面格的單應矩陣的各個元素
    // h11、h12、h13、h21、h22、h23、h31、h32、h33
    // ......

    // 獲取從當前畫面格到參考畫面格的單應矩陣的各個元素
    // h11inv、h11inv、h13inv、h21inv、h22inv、h23inv、h31inv、h32inv、h33inv
    // ......

    // 給特徵點對的內點標記向量預分配空間
    vbMatchesInliers.resize(N);
    // 初始化單應矩陣得分為 0
    float score = 0;
    // 自由度為 2 的卡方分佈在顯著性水準為 0.05 時對應的臨界設定值
    const float th = 5.991;
    // 資訊矩陣，方差平方的倒數
    const float invSigmaSquare = 1.0/(sigma * sigma);

    // Step 2：透過 H 矩陣進行參考畫面格和當前畫面格之間的雙向投影，並計算加權重投影誤差
    // H21 表示從 img1 到 img2 的變換矩陣
    // H12 表示從 img2 到 img1 的變換矩陣
    for(int i = 0; i < N; i++)
    {
        bool bIn = true;
        // Step 2.1 提取參考畫面格和當前畫面格之間的特徵匹配點對
        const cv::KeyPoint &kp1 = mvKeys1[mvMatches12[i].first];
        const cv::KeyPoint &kp2 = mvKeys2[mvMatches12[i].second];
        const float u1 = kp1.pt.x;
        const float v1 = kp1.pt.y;
        const float u2 = kp2.pt.x;
        const float v2 = kp2.pt.y;
        // Step 2.2 計算 img2 到 img1 的重投影誤差
        // x1 = H12*x2
        // 將影像 2 中的特徵點透過單應變換投影到影像 1 中
        // |u1|   |h11inv h12inv h13inv||u2|   |u2in1|
        // |v1| = |h21inv h22inv h23inv||v2| = |v2in1| * w2in1inv
        // |1 |   |h31inv h32inv h33inv||1 |   |  1  |
```

```
        // 計算投影歸一化座標
        const float w2in1inv = 1.0/(h31inv * u2 + h32inv * v2 + h33inv);
        const float u2in1 = (h11inv * u2 + h12inv * v2 + h13inv) * w2in1inv;
        const float v2in1 = (h21inv * u2 + h22inv * v2 + h23inv) * w2in1inv;
        // 計算重投影誤差 = ||p1(i) - H12 * p2(i)||2
        const float squareDist1 = (u1 - u2in1) * (u1 - u2in1) + (v1 - v2in1) *
(v1 - v2in1);
        const float chiSquare1 = squareDist1 * invSigmaSquare;
        // Step 2.3 用設定值標記離群點,如果是內點,則累加得分
        if(chiSquare1>th)
            bIn = false;
        else
            // 誤差越大,得分越低
        score += th - chiSquare1;

        // 計算從 img1 到 img2 的投影變換誤差
        // x1in2 = H21*x1
        // 將 img2 中的特徵點透過單應變換投影到影像 1 中
        // |u2|    |h11 h12 h13||u1|    |u1in2|
        // |v2| =  |h21 h22 h23||v1| = |v1in2| * w1in2inv
        // |1 |    |h31 h32 h33||1 |    |  1  |
        // 計算投影歸一化座標
        const float w1in2inv = 1.0/(h31*u1+h32*v1+h33);
        const float u1in2 = (h11*u1+h12*v1+h13)*w1in2inv;
        const float v1in2 = (h21*u1+h22*v1+h23)*w1in2inv;
        // 計算重投影誤差
        const float squareDist2 = (u2-u1in2)*(u2-u1in2)+(v2-v1in2)*(v2-v1in2);
        const float chiSquare2 = squareDist2*invSigmaSquare;
        // 用設定值標記離群點,如果是內點,則累加得分
        if(chiSquare2>th)
            bIn = false;
        else
            score += th - chiSquare2;

        // Step 2.4 如果從 img2 到 img1 和從 img1 到 img2 的重投影誤差均滿足要求,
        // 則說明是內點
        if(bIn)
            vbMatchesInliers[i]=true;
        else
            vbMatchesInliers[i]=false;
    }
    return score;
}
```

最終選擇所有迭代中得分最高的一組對應的單應矩陣作為最終的解。

10.2.2 求基礎矩陣

師兄：我們常見的都是非平面場景，此時需要用基礎矩陣求解位姿。求基礎矩陣的步驟如下。

> 第 1 步，對特徵匹配點座標進行歸一化。
>
> 第 2 步，開始迭代，每次選擇 8 對點來計算基礎矩陣。
>
> 第 3 步，根據當次計算的基礎矩陣的重投影誤差對結果進行評分。
>
> 第 4 步，重複第 2、3 步，以得分最高的基礎矩陣作為最優的基礎矩陣。

座標歸一化和求單應矩陣時方法一致，這裡就不多做介紹了。

1. 使用八點法求解基礎矩陣

師兄：下面推導如何利用歸一化後的特徵點求解基礎矩陣 $\boldsymbol{F}$。

特徵匹配點分別為 $\boldsymbol{p}_1 = [u_1, v_1, 1]^\top, \boldsymbol{p}_2 = [u_2, v_2, 1]^\top$，用基礎矩陣 $\boldsymbol{F}_{21}$ 描述特徵點對之間的變換關係為

$$\boldsymbol{p_2}^\top \boldsymbol{F}_{21} \boldsymbol{p_1} = 0 \tag{10-19}$$

將上式展開，寫成矩陣形式為

$$\begin{bmatrix} u_2 & v_2 & 1 \end{bmatrix} \underbrace{\begin{bmatrix} f_1 & f_2 & f_3 \\ f_4 & f_5 & f_6 \\ f_7 & f_8 & f_9 \end{bmatrix}}_{\boldsymbol{F}_{21}} \begin{bmatrix} u_1 \\ v_1 \\ 1 \end{bmatrix} = 0 \tag{10-20}$$

為方便計算，將前兩項計算結果表示為 $\begin{bmatrix} a & b & c \end{bmatrix}$，則有

$$\begin{aligned} a &= f_1 u_2 + f_4 v_2 + f_7 \\ b &= f_2 u_2 + f_5 v_2 + f_8 \\ c &= f_3 u_2 + f_6 v_2 + f_9 \end{aligned} \tag{10-21}$$

那麼，上面的矩陣可以簡化為

$$\begin{bmatrix} a & b & c \end{bmatrix} \begin{bmatrix} u_1 \\ v_1 \\ 1 \end{bmatrix} = 0 \tag{10-22}$$

展開後

$$au_1 + bv_1 + c = 0 \tag{10-23}$$

將前面結果代入，整理得到

$$f_1u_1u_2 + f_2v_1u_2 + f_3u_2 + f_4u_1v_2 + f_5v_1v_2 + f_6v_2 + f_7u_1 + f_8v_1 + f_9 = 0 \tag{10-24}$$

進而轉化為矩陣形式

$$\begin{bmatrix} u_1u_2 & v_1u_2 & u_2 & u_1v_2 & v_1v_2 & v_2 & u_1 & v_1 & 1 \end{bmatrix} \begin{bmatrix} f_1 \\ f_2 \\ f_3 \\ f_4 \\ f_5 \\ f_6 \\ f_7 \\ f_8 \\ f_9 \end{bmatrix} = 0 \tag{10-25}$$

等式左邊兩項分別用 $\boldsymbol{A}$、$\boldsymbol{f}$ 表示，則有

$$\boldsymbol{A}\boldsymbol{f} = 0 \tag{10-26}$$

到此為止，我們可以看到一對特徵點提供一個約束方程式。你還記得基礎矩陣的自由度是多少嗎？

小白：基礎矩陣共有 9 個元素，其中尺度等價性去掉 1 個自由度，基礎矩陣秩為 2，再去掉 1 個自由度，所以自由度應該是 7。

師兄：是的，所以我們用 8 對點提供 8 個約束方程式就可以求解基礎矩陣。得到上述約束方程式後，用 SVD 分解求基礎矩陣。記

$$\boldsymbol{A} = \boldsymbol{U}\boldsymbol{D}\boldsymbol{V}^\top \tag{10-27}$$

由於我們使用 8 對點求解，因此 A 是 8 × 9 的矩陣。SVD 分解後，U 是左奇異向量，它是一個 8 × 8 的正交矩陣；V 是右奇異向量，它是一個 9×9 的正交矩陣，其中 $V^\top$ 是 V 的轉置；D 是一個 8×9 的對角矩陣，除了對角線，其他元素均為 0，對角線元素稱為奇異值，一般來說奇異值是按照從大到小的順序降冪排列的。因為每個奇異值都是一個殘差項，所以最後一個奇異值最小，對應的殘差也最小。因此最後一個奇異值對應的奇異向量就是最優解。

V 中的每個列向量對應 D 中的每個奇異值，最小平方最優解就是 $V^\top$ 對應的第 9 個行向量，也就是基礎矩陣 F 的元素。這裡我們先記作 F_{pre}，因為它還不是最終的 F。

基礎矩陣 F 有一個很重要的性質，就是秩為 2，利用這個約束可以進一步求解準確的 F。

使用上面的方法構造的 F_{pre} 不能保證滿足秩為 2 的約束，我們需要進行第二次 SVD 分解：

$$F_{\text{pre}} = U_{\text{pre}} D_{\text{pre}} V_{\text{pre}}^\top = U_{\text{pre}} \begin{bmatrix} \sigma_1 & 0 & 0 \\ 0 & \sigma_2 & 0 \\ 0 & 0 & \sigma_3 \end{bmatrix} V_{\text{pre}}^\top \tag{10-28}$$

為了保證最終的基礎矩陣秩為 2，我們強制將最小的奇異值置為 0，如下所示：

$$F = U_{\text{pre}} D_{\text{pre}} V_{\text{pre}}^\top = U_{\text{pre}} \begin{bmatrix} \sigma_1 & 0 & 0 \\ 0 & \sigma_2 & 0 \\ 0 & 0 & 0 \end{bmatrix} V_{\text{pre}}^\top \tag{10-29}$$

此時的 F 就是最終滿足要求的基礎矩陣。

求解基礎矩陣對應的程式實作如下。

```
/**
 * @brief 根據特徵點對求基礎矩陣
 * 注意 F 矩陣有秩為 2 的約束，所以需要進行兩次 SVD 分解
 *
 * @param[in] vP1        參考畫格中歸一化後的特徵點
 * @param[in] vP2        當前畫格中歸一化後的特徵點
 * @return cv::Mat       最後計算得到的基礎矩陣 F
 */
cv::Mat Initializer::ComputeF21(const vector<cv::Point2f> &vP1,
```

```
const vector<cv::Point2f> &vP2)
{
    // 獲取參與計算的特徵點對數目 const int N = vP1.size();
    // 初始化 A 矩陣，維度為 N×9
    cv::Mat A(N,9,CV_32F);
    // 構造矩陣 A，將特徵點增加到矩陣 A 中
    for(int i=0; i<N; i++)
    {
        const float u1 = vP1[i].x;
        const float v1 = vP1[i].y;
        const float u2 = vP2[i].x;
        const float v2 = vP2[i].y;
        // 對應式 (10-25)
        A.at<float>(i,0) = u2*u1;
        A.at<float>(i,1) = u2*v1;
        A.at<float>(i,2) = u2;
        A.at<float>(i,3) = v2*u1;
        A.at<float>(i,4) = v2*v1;
        A.at<float>(i,5) = v2;
        A.at<float>(i,6) = u1;
        A.at<float>(i,7) = v1;
        A.at<float>(i,8) = 1;
    }
    // 儲存奇異值分解結果的變數，分別為左奇異矩陣、對角矩陣、右奇異矩陣的轉置
    cv::Mat u,w,vt;
    // 進行第一次奇異值分解
    cv::SVDecomp(A,w,u,vt,cv::SVD::MODIFY_A | cv::SVD::FULL_UV);
    // 取 v 的最後一列，也就是 vt 的最後一行，將其轉換成初步的基礎矩陣 Fpre
    cv::Mat Fpre = vt.row(8).reshape(0, 3);
    // 由於基礎矩陣有秩為 2 的約束，因此需要透過第二次奇異值分解來強制使 Fpre 秩為 2
    cv::SVDecomp(Fpre,w,u,vt,cv::SVD::MODIFY_A | cv::SVD::FULL_UV);
    // 強制將第 3 個奇異值設定為 0，滿足秩為 2 的約束
    w.at<float>(2)=0;
    // 重新組合好滿足秩約束的基礎矩陣，作為最終計算結果傳回
    return u*cv::Mat::diag(w)*vt;
}
```

2. 檢驗基礎矩陣並評分

師兄：我們每次迭代根據上面的方法都能得到一個基礎矩陣，如何判斷基礎矩陣的好壞，選擇一個最佳的呢？

這就需要用到基礎矩陣的定義，用已經判斷為內點的特徵點到對應極線的距離來衡量當前基礎矩陣的好壞。

如圖 10-1 所示,假設特徵匹配點分別為 $p_1 = [u_1, v_1, 1]^\top, p_2 = [u_2, v_2, 1]^\top$。
根據基礎矩陣定義:

$$p_2{}^\top F_{21} p_1 = 0 \tag{10-30}$$

根據極線定義有

$$\begin{aligned}
l_2 &= F_{21} p_1 = \begin{bmatrix} a_2 & b_2 & c_2 \end{bmatrix}^\top \\
l_1 &= p_2{}^\top F_{21} = \begin{bmatrix} a_1 & b_1 & c_1 \end{bmatrix}
\end{aligned} \tag{10-31}$$

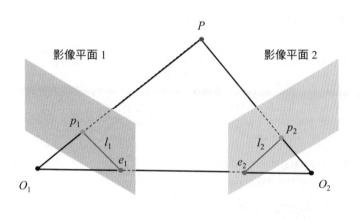

| e_1, e_2 極點 | l_1, l_2 極線 | p_1, p_2 特徵匹配點 |

▲圖 10-1 極線約束

誤差定義為點到對應極線的距離:

$$\begin{aligned}
e_1 &= \frac{l_1 p_1}{\sigma^2 \sqrt{a_1^2 + b_1^2}} = \frac{a_1 u_1 + b_1 v_1 + c_1}{\sigma^2 \sqrt{a_1^2 + b_1^2}} \\
e_2 &= \frac{p_2{}^\top l_2}{\sigma^2 \sqrt{a_2^2 + b_2^2}} = \frac{a_2 u_2 + b_2 v_2 + c_2}{\sigma^2 \sqrt{a_2^2 + b_2^2}}
\end{aligned} \tag{10-32}$$

程式中 $\sigma = 1$。對於每對點,我們分別累加計算 p_2 到極線 l_2 的距離和 p_1 到極線 l_1 的距離,距離越大,誤差越大,評分越低。得分計算公式為

$$\text{score}_1 = \sum_{i=1}^{N} \left(\text{thScore} - e_1(i)\right), e_1(i) < \text{th}$$

$$\text{score}_2 = \sum_{i=1}^{N} \left(\text{thScore} - e_2(i)\right), e_2(i) < \text{th} \qquad (10\text{-}33)$$

$$\text{score} = \text{score}_1 + \text{score}_2$$

式中，th 表示自由度為 1 的卡方分佈在顯著性水準為 0.05 時對應的臨界設定值；
thScore 表示自由度為 2 的卡方分佈在顯著性水準為 0.05 時對應的臨界設定值。

這部分程式實作如下。

```
/**
 * @brief 對給定的 Fundamental matrix 評分
 *
 * @param[in] F21              當前畫面格和參考畫面格之間的基礎矩陣
 * @param[in] vbMatchesInliers 匹配的特徵點對屬於 inliers 的標記
 * @param[in] sigma            方差，預設為 1
 * @return float               傳回得分
 */
float Initializer::CheckFundamental(const cv::Mat &F21, vector<bool>
&vbMatchesInliers, float sigma)
{
    // 獲取匹配的特徵點對數目
    const int N = mvMatches12.size();

    // Step 1：提取基礎矩陣中的元素資料
    // f11、f12、f13、f21、f22、f23、f31、f32、f33
    // ……

    // 預分配空間
    vbMatchesInliers.resize(N);
    // 設定評分初值 ( 因為後面需要累計這個數值 )
    float score = 0;
    // 以卡方檢定計算出為基礎的設定值，自由度為 1 的卡方分佈在顯著性水準為 0.05 時對應的臨界
    // 設定值
    const float th = 3.841;
    // 自由度為 2 的卡方分佈在顯著性水準為 0.05 時對應的臨界設定值
    const float thScore = 5.991;
    // 資訊矩陣或協方差矩陣的反矩陣
    const float invSigmaSquare = 1.0/(sigma*sigma);

    // Step 2：計算 img1 和 img2 在估計 F 時的得分
    for(int i=0; i<N; i++)
    {
```

```
// 預設為這對特徵點是內點
bool bIn = true;
// Step 2.1 提取參考畫面格和當前畫面格之間的特徵匹配點對
const cv::KeyPoint &kp1 = mvKeys1[mvMatches12[i].first];
const cv::KeyPoint &kp2 = mvKeys2[mvMatches12[i].second];
// 提取出特徵點的座標
const float u1 = kp1.pt.x;
const float v1 = kp1.pt.y;
const float u2 = kp2.pt.x;
const float v2 = kp2.pt.y;
// Step 2.2 計算 img1 上的點在 img2 上投影得到的極線 l2 = F21 * p1 = (a2,b2,c2)
const float a2 = f11*u1+f12*v1+f13;
const float b2 = f21*u1+f22*v1+f23;
const float c2 = f31*u1+f32*v1+f33;
// Step 2.3 計算誤差 e = (a * p2.x + b * p2.y + c) / sqrt(a * a + b * b)
const float num2 = a2*u2+b2*v2+c2;
const float squareDist1 = num2*num2/(a2*a2+b2*b2);
// 帶權重誤差
const float chiSquare1 = squareDist1*invSigmaSquare;
// Step 2.4 若誤差大於設定值，就說明這個點是外點
if(chiSquare1>th)
    bIn = false;
else
    // 誤差越大，得分越低
    score += thScore - chiSquare1;

// 計算 img2 上的點在 img1 上投影得到的極線 l1= p2' * F21 = (a1,b1,c1)
// ......

// Step 2.5 保存結果
if(bIn)
    vbMatchesInliers[i]=true;
else
    vbMatchesInliers[i]=false;
}
// 傳回評分
return score;
}
```

最終選擇所有迭代中得分最高的一組對應的基礎矩陣作為最終的解。

10.2.3 特徵點對三角化

師兄：我們可以透過前面得到的基礎矩陣或單應矩陣求解出位姿（不再介紹）。利用匹配點對和位姿就可以三角化得到三維點。下面推導具體過程。

記 P_1, P_2 分別是第 1、2 畫面格對應的投影矩陣，它們將同一個空間點 $X(X, Y, Z)$ 投影到影像上，對應特徵匹配對 x_1、x_2，λ 表示係數，則上述過程可以表示如下：

$$x_1 = \lambda P_1 X$$
$$x_2 = \lambda P_2 X$$

(10-34)

兩個運算式類似，我們以一個通用方程式來描述：

$$\begin{bmatrix} x \\ y \\ 1 \end{bmatrix} = \lambda \begin{bmatrix} p_1 & p_2 & p_3 & p_4 \\ p_5 & p_6 & p_7 & p_8 \\ p_9 & p_{10} & p_{11} & p_{12} \end{bmatrix} \begin{bmatrix} X \\ Y \\ Z \\ 1 \end{bmatrix}$$

(10-35)

為方便推導，簡單記為

$$\begin{bmatrix} x \\ y \\ 1 \end{bmatrix} = \lambda \begin{bmatrix} - & P_0 & - \\ - & P_1 & - \\ - & P_2 & - \end{bmatrix} \begin{bmatrix} X \\ Y \\ Z \\ 1 \end{bmatrix}$$

(10-36)

式中，$\begin{bmatrix} - & P_i & - \end{bmatrix}$ 表示 P 矩陣的第 i 行。為了將上式轉化為齊次方程式，左右兩邊同時叉乘，得到

$$\begin{bmatrix} x \\ y \\ 1 \end{bmatrix} \times \begin{bmatrix} x \\ y \\ 1 \end{bmatrix} = \begin{bmatrix} x \\ y \\ 1 \end{bmatrix} \times \lambda \begin{bmatrix} - & P_0 & - \\ - & P_1 & - \\ - & P_2 & - \end{bmatrix} \begin{bmatrix} X \\ Y \\ Z \\ 1 \end{bmatrix}$$

(10-37)

此時等式左邊變成零向量，等式左右調換得到

$$\begin{bmatrix} x \\ y \\ 1 \end{bmatrix} \times \begin{bmatrix} - & P_0 & - \\ - & P_1 & - \\ - & P_2 & - \end{bmatrix} \begin{bmatrix} X \\ Y \\ Z \\ 1 \end{bmatrix} = \begin{bmatrix} 0 \\ 0 \\ 0 \end{bmatrix}$$

(10-38)

向量叉乘轉化為反對稱矩陣，得到

$$\begin{bmatrix} 0 & -1 & y \\ 1 & 0 & -x \\ -y & x & 0 \end{bmatrix} \begin{bmatrix} - & P_0 & - \\ - & P_1 & - \\ - & P_2 & - \end{bmatrix} \begin{bmatrix} X \\ Y \\ Z \\ 1 \end{bmatrix} = \begin{bmatrix} 0 \\ 0 \\ 0 \end{bmatrix} \tag{10-39}$$

繼續整理得到

$$\begin{bmatrix} yP_2 - P_1 \\ P_0 - xP_2 \\ xP_1 - yP_0 \end{bmatrix} \begin{bmatrix} X \\ Y \\ Z \\ 1 \end{bmatrix} = \begin{bmatrix} 0 \\ 0 \\ 0 \end{bmatrix} \tag{10-40}$$

由於最左側矩陣第 3 行和前兩行是線性相關的,因此只保留線性無關的前兩行作為約束。

我們用 p 表示待求的三維點,P_j^i 表示第 i 個投影矩陣的第 j 行,那麼一對匹配點可以提供 4 個約束方程式

$$\begin{bmatrix} y_1 P_2^1 - P_1^1 \\ P_0^1 - x_1 P_2^1 \\ y_2 P_2^2 - P_1^2 \\ P_0^2 - x_2 P_2^2 \end{bmatrix} p = \begin{bmatrix} 0 \\ 0 \\ 0 \\ 0 \end{bmatrix} \tag{10-41}$$

等式左邊第 1 個矩陣用 A 表示,則有

$$Ap = 0 \tag{10-42}$$

和前面一樣,我們用 SVD 求解,右奇異矩陣的最後一列就是最終的解,也就是三角化得到的三維點座標。

這部分程式實作如下。

```
/**
 * @brief 給定投影矩陣和影像上的匹配特徵點進行三角化,得到三維點座標
 *
 * @param[in] kp1          參考畫面格中的特徵點
 * @param[in] kp2          當前畫面格中的特徵點
 * @param[in] P1           投影矩陣 P1
 * @param[in] P2           投影矩陣 P2
```

```
 * @param[in & out] x3D   計算的三維點
 */
void Initializer::Triangulate(const cv::KeyPoint &kp1, const cv::KeyPoint &kp2,
    const cv::Mat &P1, const cv::Mat &P2, cv::Mat &x3D)
{
    // 定義 4×4 的矩陣 A
    cv::Mat A(4,4,CV_32F);
    // 構造矩陣 A 的元素,對應公式 41
    A.row(0) = kp1.pt.x*P1.row(2)-P1.row(0);
    A.row(1) = kp1.pt.y*P1.row(2)-P1.row(1);
    A.row(2) = kp2.pt.x*P2.row(2)-P2.row(0);
    A.row(3) = kp2.pt.y*P2.row(2)-P2.row(1);
    // 儲存奇異值分解結果的變數,分別為左奇異矩陣、對角矩陣、右奇異矩陣的轉置
    cv::Mat u,w,vt;
    // 對矩陣 A 進行奇異值分解
    cv::SVD::compute(A,w,u,vt,cv::SVD::MODIFY_A| cv::SVD::FULL_UV);
    // 右奇異矩陣轉置的最後一行就是待求的解,結果轉置轉化為列向量
    x3D = vt.row(3).t();
    // 座標齊次化
    x3D = x3D.rowRange(0,3)/x3D.at<float>(3);
}
```

10.2.4 檢驗三角化結果

師兄:我們雖然透過三角化成功獲得了三維點,但是這些三維點並不都是有效的,需要進行嚴格的篩查才能作為初始化地圖點。我們透過判斷有效三維點的數目來判斷當前位姿是否符合要求。

為方便描述,我們把第 1、2 畫面格影像稱為第 1、2 個相機。如圖 10-2 所示,我們把相機 1 的光軸中心作為世界座標系原點,從相機 1 到相機 2 的位姿記為

$$T_{21} = \begin{bmatrix} R_{21} & t_{21} \\ O & 1 \end{bmatrix} \tag{10-43}$$

那麼反過來,從相機 2 到相機 1 的位姿為

$$T_{12} = T_{21}^{-1} = \begin{bmatrix} R_{21}^{\top} & -R_{21}^{\top}t_{21} \\ O & 1 \end{bmatrix} \tag{10-44}$$

則有

$$R_{12} = R_{21}^{\top}$$
$$t_{12} = -R_{21}^{\top}t_{21} \tag{10-45}$$

所以相機 2 的光軸中心 O_2 在相機 1 座標系下的座標為 $O_2 = t_{12} = -R_{21}^{\top} t_{21}$。

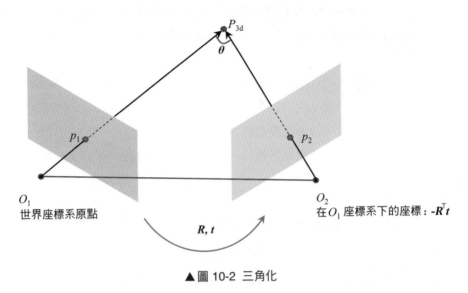

▲圖 10-2 三角化

小白：為什麼要計算相機 2 的光軸中心 O_2 在相機 1 座標系下的座標呢？

師兄：是為了求解三維點分別在兩個座標系下和光軸中心的夾角。如果我們要求向量夾角，那麼前提是這些向量都在同一個座標系下。我們看相機 1 座標系，此時 O_1 是相機 1 的光軸中心，也是相機 1 座標系原點，P_{3d} 是相機 1 座標系（世界座標系）下的三維點，這就必須得到 O_2 在相機 1 座標系下的座標，也就是我們前面推導的過程。

小白：原來如此，實際上就是把座標都統一到相機 1 座標系下，方便計算。那計算這個夾角有什麼用呢？

師兄：計算夾角是為了判斷三維點的有效性，我們後面會解釋。因為初始化地圖點（三角化得到的三維點）特別重要，後續追蹤都是以此為基礎的，所以在確定三維點時要非常小心。確定一個合格的三維點需要透過以下關卡。

- 第 1 關：三維點的 3 個座標都必須是有限的實數。
- 第 2 關：三維點深度值必須為正。
- 第 3 關：三維點和兩畫面格影像光軸中心夾角需要滿足一定的條件。夾角越大，視差越大，三角化結果越準確。
- 第 4 關：三維點的重投影誤差小於設定的設定值。

　　經過以上層層關卡，最後剩下的三維點才是合格的三維點。我們會記錄當前位姿對應的合格三維點數目和視差。位姿可能有多組解，到底哪個才是真正的解呢？方法是實作出真知。每種可能的解都需要重複計算一次，最終根據如下條件選擇最佳的解。

- 條件 1：最優解成功三角化點數目明顯大於次優解的點數目。
- 條件 2：最優解的視差大於設定點設定值。
- 條件 3：最優解成功三角化點數目大於設定的設定值。
- 條件 4：最優解成功三角化點數目占所有特徵點數目的 90% 以上。

　　這部分程式如下。

```
/**
 * @brief 用位姿來對特徵匹配點三角化，從中篩選中合格的三維點
 *
 * @param[in]  R                     旋轉矩陣 R
 * @param[in]  t                     平移矩陣 t
 * @param[in]  vKeys1                參考畫面格特徵點
 * @param[in]  vKeys2                當前畫面格特徵點
 * @param[in]  vMatches12            兩畫面格特徵點的匹配關係
 * @param[in]  vbMatchesInliers      特徵點對內點標記
 * @param[in]  K                     相機本身參數矩陣
 * @param[in & out] vP3D             三角化測量之後的特徵點的空間座標
 * @param[in]  th2                   重投影誤差的設定值
 * @param[in & out] vbGood           標記成功三角化點
 * @param[in & out] parallax         計算出來的比較大的視差角
 * @return int
 */
int Initializer::CheckRT(const cv::Mat &R, const cv::Mat &t,
const vector<cv::KeyPoint> &vKeys1, const vector<cv::KeyPoint> &vKeys2,
const vector<Match> &vMatches12, vector<bool> &vbMatchesInliers,
const cv::Mat &K, vector<cv::Point3f> &vP3D, float th2, vector<bool> &vbGood,
float &parallax)
{
    // 從本身參數數矩陣中獲取相機的焦距和主點座標 fx、fy、cx、cy
    // ......
    // 特徵點是否合格的標記
    vbGood = vector<bool>(vKeys1.size(),false);
    // 儲存三維點的向量
    vP3D.resize(vKeys1.size());
    // 儲存計算出來的每對特徵點的視差
    vector<float> vCosParallax;
    vCosParallax.reserve(vKeys1.size());

    // Step 1：計算相機的投影矩陣
```

```cpp
// 投影矩陣 P 是一個 3×4 的矩陣，可以將空間中的一個點投影到平面上，
// 獲得其平面座標，這裡均指齊次座標。
// 第一個相機是 P1=K*[I|0]。以第一個相機的光心作為世界座標系原點，定義相機的投影矩陣
cv::Mat P1(3,4,                    // 矩陣的大小是 3×4
           CV_32F,                 // 資料型態是浮點數
           cv::Scalar(0));         // 初始的數值是 0
// 將整個 K 矩陣複製到 P1 矩陣的左側對應的 3×3 矩陣，因為 K*I = K
K.copyTo(P1.rowRange(0,3).colRange(0,3));
// 將第一個相機的光心設定為世界座標系下的原點
cv::Mat O1 = cv::Mat::zeros(3,1,CV_32F);
// 計算第二個相機的投影矩陣 P2=K*[R|t]
cv::Mat P2(3,4,CV_32F);
R.copyTo(P2.rowRange(0,3).colRange(0,3));
t.copyTo(P2.rowRange(0,3).col(3));
P2 = K*P2;
// 第二個相機的光心在世界座標系下的座標
cv::Mat O2 = -R.t()*t;
// 在遍歷開始前，先將合格點計數清零
int nGood=0;
// 開始遍歷所有的特徵點對
for(size_t i=0, iend=vMatches12.size();i<iend;i++)
{
// 跳過外點
    if(!vbMatchesInliers[i])
        continue;

    // Step 2：獲取特徵點對並進行三角化，得到三維點座標
    // kp1 和 kp2 是匹配好的有效特徵點
    const cv::KeyPoint &kp1 = vKeys1[vMatches12[i].first];
    const cv::KeyPoint &kp2 = vKeys2[vMatches12[i].second];
    // 儲存三維點的座標
    cv::Mat p3dC1;
    // 三角化
    Triangulate(kp1,kp2,        // 特徵點
                P1,P2,          // 投影矩陣
                p3dC1);         // 輸出，三角化得到的三維點座標

    // Step 3：第一關，檢查三角化的三維點座標是否合法（非無窮值）
    // 只要三角化測量的結果中有一個值是無限大的，就說明三角化失敗，跳過對當前點的處理，
    // 進行下一對對特徵點的遍歷
    if(!isfinite(p3dC1.at<float>(0)) || !isfinite(p3dC1.at<float>(1)) ||
!isfinite(p3dC1.at<float>(2)))
    {
        vbGood[vMatches12[i].first]=false;
        continue;
    }

    // Step 4：第二關，透過三維點深度值正負、兩相機光心視差角大小來檢查三維點是否合格
```

```
        // 構造向量 PO1
        cv::Mat normal1 = p3dC1 - O1;
        // 求取餘長
        float dist1 = cv::norm(normal1);
        // 構造向量 PO2

        cv::Mat normal2 = p3dC1 - O2;
        float dist2 = cv::norm(normal2);
        // 計算向量 PO1 和 PO2 的夾角餘弦值，參考餘弦公式 ab=|a||b|cos_theta
        float cosParallax = normal1.dot(normal2)/(dist1*dist2);
        // 如果深度值為負值，則為非法三維點，跳過該匹配點對
        if(p3dC1.at<float>(2)<=0 && cosParallax<0.99998)
        continue;
        // 用位姿將相機 1 座標系下的三維點變換到相機 2 座標系下
        cv::Mat p3dC2 = R*p3dC1+t;
        // 判斷深度值和視差是否合格，和前面相同
        if(p3dC2.at<float>(2)<=0 && cosParallax<0.99998)
        continue;

        // Step 5：第三關，計算空間點在參考畫面格和當前畫面格上的重投影誤差，如果大於設定值，
        // 則捨棄
        // 計算三維點在第一個影像上的投影誤差
        float im1x, im1y;
        float invZ1 = 1.0/p3dC1.at<float>(2);
        // 投影到參考畫面格 ( 相機 1，和世界座標系重合 ) 影像上
        im1x = fx*p3dC1.at<float>(0)*invZ1+cx;
        im1y = fy*p3dC1.at<float>(1)*invZ1+cy;
        // 計算重投影誤差
        float squareError1 = (im1x-kp1.pt.x)*(im1x-kp1.pt.x)+(im1y-kp1.pt.y)*
(im1y-kp1.pt.y);
        // 如果重投影誤差太大，則認為當前三維點不合格，放棄，繼續下一次迴圈
        if(squareError1>th2)
        continue;
        // 計算三維點在第二個影像上的投影誤差，過程和前面相同
        // ......

        // Step 6：統計經過檢驗的三維點個數，記錄視差角
        vCosParallax.push_back(cosParallax);
        // 儲存這個三維點在世界座標系下的座標
        vP3D[vMatches12[i].first] = cv::Point3f(p3dC1.at<float>(0),
p3dC1.at<float>(1),p3dC1.at<float>(2));
        nGood++;
        // 將大於視差角設定值的三維點記錄為合格點
        if(cosParallax<0.99998)
            vbGood[vMatches12[i].first]=true;
    }
```

```
// Step 7：得到三維點中較大的視差角，並且轉換成角度制表示
if(nGood>0)
{
    // 從小到大排序，注意 vCosParallax 值越大，視差越小
    sort(vCosParallax.begin(),vCosParallax.end());
    // 排序後並沒有取最小的視差角，而是取了一個較小的視差角
    // 這裡的做法：如果經過檢驗後的有效三維點小於 50 個，
    // 那麼就取最後那個最小的視差角（餘弦值最大）
    // 如果有效三維點大於 50 個，就取排名第 50 個較小的視差角即可，
    // 這是為了避免三維點太多時出現太小的視差角

    size_t idx = min(50,int(vCosParallax.size()-1));
    // 將這個選中的角由弧度制轉換為角度制
    parallax = acos(vCosParallax[idx])*180/CV_PI;
}
else
    // 如果沒有合格點，視差角就直接設定為 0
    parallax=0;
// 傳回合格點數目
return nGood;
}
```

10.3 雙目模式地圖初始化

師兄：單目初始化地圖點比較複雜，而雙目實現地圖的初始化非常簡單，只需要一畫面格（左右目影像）即可完成初始化。

雙目立體匹配步驟如下。

第 1 步，行特徵點統計。考慮用影像金字塔尺度作為偏移量，在當前點上下正負偏移量（圖 10-3 中的 r）內的垂直座標值都認為是匹配點可能存在的行數。這樣左圖中一個特徵點對應右圖的候選特徵點可能存在於多行中，而非唯一的一行。之所以這樣做，是因為極線矯正後仍然存在一定的誤差，透過這種方式可以避免漏匹配。在圖 10-3 中，對於左圖中極線上的投影像素點，在右圖中搜尋的垂直座標範圍是 $\text{min}r \sim \text{max}r$。

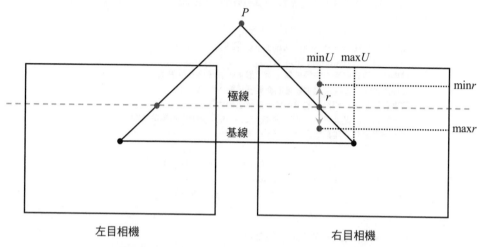

▲ 圖 10-3 左圖中的點在右圖中對應點的上下偏移量

第 2 步,粗匹配。圖 10-3 中左圖中的特徵點與右圖中的候選匹配點進行一個一個比較,得到描述子距離最小的點作為最佳的粗匹配點。這裡搜尋時有一個技巧,不用搜尋整行像素的水平座標,根據三維點的距離範圍可以將水平座標搜尋範圍限制在 $minU \sim maxU$。在圖 10-3 中,$maxU$ 對應的是三維點位於無窮遠處,視差為 0 時的水平座標;而 $minU$ 對應的是三維點位於最近距離(這裡假設是相機的基準線距離)時的水平座標。

第 3 步,在粗匹配的基礎上,在影像區塊滑動視窗內用差的絕對和(Sum of Absolute Differences,SAD)實現精確匹配。此時得到的匹配像素座標仍然是整數座標。如圖 10-4 所示,影像區塊本身的視窗大小是 $2w + 1$,滑動視窗範圍是 $-L \sim L$。

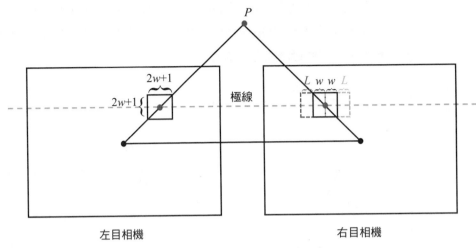

▲ 圖 10-4　影像區塊滑動視窗

第 4 步，在精確匹配的基礎上，用次像素插值得到最佳的次像素匹配座標。

第 5 步，根據最佳的次像素匹配座標計算視差，從而得到深度值。

第 6 步，判斷並刪除外點。

小白：次像素插值是什麼，有什麼用呢？

師兄：我們從相機得到的數字影像被離散化為像素的形式，每個像素對應的座標位置都是整數類型的。整數類型的座標在對準確度要求較高的應用領域會產生較大的誤差，比如影像對位、相機標定、影像拼接等，這時就需要使用浮點類型的座標實現更精確的位置表示。而次像素座標就是指座標誤差小於 1 個像素的浮點像素座標。

小白：那影像像素本身就是整數類型的，怎麼能得到次像素座標呢？

師兄：一般透過二次多項式插值來得到次像素座標。在 ORB-SLAM2 程式中，用次像素插值得到右圖中最佳的匹配點座標的原理如下。

如圖 10-5 所示，假設有 3 個已知的點 $P_1(x_2-1, y_1)$, $P_2(x_2, y_2)$, $P_3(x_2+1, y_3)$，其中 P_2 的水平座標 x_2 是上面第 3 步中得到的精確匹配結果，垂直座標 y_2 是用 SAD 匹配時的誤差。我們現在想要找到 P_2 點附近更準確的次像素座標，需要借助其相鄰的整數座標 $x_2 - 1$, $x_2 + 1$ 及其對應的 SAD 誤差 y_1, y_3 來進行二次多項式擬合。

我們把問題抽象化為一個數學問題,用 3 個已知的點 $P_1(x_2-1, y_1)$, $P_2(x_2, y_2)$, $P_3(x_2 + 1, y_3)$ 來擬合一個開口向上的拋物線,然後計算拋物線上垂直座標值最小的點對應的水平座標 x^*。我們最終需要的次像素偏移量是 $\Delta x = x^* - x_2$。

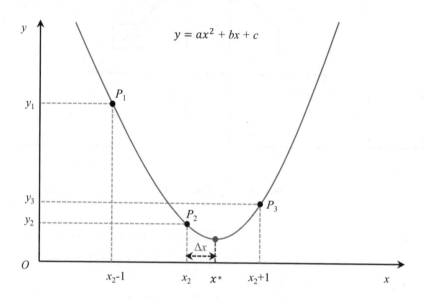

▲ 圖 10-5 求 3 個已知點所在的開口向上的拋物線的最低點對應的水平座標

下面來推導如何求解 Δx。假設拋物線方程式為 $y = ax^2 + bx + c$,然後將 P_1、P_2、P_3 3 個點的座標代入方程式,則有

$$y_1 = a(x_2 - 1)^2 + b(x_2 - 1) + c$$
$$y_2 = ax_2^2 + bx_2 + c \tag{10-46}$$
$$y_3 = a(x_2 + 1)^2 + b(x_2 + 1) + c$$

展開後,使用 $y_1 - y_2$ 和 $y_3 - y_2$ 消去 c,得到

$$y_1 - y_2 = a(-2x_2 + 1) - b$$
$$y_3 - y_2 = a(2x_2 + 1) + b \tag{10-47}$$

兩式相加消去 b,得到 a 的運算式:

$$y_1 + y_3 - 2y_2 = 2a \tag{10-48}$$

兩式相減得到

$$y_1 - y_3 = -4ax_2 - 2b \tag{10-49}$$

我們先不著急求出 b，先來看待求的目標：

$$\begin{aligned}
\Delta x &= x^* - x_2 \\
&= -\frac{b}{2a} - x_2 \\
&= \frac{-2b - 4ax_2}{4a} \\
&= \frac{y_1 - y_3}{2(y_1 + y_3 - 2y_2)}
\end{aligned} \tag{10-50}$$

式 (10-50) 中用到了式 (10-48)、(10-49) 的結果。這樣我們就獲得了次像素的偏移量 Δx。

雙目立體匹配過程的原始程式及註釋如下。

```
/*
 * 雙目影像稀疏立體匹配
 */
void Frame::ComputeStereoMatches()
{
    // mvuRight 儲存右圖匹配點索引，mvDepth 儲存特徵點的深度資訊
    mvuRight = vector<float>(N,-1.0f);
    mvDepth = vector<float>(N,-1.0f);
    // ORB 特徵相似度設定值
    const int thOrbDist = (ORBmatcher::TH_HIGH+ORBmatcher::TH_LOW)/2;
    // 金字塔底層（第 0 層）影像高度
    const int nRows = mpORBextractorLeft->mvImagePyramid[0].rows;
    // 二維 vector 儲存每一行的 ORB 特徵點的列座標的索引，例如
    // vRowIndices[0] = [1,2,5,8,11] 第 1 行有 5 個特徵點，
    // 它們的列號（x 座標）分別是 1,2,5,8,11
    // vRowIndices[1] = [2,6,7,9,13,17,20] 第 2 行有 7 個特徵點
    vector<vector<size_t> > vRowIndices(nRows, vector<size_t>());
    for(int i=0; i<nRows; i++) vRowIndices[i].reserve(200);
    // 右圖特徵點數量，N 表示數量，r 表示右圖，且不能被修改
    const int Nr = mvKeysRight.size();
    // Step 1：行特徵點統計。考慮用影像金字塔尺度作為偏移量，左圖中的一個特徵點對應右圖的候
    // 選特徵點可能存在於多行中，而非唯一的一行
```

```
for(int iR = 0; iR < Nr; iR++) {
    // 獲取特徵點 ir 的 y 座標，即行號
    const cv::KeyPoint &kp = mvKeysRight[iR];
    const float &kpY = kp.pt.y;
    // 計算特徵點 ir 在行方向上可能的偏移範圍 r，即可能的行號為 [kpY + r, kpY -r]
    // 2 表示在全尺寸 (scale = 1) 的情況下，假設有 2 個像素的偏移，
    // 隨著尺度的變化，r 也跟著變化
    const float r = 2.0f * mvScaleFactors[mvKeysRight[iR].octave];
    const int maxr = ceil(kpY + r);
    const int minr = floor(kpY - r);
    // 保證特徵點 ir 在可能的行號中
    for(int yi=minr;yi<=maxr;yi++)
        vRowIndices[yi].push_back(iR);
}
// 下面是粗匹配 + 精匹配的過程
// 對於立體矯正後的兩張影像，在列 (x) 方向上存在最大視差 maxd 和最小視差 mind
// 即左圖中的任意一點 p 在右圖中的匹配點的範圍應該是 [p - maxd, p - mind]，
// 而不需要遍歷每一行所有的像素
// maxd = baseline * length_focal / minZ
// mind = baseline * length_focal / maxZ
const float minZ = mb;
const float minD = 0;          // 最小視差為 0，對應無窮遠
const float maxD = mbf/minZ;    // 最大視差對應的距離是相機的基準線
// 保存 SAD 區塊匹配相似度和左圖特徵點索引
vector<pair<int, int> > vDistIdx;
vDistIdx.reserve(N);
// 為左圖中的每一個特徵點 il 在右圖中搜尋最相似的特徵點 ir
for(int iL=0; iL<N; iL++) {
    const cv::KeyPoint &kpL = mvKeys[iL];
    const int &levelL = kpL.octave;
    const float &vL = kpL.pt.y;
    const float &uL = kpL.pt.x;
    // 獲取左圖中的特徵點 il 所在的行，以及在右圖對應行中可能的匹配點
    const vector<size_t> &vCandidates = vRowIndices[vL];
    if(vCandidates.empty()) continue;
    // 計算理論上的最佳搜尋範圍
    const float minU = uL-maxD;
    const float maxU = uL-minD;
    // 最大搜尋範圍小於 0，說明無匹配點
    if(maxU<0) continue;
    // 初始化最佳相似度，用最大相似度及最佳匹配點索引
    int bestDist = ORBmatcher::TH_HIGH;
    size_t bestIdxR = 0;
    const cv::Mat &dL = mDescriptors.row(iL);

    // Step 2：粗匹配。將左圖中的特徵點 il 與右圖中的可能匹配點進行一個一個比較，
    // 得到最相似匹配點的描述子距離和索引
    for(size_t iC=0; iC<vCandidates.size(); iC++) {
```

```
            const size_t iR = vCandidates[iC];
            const cv::KeyPoint &kpR = mvKeysRight[iR];
            // 左圖中的特徵點 il 與待匹配點 ic 的空間尺度差超過 2，放棄
            if(kpR.octave<levelL-1 || kpR.octave>levelL+1)
                continue;
            const float &uR = kpR.pt.x;
            // 超出理論搜尋範圍 [minU, maxU]，可能是誤匹配，放棄
            if(uR >= minU && uR <= maxU) {
            // 計算匹配點 il 和待匹配點 ic 的描述子距離
            const cv::Mat &dR = mDescriptorsRight.row(iR);
            const int dist = ORBmatcher::DescriptorDistance(dL,dR);
            // 統計最小相似度及其對應的列座標 (x)
            if( dist<bestDist ) {
                bestDist = dist;
                bestIdxR = iR;
            }
        }
    }
}

    // Step 3：在影像區塊滑動視窗內用差的絕對和實作精確匹配
    if(bestDist<thOrbDist) {
        // 如果剛才匹配過程中的最佳描述子距離小於給定的設定值
        // 計算右圖特徵點的 x 座標和對應的金字塔尺度
        const float uR0 = mvKeysRight[bestIdxR].pt.x;
        const float scaleFactor = mvInvScaleFactors[kpL.octave];
        // 尺度縮放後的左右圖特徵點座標
        const float scaleduL = round(kpL.pt.x*scaleFactor);
        const float scaledvL = round(kpL.pt.y*scaleFactor);
        const float scaleduR0 = round(uR0*scaleFactor);
        // 滑動視窗搜尋，類似範本卷積或濾波，w 表示 SAD 相似度的視窗半徑
        const int w = 5;
        // 提取左圖中以特徵點 (scaleduL,scaledvL) 為中心，半徑為 w 的影像區塊
        cv::Mat IL = mpORBextractorLeft->mvImagePyramid[kpL.octave].
rowRange(scaledvL-w,scaledvL+w+1).colRange(scaleduL-w,scaleduL+w+1);
        IL.convertTo(IL,CV_32F);
        // 影像區塊均值歸一化，降低亮度變化對相似度計算的影響
        IL = IL - IL.at<float>(w,w) *
cv::Mat::ones(IL.rows,IL.cols,CV_32F);
        // 初始化最佳相似度
        int bestDist = INT_MAX;
        // 透過滑動視窗搜尋最佳化，得到列座標偏移量
        int bestincR = 0;
        // 滑動視窗的滑動範圍為 (-L, L)
        const int L = 5;
        // 初始化儲存影像區塊相似度
        vector<float> vDists;
        vDists.resize(2*L+1);
        // 計算滑動視窗滑動範圍的邊界，因為是區塊匹配，所以還要算上影像區塊的尺寸
```

```
        // 列方向起點 iniu = r0 - 最大視窗滑動範圍 - 影像區塊尺寸
        // 列方向終點 eniu = r0 + 最大視窗滑動範圍 + 影像區塊尺寸 + 1
        // 此次 +1 和下面提取影像區塊時列座標 +1 是一樣的,
        // 保證提取的影像區塊的寬是 2 * w + 1
        // 注意:原始程式為 const float iniu = scaleduR0+L-w,是錯誤的
        // scaleduR0:右圖特徵點的 x 座標
        const float iniu = scaleduR0-L-w;
        const float endu = scaleduR0+L+w+1;
        // 判斷搜尋是否越界
        if(iniu<0 || endu >= mpORBextractorRight-> mvImagePyramid[kpL.
            octave].cols)
            continue;
        // 在搜尋範圍內從左到右滑動,並計算影像區塊相似度
        for(int incR=-L; incR<=+L; incR++) {
            // 提取右圖中以特徵點 (scaleduL,scaledvL) 為中心、半徑為 w 的影像快 patch
            cv::Mat IR = mpORBextractorRight->mvImagePyramid[kpL.octave].
rowRange(scaledvL-w,scaledvL+w+1).colRange(scaleduR0+incR-w,
scaleduR0+incR+w+1);
            IR.convertTo(IR,CV_32F);
            // 影像區塊均值歸一化,降低亮度變化對相似度計算的影響
            IR = IR - IR.at<float>(w,w) *
cv::Mat::ones(IR.rows,IR.cols,CV_32F);
            // SAD 計算,值越小越相似
            float dist = cv::norm(IL,IR,cv::NORM_L1);
            // 統計最小 SAD 和偏移量
            if(dist<bestDist) {
                bestDist = dist;
                bestincR = incR;
            }
            //L+incR 為 refine 後的匹配點列 (x) 座標
            vDists[L+incR] = dist;
        }
        // 搜尋視窗越界判斷
        if(bestincR==-L || bestincR==L)
            continue;

        // Step 4:次像素插值,使用最佳匹配點及其左右相鄰點
        // 組成拋物線來得到最小 SAD 的次像素座標
        const float dist1 = vDists[L+bestincR-1];
        const float dist2 = vDists[L+bestincR];
        const float dist3 = vDists[L+bestincR+1];
        const float deltaR = (dist1-dist3)/(2.0f*(dist1+dist3-2.0f*dist2));
        // 次像素準確度的偏移量應該在 [-1,1] 之間,否則就是誤匹配
        if(deltaR<-1 || deltaR>1)
        continue;
        // 根據次像素準確度偏移量 delta 調整最佳匹配索引
        float bestuR = mvScaleFactors[kpL.octave]*((float)scaleduR0+
(float)bestincR+deltaR);
        float disparity = (uL-bestuR);
```

```
        if(disparity>=minD && disparity<maxD) {
            // 如果存在負視差,則約束為 0.01
            if( disparity <=0 ) {
                disparity=0.01;
                bestuR = uL-0.01;
            }
            // 根據視差值計算深度資訊,保存最相似點的列 (x) 座標資訊
            // Step 5:最優視差值 / 深度選擇
            mvDepth[iL]=mbf/disparity;
            mvuRight[iL] = bestuR;
            vDistIdx.push_back(pair<int,int>(bestDist,iL));
        }
    }
}    // Step 6:刪除離群點
// 區塊匹配相似度設定值判斷,歸一化 SAD 最小並不代表就一定是匹配的,
// 比如光源變化、弱紋理、無紋理等問題同樣會造成誤匹配
// 誤匹配判斷條件 norm_sad > 1.5 * 1.4 * median
sort(vDistIdx.begin(),vDistIdx.end());
const float median = vDistIdx[vDistIdx.size()/2].first;
const float thDist = 1.5f*1.4f*median;
for(int i=vDistIdx.size()-1;i>=0;i--){
    if(vDistIdx[i].first<thDist)
        break;
    else {
        // 誤匹配點置為 -1,和初始化時保持一致
        mvuRight[vDistIdx[i].second]=-1;
        mvDepth[vDistIdx[i].second]=-1;
    }
}
}
```

第 *11* 章
ORB-SLAM2 中的追蹤執行緒

師兄：SLAM 中的追蹤執行緒是最重要的模組之一。為了保證可靠、穩定地追蹤，並且能夠在追蹤遺失後重新定位，ORB-SLAM2 設計了一整套追蹤方法，如圖 11-1 所示。其中，綠色虛線框內表示僅定位模式追蹤，其他部分為 SLAM 模式，也是我們後續主要討論的模式。

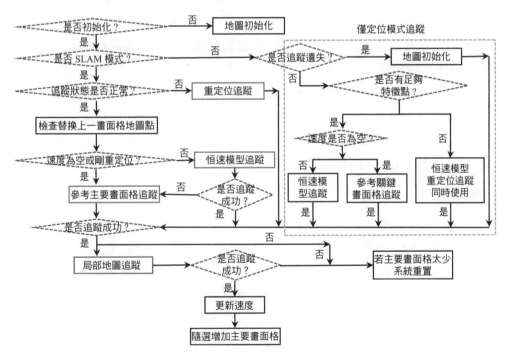

▲圖 11-1 ORB-SLAM2 中追蹤執行緒的整個流程

ORB-SLAM2 中的追蹤執行緒主要分為兩個階段，第一個階段包括 3 種追蹤方式── 參考主要畫面格追蹤、恒速模型追蹤和重定位追蹤（見圖 11-1 中的藍色方框），它們的目的是保證能夠「跟得上」，但估計出來的位姿可能沒那麼準確。第二個階段是局部地圖追蹤（見圖 11-1 中的紅色方框），它將當前畫面格的局部主要畫面格對應的局部地圖點投影到該畫面格中，得到更多的特徵點匹配關係，對第一階段的位姿再次進行最佳化，得到相對準確的位姿。

　　小白：師兄，有這麼多種追蹤方式，到底什麼時候該用哪種呢？

　　師兄：這就需要深刻了解每種追蹤方式的應用背景了。下面我們一個一個分析，先看參考主要畫面格追蹤。

11.1　參考主要畫面格

11.1.1　背景及原理

　　師兄：追蹤執行緒是 SLAM 中最重要的模組之一，我們不僅要知道每個模組的原理，也要了解在什麼情況下使用、怎麼用。簡單來說，參考主要畫面格追蹤就是將當前普通畫面格（位姿未知）和它對應的參考主要畫面格（位姿已知）進行特徵匹配及最佳化，從而估計當前普通畫面格的位姿。

　　小白：在什麼情況下使用參考主要畫面格追蹤呢？

　　師兄：在地圖初始化之後，把參與初始化的第 1、2 畫面格都作為主要畫面格。當第 3 畫面格進來之後，使用的第一種追蹤方式就是參考主要畫面格追蹤。這裡總結了參考主要畫面格追蹤的應用場景和具體流程。

1. 應用場景

　　參考主要畫面格追蹤的應用場景如下。

　　（1）情況 1。地圖剛剛初始化之後，此時恒速模型中的速度為空。這時只能使用參考主要畫面格，也就是初始化的第 1、2 畫面格對當前畫面格進行追蹤。

　　（2）情況 2。恒速模型追蹤失敗後，嘗試用最近的參考主要畫面格追蹤當前普通畫面格。因為在恒速模型中估計的速度並不準確，可能會導致錯誤匹配，並且恒速模型只利用了前一畫面格的資訊，資訊量也有限，追蹤失敗的可能性較大。而參考主要畫面格可能在局部地圖建構執行緒中新匹配了更多的地圖點，並且參考主要畫面格的位姿是經過多次最佳化的，更準確。

2. 具體流程

第 1 步，將當前普通畫面格的描述子轉化為詞袋向量。

第 2 步，如圖 11-2 所示，透過詞袋加快當前普通畫面格和參考主要畫面格之間的特徵點匹配。使用前面講過的特徵匹配函式 SearchByBoW()，之所以能夠加速，是因為它只對屬於同一節點的特徵點進行匹配，大大縮小了匹配範圍，提高了匹配成功率。記錄特徵匹配成功後當前畫面格每個特徵點對應的地圖點（來自參考主要畫面格），用於後續進一步的 3D-2D 投影最佳化位姿。

第 3 步，將上一畫面格的位姿作為當前畫面格位姿的初值（可以加速收斂），透過最佳化 3D-2D 的重投影誤差獲得準確位姿。三維地圖點來自第 2 步匹配成功的參考畫面格，二維特徵點來自當前普通畫面格，BA 最佳化僅最佳化位姿，不最佳化地圖點座標。最佳化函式具體見第 14 章內容。

第 4 步，剔除最佳化後的匹配點中的外點。

如果最終成功匹配的地圖點數目超過設定值，則認為成功追蹤，否則認為追蹤失敗。

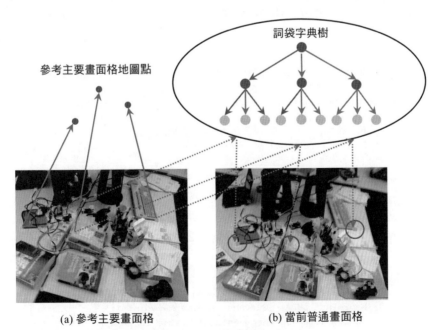

(a) 參考主要畫面格　　　　(b) 當前普通畫面格

▲ 圖 11-2 參考主要畫面格追蹤

11.1.2 原始程式解析

以下是用參考主要畫面格的地圖點對當前普通畫面格進行追蹤的具體程式。

```
/*
 * @brief 用參考主要畫面格的地圖點對當前普通畫面格進行追蹤
 *
 * Step 1：將當前普通畫面格的描述子轉化為詞袋向量
 * Step 2：透過詞袋加快當前普通畫面格與參考主要畫面格之間的特徵點匹配
 * Step 3：將上一畫面格的位姿作為當前普通畫面格位姿的初值
 * Step 4：透過最佳化 3D-2D 的重投影誤差來獲得準確位姿
 * Step 5：剔除最佳化後的匹配點中的外點
 * @return 如果匹配地圖點數目超過 10，則傳回 true
 */
bool Tracking::TrackReferenceKeyFrame()
{
    // Step 1：將當前普通畫面格的描述子轉化為詞袋向量
    mCurrentFrame.ComputeBoW();
    ORBmatcher matcher(0.7,true);
    vector<MapPoint*> vpMapPointMatches;

    // Step 2：透過詞袋加快當前普通畫面格與參考主要畫面格之間的特徵點匹配
    int nmatches = matcher.SearchByBoW(
        mpReferenceKF,              // 參考主要畫面格
        mCurrentFrame,             // 當前普通畫面格
        vpMapPointMatches);        // 儲存匹配關係
    // 若匹配地圖點數目小於 15，則認為追蹤失敗
    if(nmatches<15)
        return false;

    // Step 3：將上一畫面格的位姿作為當前普通畫面格位姿的初值，可以加速 BA 收斂
    mCurrentFrame.mvpMapPoints = vpMapPointMatches;
    mCurrentFrame.SetPose(mLastFrame.mTcw);

    // Step 4：透過最佳化 3D-2D 的重投影誤差來獲得準確位姿
    Optimizer::PoseOptimization(&mCurrentFrame);

    // Step 5：剔除最佳化後的匹配點中的外點，因為在最佳化的過程中對這些外點進行了標記
    int nmatchesMap = 0;
    for(int i =0; i<mCurrentFrame.N; i++)
    {
        if(mCurrentFrame.mvpMapPoints[i])
        {
            if(mCurrentFrame.mvbOutlier[i])
            {
                // 如果最佳化後判斷某個地圖點是外點，則清除它的所有關係
                MapPoint* pMP = mCurrentFrame.mvpMapPoints[i];
                mCurrentFrame.mvpMapPoints[i]=static_cast<MapPoint*>(NULL);
```

```
                mCurrentFrame.mvbOutlier[i]=false;
                pMP->mbTrackInView = false;
                pMP->mnLastFrameSeen = mCurrentFrame.mnId;
                nmatches--;
            }
            else if(mCurrentFrame.mvpMapPoints[i]->Observations()>0)
                // 累加成功匹配到的地圖點數目
                nmatchesMap++;
        }
    }
    // 追蹤成功的地圖點數目超過 10 才認為追蹤成功，否則認為追蹤失敗
    return nmatchesMap>=10;
}
```

11.2　恒速模型追蹤

小白：什麼是恒速模型追蹤呢？

師兄：兩個影像畫面格之間一般只有幾十毫秒的時間，在這麼短的時間內，可以做合理的假設——在相鄰畫面格間極短的時間內，相機處於勻速運動狀態，可以用上一畫面格的位姿和速度估計當前畫面格的位姿。所以稱為恒速模型追蹤。

小白：有了參考主要畫面格追蹤，為什麼還要用恒速模型追蹤呢？

師兄：地圖剛剛初始化後，用參考主要畫面格追蹤是因為「被逼無奈」，此時沒有速度資訊，只能用詞袋匹配估計一個粗糙的位姿，再非線性最佳化該位姿。使用參考主要畫面格追蹤成功後，就有了速度資訊，此時我們就不需要再用比較複雜的參考主要畫面格追蹤了，直接用恒速模型追蹤估計位姿更簡單、更快，這對即時性要求較高的 SLAM 系統來說很有意義。

11.2.1　更新上一畫面格的位姿並建立臨時地圖點

師兄：恒速模型追蹤屬於追蹤模型的第一個階段，大部分時間都用恒速模型追蹤。地圖初始化後，首先使用的是參考主要畫面格追蹤，在追蹤成功後，第一次獲得了速度 V：

$$V = T_{cl} = T_{cw}T_{wl} \tag{11-1}$$

式中，c 表示 current，也就是當前普通畫面格；l 表示 last，也就是上一畫面格；w 表示 world，也就是世界座標系。當新的一畫面格進入時，假設位姿是勻速變

化的，也就是說上一畫面格到當前最新畫面格之間的位姿變換和上上畫面格到上一畫面格的位姿變換相同，因此可以估計出當前畫面格在世界座標系下的位姿：

$$T_{\mathrm{cw}} = V T_{\mathrm{lw}} \tag{11-2}$$

這就是恒速模型追蹤中速度的來源和使用方法。

　　小白：聽起來非常簡單，不過我注意到程式中剛開始先使用 UpdateLastFrame() 更新上一畫面格的位姿，裡面用到了參考主要畫面格資訊，為什麼不直接使用上一畫面格的位姿呢？

　　師兄：我們先來看單目的情況，在 UpdateLastFrame() 函式中實際上進行了如下操作

$$T_{\mathrm{lw}} = T_{\mathrm{lr}} T_{\mathrm{rw}} \tag{11-3}$$

式中，r 表示 reference，也就是上一畫面格對應的參考主要畫面格。

　　你剛才問的問題很好，上一畫面格追蹤成功後，明明已經獲得了 T_{lw}，為什麼還要迂迴地利用參考主要畫面格更新 T_{lw} 呢？這是因為普通畫面格如果沒有被選為主要畫面格，那麼是「用完即拋」的。而主要畫面格不一樣，它會被傳遞到局部地圖建構執行緒中進一步最佳化，不僅會最佳化它的位姿，也可能會增加、刪減、最佳化它對應的地圖點，所以主要畫面格的位姿是一直在更新的，並且是比較準確的。而上面透過繞道上一畫面格對應的參考主要畫面格更新它的位姿，相當於把主要畫面格更新的資訊也傳遞到上一畫面格，這樣能夠保證上一畫面格的位姿是最新、最準確的。

　　圖 11-3 所示為恒速模型的位姿更新過程。上一畫面格 F_{last} 的位姿是透過其對應的參考主要畫面格 F_{ref} 及參考主要畫面格到上一畫面格的相對位姿 $T_{\mathrm{ref} \to \mathrm{last}}$ 更新的，速度是透過上上畫面格 $F_{\mathrm{last}-1}$ 到上一畫面格 F_{last} 計算的，當前畫面格 F_{curr} 的位姿是透過速度和上一畫面格的位姿 T_{last} 相乘得到的。

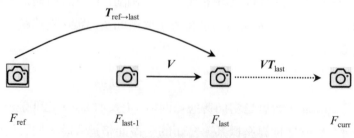

▲ 圖 11-3 恒速模型的位姿更新過程

對於單目相機，以上就是更新上一畫面格位姿的過程。對於雙目相機或 RGB-D 相機，還有更多的操作。

小白：為什麼要分不同的相機類型討論呢？

師兄：最本質的原因就是雙目相機或 RGB-D 相機可以透過立體匹配或直接測量輸出當前畫面格的深度圖，而單目相機做不到。在更新上一畫面格資訊函式中，會針對雙目相機或 RGB-D 相機為上一畫面格生成臨時的地圖點，這些臨時的地圖點主要用來增加追蹤穩定性，在追蹤結束後會捨棄掉。這部分的過程如下。

第 1 步，利用參考主要畫面格更新上一畫面格在世界座標系下的位姿。

第 2 步，對於雙目相機或 RGB-D 相機，為上一畫面格生成新的臨時地圖點。具體來說，就是把上一畫面格中有深度值但還沒被標記為地圖點的三維點作為臨時地圖點，這些臨時地圖點只是為了提高追蹤的穩定性，在建立時並沒有增加到全域地圖中，並且標記為臨時增加屬性（在追蹤結束後會刪除）。當深度值較大或者地圖點數目足夠時，停止增加。

程式實作如下。

```
/**
 * @brief 更新上一畫面格位姿，在上一畫面格中生成臨時地圖點
 * 對於單目相機，只計算上一畫面格在世界座標系下的位姿
 * 對於雙目相機或 RGB-D 相機，選取有深度值的並且沒有被選為地圖點的點生成新的臨時地圖點，提高
追蹤堅固性
 */
void Tracking::UpdateLastFrame()
{
    // Step 1：利用參考主要畫面格更新上一畫面格在世界座標系下的位姿
    // 上一普通畫面格的參考主要畫面格，注意這裡用的是參考主要畫面格（位姿準確），而非上上畫面格
    // 的普通畫面格
    KeyFrame* pRef = mLastFrame.mpReferenceKF;
    // 從 ref_keyframe 到 lastframe 的位姿變換
    cv::Mat Tlr = mlRelativeFramePoses.back();
    // 將上一畫面格的世界座標系下的位姿計算出來
    // l:last, r:reference, w:world。Tlw = Tlr*Trw
    mLastFrame.SetPose(Tlr*pRef->GetPose());
    // 如果上一畫面格為主要畫面格，或者使用的是單目相機，則退出
    if(mnLastKeyFrameId==mLastFrame.mnId || mSensor==System::MONOCULAR)
        return;

    // Step 2：對於雙目相機或 RGB-D 相機，為上一畫面格生成新的臨時地圖點。
```

```
// 這些地圖點只用來追蹤，不加入地圖中，追蹤結束後會刪除
// ......
// Step 2.1：得到上一畫面格中具有有效深度值的特徵點 ( 不一定是地圖點 )
vector<pair<float,int> > vDepthIdx;
vDepthIdx.reserve(mLastFrame.N);
for(int i=0; i<mLastFrame.N;i++)
{
    float z = mLastFrame.mvDepth[i];
    if(z>0)
    {
        // vDepthIdx 第一個元素是某個點的深度， 第二個元素是對應的特徵點 ID
        vDepthIdx.push_back(make_pair(z,i));
    }
}
// 如果上一畫面格中沒有具有有效深度值的特徵點， 則直接退出
if(vDepthIdx.empty())
    return;
// 按照深度值從小到大排序
sort(vDepthIdx.begin(),vDepthIdx.end());
// Step 2.2：從中找出不是地圖點的點並建立為臨時地圖點
int nPoints = 0;
for(size_t j=0; j<vDepthIdx.size();j++)
{
    int i = vDepthIdx[j].second;
    bool bCreateNew = false;
    // 如果這個點在上一畫面格中沒有對應的地圖點，或者建立後就沒有被觀測到，
    // 則生成一個臨時的地圖點
    MapPoint* pMP = mLastFrame.mvpMapPoints[i];
    if(!pMP)
        bCreateNew = true;
    else if(pMP->Observations()<1)
    {
    // 地圖點被建立後就沒有被觀測，認為不可靠，也需要重新建立
    bCreateNew = true;
}
if(bCreateNew)
{
    // 將需要建立的點包裝為地圖點，只是為了提高雙目相機和 RGB-D 相機的追蹤成功率
    // 並沒有增加複雜屬性，因為後面會丟掉。反投影到世界座標系中
    cv::Mat x3D = mLastFrame.UnprojectStereo(i);
    MapPoint* pNewMP = new MapPoint(
        x3D,             // 世界座標系座標
        mpMap,           // 追蹤的全域地圖
        &mLastFrame,     // 存在這個特徵點的畫面格 ( 上一畫面格 )
        i);              // 特徵點 ID
    // 加入上一畫面格的地圖點中
    mLastFrame.mvpMapPoints[i]=pNewMP;
    // 標記為臨時增加的地圖點，之後在建立新的主要畫面格之前會全部刪除
    mlpTemporalPoints.push_back(pNewMP);
```

```
        nPoints++;
    }
    else
    {
        // 從近到遠排序，記錄其中不需要建立地圖點的個數
        nPoints++;
    }
    // 如果地圖點的品質不好，則停止建立地圖點，需同時滿足以下條件：
    // 1. 當前點的深度已經超過了設定的深度設定值（40 倍基準線）
    // 2. 已經超過 100 個點，說明距離比較遠了，可能不準確，停止並退出
    if(vDepthIdx[j].first>mThDepth && nPoints>100)
        break;
    }
}
```

11.2.2 原始程式解析

師兄：上面是恒速模型追蹤和參考主要畫面格追蹤的主要區別之一。後面的流程比較類似，下面整理恒速模型追蹤的整體流程。

1. 恒速模型追蹤流程

- 更新上一畫面格的位姿，對於雙目相機或 RGB-D 相機來說，還會根據深度值生成臨時地圖點。
- 根據之前估計的速度，用恒速模型得到當前畫面格的初始位姿。
- 用上一畫面格的地圖點進行投影匹配，如果匹配點不夠，則擴大搜尋半徑再試一次。
- 利用 3D-2D 投影關係，最佳化當前畫面格的位姿。
- 剔除地圖點中的外點，並清除其所有關係。
- 統計匹配成功的特徵點對數目，若超過設定值，則認為追蹤成功。

2. 恒速模型追蹤的優缺點

（1）優點 1。追蹤僅需要上一畫面格的資訊，是追蹤第一階段中最常使用的追蹤方法。

（2）優點 2。增加了一些技巧，可提高追蹤的穩定性。比如，在雙目相機和 RGB-D 相機模式下生成的臨時地圖點可提高追蹤的成功率；投影匹配數目不足時沒有馬上放棄，而是將搜尋範圍擴大一倍再試一次。

（3）缺點。恒速模型過於理想化，在每秒顯示畫面較低且運動變化較大的場景中可能會追蹤遺失。

原始程式如下。

```
/**
 * @brief 根據恒速模型用上一畫面格的地圖點對當前畫面格進行追蹤
 * Step 1：更新上一畫面格的位姿；對於雙目相機或 RGB-D 相機來說，還會根據深度值生成臨時地圖點
 * Step 2：根據上一畫面格特徵點對應的地圖點進行投影匹配
 * Step 3：最佳化當前畫面格位姿
 * Step 4：剔除地圖點中的外點
 * @return 如果匹配數大於 10，則認為追蹤成功，傳回 true
 */
bool Tracking::TrackWithMotionModel()
{
    // 最小距離小於 0.9* 次小距離則匹配成功，檢查旋轉
    ORBmatcher matcher(0.9,true);
    // Step 1：更新上一畫面格的位姿；對於雙目相機或 RGB-D 相機來說，還會根據深度值生成臨時地圖點
    UpdateLastFrame();

    // Step 2：根據之前估計的速度，用恒速模型得到當前畫面格的初始位姿
    mCurrentFrame.SetPose(mVelocity*mLastFrame.mTcw);
    // 清空當前畫面格的地圖點
    fill(mCurrentFrame.mvpMapPoints.begin(),mCurrentFrame.mvpMapPoints.end(),
static_cast<MapPoint*>(NULL));
    // 設定特徵匹配過程中的搜尋半徑
    int th;
    if(mSensor!=System::STEREO)
        th=15;// 單目相機
    else
        th=7;// 雙目相機

    // Step 3：用上一畫面格的地圖點進行投影匹配，如果匹配點數目不夠，則擴大搜尋半徑再試一次
    int nmatches = matcher.SearchByProjection(mCurrentFrame,mLastFrame,th,
mSensor==System::MONOCULAR);
    // 如果匹配點太少，則擴大搜尋半徑再試一次
    if(nmatches<20)
    {
        fill(mCurrentFrame.mvpMapPoints.begin(),mCurrentFrame.mvpMapPoints.end(),
static_cast<MapPoint*>(NULL));
        nmatches = matcher.SearchByProjection(mCurrentFrame,mLastFrame,2*th,
mSensor==System::MONOCULAR); // 2*th
    }
    // 如果還是不能夠獲得足夠的匹配點，那麼認為追蹤失敗
    if(nmatches<20)
        return false;

    // Step 4：利用 3D-2D 投影關係，最佳化當前畫面格位姿
```

```
Optimizer::PoseOptimization(&mCurrentFrame);

// Step 5：剔除地圖點中的外點，統計成功匹配的地圖點數目 nmatchesMap
// ……
if(mbOnlyTracking)
{
    // 在純定位模式下，如果成功追蹤的地圖點非常少， 那麼這裡的 mbVO 標識就會置位
    mbVO = nmatchesMap<10;
    return nmatches>20;
}

// Step 6：匹配超過 10 個點就認為追蹤成功
return nmatchesMap>=10;
}
```

11.3 重定位追蹤

師兄：下面介紹重定位追蹤。這是一種「拯救」式的追蹤方法。它使用的前提是參考主要畫面格追蹤、恒速模型追蹤都已經失敗了，這時重定位追蹤就派上用場了，它使出渾身解數（在 13.3.3 節可以體會一下它的努力）來找回遺失的位姿。

小白：為什麼它可以「拯救」追蹤遺失呢？

師兄：核心在於詞袋粗匹配和 EPnP 演算法（11.3.4 節會詳細講解）精匹配。重定位追蹤的大致流程如下。

首先，由於追蹤已經遺失，我們沒有辦法像恒速模型那樣估計一個初始的位姿，解決辦法就是利用詞袋快速匹配，在主要畫面格資料庫中尋找相似的候選主要畫面格。

然後，使用 EPnP 演算法求解一個相對準確的初始位姿，之後再反覆地進行投影匹配和 BA 最佳化最佳化位姿，目的是得到更多的地圖點和更準確的位姿。

最後，當成功匹配數目達到設定值後，最後最佳化一次位姿，並將該位姿作為成功重定位的位姿。

小白：重定位追蹤的效果怎麼樣呢？

師兄：圖 11-4 所示是重定位追蹤的效果，展示了重定位的「頑強生命力」，即使在環境有較大尺度的差異或者有動態物體的情況下，使用該方法也可以透過重定位找回位姿。

小白：從流程上看，重定位是從過往的所有主要畫面格中進行搜尋的嗎？如果是這樣，那麼效率怎麼保證呢？

(a) 大尺度變化下成功重定位

(b) 動態場景下成功重定位

▲ 圖 11-4 在有挑戰性的場景下成功重定位 [1]

師兄：這是一個好問題。為了避免暴力搜尋，這裡採用了一種非常高效的方法，即倒排索引，在尋找重定位候選主要畫面格時造成了非常重要的作用。

11.3.1 倒排索引

師兄：倒排索引（Inverse Index）有時也稱為逆向索引，它是詞袋模型中一個非常重要的概念。還有一個和它對應的操作叫作直接索引（Direct Index），圖 11-5 所示是它們的示意圖。它們的定義如下。

1. 倒排索引

以單字為索引基礎，儲存有單字出現的所有影像的 ID 及對應的權重。倒排索引的優勢是可以快速查詢某個單字出現在哪些影像中，進而得到那些影像中有多少個共同的單字。這對判斷影像的相似性非常有效。

2. 直接索引

以影像為索引基礎，每張影像儲存影像特徵和該特徵所在的節點 ID。直接索引的優勢是能夠快速獲取同一個節點下的所有特徵點，加速不同影像之間的特徵匹配和幾何關係驗證。

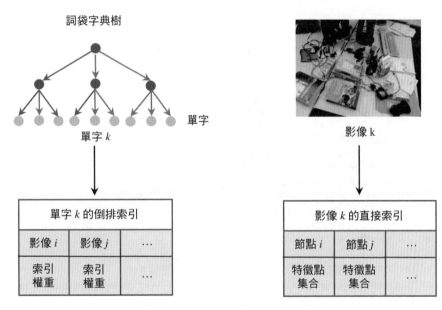

▲ 圖 11-5 倒排索引和直接索引示意圖

下面來看倒排索引在程式中是如何實作的，它在程式中的資料結構如下。

```
// mvInvertedFile[i] 表示包含第 i 個 word id 的所有主要畫面格串列
std::vector<list<KeyFrame*> > mvInvertedFile;
```

當主要畫面格資料庫中增加了新的影像時，就需要更新倒排索引。更新方式如下。

```
/**
 * @brief 資料庫中有新的主要畫面格，根據主要畫面格的詞袋向量更新資料庫的倒排索引
 * @param[in] pKF 新增加到資料庫中的主要畫面格
 */
void KeyFrameDatabase::add(KeyFrame *pKF)
{
```

```
    // 執行緒鎖
    unique_lock<mutex> lock(mMutex);
    // 對該主要畫面格詞袋向量中的每一個單字更新倒排索引
    for(DBoW2::BowVector::const_iterator vit= pKF->mBowVec.begin(), vend=pKF-
>mBowVec.end(); vit!=vend; vit++)
        mvInvertedFile[vit->first].push_back(pKF);
}
```

當需要刪除主要畫面格資料庫中的某個主要畫面格時,也需要更新倒排索引。更新方式如下。

```
/**
 * @brief 主要畫面格被刪除後,更新資料庫的倒排索引
 * @param[in] pKF 刪除的主要畫面格
 */
void KeyFrameDatabase::erase(KeyFrame* pKF)
{
    // 執行緒鎖,保護共用資料
    unique_lock<mutex> lock(mMutex);
    // 每個主要畫面格包含多個單字,遍歷倒排索引中的這些單字,
    // 然後在單字對應的主要畫面格串列裡刪除該主要畫面格
    for(DBoW2::BowVector::const_iterator vit=pKF->mBowVec.begin(), vend=pKF-
>mBowVec.end(); vit!=vend; vit++)
    {
        // 取出包含該單字的所有主要畫面格串列
        list<KeyFrame*> &lKFs = mvInvertedFile[vit->first];
        // 如果包含待刪除的主要畫面格,則把該主要畫面格從串列中刪除
        for(list<KeyFrame*>::iterator lit=lKFs.begin(), lend= lKFs.end(); lit!
=lend; lit++)
        {
            if(pKF==*lit)
            {
                lKFs.erase(lit);
                break;
            }
        }
    }
}
```

11.3.2 搜尋重定位候選主要畫面格

師兄:搜尋重定位候選主要畫面格相對比較複雜,其中用到了共視圖、倒排索引的概念,目的是從主要畫面格資料庫中找出和當前畫面格最相似的候選主要畫面格組。下面結合圖 11-6 整理流程。

第 1 步，找出和當前畫面格具有共同單字的所有主要畫面格 lKFsSharingWords（圖 11-6 中的 KF1、KF2）。如果找不到，則無法進行重定位，傳回空。

第 2 步，統計 lKFsSharingWords 中與當前畫面格具有共同單字最多的單字數，將它的 0.8 倍作為設定值 1。

第 3 步，遍歷 lKFsSharingWords，挑選出共同單字數大於設定值 1 的主要畫面格，並將它和當前畫面格的單字匹配得分存入 lScoreAndMatch 中。

第 4 步，計算 lScoreAndMatch 中每個主要畫面格對應的共視主要畫面格組（圖 11-6 中藍色虛線橢圓形框內）的總得分，得到最高組得分，將它的 0.75 倍作為設定值 2。

第 5 步，得到所有組中總得分大於設定值 2 的組中得分最高的主要畫面格，作為最終的候選主要畫面格組。

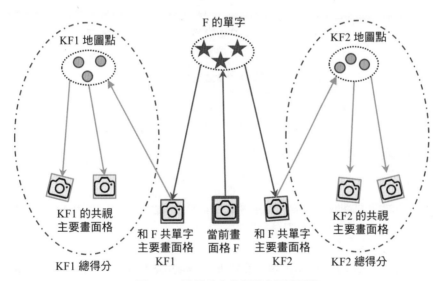

▲圖 11-6 搜尋重定位候選主要畫面格

對應程式如下。

```
/*
 * @brief 在重定位中找到與該畫面格相似的候選主要畫面格組
 * Step 1：找出和當前畫面格具有共同單字的所有主要畫面格
 * Step 2：只和具有共同單字較多的主要畫面格進行相似度計算
```

```
 *  Step 3：將與主要畫面格相連 (權值最高) 的前 10 個主要畫面格歸為一組，計算累計得分
 *  Step 4：只傳回累計得分較高的組中分數最高的主要畫面格
 *  @param F 需要重定位的畫面格
 *  @return 相似的候選主要畫面格組
 */
vector<KeyFrame*> KeyFrameDatabase::DetectRelocalizationCandidates(Frame *F)
{
    list<KeyFrame*> lKFsSharingWords;

    // Step 1：找出和當前畫面格具有共同單字的所有主要畫面格
    {
        unique_lock<mutex> lock(mMutex);
        // mBowVec 內部實際儲存的是 std::map<WordId, WordValue>
        // WordId 和 WordValue 表示單字在葉子中的 ID 和權重
        for(DBoW2::BowVector::const_iterator vit=F->mBowVec.begin(),
vend=F->mBowVec.end(); vit != vend; vit++)
        {
            // 根據倒排索引，提取所有包含該 WordId 的主要畫面格
            list<KeyFrame*> &lKFs = mvInvertedFile[vit->first];
            for(list<KeyFrame*>::iterator lit=lKFs.begin(), lend= lKFs.end();
lit!=lend; lit++)
            {
                KeyFrame* pKFi=*lit;
                // pKFi->mnRelocQuery 造成標記作用，是為了防止重複選取
                if(pKFi->mnRelocQuery!=F->mnId)
                {
                    // pKFi 還沒有標記為 F 的重定位候選畫面格
                    pKFi->mnRelocWords=0;
                    pKFi->mnRelocQuery=F->mnId;
                    lKFsSharingWords.push_back(pKFi);
                }
                pKFi->mnRelocWords++;
            }
        }
    }
    // 如果和當前畫面格具有共同單字的主要畫面格數目為 0，則無法進行重定位，傳回空
    if(lKFsSharingWords.empty())
        return vector<KeyFrame*>();

    // Step 2：統計上述主要畫面格中與當前畫面格 F 具有共同單字最多的單字數 maxCommonWords，
    // 用來設定設定值 1
    int maxCommonWords=0;
    for(list<KeyFrame*>::iterator lit=lKFsSharingWords.begin(),
lend= lKFsSharingWords.end(); lit!=lend; lit++)
    {
        if((*lit)->mnRelocWords>maxCommonWords)
            maxCommonWords=(*lit)->mnRelocWords;
    }
    // 設定值 1：最小共同單字數為最大共同單字數的 0.8 倍
```

```
    int minCommonWords = maxCommonWords*0.8f;
    list<pair<float,KeyFrame*> > lScoreAndMatch;
    int nscores=0;

    // Step 3：遍歷上述主要畫面格，挑選出共同單字數大於設定值 1 的主要畫面格，
    // 並將及其和當前畫面格的單字匹配得分存入 lScoreAndMatch 中
    for(list<KeyFrame*>::iterator lit=lKFsSharingWords.begin(),
lend= lKFsSharingWords.end(); lit!=lend; lit++)
    {
        KeyFrame* pKFi = *lit;
        // 當前畫面格 F 只和具有共同單字較多 ( 大於設定值 1) 的主要畫面格進行比較
        if(pKFi->mnRelocWords>minCommonWords)
        {
            nscores++; // 這個變數後面沒有用到
            // 用 mBowVec 計算兩者的相似度得分
            float si = mpVoc->score(F->mBowVec,pKFi->mBowVec);
            pKFi->mRelocScore=si;
            lScoreAndMatch.push_back(make_pair(si,pKFi));
        }
    }
    if(lScoreAndMatch.empty())
        return vector<KeyFrame*>();
    list<pair<float,KeyFrame*> > lAccScoreAndMatch;
    float bestAccScore = 0;
    // Step 4：計算 lScoreAndMatch 中每個主要畫面格的共視主要畫面格組的總得分，
    // 得到最高組得分 bestAccScore，並據此設定設定值 2
    // 單單計算當前畫面格和某一主要畫面格的相似度是不夠的，這裡將與主要畫面格共視程度最高的前
    // 10 個關鍵
    // 畫面格歸為一組，計算累計得分
    for(list<pair<float,KeyFrame*> >::iterator it=lScoreAndMatch.begin(),
itend=lScoreAndMatch.end(); it!=itend; it++)
    {
        KeyFrame* pKFi = it->second;
        // 取出與主要畫面格 pKFi 共視程度最高的前 10 個主要畫面格
        vector<KeyFrame*> vpNeighs = pKFi->GetBestCovisibilityKeyFrames(10);
        // 該組最高分數
        float bestScore = it->first;
        // 該組累計得分
        float accScore = bestScore;
        // 該組最高分數對應的主要畫面格
        KeyFrame* pBestKF = pKFi;
        // 遍歷共視主要畫面格，累計得分
        for(vector<KeyFrame*>::iterator vit=vpNeighs.begin(),
vend=vpNeighs.end(); vit!=vend; vit++)
        {
            KeyFrame* pKF2 = *vit;
            if(pKF2->mnRelocQuery!=F->mnId)
                continue;
            // 只有 pKF2 也在重定位候選畫面格中，才能貢獻分數
```

```
            accScore+=pKF2->mRelocScore;
            // 統計得到組中分數最高的主要畫面格
            if(pKF2->mRelocScore>bestScore)
            {
                pBestKF=pKF2;
                bestScore = pKF2->mRelocScore;
            }
        }
        lAccScoreAndMatch.push_back(make_pair(accScore,pBestKF));
        // 記錄所有組中最高的得分
        if(accScore>bestAccScore)
            bestAccScore=accScore;
    }
    // 設定值 2：最高得分的 0.75 倍
    float minScoreToRetain = 0.75f*bestAccScore;

    // Step 5：得到所有組中總得分大於設定值 2 的組中得分最高的主要畫面格，作為候選主要畫面格組
    set<KeyFrame*> spAlreadyAddedKF;
    vector<KeyFrame*> vpRelocCandidates;
    vpRelocCandidates.reserve(lAccScoreAndMatch.size());
    for(list<pair<float,KeyFrame*> >::iterator it=lAccScoreAndMatch.begin(),
itend=lAccScoreAndMatch.end(); it!=itend; it++)
    {
        const float &si = it->first;
        // 只傳回累計得分大於設定值 2 的組中得分最高的主要畫面格
        if(si>minScoreToRetain)
        {
            KeyFrame* pKFi = it->second;
            // 判斷該 pKFi 是否已經增加在佇列中了
            if(!spAlreadyAddedKF.count(pKFi))
            {
                vpRelocCandidates.push_back(pKFi);
                spAlreadyAddedKF.insert(pKFi);
            }
        }
    }
    // 最終得到的候選主要畫面格組
    return vpRelocCandidates;
}
```

11.3.3 原始程式解析

重定位追蹤演算法流程如下。

第 1 步，計算當前畫面格特徵點的詞袋向量。

第 2 步，利用詞袋找到與當前畫面格相似的重定位候選主要畫面格。

第 3 步，遍歷所有的候選主要畫面格，透過詞袋進行快速匹配。

第 4 步，在匹配點足夠的情況下，用 EPnP 迭代得到初始的位姿並標記外點。

第 5 步，選擇上一步結果中的內點進行 BA 最佳化（僅最佳化位姿）。

第 6 步，統計 BA 最佳化完成後內點的數目，如果達不到設定設定值（小於 50 個），則透過投影的方式將主要畫面格中未匹配的地圖點投影到當前畫面格中，生成新的匹配關係。

第 7 步，如果上一步新增的匹配點數目足夠，則再一次進行 BA 最佳化（僅最佳化位姿）。

第 8 步，最佳化後，如果成功匹配點數目（30 ～ 50 個）還有挽救的餘地，則用更小的視窗、更嚴格的描述子設定值重新進行投影搜尋匹配來增加匹配點數目。

第 9 步，經過上述挽救後，總匹配點數目如果達到設定設定值（超過 50 個），則認為重定位追蹤成功。然後進行最後一次 BA 最佳化（僅最佳化位姿），刪除無效的地圖點，不再考慮其他候選主要畫面格，直接退出迴圈。如果還是沒有達到設定設定值，則放棄，說明重定位追蹤失敗。

對應的原始程式如下。

```
/**
 * @details      重定位過程
 * @return true  重定位成功
 * @return false 重定位失敗
 *
 * Step 1：計算當前畫面格特徵點的詞袋向量
 * Step 2：找到與當前畫面格相似的候選主要畫面格
 * Step 3：透過詞袋進行匹配
 * Step 4：使用 EPnP 演算法估計位姿
 * Step 5：透過 PoseOptimization 對位姿進行最佳化求解
 * Step 6：如果內點較少，則透過投影的方式對之前未匹配的點進行匹配，再進行最佳化求解
 */
bool Tracking::Relocalization()
{
    // Step 1：計算當前畫面格特徵點的詞袋向量
    mCurrentFrame.ComputeBoW();

    // Step 2：使用詞袋找到與當前畫面格相似的重定位候選主要畫面格
```

```
    vector<KeyFrame*> vpCandidateKFs = mpKeyFrameDB->
DetectRelocalizationCandidates(&mCurrentFrame);
    // 如果沒有候選主要畫面格，則退出
    if(vpCandidateKFs.empty())
        return false;

    const int nKFs = vpCandidateKFs.size();
    ORBmatcher matcher(0.75,true);
    // 每個主要畫面格的解算器
    vector<PnPsolver*> vpPnPsolvers;
    vpPnPsolvers.resize(nKFs);
    // 每個主要畫面格和當前畫面格中特徵點的匹配關係
    vector<vector<MapPoint*> > vvpMapPointMatches;
    vvpMapPointMatches.resize(nKFs);
    // 放棄某個主要畫面格的標記
    vector<bool> vbDiscarded;
    vbDiscarded.resize(nKFs);
    // 有效的候選主要畫面格數目
    int nCandidates=0;

    // Step 3：遍歷所有的候選主要畫面格，透過詞袋進行快速匹配，用匹配結果初始化 PnPsolver
    for(int i=0; i<nKFs; i++)
    {
        KeyFrame* pKF = vpCandidateKFs[i];
        if(pKF->isBad())
            vbDiscarded[i] = true;
        else
        {
            // 當前畫面格和候選主要畫面格用詞袋進行快速匹配，匹配結果記錄在 vvpMapPointMatches 中，
            // nmatches 表示匹配的數目
            int nmatches = matcher.SearchByBoW(pKF,mCurrentFrame,
vvpMapPointMatches[i]);
            // 如果和當前畫面格的匹配數目小於 15，則只能放棄這個主要畫面格
            if(nmatches<15)
            {
                vbDiscarded[i] = true;
                continue;
            }
            else
            {
                // 如果匹配數目夠用，則用匹配結果初始化 PnPsolver
                // 為什麼用 EPnP; 因為計算複雜度低、準確度高
                PnPsolver* pSolver = new PnPsolver(mCurrentFrame,
vvpMapPointMatches[i]);
                pSolver->SetRansacParameters(
                    0.99,   // 用於計算 RANSAC 迭代次數理論值的機率
                    .10,    // 最小內點數
                    300,    // 最大迭代次數
```

```
                4,          // 最小集 ( 求解這個問題在一次採樣中所需要採樣的最少的點的個數 ,
                            // 對於 Sim(3) 是 3,EPnP 是 4 )
                0.5,        // 表示最小內點數 / 樣本總數;實際上 RANSAC 正常退出時所需要的
                            // 最小內點數
                5.991);     // 自由度為 2 的卡方檢定的設定值,程式中還會根據特徵點所在的層級
                            // 對這個設定值進行縮放
            vpPnPsolvers[i] = pSolver;
            nCandidates++;
        }
    }
}
bool bMatch = false;        // 是否已經找到相匹配的主要畫面格的標識
ORBmatcher matcher2(0.9,true);


// Step 4:經過一系列努力,找到能夠滿足匹配內點數目的主要畫面格和位姿
// 為什麼這麼複雜?因為擔心閉環錯誤
while(nCandidates>0 && !bMatch)
{
    // 遍歷當前所有的候選主要畫面格
    for(int i=0; i<nKFs; i++)
    {
        if(vbDiscarded[i]) // 忽略放棄的主要畫面格
            continue;
        vector<bool> vbInliers; // 內點標記
        int nInliers;       // 內點數
        bool bNoMore;       // 表示 RANSAC 已經沒有更多的迭代次數可用
        // Step 4.1:使用 EPnP 演算法估計位姿,迭代 5 次
        PnPsolver* pSolver = vpPnPsolvers[i];
        cv::Mat Tcw = pSolver->iterate(5,bNoMore,vbInliers,nInliers);
        // bNoMore 為 true 表示已經超過了 RANSAC 最大迭代次數,放棄當前主要畫面格
        if(bNoMore)
        {
            vbDiscarded[i]=true;
            nCandidates--;
        }
        // 如果位姿不為空,則最佳化位姿
        if(!Tcw.empty())
        {
            // Step 4.2:如果使用 EPnP 演算法計算出了位姿,則對內點進行 BA 最佳化
            Tcw.copyTo(mCurrentFrame.mTcw);
            // EPnP 中用 RANSAC 演算法計算後的內點的集合
            set<MapPoint*> sFound;
            const int np = vbInliers.size();
            // 遍歷所有內點
            for(int j=0; j<np; j++)
            {
                if(vbInliers[j])
```

```
            {
                mCurrentFrame.mvpMapPoints[j]=vvpMapPointMatches[i][j];
                sFound.insert(vvpMapPointMatches[i][j]);
            }
            else
                mCurrentFrame.mvpMapPoints[j]=NULL;
    }
    // 只最佳化位姿，不最佳化地圖點的座標，傳回的是內點的數量
    int nGood = Optimizer::PoseOptimization(&mCurrentFrame);
    // 最佳化後內點數目不多，跳過當前候選主要畫面格，但並沒有放棄當前畫面格的重定位
    if(nGood<10)
        continue;
    // 刪除外點對應的地圖點
    for(int io =0; io<mCurrentFrame.N; io++)
        if(mCurrentFrame.mvbOutlier[io])
            mCurrentFrame.mvpMapPoints[io]=static_cast<MapPoint*>(NULL);
    // Step 4.3: 如果內點數目較少，則透過投影的方式對之前未匹配的點進行匹配，
    // 再進行最佳化求解
    // 前面的匹配關係是透過詞袋匹配得到的
    if(nGood<50)
    {
        // 透過投影的方式將主要畫面格中未匹配的地圖點投影到當前畫面格中，生成新的匹配關係
        int nadditional = matcher2.SearchByProjection(
            mCurrentFrame,        // 當前畫面格
            vpCandidateKFs[i],    // 主要畫面格
            sFound,               // 已經找到的地圖點集合，不會用於 PnP
            10,                   // 視窗設定值，會乘以金字塔尺度
            100);                 // 匹配的 ORB 描述子距離應該小於這個設定值
        // 如果透過投影過程新增了比較多的匹配特徵點對
        if(nadditional+nGood>=50)
        {
            // 根據投影匹配的結果，再次採用 3D-2D PnP BA 最佳化位姿
            nGood = Optimizer::PoseOptimization(&mCurrentFrame);
            // Step 4.4: 如果進行 BA 最佳化後內點數目還是比較少（<50 個），
            // 但是還不至於太少（>30 個），則可以做最後嘗試
            // 重新執行 Step 4.3 的過程，由於位姿已經使用更多的點進行了最佳化，
            // 應該更準確，因此使用更小的視窗搜尋
            if(nGood>30 && nGood<50)
            {
                // 用更小的視窗、更嚴格的描述子設定值重新進行投影搜尋匹配
                sFound.clear();
                for(int ip =0; ip<mCurrentFrame.N; ip++)
                    if(mCurrentFrame.mvpMapPoints[ip])
                        sFound.insert(mCurrentFrame.mvpMapPoints[ip]);
                nadditional =matcher2.SearchByProjection(mCurrentFrame,
                vpCandidateKFs[i],sFound,3,64);
                // 如果挽救成功，匹配點數目達到要求，則最後進行一次 BA 最佳化
                if(nGood+nadditional>=50)
```

```
                                {
                                    nGood = Optimizer::PoseOptimization(&mCurrentFrame);
                                    // 更新地圖點
                                    for(int io =0; io<mCurrentFrame.N; io++)
                                        if(mCurrentFrame.mvbOutlier[io])
                                            mCurrentFrame.mvpMapPoints[io]=NULL;
                                }
                                // 如果還是不能夠滿足匹配點數目，則放棄
                                // ......
                                }
                    }
                }
                // 如果當前的候選主要畫面格已經有足夠的內點 (50 個)，則認為重定位成功，結束迴圈
                if(nGood>=50)
                {
                    bMatch = true;
                    // 只要有一個候選主要畫面格重定位成功就退出迴圈，不考慮其他候選主要畫面格
                    break;
                }
            }
        }// 一直執行，直到已經沒有足夠的主要畫面格，或者已經有成功匹配上的主要畫面格
    }
    // 還是沒有匹配上，則重定位失敗
    if(!bMatch)
    {
        return false;
    }
    else
    {
        // 記錄成功重定位畫面格的 ID，防止短時間內多次重定位
        mnLastRelocFrameId = mCurrentFrame.mnId;
        return true; // 如果匹配上了，則说明当前帧重定位成功 ( 当前帧已经有了自己的位姿 )
    }
}
```

11.3.4 * 使用 EPnP 演算法求位姿[1]

師兄：ORB-SLAM2 中使用的 EPnP 演算法原理來自論文「EPnP: An Accurate O(n) Solution to the PnP Problem」，以下內容包括 EPnP 演算法的詳細原理推導及程式實作[2]。

---

[1] * 表示本節內容為選讀部分，讀者可根據需要選擇性地學習。

1. 背景介紹

（1）演算法的輸入和輸出。我們先來看 EPnP 演算法的輸入 / 輸出是什麼。

1）輸入

- 世界座標系下的 n 個 3D 點，在文獻 [2] 中稱為 3D 參考點。
- n 個 3D 點投影在影像上的 2D 座標。
- 相機本身參數矩陣 K，包括焦距和主點。

2）輸出。相機的位姿 R, t。

（2）演算法應用場景。EPnP 演算法的應用場景主要包括特徵點的影像追蹤、需要即時處理有雜訊的特徵點、對計算準確度和效率要求比較高的場合，只需 4 對匹配點即可求解。在 ORB-SLAM2 中 EPnP 演算法用於追蹤遺失時的重定位，重定位本身就要求較高的準確度，且又希望能夠快速重定位，因此比較適合。

（3）演算法優點。EPnP 演算法的優點主要有如下幾個方面。

- 只需要 4 對非共面點，對於平面只需要 3 對點。
- 閉式解，不需要迭代，不需要初始估計值。
- 準確度比較高。和迭代法中準確度最高的方法準確度相當。EPnP+GN（高斯牛頓）演算法效果最佳，在 ORB-SLAM2 中也是這樣用的。
- 比較堅固，可以處理帶雜訊的資料。而迭代法受到初始估計的影響比較大，會不穩定。
- 計算複雜度為 $O(n)$。EPnP 演算法的計算時間隨點對數目的增加並沒有明顯增加，這保證了使用 EPnP 演算法可以非常高效率地得到結果。
- 平面和非平面都適用。

（4）演算法的原理和步驟。目前知道世界座標系下的 n 個 3D 點及其在影像上的 2D 投影點，還有相機本身參數，目的是求從世界座標系到相機座標系的位姿變換 R, t。

EPnP 的思路是先把 2D 影像點透過本身參數變換為相機座標系下的 3D 點，然後用 ICP（Iterated Closest Points）來求解 2D-3D 的變換，就獲得了位姿。問題的核心就轉化為如何透過 2D 資訊，加上一些約束，得到相機座標系下的 3D 點。因為這裡的位姿變換是歐氏空間中的剛體變換，所以點之間的相對距離資訊在不同座標系下是不變的，稱為**剛體結構不變性**。後面緊緊圍繞該特性來求解。

第 1 步，首先對 3D 點的表達方式進行重新定義。之前不管是世界座標系下的 3D 點還是相機座標系下的 3D 點，它們都是相對於自己座標系下的原點的。那麼兩個座標系原點不同，座標的量級可能差異非常大，比如相機座標系下的 3D 點的座標範圍可能是 10 ～ 100，而在世界座標系下座標範圍可能是 1000 ～ 10000，這對求解、最佳化都是不利的，所以要統一量級。可以視為歸一化，這在求基礎矩陣、單應矩陣時都是常規方法。

具體來說，我們對每個座標系定義 **4 個控制點**，其中一個是質心（各個方向均值），其他 3 個用 PCA 從 3 個主方向上選取，這 4 個控制點可以認為是參考基準，類似於座標系中的基。所有的 3D 點都表達為這 4 個參考點的線性組合。這些係數稱為權重。為了不改變資料的相對距離，權重和必須為 1。這樣就可以**用世界座標系或相機座標系下的 4 個控制點表示所有的世界座標系或相機座標系下的 3D 點**。

第 2 步，利用投影方程式將 2D 影像點恢復為相機座標系下的 3D 點（未知量）。經過整理後，一組點對可以得到 2 個方程式。我們待求的相機座標系下的 3D 點對應有 4 個控制點，每個控制點有 3 個分量，總共 12 個未知陣列成的一個向量。

第 3 步，用 SVD 分解可以求解上述向量，但是因為恢復的相機座標系下的 3D 點還有一個尺度因數 β，所以這裡以結構資訊不變性作為約束進行求解。

第 4 步，用高斯牛頓法最佳化上述求解的 β。

2. 變數格式說明

在推導之前，為了方便理解，我們先統一變數的定義格式。用上標 w 和 c 分別表示在世界座標系和相機座標系中的座標。

n 個 3D 參考點在世界座標系下的座標是**已知**的輸入，記為

$$\boldsymbol{p}_i^w, \quad i = 1, \cdots, n \tag{11-4}$$

n 個 3D 參考點在相機座標系下的座標是**未知**的，記為

$$p_i^c, \quad i = 1, \cdots, n \qquad (11\text{-}5)$$

n 個 3D 參考點在相機座標系下對應的 n 個 2D 投影點座標是**已知**的，記為

$$u_i, \quad i = 1, \cdots, n \qquad (11\text{-}6)$$

4 個控制點在世界座標系下的座標為

$$c_j^w, j = 1, \cdots, 4 \qquad (11\text{-}7)$$

4 個控制點在相機座標系下的座標是**未知**的，記為

$$c_j^c, j = 1, \cdots, 4 \qquad (11\text{-}8)$$

注意，以上座標都是非齊次座標，後面的也都是非齊次座標。

4 個控制點的係數為 α_{ij}, $i = 1, \cdots, n, j = 1, \cdots, 4$，也就是齊次重心座標（Homogeneous Barycentric Coordinates）。**同一 3D 點在世界座標系下和相機座標系下的控制點係數相同**。後面會舉出證明。

3. 控制點選取方法

理論上，控制點的座標可以任意選取。但在實作中，文獻 [2] 的作者發現了一種可以提高結果穩定性的控制點選取方法，具體如下。

首先，將參考點的質心（或者稱為重心）設定為其中一個控制點，運算式如下。這是有一定物理意義的，因為後續會使用質心對座標點進行歸一化

$$c_1^w = \frac{1}{n} \sum_{i=1}^{n} p_i^w \qquad (11\text{-}9)$$

剩下的 3 個控制點從資料的 3 個主方向上選取。

將世界座標系下的 3D 點集合 $\{p_i^w, i = 1, \cdots, n\}$ 去質心後得到

$$A = \begin{bmatrix} (p_1^w)^\top - (c_1^w)^\top \\ \vdots \\ (p_n^w)^\top - (c_1^w)^\top \end{bmatrix} \qquad (11\text{-}10)$$

A 是一個 $n \times 3$ 的矩陣，那麼 $A^\top A$ 就是 3×3 的方陣。透過對方陣 $A^\top A$ 進行特徵值分解，得到 3 個特徵值 $\lambda_1^w, \lambda_2^w, \lambda_3^w$，它們對應的特徵向量為 v_1^w, v_2^w, v_3^w。

將剩下的 3 個控制點表示為

$$c_2^w = c_1^w + \sqrt{\frac{\lambda_1^w}{n}} v_1^w$$

$$c_3^w = c_1^w + \sqrt{\frac{\lambda_2^w}{n}} v_2^w \qquad (11\text{-}11)$$

$$c_4^w = c_1^w + \sqrt{\frac{\lambda_3^w}{n}} v_3^w$$

選取控制點的程式實作如下。

```
/**
 * @brief 從給定的匹配點中計算出 4 個控制點
 *
 */
void PnPsolver::choose_control_points(void)
{
    // Step 1：第一個控制點為參與 PnP 計算的 3D 參考點的質心 ( 均值 )
    // cws[4][3] 儲存控制點在世界座標系下的座標，第一維表示是哪個控制點，
    // 第二維表示是哪個座標 (x,y,z)
    // 計算前先把第 1 個控制點座標清零
    cws[0][0] = cws[0][1] = cws[0][2] = 0;
    // 遍歷每個匹配點中世界座標系下的 3D 點，然後對每個座標軸加和
    // number_of_correspondences 預設是 4
    for(int i = 0; i < number_of_correspondences; i++)
        for(int j = 0; j < 3; j++)
            cws[0][j] += pws[3 * i + j];
    // 對每個軸取均值
    for(int j = 0; j < 3; j++)
        cws[0][j] /= number_of_correspondences;

    // Step 2：計算其他 3 個控制點，C1, C2, C3 透過特徵值分解得到
    // 將所有的 3D 參考點寫成矩陣形式，(number_of_correspondences * 3) 的矩陣
    CvMat * PW0 = cvCreateMat(number_of_correspondences, 3, CV_64F);

    double pw0tpw0[3 * 3], dc[3], uct[3 * 3];        // 下面變數的資料區
    CvMat PW0tPW0 = cvMat(3, 3, CV_64F, pw0tpw0);    // PW0^T * PW0，為了特徵值分解
    CvMat DC      = cvMat(3, 1, CV_64F, dc);         // 特徵值
    CvMat UCt     = cvMat(3, 3, CV_64F, uct);        // 特徵向量
    // Step 2.1：用保存在 pws 中的 3D 參考點減去第一個控制點 ( 均值中心 )
    // 的座標 ( 相當於把第一個控制點作為原點 )，並存入 PW0 中
    for(int i = 0; i < number_of_correspondences; i++)
        for(int j = 0; j < 3; j++)
```

```
        PW0->data.db[3 * i + j] = pws[3 * i + j] - cws[0][j];
    // Step 2.2：利用特徵值分解得到 3 個主方向
    cvMulTransposed(PW0, &PW0tPW0, 1);
    // 這裡實際是特徵值分解
    cvSVD(&PW0tPW0,                              // A
        &DC,                                     // W，實際是特徵值
        &UCt,                                    // U，實際是特徵向量
        0,                                       // V
        CV_SVD_MODIFY_A | CV_SVD_U_T);           // flags
    cvReleaseMat(&PW0);
    // Step 2.3：得到 C1, C2, C3 3 個 3D 控制點，最後加上之前減掉的第一個控制點
    for(int i = 1; i < 4; i++)
    {
        // 這裡只需要遍歷後面的 3 個控制點
        double k = sqrt(dc[i - 1] / number_of_correspondences);
        for(int j = 0; j < 3; j++)
            cws[i][j] = cws[0][j] + k * uct[3 * (i - 1) + j];
    }
}
```

4. 計算控制點係數並用控制點重新表達資料

我們將世界座標系下的 3D 點的座標表示為對應控制點座標的線性組合：

$$p_i^w = \sum_{j=1}^{4} \alpha_{ij} c_j^w, \quad \sum_{j=1}^{4} \alpha_{ij} = 1 \tag{11-12}$$

式中，α_{ij} 稱為齊次重心座標，它實際上表達的是世界座標系下的 3D 點在控制點座標系下的座標係數。透過第 1 步的方法確定控制點 c_j^w 後，α_{ij} 也是唯一確定的。我們來推導，上式展開後得到

$$p_i^w = \alpha_{i1} c_1^w + \alpha_{i2} c_2^w + \alpha_{i3} c_3^w + \alpha_{i4} c_4^w \tag{11-13}$$

3D 點的重心為 c_1^w，也是第一個控制點。上式左右兩邊分別減去重心，得到

$$
\begin{aligned}
p_i^w - c_1^w &= \alpha_{i1} c_1^w + \alpha_{i2} c_2^w + \alpha_{i3} c_3^w + \alpha_{i4} c_4^w - c_1^w \\
&= \alpha_{i1} c_1^w + \alpha_{i2} c_2^w + \alpha_{i3} c_3^w + \alpha_{i4} c_4^w - (\alpha_{i1} + \alpha_{i2} + \alpha_{i3} + \alpha_{i4}) c_1^w \\
&= \alpha_{i2}(c_2^w - c_1^w) + \alpha_{i3}(c_3^w - c_1^w) + \alpha_{i4}(c_4^w - c_1^w) \\
&= \begin{bmatrix} c_2^w - c_1^w & c_3^w - c_1^w & c_4^w - c_1^w \end{bmatrix} \begin{bmatrix} \alpha_{i2} \\ \alpha_{i3} \\ \alpha_{i4} \end{bmatrix}
\end{aligned}
\tag{11-14}
$$

那麼，世界座標系下控制點的係數可以透過計算得到：

$$\begin{bmatrix} \alpha_{i2} \\ \alpha_{i3} \\ \alpha_{i4} \end{bmatrix} = \begin{bmatrix} \boldsymbol{c}_2^w - \boldsymbol{c}_1^w & \boldsymbol{c}_3^w - \boldsymbol{c}_1^w & \boldsymbol{c}_4^w - \boldsymbol{c}_1^w \end{bmatrix}^{-1} (\boldsymbol{p}_i^w - \boldsymbol{c}_1^w) \tag{11-15}$$

$$\alpha_{i1} = 1 - \alpha_{i2} - \alpha_{i3} - \alpha_{i4}$$

以上是在世界座標系下的推導，那麼在相機座標系下 α_{ij} 滿足如下對應關係嗎？

$$\boldsymbol{p}_i^c = \sum_{j=1}^{4} \alpha_{ij} \boldsymbol{c}_j^c, \ \sum_{j=1}^{4} \alpha_{ij} = 1 \tag{11-16}$$

這裡先舉出結論：**同一個 3D 點在世界座標系下對應控制點的係數 α_{ij} 和其在相機座標系下對應控制點的係數相同。也就是說，可以預先在世界座標系下求取控制點的係數 α_{ij}，然後將其作為已知量拿到相機座標系下使用。**
我們繼續推導，假設待求的相機位姿為 $\boldsymbol{T}$，那麼

$$\begin{aligned} \begin{bmatrix} \boldsymbol{p}_i^c \\ 1 \end{bmatrix} &= \boldsymbol{T} \begin{bmatrix} \boldsymbol{p}_i^w \\ 1 \end{bmatrix} \\ &= \boldsymbol{T} \begin{bmatrix} \sum_{j=1}^{4} \alpha_{ij} \boldsymbol{c}_j^w \\ \sum_{j=1}^{4} \alpha_{ij} \end{bmatrix} \\ &= \sum_{j=1}^{4} \alpha_{ij} \boldsymbol{T} \begin{bmatrix} \boldsymbol{c}_j^w \\ 1 \end{bmatrix} \\ &= \sum_{j=1}^{4} \alpha_{ij} \begin{bmatrix} \boldsymbol{c}_j^c \\ 1 \end{bmatrix} \end{aligned} \tag{11-17}$$

所以，以下結論成立：

$$\boldsymbol{p}_i^c = \sum_{j=1}^{4} \alpha_{ij} \boldsymbol{c}_j^c \tag{11-18}$$

以上推導使用了對權重 α_{ij} 的重要限制條件 $\sum_{j=1}^{4} \alpha_{ij} = 1$，如果沒有該約束，那麼上述結論不成立。

到目前為止，我們已經根據世界座標系下的 3D 點 p_i^w 求出了世界座標系下的 4 個控制點 c_j^w, $j = 1, \cdots, 4$，以及每個 3D 點對應的控制點係數 α_{ij}。前面說過，**同一個 3D 點在世界座標系下對應控制點的係數 α_{ij} 和其在相機座標系下對應控制點的係數相同**。所以，如果能把 4 個控制點在世界座標系下的座標 c_j^w, $j = 1, \cdots, 4$ 求出來，就可以得到 3D 點在相機座標系下的座標 c_j^c, $j = 1, \cdots, 4$，然後就可以根據 ICP 求解位姿。

求解世界座標系下 4 個控制點的係數 α_{ij} 的程式如下。

```
/**
 * @brief 求解世界座標系下 4 個控制點的係數 alphas，在相機座標系下係數不變
 *
 */
void PnPsolver::compute_barycentric_coordinates(void)
{
    // pws 為世界座標系下的 3D 參考點的座標
    // cws1,cws2,cws3,cws4 為世界座標系下 4 個控制點的座標
    // alphas 為 4 個控制點的係數，每個 pws 都有一組 alphas 與之對應
    double cc[3 * 3], cc_inv[3 * 3];
    CvMat CC = cvMat(3, 3, CV_64F, cc);                    // 除第 1 個控制點外，另外 3 個控制點
                                                          // 在控制點座標系下的座標

    CvMat CC_inv = cvMat(3, 3, CV_64F, cc_inv);   // 上面這個矩陣的反矩陣

    // Step 1：第 1 個控制點在質心的位置，後面 3 個控制點減去第 1 個控制點的座標 ( 以第 1 個控制
    // 點為原點 )
    // 減去質心後得到 x,y,z 軸
    //
    // cws 的排列  |cws1_x cws1_y cws1_z|   --->  |cws1|
    //            |cws2_x cws2_y cws2_z|         |cws2|
    //            |cws3_x cws3_y cws3_z|         |cws3|
    //            |cws4_x cws4_y cws4_z|         |cws4|
    //
    // cc 的排列  |cc2_x cc3_x cc4_x| --->|cc2 cc3 cc4|
    //            |cc2_y cc3_y cc4_y|
    //            |cc2_z cc3_z cc4_z|

    // 將後面 3 個控制點 cws 去重心後轉化為 cc
    for(int i = 0; i < 3; i++)                             // x,y,z 軸
        for(int j = 1; j < 4; j++)                        // 哪個控制點
            cc[3 * i + j - 1] = cws[j][i] - cws[0][i];   // 座標索引中的 -1 是考慮到跳
                                                          // 過了第 1 個控制點 0
    cvInvert(&CC, &CC_inv, CV_SVD);
```

```
double * ci = cc_inv;
for(int i = 0; i < number_of_correspondences; i++)
{
    double * pi = pws + 3 * i;      // pi 指向第 i 個 3D 點的啟始位址
    double * a = alphas + 4 * i;    // a 指向第 i 個控制點係數 alphas 的啟始位址
    // pi[]-cws[0][] 表示去質心
    // a0,a1,a2,a3 對應的是 4 個控制點的齊次重心座標
    for(int j = 0; j < 3; j++)
        // 下面 a[1+j] 中加 1 是因為跳過了 a0
        a[1 + j] = ci[3 * j] * (pi[0] - cws[0][0]) +
        ci[3 * j + 1] * (pi[1] - cws[0][1]) +
        ci[3 * j + 2] * (pi[2] - cws[0][2]);
    // 最後計算用於進行歸一化的 a0
    a[0] = 1.0f - a[1] - a[2] - a[3];
}
}
```

5. 透過透視投影關係建構約束

記 w_i 為投影尺度係數，K 為相機本身參數矩陣，u_i 為相機座標系下的 3D 參考點 p_i^c 對應的 2D 投影座標。根據相機投影原理可得

$$w_i \begin{bmatrix} u_i \\ 1 \end{bmatrix} = K p_i^c = K \sum_{j=1}^{4} \alpha_{ij} c_j^c \qquad (11\text{-}19)$$

記控制點 c_j^c 的座標為 $[x_j^c, y_j^c, z_j^c]^\top$，$f_u, f_v$ 為焦距，u_c, v_c 為主點座標，上式可以轉化為

$$w_i \begin{bmatrix} u_i \\ v_i \\ 1 \end{bmatrix} = \begin{bmatrix} f_u & 0 & u_c \\ 0 & f_v & v_c \\ 0 & 0 & 1 \end{bmatrix} \sum_{j=1}^{4} \alpha_{ij} \begin{bmatrix} x_j^c \\ y_j^c \\ z_j^c \end{bmatrix} \qquad (11\text{-}20)$$

根據最後一行可以推導出

$$w_i = \sum_{j=1}^{4} \alpha_{ij} z_j^c, \quad i = 1, \cdots, n \qquad (11\text{-}21)$$

消去最後一行，把上面的矩陣展開寫成等式右邊為 0 的運算式，所以實際上每個點對可以得到 2 個方程式

$$\sum_{j=1}^{4} \alpha_{ij} f_u x_j^c + \alpha_{ij} \left(u_c - u_i \right) z_j^c = 0$$

(11-22)

$$\sum_{j=1}^{4} \alpha_{ij} f_v y_j^c + \alpha_{ij} \left(v_c - v_i \right) z_j^c = 0$$

這裡待求的未知數是相機座標系下的 12 個控制點座 $\left\{ \left(x_j^c, y_j^c, z_j^c \right) \right\}, j = 1, \cdots,$ 4，我們把 n 個匹配點對全部展開，再寫成矩陣的形式：

$$\begin{bmatrix} \alpha_{11} f_u & 0 & \alpha_{11} \left(u_c - u_1 \right) & \cdots & \alpha_{14} f_u & 0 & \alpha_{14} \left(u_c - u_1 \right) \\ 0 & \alpha_{11} f_v & \alpha_{11} \left(v_c - v_1 \right) & \cdots & 0 & \alpha_{14} f_v & \alpha_{14} \left(v_c - v_1 \right) \\ \vdots & & & & & & \\ \alpha_{i1} f_u & 0 & \alpha_{i1} \left(u_c - u_i \right) & \cdots & \alpha_{i4} f_u & 0 & \alpha_{i4} \left(u_c - u_i \right) \\ 0 & \alpha_{i1} f_v & \alpha_{i1} \left(v_c - v_i \right) & \cdots & 0 & \alpha_{i4} f_v & \alpha_{i4} \left(v_c - v_i \right) \\ \vdots & & & & & & \\ \alpha_{n1} f_u & 0 & \alpha_{n1} \left(u_c - u_n \right) & \cdots & \alpha_{n4} f_u & 0 & \alpha_{n4} \left(u_c - u_n \right) \\ 0 & \alpha_{n1} f_v & \alpha_{n1} \left(v_c - v_n \right) & \cdots & 0 & \alpha_{n4} f_v & \alpha_{n4} \left(v_c - v_n \right) \end{bmatrix} \begin{bmatrix} x_1^c \\ y_1^c \\ z_1^c \\ x_2^c \\ y_2^c \\ z_2^c \\ x_3^c \\ y_3^c \\ z_3^c \\ x_4^c \\ y_4^c \\ z_4^c \end{bmatrix} = 0$$

(11-23)

式中，$i = 1, \cdots, n$ 表示點對的數目。我們記左邊第 1 個矩陣為 M，它的大小為 $2n \times 12$；第 2 個矩陣 x 是由待求的未知量組成的矩陣，它的大小為 12×1，則上式可以寫為

$$Mx = O$$

(11-24)

6. 具體求解過程

滿足 $Mx = O$ 的所有的解 x 的集合就是 M 的零空間。零空間（Null Space）有時也稱為核（Kernel）：

$$x = \sum_{i=1}^{N} \beta_i v_i$$

(11-25)

式中，v_i 是 M 的零奇異值對應的右奇異向量，它的維度為 12 × 1。

　　具體求解方法是透過建構 $M^\top M$ 組成方陣，求解其特徵值和特徵向量，特徵值為 0 的特徵向量就是 v_i。這裡需要說明的是，不論有多少點對，$M^\top M$ 的大小永遠是 12 × 12，因此計算複雜度是 $O(n)$。

　　（1）如何確定 N。因為每個點對可以得到 2 個約束方程式，共有 12 個未知數，所以如果有 6 組點對，就能直接求解，此時 $N = 1$。如果相機的焦距逐漸增大，相機模型更趨近於使用正交相機代替透視相機，則零空間的自由度會增加到 $N = 4$。

　　如圖 11-7 所示，水平座標表示透過 $M^\top M$ 特徵值分解得到的 12 個特徵值的序號，垂直座標表示對應特徵值的大小。

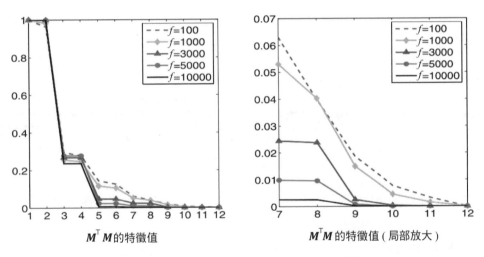

▲ 圖 11-7　$M^\top M$ 的特徵值與焦距 f 的關係 [2]

　　當焦距 $f = 100$ 時，看圖 11-7 中局部放大的右圖，只有 1 個特徵值是 0，所以只用最後一個特徵向量就可以了。

　　當焦距 $f = 10000$ 時，在右圖中可以看到第 9、10、11、12 個特徵值都是 0，也就是說只用最後一個特徵向量是沒有辦法表示的，要用最後 4 個特徵值對應的特徵向量加權才行，這就是最大 $N = 4$ 的來源。

　　這樣，實際上 N 的取值範圍是 $N = 1, 2, 3, 4$。ORB-SLAM2 中的方法是，4 種情況都試一遍，找出其中使得重投影誤差最小的那組解作為最佳的解。

　　接下來就是如何求 $\{\beta_i\}$，$i = 1, \cdots, N$。

　　這裡就要用到我們前面說的剛體結構不變性，即不同座標系下的兩個點的相

對距離是恒定的，也就是

$$\left\|c_i^c - c_j^c\right\|^2 = \left\|c_i^w - c_j^w\right\|^2 \tag{11-26}$$

後面會用到這個限制條件。

下面分別討論。

$N = 1$ 的情況

$x = \beta v$，未知數只有 1 個。記 $v^{[i]}$ 是 3×1 的列向量，表示 v（大小為 12 $\times 1$）的第 i 個控制點 c_i^c 所佔據的 3 個元素組成的子向量，例如 $v^{[1]} = [x_1^c, y_1^c, z_1^c]^\top$ 代表 v 的前 3 個元素，代入上述約束公式可得

$$\left\|\beta v^{[i]} - \beta v^{[j]}\right\|^2 = \left\|c_i^w - c_j^w\right\|^2 \tag{11-27}$$

4 個控制點可以得到 β 的一個閉式解：

$$\beta = \frac{\displaystyle\sum_{\{i,j\}\in[1:4]} \left\|v^{[i]} - v^{[j]}\right\| \cdot \left\|c_i^w - c_j^w\right\|}{\displaystyle\sum_{\{i,j\}\in[1:4]} \left\|v^{[i]} - v^{[j]}\right\|^2} \tag{11-28}$$

式中，$[i, j] \in [1 : 4]$ 表示 i, j 可以從 1 到 4 之間任意取值，也就是從 4 個值中任意取 2 個，有 $C_4^2 = 6$ 種取值。

$N = 2$ 的情況

此時，$x = \beta_1 v_1 + \beta_2 v_2$，代入剛體結構不變性的約束方程式可得

$$\left\|\left(\beta_1 v_1^{[i]} + \beta_2 v_2^{[i]}\right) - \left(\beta_1 v_1^{[j]} + \beta_2 v_2^{[j]}\right)\right\|^2 = \left\|c_i^w - c_j^w\right\|^2 \tag{11-29}$$

展開

$$\left\|\beta_1 \left(v_1^{[i]} - v_1^{[j]}\right) + \beta_2 \left(v_2^{[i]} - v_2^{[j]}\right))\right\|^2$$

$$= \left\|c_i^w - c_j^w\right\|^2 \left[\left(v_1^{[i]} - v_1^{[j]}\right)^2 \quad \left(v_1^{[i]} - v_1^{[j]}\right)\left(v_2^{[i]} - v_2^{[j]}\right) \quad \left(v_2^{[i]} - v_2^{[j]}\right)^2\right] \begin{bmatrix} \beta_{11} \\ \beta_{12} \\ \beta_{22} \end{bmatrix}$$

$$= \left\|c_i^w - c_j^w\right\|^2 \tag{11-30}$$

其中引入了 3 個中間變數：

$$\beta_{11} = \beta_1^2, \beta_{22} = \beta_2^2, \beta_{12} = \beta_1\beta_2 \tag{11-31}$$

上式就變成了線性方程，共有 3 個未知數。根據前面的描述，4 個控制點可以組合構造出 6 個線性方程，組成

$$\boldsymbol{L}\boldsymbol{\beta} = \boldsymbol{\rho} \tag{11-32}$$

式中，$\boldsymbol{\beta} = [\beta_{11}, \beta_{12}, \beta_{22}]^\top$；$\boldsymbol{L}$ 大小為 6×3；$\boldsymbol{\beta}$ 大小為 3×1；$\boldsymbol{\rho}$ 大小為 6×1。解出 $\boldsymbol{\beta}$ 後，可以獲得兩組 β_1, β_2 的解。再加上一個條件：控制點在相機的前端，即 $\boldsymbol{c}_j^c$ 的 z 分量要大於 0，從而 β_1, β_2 唯一確定。

N = 3 的情況

與 N = 2 的解法相同。此時 $\boldsymbol{x} = \beta_1\boldsymbol{v}_1 + \beta_2\boldsymbol{v}_2 + \beta_3\boldsymbol{v}_3$，代入剛體結構不變性的約束方程式可得

$$\left\| \left(\beta_1\boldsymbol{v}_1^{[i]} + \beta_2\boldsymbol{v}_2^{[i]} + \beta_3\boldsymbol{v}_3^{[i]} \right) - \left(\beta_1\boldsymbol{v}_1^{[j]} + \beta_2\boldsymbol{v}_2^{[j]} + \beta_3\boldsymbol{v}_3^{[j]} \right) \right\|^2 = \left\| \boldsymbol{c}_i^w - \boldsymbol{c}_j^w \right\|^2 \tag{11-33}$$

這裡的 $\boldsymbol{\beta} = [\beta_{11}, \beta_{12}, \beta_{13}, \beta_{22}, \beta_{23}, \beta_{33}]^\top$，大小為 6×1，表示待求解的未知數個數為 6，$\boldsymbol{L}$ 的大小為 6×6。

N = 4 的情況

我們著重來推導 N = 4 的情況，因為在 ORB-SLAM2 中 N 是不知道的，程式中實際上直接採用 N = 4 的情況進行計算。此時 $\boldsymbol{x} = \beta_1\boldsymbol{v}_1 + \beta_2\boldsymbol{v}_2 + \beta_3\boldsymbol{v}_3 + \beta_4\boldsymbol{v}_4$，代入剛體結構不變性的約束方程式可得

$$\left\| \left(\beta_1\boldsymbol{v}_1^{[i]} + \beta_2\boldsymbol{v}_2^{[i]} + \beta_3\boldsymbol{v}_3^{[i]} + \beta_4\boldsymbol{v}_4^{[i]} \right) - \left(\beta_1\boldsymbol{v}_1^{[j]} + \beta_2\boldsymbol{v}_2^{[j]} + \beta_3\boldsymbol{v}_3^{[j]} + \beta_4\boldsymbol{v}_4^{[j]} \right) \right\|^2$$
$$= \left\| \boldsymbol{c}_i^w - \boldsymbol{c}_j^w \right\|^2 \tag{11-34}$$

注意，上述 $\boldsymbol{v}_1, \boldsymbol{v}_2, \boldsymbol{v}_3, \boldsymbol{v}_4$ 均為大小為 12×1 的特徵向量，對應 $\boldsymbol{M}^\top\boldsymbol{M}$ 最後 4 個零特徵值。以特徵向量 $\boldsymbol{v}_1$ 為例，$\boldsymbol{v}_1^{[i]}, \boldsymbol{v}_1^{[j]}, [i, j] \in [1 : 4]$ 是上述特徵向量 $\boldsymbol{v}_1$ 拆成的 4 個大小為 3×1 的向量，$\boldsymbol{v}_1^{[i]}, \boldsymbol{v}_1^{[j]}$ 共有 6 種不同的組合方式，即 $[\boldsymbol{v}_1^{[1]}, \boldsymbol{v}_1^{[2]}], [\boldsymbol{v}_1^{[1]}, \boldsymbol{v}_1^{[3]}], [\boldsymbol{v}_1^{[1]}, \boldsymbol{v}_1^{[4]}], [\boldsymbol{v}_1^{[2]}, \boldsymbol{v}_1^{[3]}], [\boldsymbol{v}_1^{[2]}, \boldsymbol{v}_1^{[4]}], [\boldsymbol{v}_1^{[3]}, \boldsymbol{v}_1^{[4]}]$。

等式左右兩邊互換進行化簡：

$$\left\| \boldsymbol{c}_i^w - \boldsymbol{c}_j^w \right\|^2 = \left\| \beta_1(\boldsymbol{v}_1^{[i]} - \boldsymbol{v}_1^{[j]}) + \beta_2(\boldsymbol{v}_2^{[i]} - \boldsymbol{v}_2^{[j]}) + \beta_3(\boldsymbol{v}_3^{[i]} - \boldsymbol{v}_3^{[j]}) + \beta_4(\boldsymbol{v}_4^{[i]} - \boldsymbol{v}_4^{[j]}) \right\|^2$$

$$= \left\| \beta_1 \cdot \boldsymbol{dv}_{1,[i,j]} + \beta_2 \cdot \boldsymbol{dv}_{2,[i,j]} + \beta_3 \cdot \boldsymbol{dv}_{3,[i,j]} + \beta_4 \cdot \boldsymbol{dv}_{4,[i,j]} \right\|^2$$

$$= \beta_1^2 \cdot \boldsymbol{dv}_{1,[i,j]}^2 + 2\beta_1\beta_2 \cdot \boldsymbol{dv}_{1,[i,j]} \cdot \boldsymbol{dv}_{2,[i,j]} + \beta_2^2 \cdot \boldsymbol{dv}_{2,[i,j]}^2 \quad (11\text{-}35)$$

$$+ 2\beta_1\beta_3 \cdot \boldsymbol{dv}_{1,[i,j]} \cdot \boldsymbol{dv}_{3,[i,j]} + 2\beta_2\beta_3 \cdot \boldsymbol{dv}_{2,[i,j]} \cdot \boldsymbol{dv}_{3,[i,j]} + \beta_3^2 \cdot \boldsymbol{dv}_{3,[i,j]}^2$$

$$+ 2\beta_1\beta_4 \cdot \boldsymbol{dv}_{1,[i,j]} \cdot \boldsymbol{dv}_{4,[i,j]} + 2\beta_2\beta_4 \cdot \boldsymbol{dv}_{2,[i,j]} \cdot \boldsymbol{dv}_{4,[i,j]}$$

$$+ 2\beta_3\beta_4 \cdot \boldsymbol{dv}_{3,[i,j]} \cdot \boldsymbol{dv}_{4,[i,j]} + \beta_4^2 \cdot \boldsymbol{dv}_{4,[i,j]}^2$$

上面等式左邊記為 $\boldsymbol{\rho}_{6\times1}$，右邊記為兩個矩陣 $\boldsymbol{L}_{6\times10} \cdot \boldsymbol{\beta}_{10\times1}$ 相乘，下角標表示矩陣的維度，$[i,j] \in [1:4]$，$\boldsymbol{dv}$ 表示差分向量（differece-vector），於是我們可以得到如下結論：

$$\boldsymbol{L}_{6\times10} = \big[\boldsymbol{dv}_1^2, 2\boldsymbol{dv}_1 \cdot \boldsymbol{dv}_2, \boldsymbol{dv}_2^2, 2\boldsymbol{dv}_1 \cdot \boldsymbol{dv}_3, 2\boldsymbol{dv}_2 \cdot \boldsymbol{dv}_3,$$

$$\boldsymbol{dv}_3^2, 2\boldsymbol{dv}_1 \cdot \boldsymbol{dv}_4, 2\boldsymbol{dv}_2 \cdot \boldsymbol{dv}_4, 2\boldsymbol{dv}_3 \cdot \boldsymbol{dv}_4, \boldsymbol{dv}_4^2 \big]_{[i,j] \in [1:4]} \quad (11\text{-}36)$$

$$\boldsymbol{\beta}_{10\times1} = \big[\beta_1^2, \beta_1\beta_2, \beta_2^2, \beta_1\beta_3, \beta_2\beta_3, \beta_3^2, \beta_1\beta_4, \beta_2\beta_4, \beta_3\beta_4, \beta_4^2 \big]^\top$$

$$\boldsymbol{L}_{6\times10} \cdot \boldsymbol{\beta}_{10\times1} = \boldsymbol{\rho}_{6\times1}$$

以上 $\boldsymbol{L}_{6\times10}$ 和 $\boldsymbol{\rho}_{6\times1}$ 是已知的，待求解的是 $\boldsymbol{\beta}_{10\times1}$。

正常來說，我們可以用 SVD 求解，但是這樣做存在如下問題：

- 有 10 個未知數，但只有 6 個方程式，未知數的個數超過了方程式的數目；
- 同時求解這麼多參數都是獨立的，比如求解出來的第 1 個和第 3 個參數對應的 β_1 和 β_2 不一定和求解出來的第 2 個參數 $\beta_1\beta_2$ 相等。所以，即使求出來了也很難確定最終的 4 個 β 值。

在 ORB-SLAM2 程式中作者使用了一種方法：先求初始解，然後最佳化得到最優解。

程式中求矩陣 $\boldsymbol{L}_{6\times10}$ 的過程直接使用上述推導結果，如下所示。

```
/**
 * @brief 計算矩陣 L_6x10，按照 N=4 的情況計算
 *
 * @param[in] ut          特徵值分解之後得到的 12×12 的特徵矩陣
```

```
 * @param[out] l_6x10   計算的 L 矩陣結果，維度為 6×10
 */
void PnPsolver::compute_L_6x10(const double * ut, double * l_6x10)
{
    // Step 1：獲取最後 4 個零特徵值對應的 4 個 12×1 的特徵向量
    const double * v[4];
    // 對應 EPnP 中 N=4 的情況。直接取特徵向量的最後 4 行
    // 以這裡的 v[0] 為例，它是 12×1 的向量，會拆分成 4 個 3×1 的向量 v[0]^[0]，v[0]^[1]，
    // v[0]^[1]，v[0]^[3]，對應 4 個相機座標系控制點
    v[0] = ut + 12 * 11;   // v[0] : v[0][0] ~ v[0][2] => v[0]^[0] ，
                           // * \beta_0 = c0（理論上）
    // v[0][3] ~ v[0][5] => v[0]^[1] ， * \beta_0 = c1
    // v[0][6] ~ v[0][8] => v[0]^[2] ， * \beta_0 = c2
    // v[0][9] ~ v[0][11] => v[0]^[3] ， * \beta_0 = c3
    v[1] = ut + 12 * 10;
    v[2] = ut + 12 * 9;
    v[3] = ut + 12 * 8;

    // Step 2：提前計算中間變數 dv
    // dv 表示差分向量，是 difference-vector 的縮寫
    // 4 表示 N=4 時對應的 4 個 12×1 的向量 v，6 表示 4 對點共
    // 有 6 種兩兩組合方式，3 表示 v^[i] 是一個三維的列向量
    double dv[4][6][3];
    // N=4 的情況．控制第一個下標的是 a，控制第二個下標的是 b，
    // 不過在下面的迴圈中下標都是從 0 開始的
    for(int i = 0; i < 4; i++) {
        // 每一個向量 v[i] 可以提供 4 個控制點的 "雛形" v[i]^[0] ~ v[i]^[3]
        // 這 4 個 "雛形" 兩兩組合，共有 6 種組合方式：
        // 下面的 a 變數就是前面的那個 ID，b 變數就是後面的那個 ID
        int a = 0, b = 1;
        for(int j = 0; j < 6; j++) {
            // dv[i][j]=v[i]^[a]-v[i]^[b]
            // a,b 的取值有 6 種組合方式 0-1 0-2 0-3 1-2 1-3 2-3
            dv[i][j][0] = v[i][3 * a    ] - v[i][3 * b    ];
            dv[i][j][1] = v[i][3 * a + 1] - v[i][3 * b + 1];
            dv[i][j][2] = v[i][3 * a + 2] - v[i][3 * b + 2];
            b++;
            if (b > 3) {
                a++;
                b = a + 1;
            }
        }
    }
    // Step 3：用前面計算的 dv 生成 L 矩陣，對應式 (11-36)
    // 這裡的 6 代表前面每個 12×1 維向量 v 的 4 個 3×1 子向量 v^[i] 對應的 6 種組合方式
    for(int i = 0; i < 6; i++)
        { double * row = l_6x10 + 10 * i;
        row[0] =          dot(dv[0][i], dv[0][i]); //*b11
        row[1] = 2.0f *   dot(dv[0][i], dv[1][i]); //*b12
        row[2] =          dot(dv[1][i], dv[1][i]); //*b22
```

```
    row[3] = 2.0f *     dot(dv[0][i], dv[2][i]); //*b13
    row[4] = 2.0f *     dot(dv[1][i], dv[2][i]); //*b23
    row[5] =            dot(dv[2][i], dv[2][i]); //*b33
    row[6] = 2.0f *     dot(dv[0][i], dv[3][i]); //*b14
    row[7] = 2.0f *     dot(dv[1][i], dv[3][i]); //*b24
    row[8] = 2.0f *     dot(dv[2][i], dv[3][i]); //*b34
    row[9] =            dot(dv[3][i], dv[3][i]); //*b44
    }
}
```

$\boldsymbol{\rho}_{6\times1}$ 的程式實作比較簡單，如下所示。

```
/**
 * @brief 計算 4 個控制點中任意兩點間的距離，共有 6 個距離，對應文獻的式 (13) 中的向量 ρ
 * @param[in] rho 計算結果
 */
void PnPsolver::compute_rho(double * rho)
{
    // 4 個點兩兩組合，共有 6 種組合方式： 01 02 03 12 13 23
    rho[0] = dist2(cws[0], cws[1]);
    rho[1] = dist2(cws[0], cws[2]);
    rho[2] = dist2(cws[0], cws[3]);
    rho[3] = dist2(cws[1], cws[2]);
    rho[4] = dist2(cws[1], cws[3]);
    rho[5] = dist2(cws[2], cws[3]);
}
```

（2） 近似求 β 初始解。下面介紹 ORB-SLAM2 程式中的實作方法。

因為我們剛開始只要求粗糙的初始解即可，所以可以暴力地把 $\boldsymbol{\beta}_{10\times1}$ 中的某些項置為 0。

下面分 N 取不同值來討論。

$N = 4$ 的情況

此時待求量為 $\beta_1, \beta_2, \beta_3, \beta_4$。我們取 $\boldsymbol{\beta}_{10\times1}$ 中的第 1、2、4、7 個元素（不是必須這樣取，這裡只是原始程式中使用的一種方法），共有 4 個元素，得到如下

$$\boldsymbol{\beta}_{4\times1} = \left[\beta_1^2, \beta_1\beta_2, \beta_1\beta_3, \beta_1\beta_4\right]^\top \tag{11-37}$$

當然，對應的 $L_{6\times10}$ 矩陣中每行也取第 1、2、4、7 個對應元素，得到 $L_{6\times4}$，而 $\boldsymbol{\rho}_{6\times1}$ 不變。這樣我們只需用 SVD 求解規模更小的矩陣即可。

$$L_{6\times4} \cdot \boldsymbol{\beta}_{4\times1} = \boldsymbol{\rho}_{6\times1} \tag{11-38}$$

最後得到

$$\beta_1 = \sqrt{\beta_1^2}, \quad \beta_2 = \frac{\beta_1 \beta_2}{\beta_1}, \quad \beta_3 = \frac{\beta_1 \beta_3}{\beta_1}, \quad \beta_4 = \frac{\beta_1 \beta_4}{\beta_1} \tag{11-39}$$

當 $N = 4$ 時，求 $\beta_1, \beta_2, \beta_3, \beta_4$ 近似解的程式如下。

```cpp
/**
 * @brief 計算 N=4 時的粗糙近似解，暴力地將其他量置為 0
 *
 * @param[in] L_6x10    矩陣 L
 * @param[in] Rho 非齊次項 ρ 列向量
 * @param[out] betas    計算得到的 β
 */
void PnPsolver::find_betas_approx_1(const CvMat * L_6x10, const CvMat * Rho,
                    double * betas)
{
    // 計算 N=4 時的粗糙近似解，暴力地將其他量置為 0
    // betas10 = [B11 B12 B22 B13 B23 B33 B14 B24 B34 B44] -- L_6x10 中每一行的內容
    // betas_approx_1 = [B11 B12 B13 B14] -- L_6x4 中一行提取出來的內容
    double l_6x4[6 * 4], b4[4];
    CvMat L_6x4 = cvMat(6, 4, CV_64F, l_6x4);
    CvMat B4    = cvMat(4, 1, CV_64F, b4);
    // 提取 L_6x10 矩陣中每行的第 0、1、3、6 個元素，得到 L_6x4
    for(int i = 0; i < 6; i++) {
        //將 L_6x10 的第 i 行的第 0 個元素設定為 L_6x4 的第 i 行的第 0 個元素
        cvmSet(&L_6x4, i, 0, cvmGet(L_6x10, i, 0));
        cvmSet(&L_6x4, i, 1, cvmGet(L_6x10, i, 1));
        cvmSet(&L_6x4, i, 2, cvmGet(L_6x10, i, 3));
        cvmSet(&L_6x4, i, 3, cvmGet(L_6x10, i, 6));
    }
    // 使用 SVD 求解方程組 L_6x4 * B4 = Rho
    cvSolve(&L_6x4, Rho, &B4, CV_SVD);
    // 得到的解是 b00 b01 b02 b03，因此解出來 b00 即可
    if (b4[0] < 0) {
        betas[0] = sqrt(-b4[0]);
        betas[1] = -b4[1] / betas[0];
        betas[2] = -b4[2] / betas[0];
        betas[3] = -b4[3] / betas[0];
    } else {
        betas[0] = sqrt(b4[0]);
        betas[1] = b4[1] / betas[0];
        betas[2] = b4[2] / betas[0];
        betas[3] = b4[3] / betas[0];
    }
}
```

N = 3 的情況

此時待求量為 $\beta_1, \beta_2, \beta_3$。我們取 $\boldsymbol{\beta}_{10\times1}$ 中的第 1 ～ 5 個元素，共有 5 個元素，得到

$$\boldsymbol{\beta}_{5\times1} = \left[\beta_1^2, \beta_1\beta_2, \beta_2^2, \beta_1\beta_3, \beta_2\beta_3\right]^\top \tag{11-40}$$

當然，對應的 $\boldsymbol{L}_{6\times10}$ 矩陣中每行也取第 1 ～ 5 個對應元素，得到 $\boldsymbol{L}_{6\times5}$，而 $\boldsymbol{\rho}_{6\times1}$ 不變。這樣只要用 SVD 求解規模更小的矩陣

$$\boldsymbol{L}_{6\times5} \cdot \boldsymbol{\beta}_{5\times1} = \boldsymbol{\rho}_{6\times1} \tag{11-41}$$

最後得到

$$\beta_1 = \sqrt{\beta_1^2}, \quad \beta_2 = \sqrt{\beta_2^2}, \quad \beta_3 = \frac{\beta_1\beta_3}{\beta_1} \tag{11-42}$$

N = 2 的情況

此時待求量為 β_1, β_2。我們取 $\boldsymbol{\beta}_{10\times1}$ 中的第 1 ～ 3 個元素，共有 3 個元素，得到

$$\boldsymbol{\beta}_{5\times1} = \left[\beta_1^2, \beta_1\beta_2, \beta_2^2\right]^\top \tag{11-43}$$

當然，對應的 $\boldsymbol{L}_{6\times10}$ 矩陣中每行也取第 1 ～ 3 個對應元素，得到 $\boldsymbol{L}_{6\times3}$，而 $\boldsymbol{\rho}_{6\times1}$ 不變。這樣我們只要用 SVD 求解規模更小的矩陣就行了：

$$\boldsymbol{L}_{6\times3} \cdot \boldsymbol{\beta}_{3\times1} = \boldsymbol{\rho}_{6\times1} \tag{11-44}$$

最後得到

$$\beta_1 = \sqrt{\beta_1^2}, \quad \beta_2 = \sqrt{\beta_2^2} \tag{11-45}$$

（3）高斯牛頓最佳化。我們的目標是最佳化兩個座標系下控制點間距的差，使得其誤差最小，如下所示。

$$f(\boldsymbol{\beta}) = \sum_{(i,j \text{ s.t. } i<j)} \left(\|\boldsymbol{c}_i^c - \boldsymbol{c}_j^c\|^2 - \|\boldsymbol{c}_i^w - \boldsymbol{c}_j^w\|^2\right) \tag{11-46}$$

我們前面已經計算了 $N=4$ 的情況下 $\left\|\boldsymbol{c}_i^c - \boldsymbol{c}_j^c\right\|^2 = \left\|\boldsymbol{c}_i^w - \boldsymbol{c}_j^w\right\|^2$ 的運算式為

$$L_{6 \times 10} \cdot \boldsymbol{\beta}_{10 \times 1} = \boldsymbol{\rho}_{6 \times 1} \tag{11-47}$$

記待最佳化目標 $\boldsymbol{\beta}$ 為

$$
\begin{aligned}
\boldsymbol{\beta}_{10 \times 1} &= \begin{bmatrix} \beta_1^2 & \beta_1\beta_2 & \beta_2^2 & \beta_1\beta_3 & \beta_2\beta_3 & \beta_3^2 & \beta_1\beta_4 & \beta_2\beta_4 & \beta_3\beta_4 & \beta_4^2 \end{bmatrix}^\top \\
&= \begin{bmatrix} \beta_{11} & \beta_{12} & \beta_{22} & \beta_{13} & \beta_{23} & \beta_{33} & \beta_{14} & \beta_{24} & \beta_{34} & \beta_{44} \end{bmatrix}^\top
\end{aligned} \tag{11-48}
$$

上面的誤差函式可以寫為

$$f(\boldsymbol{\beta}) = L\boldsymbol{\beta} - \boldsymbol{\rho} \tag{11-49}$$

兩邊對 $\boldsymbol{\beta}$ 求偏導，由於 $\boldsymbol{\rho}$ 和 $\boldsymbol{\beta}$ 無關，因此一階雅可比矩陣為

$$
\begin{aligned}
\boldsymbol{J} &= \frac{\partial f(\boldsymbol{\beta})}{\boldsymbol{\beta}} = \begin{bmatrix} \dfrac{\partial f(\boldsymbol{\beta})}{\partial \beta_1} & \dfrac{\partial f(\boldsymbol{\beta})}{\partial \beta_2} & \dfrac{\partial f(\boldsymbol{\beta})}{\partial \beta_3} & \dfrac{\partial f(\boldsymbol{\beta})}{\partial \beta_4} \end{bmatrix} \\
&= \begin{bmatrix} \dfrac{\partial (L\boldsymbol{\beta})}{\partial \beta_1} & \dfrac{\partial (L\boldsymbol{\beta})}{\partial \beta_2} & \dfrac{\partial (L\boldsymbol{\beta})}{\partial \beta_3} & \dfrac{\partial (L\boldsymbol{\beta})}{\partial \beta_4} \end{bmatrix}
\end{aligned} \tag{11-50}
$$

前面我們已經知道 L 的維度是 6×10，$\boldsymbol{\beta}$ 的維度是 10×1，我們以 L 的第一行 L^1 為例來推導

$$
\boldsymbol{L^1\beta} = \begin{bmatrix} L_1^1 & L_2^1 & L_3^1 & L_4^1 & L_5^1 & L_6^1 & L_7^1 & L_8^1 & L_9^1 & L_{10}^1 \end{bmatrix} \begin{bmatrix} \beta_{11} \\ \beta_{12} \\ \beta_{22} \\ \beta_{13} \\ \beta_{23} \\ \beta_{33} \\ \beta_{14} \\ \beta_{24} \\ \beta_{34} \\ \beta_{44} \end{bmatrix} \tag{11-51}
$$

$$
\begin{aligned}
= {}& L_1^1\beta_{11} + L_2^1\beta_{12} + L_3^1\beta_{22} + L_4^1\beta_{13} + L_5^1\beta_{23} + L_6^1\beta_{33} + L_7^1\beta_{14} \\
&+ L_8^1\beta_{24} + L_9^1\beta_{34} + L_{10}^1\beta_{44}
\end{aligned}
$$

分別求偏導後得到

$$\frac{\partial(\boldsymbol{L}_1\boldsymbol{\beta})}{\partial\beta_1} = 2L_1^1\beta_1 + L_2^1\beta_2 + L_4^1\beta_3 + L_7^1\beta_4$$

$$\frac{\partial(\boldsymbol{L}_1\boldsymbol{\beta})}{\partial\beta_2} = L_2^1\beta_1 + 2L_3^1\beta_2 + L_5^1\beta_3 + L_8^1\beta_4$$

$$\frac{\partial(\boldsymbol{L}_1\boldsymbol{\beta})}{\partial\beta_3} = L_4^1\beta_1 + L_5^1\beta_2 + 2L_6^1\beta_3 + L_9^1\beta_4 \tag{11-52}$$

$$\frac{\partial(\boldsymbol{L}_1\boldsymbol{\beta})}{\partial\beta_4} = L_7^1\beta_1 + L_8^1\beta_2 + L_9^1\beta_3 + 2L_{10}^1\beta_4$$

高斯牛頓法的增量方程式：

$$\boldsymbol{H}\Delta\boldsymbol{x} = \boldsymbol{g}$$

$$\boldsymbol{J}^\top\boldsymbol{J}\Delta\boldsymbol{x} = -\boldsymbol{J}^\top f(x) \tag{11-53}$$

$$\boldsymbol{J}\Delta\boldsymbol{x} = -f(x)$$

對應非齊次項 $-f(\boldsymbol{\beta}) = \boldsymbol{\rho} - \boldsymbol{L}\boldsymbol{\beta}$。

以上過程的程式實作如下。

```
/**
 * @brief 計算使用高斯牛頓法最佳化時增量方程式中的係數矩陣和非齊次項
 * @param[in] l_6×10 L 矩陣
 * @param[in] rho Rho 矩向量
 * @param[in] cb   當前次迭代得到的 beta1 ~ beta4
 * @param[out] A   計算得到的增量方程式中的係數矩陣
 * @param[out] b   計算得到的增量方程式中的非齊次項
 */
void PnPsolver::compute_A_and_b_gauss_newton(const double * l_6x10, const dou-
ble * rho, double betas[4], CvMat * A, CvMat * b)
{
    // 一共有 6 個方程組，對每一行 ( 每一個方程式 ) 展開遍歷；
    // 其中每一行的約束均由一對點來提供，因此不同行線性無關，可以獨立計算
    for(int i = 0; i < 6; i++) {
        // 獲得矩陣 L 中的行指標
        const double * rowL = l_6x10 + i * 10;
        double * rowA = A->data.db + i * 4;

        // Step 1：計算當前行的雅可比矩陣
        rowA[0] = 2 * rowL[0] * betas[0] +  rowL[1] * betas[1] +     rowL[3]
* betas[2] +  rowL[6] * betas[3];
        rowA[1] =   rowL[1] * betas[0] + 2 * rowL[2] * betas[1] +    rowL[4]
```

```
* betas[2] +   rowL[7] * betas[3];
        rowA[2] =  rowL[3] * betas[0] +    rowL[4] * betas[1] + 2 *  rowL[5]
* betas[2] +   rowL[8] * betas[3];
        rowA[3] =  rowL[6] * betas[0] +    rowL[7] * betas[1] +      rowL[8]
* betas[2] + 2 * rowL[9] * betas[3];

        // Step 2：計算當前行的非齊次項
        cvmSet(b, i, 0, rho[i] -
                (     // 從 0 開始的下標 | 從 1 開始的下標
                    rowL[0] * betas[0] * betas[0] +    //b00 b11
                    rowL[1] * betas[0] * betas[1] +    //b01 b12
                    rowL[2] * betas[1] * betas[1] +    //b11 b22
                    rowL[3] * betas[0] * betas[2] +    //b02 b13
                    rowL[4] * betas[1] * betas[2] +    //b12 b23
                    rowL[5] * betas[2] * betas[2] +    //b22 b33
                    rowL[6] * betas[0] * betas[3] +    //b03 b14
                    rowL[7] * betas[1] * betas[3] +    //b13 b24
                    rowL[8] * betas[2] * betas[3] +    //b23 b34
                    rowL[9] * betas[3] * betas[3]      //b33 b44
                ));
    }
}
```

（4）使用 ICP 求解位姿。

第 1 步，記 3D 點在世界座標系下的座標及對應相機座標系下的座標分別是 $\boldsymbol{p}_i^w, \boldsymbol{p}_i^c, i = 1, \cdots, n$。

第 2 步，分別計算它們的質心：

$$
\begin{aligned}
\boldsymbol{p}_0^w &= \frac{1}{n} \sum_{i=1}^{n} \boldsymbol{p}_i^w \\
\boldsymbol{p}_0^c &= \frac{1}{n} \sum_{i=1}^{n} \boldsymbol{p}_i^c
\end{aligned}
\tag{11-54}
$$

第 3 步，計算 $\{\boldsymbol{p}_i^w\}_{i=1,\cdots,n}$ 去質心 $\boldsymbol{p}_0^w$ 後的矩陣 $\boldsymbol{A}$：

$$
\boldsymbol{A} = \begin{bmatrix} \boldsymbol{p}_1^{w\top} - \boldsymbol{p}_0^{w\top} \\ \vdots \\ \boldsymbol{p}_n^{w\top} - \boldsymbol{p}_0^{w\top} \end{bmatrix}
\tag{11-55}
$$

第 4 步，計算 $\{p_i^c\}_{i=1,\cdots,n}$ 去質心 p_0^c 後的矩陣 B：

$$B = \begin{bmatrix} p_1^{c^\top} - p_0^{c^\top} \\ \vdots \\ p_n^{c^\top} - p_0^{c^\top} \end{bmatrix} \tag{11-56}$$

第 5 步，得到矩陣 H：

$$H = B^\top A \tag{11-57}$$

第 6 步，計算 H 的 SVD 分解：

$$H = U\Sigma V^\top \tag{11-58}$$

第 7 步，計算位姿中的旋轉 R：

$$R = UV^\top \tag{11-59}$$

第 8 步，計算位姿中的平移 t：

$$t = p_0^c - Rp_0^w \tag{11-60}$$

使用 ICP 求解位姿的過程的程式實作如下。

```
/**
 * @brief 根據 3D 點在世界座標系和相機座標系下的座標，用 ICP 求取 R,t
 * @param[out] R    旋轉
 * @param[out] t    平移
 */
void PnPsolver::estimate_R_and_t(double R[3][3], double t[3])
{
    // Step 1：計算 3D 點的質心
    double pc0[3], //3D 點在世界座標系下的座標的質心
    pw0[3]; //3D 點在相機座標系下的座標的質心
    // 初始化這兩個質心
    pc0[0] = pc0[1] = pc0[2] = 0.0;
    pw0[0] = pw0[1] = pw0[2] = 0.0;
    // 累加求質心
    for(int i = 0; i < number_of_correspondences; i++) {
```

```
        const double * pc = pcs + 3 * i;
        const double * pw = pws + 3 * i;
        for(int j = 0; j < 3; j++) {
            pc0[j] += pc[j];
            pw0[j] += pw[j];
        }
    }
    for(int j = 0; j < 3; j++) {
        pc0[j] /= number_of_correspondences;
        pw0[j] /= number_of_correspondences;
    }
    // 準備構造矩陣 A、B 以及 B^T*A 的 SVD 分解的值
    double abt[3 * 3], abt_d[3], abt_u[3 * 3], abt_v[3 * 3];
    CvMat ABt   = cvMat(3, 3, CV_64F, abt);       // H=B^T*A
    CvMat ABt_D = cvMat(3, 1, CV_64F, abt_d);     // 奇異值分解得到的特徵值
    CvMat ABt_U = cvMat(3, 3, CV_64F, abt_u);     // 奇異值分解得到的左特徵矩陣
    CvMat ABt_V = cvMat(3, 3, CV_64F, abt_v);     // 奇異值分解得到的右特徵矩陣

    // Step 2：構造矩陣 H=B^T*A
    cvSetZero(&ABt);
    // 遍歷每一個 3D 點
    for(int i = 0; i < number_of_correspondences; i++) {
        // 定位
        double * pc = pcs + 3 * i;
        double * pw = pws + 3 * i;
        // 計算 H=B^T*A，其中兩個矩陣構造和相乘的操作被融合在一起了
        for(int j = 0; j < 3; j++) {
            abt[3 * j    ] += (pc[j] - pc0[j]) * (pw[0] - pw0[0]);
            abt[3 * j + 1] += (pc[j] - pc0[j]) * (pw[1] - pw0[1]);
            abt[3 * j + 2] += (pc[j] - pc0[j]) * (pw[2] - pw0[2]);
        }
    }

    // Step 3：對得到的 H 矩陣進行奇異值分解
    cvSVD(&ABt, &ABt_D, &ABt_U, &ABt_V, CV_SVD_MODIFY_A);

    // Step 4：R=U*V^T，並進行合法性檢查
    for(int i = 0; i < 3; i++)
    for(int j = 0; j < 3; j++)
        R[i][j] = dot(abt_u + 3 * i, abt_v + 3 * j);
    // 注意，在得到 R 以後，需要保證 det(R)=1>0
    const double det =
        R[0][0] * R[1][1] * R[2][2] + R[0][1] * R[1][2] * R[2][0] + R[0][2] *
R[1][0] * R[2][1] -
        R[0][2] * R[1][1] * R[2][0] - R[0][1] * R[1][0] * R[2][2] - R[0][0] *
R[1][2] * R[2][1];
    // 如果小於 0，則要加負號
    if (det < 0)
```

```
    {
        R[2][0] = -R[2][0];
        R[2][1] = -R[2][1];
        R[2][2] = -R[2][2];
    }

    // Step 5：根據 R 計算 t
    t[0] = pc0[0] - dot(R[0], pw0);
    t[1] = pc0[1] - dot(R[1], pw0);
    t[2] = pc0[2] - dot(R[2], pw0);
}
```

7. EPnP 整體流程總結

首先，根據計算出來的 $\boldsymbol{\beta}, \boldsymbol{v}$ 得到相機座標系下的 4 個控制點的座標 $\{\boldsymbol{c}_j = (x_j^c, y_j^c, z_j^c)\}, j = 1, \cdots, 4$。

$$\boldsymbol{x} = \sum_{i=1}^{N} \beta_i \boldsymbol{v}_i \tag{11-61}$$

然後，根據相機座標系下的控制點的座標 $\boldsymbol{c}_j$ 和控制點的係數 α_{ij}（透過世界座標系下的 3D 點計算得到）得到相機座標系下的 3D 點的座標 $\boldsymbol{p}_i^c$

$$\boldsymbol{p}_i^c = \sum_{j=1}^{4} \alpha_{ij} \boldsymbol{c}_j^c \tag{11-62}$$

最後，已經知道 3D 點在世界座標系下的座標 $\boldsymbol{p}_i^w$ 及對應相機座標系下的坐標 $\boldsymbol{p}_i^c$，用 ICP 求解 $\boldsymbol{R}, \boldsymbol{t}$ 即可。

使用 EPnP 演算法計算相機的位姿的程式實作如下。

```
/**
 * @brief 使用 EPnP 演算法計算相機的位姿
 * @param[out] R    求解位姿中的旋轉矩陣
 * @param[out] T    求解位姿中的平移向量
 * @return double   使用當前估計的位姿計算的匹配點對的平均重投影誤差
 */
double PnPsolver::compute_pose(double R[3][3], double t[3])
{
    // Step 1：獲得 EPnP 演算法中的 4 個控制點
    choose_control_points();
    // Step 2：計算世界座標系下每個 3D 點用 4 個控制點線性串達時的係數 alphas
    compute_barycentric_coordinates();
    // Step 3：構造 M 矩陣，大小為 2n*12，n 為使用的匹配點對數目
```

```
CvMat * M = cvCreateMat(2 * number_of_correspondences, 12, CV_64F);
// 根據每一對匹配點的資料來填充矩陣 M 中的資料
// alphas：世界座標系下的 3D 點用 4 個虛擬控制點表達時的係數
// us：影像座標系下的 2D 點座標
for(int i = 0; i < number_of_correspondences; i++)
    fill_M(M, 2 * i, alphas + 4 * i, us[2 * i], us[2 * i + 1]);
double mtm[12 * 12], d[12], ut[12 * 12];
CvMat MtM = cvMat(12, 12, CV_64F, mtm);
CvMat D = cvMat(12, 1, CV_64F, d);
CvMat Ut = cvMat(12, 12, CV_64F, ut);

// Step 4：求解 Mx = 0
// Step 4.1：SVD 分解
cvMulTransposed(M, &MtM, 1);
cvSVD(&MtM, &D, &Ut, 0, CV_SVD_MODIFY_A | CV_SVD_U_T);
cvReleaseMat(&M);
// Step 4.2：計算分情況討論時需要用到的矩陣 L 和 ρ
double l_6x10[6 * 10], rho[6];
CvMat L_6x10 = cvMat(6, 10, CV_64F, l_6x10);
CvMat Rho   = cvMat(6, 1, CV_64F, rho);
// 計算這兩個量，6x10 是按照 N=4 的情況來計算的
compute_L_6x10(ut, l_6x10);
compute_rho(rho);
// Step 4.3 分別計算 N=2,3,4 時能夠求解得到的相機位姿 R,t，並得到平均重投影誤差
double Betas[4][4],    // 第 1 維度表示 4 種情況，第 2 維度表示 beta1~beta4
rep_errors[4];         // 重投影誤差
double Rs[4][3][3],    // 每一種情況迭代最佳化後得到的旋轉矩陣
ts[4][3];              // 每一種情況迭代最佳化後得到的平移向量
// 求解近似解：N=4 的情況
find_betas_approx_1(&L_6x10, &Rho, Betas[1]);
// 用高斯牛頓法迭代最佳化得到 beta
gauss_newton(&L_6x10, &Rho, Betas[1]);
// 計算所有匹配點的平均重投影誤差
rep_errors[1] = compute_R_and_t(ut, Betas[1], Rs[1], ts[1]);
// 求解近似解：N=2 的情況
find_betas_approx_2(&L_6x10, &Rho, Betas[2]);
gauss_newton(&L_6x10, &Rho, Betas[2]);
rep_errors[2] = compute_R_and_t(ut, Betas[2], Rs[2], ts[2]);
// 求解近似解：N=3 的情況
find_betas_approx_3(&L_6x10, &Rho, Betas[3]);
gauss_newton(&L_6x10, &Rho, Betas[3]);
rep_errors[3] = compute_R_and_t(ut, Betas[3], Rs[3], ts[3]);

// Step 5：看看哪種情況得到的效果最好，然後就選哪個
int N = 1;
if (rep_errors[2] < rep_errors[1]) N = 2;
if (rep_errors[3] < rep_errors[N]) N = 3;
```

```
// Step 6：將最佳計算結果保存
copy_R_and_t(Rs[N], ts[N], R, t);
// Step 7：傳回匹配點對的平均重投影誤差，作為對相機位姿估計的評價
return rep_errors[N];
}
```

8. 選擇最佳 EPnP 結果

以上只是一次 EPnP 過程，程式中會隨機選擇點對進行多次 EPnP 求解位姿，那麼到底哪個位姿才是最好的呢？程式中採用的是實用主義，用估計的位姿來計算重投影誤差，選擇重投影誤差最小的那組解對應的位姿作為最佳位姿。

具體程式如下。

```
/**
 * @brief 計算在給定位姿時 3D 點的重投影誤差
 * @param[in] R      給定旋轉
 * @param[in] t      給定平移
 * @return double    重投影誤差是平均到每一對匹配點上的誤差
 */
double PnPsolver::reprojection_error(const double R[3][3], const double t[3])
{
    // 統計誤差的平方
    double sum2 = 0.0;
    // 遍歷每個 3D 點
    for(int i = 0; i < number_of_correspondences; i++) {
        // 指標定位
        double * pw = pws + 3 * i;
        // 計算這個 3D 點在相機座標系下的座標，用逆深度表示
        double Xc = dot(R[0], pw) + t[0];
        double Yc = dot(R[1], pw) + t[1];
        double inv_Zc = 1.0 / (dot(R[2], pw) + t[2]);
        // 計算投影點
        double ue = uc + fu * Xc * inv_Zc;
        double ve = vc + fv * Yc * inv_Zc;
        // 計算投影點與匹配 2D 點的歐氏距離的平方
        double u = us[2 * i], v = us[2 * i + 1];
        // 得到其歐氏距離並累加
        sum2 += sqrt( (u - ue) * (u - ue) + (v - ve) * (v - ve) );
    }
    // 傳回平均誤差
    return sum2 / number_of_correspondences;
}
```

11.4　局部地圖追蹤

師兄：我們前面講解的三種追蹤方式—— 參考主要畫面格追蹤、恒速模型追蹤、重定位追蹤—— 都稱為第一階段追蹤，它們的目的是保證能夠「跟得上」，但因為用到的資訊有限，所以得到的位姿可能不太準確。接下來我們要講的就是追蹤的第二階段—— 局部地圖追蹤，它將當前畫面格的局部主要畫面格對應的局部地圖點投影到該畫面格中，得到更多的特徵點匹配關係，對第一階段的位姿再次進行最佳化，得到相對準確的位姿。

小白：ORB-SLAM2 中追蹤部分有 local map，還有一個執行緒叫 local mapping，這兩個概念怎麼區分呢？

師兄：雖然這兩個名字取得有點類似，但是它們的功能差別很大。

首先，local map 是指局部地圖，局部地圖來自局部主要畫面格對應的地圖點，而局部主要畫面格包括當前普通畫面格的一級共視主要畫面格、二級共視主要畫面格及其子主要畫面格和父主要畫面格。local map 的目的是增加更多的投影匹配約束關係，僅最佳化當前畫面格的位姿，不最佳化局部主要畫面格，也不最佳化地圖點。

其次，local mapping 是指局部地圖建構執行緒，用來處理追蹤過程中建立的主要畫面格，包括這些主要畫面格之間互相匹配生成新的可靠的地圖點、一起最佳化當前主要畫面格及其共視主要畫面格的位姿和地圖點。根據最佳化結果刪除地圖中不可靠的地圖點、容錯的主要畫面格。local mapping 的目的是讓已有的主要畫面格之間產生更多的聯繫，產生更多可靠的地圖點，最佳化共視主要畫面格的位姿及其地圖點，使得追蹤更穩定。這部分我們在第 12 章中細講。

11.4.1　局部主要畫面格

師兄：前面簡單介紹了局部主要畫面格，下面來看看到底怎麼確定局部主要畫面格。為方便理解，我們先來看一個局部主要畫面格的示意圖，如圖 11-8 所示。當前畫面格 F 的局部主要畫面格包括：

- 能夠觀測到當前畫面格 F 中地圖點的共視主要畫面格 KF1、KF2，稱為一級共視主要畫面格。

- 一級共視主要畫面格的共視主要畫面格（程式中取前 10 個共視程度最高的主要畫面格），比如圖 11-8 中的 KF1 的共視主要畫面格為 KF3、KF4，KF2 的共視主要畫面格為 KF5、KF6，稱為二級共視主要畫面格。
- 一級共視主要畫面格的父主要畫面格和子主要畫面格。當前主要畫面格共視程度最高的主要畫面格稱為父主要畫面格，反過來，當前主要畫面格稱為對方的子主要畫面格。圖 11-8 中 KF7 是 KF1 的父主要畫面格；反過來，KF1 是 KF7 的子主要畫面格。一個主要畫面格只有一個父主要畫面格，但可以有多個子主要畫面格。

總結：圖 11-8 中當前畫面格 F 的局部主要畫面格為一級共視主要畫面格 KF1、KF2，二級共視主要畫面格 KF3、KF4、KF5、KF6，一級共視主要畫面格的父子主要畫面格 KF7、KF8。

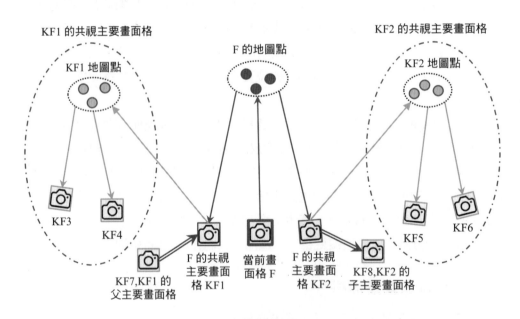

▲圖 11-8 當前畫面格的局部主要畫面格

ORB-SLAM2 中尋找局部主要畫面格的程式實作如下。

```
/**
 * @brief 追蹤局部地圖函式中的函式：更新局部主要畫面格
```

```
 *  方法是遍歷當前畫面格的地圖點,將觀測到地圖點的主要畫面格和相鄰的主要畫面格及其父子主要畫面格
 *  作為局部主要畫面格
 *  Step 1:遍歷當前畫面格的地圖點,記錄所有能觀測到當前畫面格地圖點的主要畫面格
 *  Step 2:更新局部主要畫面格(mvpLocalKeyFrames),增加局部主要畫面格包括以下三種類型
 *       類型 1:能觀測到當前畫面格地圖點的主要畫面格,稱為一級共視主要畫面格
 *       類型 2:一級共視主要畫面格的共視主要畫面格,稱為二級共視主要畫面格
 *       類型 3:一級共視主要畫面格的子主要畫面格、父主要畫面格
 *  Step 3:更新當前畫面格的參考主要畫面格,將與自己共視程度最高的主要畫面格作為參考主要畫面格
 */
void Tracking::UpdateLocalKeyFrames()
{
    // Step 1:遍歷當前畫面格的地圖點,記錄所有能觀測到當前畫面格地圖點的主要畫面格
    map<KeyFrame*,int> keyframeCounter;
    for(int i=0; i<mCurrentFrame.N; i++)
    {
        if(mCurrentFrame.mvpMapPoints[i])
        {
            MapPoint* pMP = mCurrentFrame.mvpMapPoints[i];
            if(!pMP->isBad())
            {
                // 得到觀測到該地圖點的主要畫面格和該地圖點在主要畫面格中的索引
                const map<KeyFrame*,size_t> observations=pMP->GetObservations();
                // 由於一個地圖點可以被多個主要畫面格觀測到,因此對於每一次觀測,
                // 都對觀測到這個地圖點的主要畫面格進行累計投票
                for(map<KeyFrame*,size_t>::const_iterator it=
observations.begin(), itend=observations.end(); it!=itend; it++)
                    // 這裡的操作非常精彩!
                    // map[key] = value,當要插入的鍵存在時,會覆蓋鍵對應的原來的值。
                    // 如果鍵不存在,則增加一組鍵值對
                    // it->first 是地圖點看到的主要畫面格,同一個主要畫面格看到的地圖點會累加
                    // 到該主要畫面格計數
                    // 最後 keyframeCounter 第一個參數表示某個主要畫面格,
                    // 第 2 個參數表示該主要畫面格看到了多少個當前畫面格的地圖點,也就是共視程度
                    keyframeCounter[it->first]++;
            }
            else
            {
                mCurrentFrame.mvpMapPoints[i]=NULL;
            }
        }
    }
    // 當前畫面格沒有共視主要畫面格,傳回
    if(keyframeCounter.empty())
        return;
    // 儲存具有最多觀測次數(max)的主要畫面格
    int max=0;
    KeyFrame* pKFmax= static_cast<KeyFrame*>(NULL);
```

```
// Step 2：更新局部主要畫面格，增加局部主要畫面格有三種類型
// 先清空局部主要畫面格
mvpLocalKeyFrames.clear();
// 申請 3 倍記憶體，不夠後面再加
mvpLocalKeyFrames.reserve(3*keyframeCounter.size());
// Step 2.1：類型 1，能觀測到當前畫面格地圖點的主要畫面格作為局部主要畫
// 面格 ( 一級共視主要畫面格 )
for(map<KeyFrame*,int>::const_iterator it=keyframeCounter.begin(),
itEnd=keyframeCounter.end(); it!=itEnd; it++)
{
    KeyFrame* pKF = it->first;
    // 如果設定為要刪除的，則跳過
    if(pKF->isBad())
        continue;
    // 尋找具有最大觀測數目的主要畫面格
    if(it->second>max)
    {
        max=it->second;
        pKFmax=pKF;
    }
    // 增加到局部主要畫面格的串列中
    mvpLocalKeyFrames.push_back(it->first);
    // 記錄當前畫面格的 ID，可以防止重複增加局部主要畫面格
    pKF->mnTrackReferenceForFrame = mCurrentFrame.mnId;
}

// Step 2.2：遍歷一級共視主要畫面格，尋找更多的局部主要畫面格
for(vector<KeyFrame*>::const_iterator itKF=mvpLocalKeyFrames.begin(),
itEndKF=mvpLocalKeyFrames.end(); itKF!=itEndKF; itKF++)
{
    // 局部主要畫面格不超過 80 畫面格
    if(mvpLocalKeyFrames.size()>80)
        break;
    KeyFrame* pKF = *itKF;
    // 類型 2，一級共視主要畫面格的共視 ( 前 10 個 ) 主要畫面格，稱為二級共視主要畫面格 ( 將
    // 鄰居的鄰居拉攏入夥 )
    // 如果共視主要畫面格不足 10 畫面格，則傳回所有具有共視關係的主要畫面格
    const vector<KeyFrame*> vNeighs = pKF->GetBestCovisibilityKeyFrames(10);
    // vNeighs 是按照共視程度從大到小排列的
    for(vector<KeyFrame*>::const_iterator itNeighKF=vNeighs.begin(),
itEndNeighKF=vNeighs.end(); itNeighKF!=itEndNeighKF; itNeighKF++)
    {
        KeyFrame* pNeighKF = *itNeighKF;
        if(!pNeighKF->isBad())
        {
            // 前面記錄的 ID 在這裡使用，防止重複增加局部主要畫面格
            if(pNeighKF->mnTrackReferenceForFrame!=mCurrentFrame.mnId)
            {
```

```
                    mvpLocalKeyFrames.push_back(pNeighKF);
                    pNeighKF->mnTrackReferenceForFrame=mCurrentFrame.mnId;
                    break;
                }
            }
        }
    // 類型 3，將一級共視主要畫面格的子主要畫面格作為局部主要畫面格 ( 將鄰居的孩子們拉攏入夥 )
    // 將一級共視主要畫面格的父主要畫面格作為局部主要畫面格 ( 將鄰居的父母們拉攏入夥 )
    // ......
    }

    // Step 3：更新當前畫面格的參考主要畫面格，將與自己共視程度最高的主要畫面格作為參考主要畫面格
    if(pKFmax)
    {
        mpReferenceKF = pKFmax;
        mCurrentFrame.mpReferenceKF = mpReferenceKF;
    }
}
```

11.4.2　局部地圖點

　　小白：那局部地圖點就是由局部主要畫面格對應的所有地圖點組成的吧？

　　師兄：是的。圖 11-9 所示是 ORB-SLAM2 在 TUM 某個資料集上執行過程中的截圖，其中綠色框表示當前畫面格，藍色小三角形表示主要畫面格，藍色虛線橢圓形框內的主要畫面格是當前畫面格的局部主要畫面格，這些局部主要畫面格對應的地圖點在圖 11-9 中標記為紅色，所有紅色地圖點表示當前畫面格的局部地圖點。

　　小白：從當前畫面格的朝向來看，它能看到的地圖點很有限，就是兩個綠色虛線箭頭夾著的區域吧？紅色的局部地圖點所占的空間要大好多啊！甚至在當前畫面格的背面都有！

　　師兄：是的。當前畫面格觀測到的地圖點在兩個綠色虛線箭頭之間，這部分要遠小於紅色的局部地圖點區域。這也是局部地圖追蹤的意義所在。我們透過局部主要畫面格獲得了比當前畫面格多得多的地圖點。當然，這些地圖點並不能全部用來匹配和最佳化，我們在 11.4.3 節中再討論。

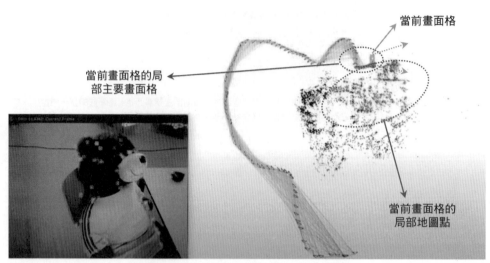

當前畫面格

當前畫面格的局
部主要畫面格

當前畫面格的
局部地圖點

▲ 圖 11-9 局部主要畫面格和局部地圖點

局部地圖點的更新程式如下。

```
/*
 * @brief 更新局部關鍵點。先把局部地圖清空，再把局部主要畫面格的有效地圖點增加到局部地圖中
 */
void Tracking::UpdateLocalPoints()
{
    // Step 1：清空局部地圖點
    mvpLocalMapPoints.clear();

    // Step 2：遍歷局部主要畫面格 mvpLocalKeyFrames
    for(vector<KeyFrame*>::const_iterator itKF=mvpLocalKeyFrames.begin(),
itEndKF=mvpLocalKeyFrames.end(); itKF!=itEndKF; itKF++)
    {
        KeyFrame* pKF = *itKF;
        const vector<MapPoint*> vpMPs = pKF->GetMapPointMatches();

        // step 3：將局部主要畫面格的地圖點增加到 mvpLocalMapPoints 中
        for(vector<MapPoint*>::const_iterator itMP=vpMPs.begin(),
itEndMP=vpMPs.end(); itMP!=itEndMP; itMP++)
        {
            MapPoint* pMP = *itMP;
            if(!pMP)
                continue;
            // 用該地圖點的成員變數 mnTrackReferenceForFrame 記錄當前畫面格的 ID
            // 表示它已經是當前畫面格的局部地圖點了，可以防止重複增加局部地圖點
            if(pMP->mnTrackReferenceForFrame==mCurrentFrame.mnId)
                continue;
```

```
            if(!pMP->isBad())
            {
                mvpLocalMapPoints.push_back(pMP);
                pMP->mnTrackReferenceForFrame=mCurrentFrame.mnId;
            }
        }
    }
}
```

11.4.3 透過投影匹配得到更多的匹配點對

師兄：前面我們得到那麼多局部特徵點，就是為了和當前畫面格建立更多的匹配關係，這樣在進一步進行 BA 最佳化時，透過更多的約束關係才能讓位姿更加準確。那麼這些局部特徵點都能用來投影嗎？

顯然不是。在圖 11-9 中我們可以看到，雖然局部地圖點的數量非常多，但是很多是不合格的，無法用來進行真正的搜尋匹配。那麼哪些點才能用來進行搜尋匹配呢？如何篩選呢？

首先，當前畫面格的有效地圖點已經透過第一階段追蹤建立過匹配關係，所以在局部地圖點中首先需要排除當前畫面格的地圖點。

然後，剩下的地圖點需要在當前畫面格的視野範圍內才可以用於投影匹配。

最後，設定搜尋視窗的大小，將滿足投影條件的局部地圖點投影到當前畫面格中，在投影點附近區域進行搜尋匹配。這部分內容和前面講的投影匹配原理類似，這裡不再贅述。

該過程對應的原始程式如下。

```
/**
 * @brief 用局部地圖點進行投影匹配，得到更多的匹配關係
 * 注意：局部地圖點中已經是當前畫面格地圖點的不需要再投影，只需要將此外的並且在視野範圍內的點
和當前畫面格進行投影匹配
 */
void Tracking::SearchLocalPoints()
{
    // Step 1：遍歷當前畫面格的地圖點，標記這些地圖點不參與之後的投影搜尋匹配
    for(vector<MapPoint*>::iterator vit=mCurrentFrame.mvpMapPoints.begin(),
vend=mCurrentFrame.mvpMapPoints.end(); vit!=vend; vit++)
    {
        MapPoint* pMP = *vit;
        if(pMP)
        {
```

```
            if(pMP->isBad())
            {
                *vit = static_cast<MapPoint*>(NULL);
            }
            else
            {
                // 更新能觀測到該點的畫面格數加 1 ( 被當前畫面格觀測了 )
                pMP->IncreaseVisible();
                // 標記該點被當前畫面格觀測到
                pMP->mnLastFrameSeen = mCurrentFrame.mnId;
                // 標記該點在後面搜尋匹配時不被投影，因為已經有匹配了
                pMP->mbTrackInView = false;
            }
        }
    }
    // 準備進行投影匹配的點的數目
    int nToMatch=0;

    // Step 2：判斷所有局部地圖點中除當前畫面格地圖點外的點是否在當前畫面格的視野範圍內
    for(vector<MapPoint*>::iterator vit=mvpLocalMapPoints.begin(),
vend=mvpLocalMapPoints.end(); vit!=vend; vit++)
{
        MapPoint* pMP = *vit;
        // 已經被當前畫面格觀測到的地圖點肯定在視野範圍內，跳過
        if(pMP->mnLastFrameSeen == mCurrentFrame.mnId)
            continue;
        // 跳過壞點
        if(pMP->isBad())
            continue;
        // 判斷地圖點是否在當前畫面格的視野範圍內
        if(mCurrentFrame.isInFrustum(pMP,0.5))
        {
            // 觀測到該點的畫面格數加 1
            pMP->IncreaseVisible();
            // 只有在視野範圍內的地圖點才能參與之後的投影匹配
            nToMatch++;
        }
    }

    // Step 3：如果需要進行投影匹配的點的數目大於 0，就進行投影匹配，增加更多的匹配關係
    if(nToMatch>0)
    {
        ORBmatcher matcher(0.8);
        int th = 1;
        if(mSensor==System::RGBD)
            th=3;
        // 如果不久前進行過重定位，那麼增大設定值在更大範圍內的搜尋
        if(mCurrentFrame.mnId<mnLastRelocFrameId+2)
```

```
              th=5;
          // 投影匹配得到更多的匹配關係
          matcher.SearchByProjection(mCurrentFrame,mvpLocalMapPoints,th);
      }
  }
```

師兄：前面留了一個尾巴，如何判斷地圖點是否在視野範圍內？判斷一個地圖點在不在視野範圍內要通關如下 4 個關卡：

（1）關卡 1。將這個地圖點變換到當前畫面格的相機座標系下，只有深度值為正，才能繼續下一步。

（2）關卡 2。將地圖點投影到當前畫面格的像素座標上，只有在影像有效範圍內，才能繼續下一步。

（3）關卡 3。計算地圖點到相機中心的距離，只有在有效距離範圍內，才能繼續下一步。

（4）關卡 4。計算當前相機指向地圖點的向量和地圖點的平均觀測方向的夾角，小於 60° 才能進入下一步。

這部分程式實作如下。

```
/**
 * @brief 判斷地圖點是否在視野範圍內
 * 步驟
 * Step 1 獲得這個地圖點的世界座標，經過以下層層關卡的判斷，透過的地圖點才被認為在視野範圍內
 * Step 2 關卡 1：將這個地圖點變換到當前畫面格的相機座標系下，只有深度值為正，才能繼續下一步
 * Step 3 關卡 2：將地圖點投影到當前畫面格的像素座標上，只有在影像有效範圍內，才能繼續下一步
 * Step 4 關卡 3：計算地圖點到相機中心的距離，只有在有效距離範圍內，才能繼續下一步
 * Step 5 關卡 4：計算當前相機指向地圖點的向量和地圖點的平均觀測方向的夾角，小於 60° 才能進入
下一步
 * Step 6 根據地圖點到光心的距離來預測一個尺度 (用於後續搜尋匹配)
 * Step 7 記錄計算得到的一些參數
 * @param[in] pMP               當前地圖點
 * @param[in] viewingCosLimit   當前相機指向地圖點的向量及其平均觀測方向夾角的餘弦值
 * @return true                 地圖點合格，且在視野範圍內
 * @return false                地圖點不合格，拋棄
 */
bool Frame::isInFrustum(MapPoint *pMP, float viewingCosLimit)
{
    // mbTrackInView 是決定一個地圖點是否進行重投影的標識
    pMP->mbTrackInView = false;

    // Step 1：獲得這個地圖點的世界座標
    cv::Mat P = pMP->GetWorldPos();
    // 根據當前畫面格位姿轉化到當前相機座標系下的三維點
```

```
const cv::Mat Pc = mRcw*P+mtcw;
const float &PcX = Pc.at<float>(0);
const float &PcY = Pc.at<float>(1);
const float &PcZ = Pc.at<float>(2);

// Step 2：關卡 1，將這個地圖點變換到當前畫面格的相機座標系下，只有深度值為正，才能繼續下一步
if(PcZ<0.0f)
    return false;

// Step 3：關卡 2，將地圖點投影到當前畫面格的像素座標上，只有在影像有效範圍內，才能繼續下一步
const float invz = 1.0f/PcZ;
const float u=fx*PcX*invz+cx;
const float v=fy*PcY*invz+cy;
// 判斷是否在影像邊界內，如果不在，則說明無法在當前畫面格下進行重投影
if(u<mnMinX || u>mnMaxX)
    return false;
if(v<mnMinY || v>mnMaxY)
    return false;

// Step 4：關卡 3，計算地圖點到相機中心的距離，只有在有效距離範圍內，才能繼續下一步
// 得到認為的可靠距離範圍：[0.8f*mfMinDistance, 1.2f*mfMaxDistance]
const float maxDistance = pMP->GetMaxDistanceInvariance();
const float minDistance = pMP->GetMinDistanceInvariance();
// 得到當前地圖點距離當前畫面格相機光心的距離。注意，P、mOw 都在同一座標系下才可以
// mOw：當前相機光心在世界座標系下的座標
const cv::Mat PO = P-mOw;
// 取餘，就獲得了距離
const float dist = cv::norm(PO);
// 如果不在有效範圍內，則認為投影不可靠
if(dist<minDistance || dist>maxDistance)
    return false;

// Step 5：關卡 4，計算當前相機指向地圖點的向量及其平均觀測方向的夾角，
// 小於 60; 才能進入下一步
cv::Mat Pn = pMP->GetNormal();
// 計算當前相機指向地圖點的向量及其平均觀測方向的夾角的餘弦值。
// 注意，平均觀測方向為單位向量
const float viewCos = PO.dot(Pn)/dist;
// 夾角要小於 60; 否則認為觀測方向太偏了，重投影不可靠，傳回 false
if(viewCos<viewingCosLimit)
    return false;

// Step 6：根據地圖點到光心的距離來預測一個尺度（仿照特徵點金字塔層級）
const int nPredictedLevel = pMP->PredictScale(dist, this);

// Step 7：記錄計算得到的一些參數
// 表示這個地圖點可以被投影
pMP->mbTrackInView = true;
```

```
    // 該地圖點投影在當前影像（一般是左圖）上的像素水平座標
    pMP->mTrackProjX = u;
    // bf/z 其實是視差，相減得到右圖（如有）中對應點的水平座標
    pMP->mTrackProjXR = u - mbf*invz;
    // 該地圖點投影在當前影像（一般是左圖）上的像素垂直座標
    pMP->mTrackProjY = v;
    // 根據地圖點到光心的距離，預測該地圖點的尺度
    pMP->mnTrackScaleLevel = nPredictedLevel;
    // 保存當前相機指向地圖點的向量和地圖點的平均觀測方向的夾角的餘弦值
    pMP->mTrackViewCos = viewCos;

    // 執行到這裡說明這個地圖點在相機的視野範圍內，並且進行重投影是可靠的，傳回 true
    return true;
}
```

11.4.4 局部地圖追蹤原始程式解析

局部地圖追蹤作為追蹤執行緒中的第二階段追蹤，主要目的是增加更多的匹配關係，再次最佳化位姿，從而得到更準確的位姿。具體流程如下。

第 1 步，更新局部主要畫面格和局部地圖點。局部主要畫面格包括能觀測到當前畫面格的一級共視主要畫面格，這些一級共視主要畫面格的二級共視主要畫面格、子主要畫面格、父主要畫面格。將局部主要畫面格中所有的地圖點作為局部地圖點。

第 2 步，篩選局部地圖中新增的在視野範圍內的地圖點，投影到當前畫面格中進行搜尋匹配，得到更多的匹配關係。

第 3 步，前面獲得了更多的匹配關係，再一次進行 BA 最佳化（僅最佳化位姿），得到更準確的位姿。

第 4 步，更新當前畫面格地圖點的被觀測程度，並統計成功追蹤匹配的總數目。

第 5 步，根據成功追蹤匹配總數目及重定位情況決定是否追蹤成功。

原始程式解析如下。

```
/**
 * @brief 用局部地圖進行追蹤，進一步最佳化位姿
 * @return true if success
 */
```

```cpp
bool Tracking::TrackLocalMap()
{
    // Step 1：更新局部主要畫面格和局部地圖點
    UpdateLocalMap();

    // Step 2：篩選局部地圖中新增的在視野範圍內的地圖點，投影到當前畫面格中進行搜尋匹配，
    // 得到更多的匹配關係
    SearchLocalPoints();

    // Step 3：前面獲得了更多的匹配關係，再一次進行 BA 最佳化，得到更準確的位姿
    Optimizer::PoseOptimization(&mCurrentFrame);
    mnMatchesInliers = 0;

    // Step 4：更新當前畫面格的地圖點被觀測程度，並統計成功追蹤匹配的總數目
    for(int i=0; i<mCurrentFrame.N; i++)
    {
        if(mCurrentFrame.mvpMapPoints[i])
        {
            // 由於當前畫面格的地圖點可以被當前畫面格觀測到，因此其被觀測統計量 +1
            if(!mCurrentFrame.mvbOutlier[i])
            {
                mCurrentFrame.mvpMapPoints[i]->IncreaseFound();
                // 查看當前是否在純定位過程中
                if(!mbOnlyTracking)
                {
                    // 如果該地圖點被相機觀測數目 nObs 大於 0，則匹配內點計數 +1
                    // nObs：被觀測到的相機數目，單目相機 +1，雙目相機或 RGB-D 相機則 +2
                    if(mCurrentFrame.mvpMapPoints[i]->Observations()>0)
                        mnMatchesInliers++;
                }
                else
                    // 記錄當前畫面格追蹤到的地圖點數目，用於統計追蹤效果
                    mnMatchesInliers++;
            }
            else if(mSensor==System::STEREO)
                mCurrentFrame.mvpMapPoints[i] = static_cast<MapPoint*>(NULL);
        }
    }
    // Step 5：根據成功追蹤匹配總數目及重定位情況決定是否追蹤成功
    // 如果最近剛剛發生了重定位，則追蹤成功的判定更嚴格
    if(mCurrentFrame.mnId<mnLastRelocFrameId+mMaxFrames && mnMatchesInliers<50)
        return false;
    // 如果是正常狀態，則成功追蹤到的地圖點大於 30 個就認為追蹤成功
    if(mnMatchesInliers<30)
        return false;
    else
        return true;
}
```

參考文獻

[1]   MUR-ARTAL R, MONTIEL J M M, TARDOS J D. ORB-SLAM: a versatile and accurate monocular SLAM system[J]. IEEE transactions on robotics, 2015, 31(5): 1147-1163.

[2]   LEPETIT V, MORENO-NOGUER F, FUA P. Epnp: An accurate o (n) solution to the pnp problem[J]. International journal of computer vision, 2009, 81(2): 155-166.

ORB-SLAM2 中的
局部地圖建構執行緒

局部地圖建構執行緒的邏輯比追蹤執行緒簡單，它主要造成了承上啟下的作用。局部地圖建構執行緒接收追蹤執行緒輸入的主要畫面格，利用主要畫面格的共視關係生成新的地圖點，搜尋融合相鄰主要畫面格的地圖點，然後進行局部地圖最佳化、刪除容錯主要畫面格等操作，最後將處理後的主要畫面格發送給閉環執行緒。該執行緒的目的是讓已有的主要畫面格之間產生更多的聯繫，產生更多可靠的地圖點，最佳化共視主要畫面格的位姿及其地圖點，使得追蹤更穩定，參與閉環的主要畫面格位姿更準確。局部地圖建構執行緒的流程如圖 12-1 所示。

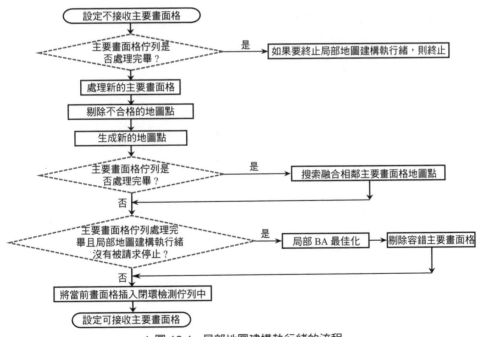

▲圖 12-1　局部地圖建構執行緒的流程

12.1　處理新的主要畫面格

　　師兄：局部地圖建構執行緒中的主要畫面格來自追蹤執行緒。這些主要畫面格會進入一個佇列中，等待局部地圖建構執行緒的處理，包括計算詞袋向量，更新觀測、描述子、共視圖，插入到地圖中等，具體流程如下。

　　　　第 1 步，從緩衝佇列中取出一畫面格作為當前主要畫面格，用於後續處理，並把它從緩衝佇列中刪除。

　　　　第 2 步，計算該主要畫面格特徵點對應的詞袋向量。這些詞袋向量在後續快速匹配和閉環檢測中會用到。

　　　　第 3 步，對於當前主要畫面格中有效的地圖點，更新平均觀測方向、觀測距離範圍、最佳描述子等資訊。如果地圖點不是來自當前畫面格的觀測（比如來自局部地圖點），則為當前地圖點增加觀測。如果是新增的地圖點（在雙目相機和 RGB-D 相機模式下來自追蹤執行緒），將它們放入最近新增地圖點佇列中，等待後續地圖點剔除函式的檢驗。

　　　　第 4 步，更新當前主要畫面格和它的共視主要畫面格的連接關係。

　　　　第 5 步，將該主要畫面格插入局部地圖中。

　　程式實作如下。

```
/**
 * @brief 處理串列中的主要畫面格，包括計算詞袋向量，更新觀測、描述子、共視圖，插入地圖中等
 *
 */
void LocalMapping::ProcessNewKeyFrame()
{
    // Step 1：從緩衝佇列中取出一畫面格作為當前主要畫面格（來自追蹤執行緒）
    {
        unique_lock<mutex> lock(mMutexNewKFs);
        // 取出串列中最前面的主要畫面格，作為當前要處理的主要畫面格
        mpCurrentKeyFrame = mlNewKeyFrames.front();
        // 取出最前面的主要畫面格後，在原來的串列中刪除該主要畫面格
        mlNewKeyFrames.pop_front();
    }

    // Step 2：計算該主要畫面格特徵點對應的詞袋向量
    mpCurrentKeyFrame->ComputeBoW();
```

```
// Step 3：對於當前主要畫面格中有效的地圖點，更新平均觀測方向、觀測距離範圍、最佳描述子等資訊
const vector<MapPoint*> vpMapPointMatches = mpCurrentKeyFrame->
    GetMapPointMatches();
// 對當前處理的這個主要畫面格中的所有地圖點展開遍歷
for(size_t i=0; i<vpMapPointMatches.size(); i++)
{
    MapPoint* pMP = vpMapPointMatches[i];
    if(pMP)
    {
        if(!pMP->isBad())
        {
            if(!pMP->IsInKeyFrame(mpCurrentKeyFrame))
            {
                // 如果地圖點不是來自當前畫面格的觀測（比如來自局部地圖點），則為該點增加觀測
                pMP->AddObservation(mpCurrentKeyFrame, i);
                // 獲得該點的平均觀測方向和觀測距離範圍
                pMP->UpdateNormalAndDepth();
                // 更新地圖點的最佳描述子
                pMP->ComputeDistinctiveDescriptors();
            }
            else
            {
                // 如果當前畫面格中已經包含這個地圖點，但卻沒有包含這個主要畫面格的資訊
                // 則這些地圖點是 CreateNewMapPoints 中透過三角化產生的新地圖點
                // 將這些地圖點放入最近新增地圖點佇列中，等待後續地圖點剔除函式的檢驗
                mlpRecentAddedMapPoints.push_back(pMP);
            }
        }
    }
}

// Step 4：更新當前主要畫面格和它的共視主要畫面格的連接關係
mpCurrentKeyFrame->UpdateConnections();

// Step 5：將該主要畫面格插入局部地圖中
mpMap->AddKeyFrame(mpCurrentKeyFrame);
}
```

12.2　剔除不合格的地圖點

　　師兄：ORB-SLAM2 中的新增地圖點需要經過比較嚴苛的篩查才能留下，這不僅可以提高定位與地圖建構的準確性，還能控制地圖規模，降低計算量，使得 ORB- SLAM2 可以在較大的場景中執行。其中，新增地圖點主要來自兩個地方：在處理新主要畫面格時，在雙目相機或 RGB-D 相機模式下追蹤執行緒中新產生

的地圖點；局部地圖建構執行緒中主要畫面格之間生成新的地圖點。

這些新增地圖點只要滿足如下兩個條件之一就會被剔除。

- 條件一：追蹤到該地圖點的畫面格數相比預計可觀測到該地圖點的畫面格數的比例小於 25%。
- 條件二：從該點建立開始，到現在已經超過了 2 個主要畫面格，但是觀測到該點的相機數目卻不超過設定值 cnThObs。這個設定值表示觀測到地圖點的相機數目，對於單目相機來說為 2，對於雙目相機或 RGB-D 相機來說則為 3。而使用單目相機程式實作如下。觀測一次，觀測到地圖點的相機數目加 1；使用雙目相機或 RGB-D 相機觀測一次，觀測到地圖點的相機數目加 2。

程式實作如下。

```
/**
 * @brief 檢查新增地圖點，剔除品質不好的新增地圖點
 */
void LocalMapping::MapPointCulling()
{
    list<MapPoint*>::iterator lit = mlpRecentAddedMapPoints.begin();
    const unsigned long int nCurrentKFid = mpCurrentKeyFrame->mnId;

    // Step 1：根據相機類型設定不同的設定值 int nThObs;
    if(mbMonocular)
        nThObs = 2;
    else
        nThObs = 3;
    const int cnThObs = nThObs;

    // Step 2：遍歷檢查新增地圖點
    while(lit!=mlpRecentAddedMapPoints.end())
    {
        MapPoint* pMP = *lit;
        if(pMP->isBad())
        {
            // Step 2.1：對於已經是壞點的地圖點，僅從佇列中刪除
            lit = mlpRecentAddedMapPoints.erase(lit);
        }
        else if(pMP->GetFoundRatio()<0.25f)
        {
            // Step 2.2：追蹤到該地圖點的畫面格數與預計可觀測到畫面格數之比小於 25%，從地圖中刪除
            // (mnFound/mnVisible) < 25%
            // mnFound：地圖點被多少畫面格（包括普通畫面格）觀測到，次數越多越好
            // mnVisible：地圖點應該被觀測到的次數
            // (mnFound/mnVisible)：對於大 FOV 鏡頭，這個比例會高些；對於窄 FOV 鏡頭，
```

```
            // 這個比例會低一些
            pMP->SetBadFlag();
            lit = mlpRecentAddedMapPoints.erase(lit);
    }
    else if(((int)nCurrentKFid-(int)pMP->mnFirstKFid)>=2 &&
            pMP->Observations()<=cnThObs)
    {
            // Step 2.3：從該點建立開始，到現在已經超過了 2 個主要畫面格，
            // 但是觀測到該點的相機數目卻不超過設定值 cnThObs，從地圖中刪除
            pMP->SetBadFlag();
            lit = mlpRecentAddedMapPoints.erase(lit);
    }
    else if(((int)nCurrentKFid-(int)pMP->mnFirstKFid)>=3)
            // Step 2.4：從該點建立開始，到現在已經超過了 3 個主要畫面格而沒有被剔除，
            // 則認為是品質高的點，僅從佇列中刪除
            lit = mlpRecentAddedMapPoints.erase(lit);
    else
            lit++;
    }
}
```

12.3　生成新的地圖點

師兄：在局部地圖建構執行緒中，會在共視主要畫面格之間重新進行特徵匹配、三角化，生成新的地圖點，這對於穩定的追蹤非常重要。具體步驟如下。

第 1 步，在當前主要畫面格的共視主要畫面格中找到共視程度最高的前 n 畫面格相鄰主要畫面格。在單目相機模式下，$n = 20$；在雙目相機或 RGB-D 相機模式下，$n = 10$。

第 2 步，遍歷相鄰主要畫面格，當前畫面格和相鄰畫面格的基準線要足夠大才會繼續，因為這樣三角化的結果更準確。透過詞袋對兩個主要畫面格之間未匹配的特徵點進行快速匹配，用極線約束抑制離群點，得到新的匹配點對。對每對匹配點進行三角化，從而生成三維點。

第 3 步，生成的三維點要想成為地圖點，必須滿足在相機前方、重投影誤差小、尺度範圍合理。

第 4 步，確定是合格的三維點，將其構造為地圖點，並增加觀測關係和地圖點的各種屬性。

　　小白：第 2 步中提到基準線足夠大才會進行三角化操作，這個「足夠大」的衡量標準是什麼呢？

　　師兄：首先明確這裡是在當前主要畫面格和它的共視主要畫面格之間進行匹配和三角化的，當前畫面格的共視主要畫面格數目很多，都能參與三角化嗎？並不是如此。首先，這會帶來非常大的計算量；其次，如果這些主要畫面格距離太近，則產生的視差會很小，三角化結果會很不準確，這樣反而會帶來不好的結果。因此，對於參與三角化的主要畫面格有一定要求，就是它們之間的基準線（光心之間的距離，見圖 12-2）要超過一定的設定值。

　　這個設定值該如何確定呢？

- 對於雙目相機來說，它本身的物理結構中就包含了基準線，也就是雙目相機的左右目光心距離。如果主要畫面格之間的基準線比雙目相機的基準線還小，就沒有必要對主要畫面格進行三角化了，因為相機自身的左右目三角化準確度都比該準確度高，可放棄對該主要畫面格的三角化。

- 對於單目相機來說，因為沒有物理基準線作為參考，只能退而求其次。先求出當前主要畫面格所有地圖點深度的中值 d_m，然後判斷主要畫面格之間的基準線 d_b 和 d_m 的比值，如果 $\dfrac{d_b}{d_m} < 0.01$，則認為主要畫面格之間的基準線太小，三角化得到的三維點會很不準確，放棄該主要畫面格的三角化。

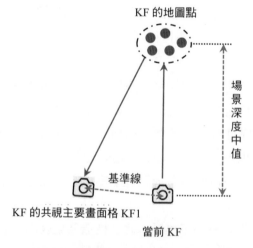

▲圖 12-2 主要畫面格的基準線與場景深度

師兄：在雙目相機模式下生成三維點會相對複雜一些。如圖 12-3 所示，p_1,
p_2 是兩個匹配的特徵點，分別來自雙目相機在不同位置時的左目相機。我們根據
針孔相機投影模型分別得到 p_1, p_2 在各自相機座標系下的歸一化座標 P_1^c 和 P_2^c，
然後用各自位姿下的旋轉向量將其旋轉到世界座標系下，得到射線 1 和射線 2。
假設射線 1 和射線 2 之間的夾角為 θ。

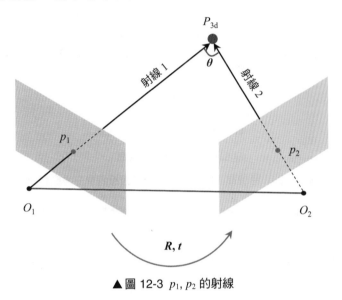

▲ 圖 12-3 p_1, p_2 的射線

此時還不能直接用 p_1, p_2 來三角化得到三維點，還需要考慮雙目相機本身也
可以透過左右目匹配得到三維點。如圖 12-4 所示，綠色的點是雙目相機在不同位
置時透過左右目匹配的三維點，θ_1, θ_2 分別是雙目相機觀測該三維點時的夾角；紅
色的點是透過雙目相機在不同位置時左目相機中的匹配點對 p_1, p_2 三角化得到的
三維點，它們觀測三維點的夾角為 θ。如果 $\theta > \max(\theta_1, \theta_2)$，則用左目匹配（對應
紅色線）的方式三角化得到三維點，否則用雙目相機本身的左右目匹配（對應藍
色線）的方式得到三維點。

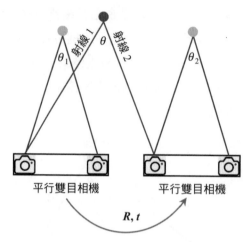

平行雙目相機　　　　　　　平行雙目相機

R, t

● 特徵點匹配三角化的地圖點

● 雙目相機測量的三維點

▲圖 12-4 特徵點匹配三角化和雙目相機測量三維點對比

具體程式如下。

```
/**
 * @brief 用當前主要畫面格與相鄰主要畫面格透過三角化產生新的地圖點，使得追蹤更穩定
 *
 */
void LocalMapping::CreateNewMapPoints()
{
    // 設定搜尋最佳共視主要畫面格的數目
    // 不同感測器要求不一樣，在單目相機模式下需要有更多的、具有較好共視關係的主要畫面格建立地圖
    int nn = 10;
    if(mbMonocular)
        nn=20;

    // Step 1：在當前主要畫面格的共視主要畫面格中找到共視程度最高的 nn 畫面格相鄰主要畫面格
    const vector<KeyFrame*> vpNeighKFs = mpCurrentKeyFrame->
        GetBestCovisibilityKeyFrames(nn);
    // 特徵點匹配設定，最佳距離 < 0.6* 次佳距離，比較苛刻。不檢查旋轉
    ORBmatcher matcher(0.6,false);
    // 取出當前畫面格從世界座標系到相機座標系的變換矩陣 Rcw1、Rwc1、tcw1、Tcw1
    // 光心在世界座標系中的座標 Ow1，本身參數 fx1、fy1、cx1、cy1、invfx1、invfy1
    // ......

    // 用於後面點深度的驗證，這裡的 1.5 是經驗值
    const float ratioFactor = 1.5f*mpCurrentKeyFrame->mfScaleFactor;
    // 記錄三角化成功的地圖點數目
```

```
int nnew=0;

// Step 2：遍歷相鄰主要畫面格，進行搜尋匹配，並用極線約束剔除誤匹配，最終完成三角化
for(size_t i=0; i<vpNeighKFs.size(); i++)
{
    // 下面的過程會比較耗費時間，因此如果有新的主要畫面格需要處理，就暫時退出
    if(i>0 && CheckNewKeyFrames())
        return;
    KeyFrame* pKF2 = vpNeighKFs[i];
    // 相鄰的主要畫面格光心在世界座標系中的座標
    cv::Mat Ow2 = pKF2->GetCameraCenter();
    // 基準線向量，兩個主要畫面格間的相機位移
    cv::Mat vBaseline = Ow2-Ow1;
    // 基準線長度
    const float baseline = cv::norm(vBaseline);

    // Step 3：判斷相機運動的基準線是不是足夠長
    if(!mbMonocular)
    {
        // 如果是雙目相機，則主要畫面格間距小於本身的基準線時不生成三維點
        // 因為在太短的基準線下能夠恢復的地圖點不穩定
        if(baseline<pKF2->mb)
            continue;
    }
    else
    {
        // 單目相機的情況
        // 相鄰主要畫面格的場景深度中值
        const float medianDepthKF2 = pKF2->ComputeSceneMedianDepth(2);
        // 基準線與深度中值的比例
        const float ratioBaselineDepth = baseline/medianDepthKF2;
        // 如果比例特別小，則認為主要畫面格之間的基準線太小，恢復的三維點會很不準確，
        // 跳過當前相鄰的主要畫面格，不生成三維點
        if(ratioBaselineDepth<0.01)
            continue;
    }

    // Step 4：根據兩個主要畫面格的位姿計算它們之間的基礎矩陣
    cv::Mat F12 = ComputeF12(mpCurrentKeyFrame,pKF2);

    // Step 5：透過詞袋對兩個主要畫面格之間未匹配的特徵點進行快速匹配，
    // 用極線約束抑制離群點，生成新的匹配點對
    vector<pair<size_t,size_t> > vMatchedIndices;
    matcher.SearchForTriangulation(mpCurrentKeyFrame,pKF2,F12,
        vMatchedIndices,false);
    // 取出相鄰畫面格從世界座標系到相機座標系的變換矩陣、光心在世界座標系中的座標、本身參數
    // ......
```

```
// Step 6：對每對匹配點進行三角化，從而生成三維點
const int nmatches = vMatchedIndices.size();
for(int ikp=0; ikp<nmatches; ikp++)
{
    // Step 6.1：取出匹配特徵點
    // 當前匹配對在當前主要畫面格中的索引
    const int &idx1 = vMatchedIndices[ikp].first;
    // 當前匹配對在相鄰主要畫面格中的索引
    const int &idx2 = vMatchedIndices[ikp].second;
    // 當前匹配對在當前主要畫面格中的特徵點
    const cv::KeyPoint &kp1 = mpCurrentKeyFrame->mvKeysUn[idx1];
    // mvuRight 中存放著雙目相機的深度值，如果使用的不是雙目相機，則其值將為 -1
    const float kp1_ur=mpCurrentKeyFrame->mvuRight[idx1];
    bool bStereo1 = kp1_ur>=0;
    // 當前匹配對在相鄰主要畫面格中的特徵點
    const cv::KeyPoint &kp2 = pKF2->mvKeysUn[idx2];
    // mvuRight 中存放著雙目相機的深度值，如果使用的不是雙目相機，其值將為 -1
    const float kp2_ur = pKF2->mvuRight[idx2];
    bool bStereo2 = kp2_ur>=0;

    // Step 6.2：利用匹配點反投影得到視差角
    // 特徵點反投影，其實得到的是在各自相機座標系下的一個非歸一化的方向向量，
    // 和這個點的反投影射線重合
    cv::Mat xn1 = (cv::Mat_<float>(3,1) << (kp1.pt.x-cx1)*invfx1,
        (kp1.pt.y-cy1)*invfy1, 1.0);
    cv::Mat xn2 = (cv::Mat_<float>(3,1) << (kp2.pt.x-cx2)*invfx2,
        (kp2.pt.y-cy2)*invfy2, 1.0);
    // 由相機座標系轉換到世界座標系（得到的是那條反投影射線的一個同向向量在世界座標
    // 系下的表示，只能夠表示方向），得到視差角餘弦值
    cv::Mat ray1 = Rwc1*xn1;
    cv::Mat ray2 = Rwc2*xn2;
    // 這就是求向量之間的角度的公式
    const float cosParallaxRays = ray1.dot(ray2)/(cv::norm(ray1)*
        cv::norm(ray2));
    // 加 1 是為了讓 cosParallaxStereo 初始化為一個很大的值
    float cosParallaxStereo = cosParallaxRays+1;
    float cosParallaxStereo1 = cosParallaxStereo;
    float cosParallaxStereo2 = cosParallaxStereo;

    // Step 6.3：如果使用的是雙目相機，則利用雙目相機得到視差角
    if(bStereo1)
        // 假設使用的是平行的雙目相機，計算出兩個相機觀察這個點時的視差角
        cosParallaxStereo1 = cos(2*atan2(mpCurrentKeyFrame->mb/2,
            mpCurrentKeyFrame->mvDepth[idx1]));
    else if(bStereo2)
        cosParallaxStereo2 = cos(2*atan2(pKF2->mb/2,
            pKF2->mvDepth[idx2]));
    // 得到雙目觀測的視差角
    cosParallaxStereo = min(cosParallaxStereo1,cosParallaxStereo2);
```

```
// Step 6.4：透過三角化恢復三維點
cv::Mat x3D;
// 不同位姿視差角大時用三角法恢復三維點，視差角小時直接用雙目的左右目恢復三維點
if(cosParallaxRays<cosParallaxStereo && cosParallaxRays>0 &&
    (bStereo1 || bStereo2 || cosParallaxRays<0.9998))
{
    // 使用三角法恢復三維點
    // ……
}
else if(bStereo1 && cosParallaxStereo1<cosParallaxStereo2)
{
    // 如果使用的是雙目相機，則用視差角更大的雙目相機資訊來恢復，
    // 也就是用已知三維點反投影
    x3D = mpCurrentKeyFrame->UnprojectStereo(idx1);
}
else if(bStereo2 && cosParallaxStereo2<cosParallaxStereo1)
{
    x3D = pKF2->UnprojectStereo(idx2);
}
else
    continue;
// 為方便後續計算，轉換成行向量
cv::Mat x3Dt = x3D.t();
// Step 6.5：檢測生成的三維點是否在相機前方，如果不在，就放棄這個點
float z1 = Rcw1.row(2).dot(x3Dt)+tcw1.at<float>(2);
if(z1<=0)
    continue;
float z2 = Rcw2.row(2).dot(x3Dt)+tcw2.at<float>(2);
if(z2<=0)
    continue;

// Step 6.6：計算三維點在當前主要畫面格下的重投影誤差
const float &sigmaSquare1 = mpCurrentKeyFrame->
    mvLevelSigma2[kp1.octave];
const float x1 = Rcw1.row(0).dot(x3Dt)+tcw1.at<float>(0);
const float y1 = Rcw1.row(1).dot(x3Dt)+tcw1.at<float>(1);
const float invz1 = 1.0/z1;
if(!bStereo1)
{
    // 單目相機情況下
    float u1 = fx1*x1*invz1+cx1;
    float v1 = fy1*y1*invz1+cy1;
    float errX1 = u1 - kp1.pt.x;
    float errY1 = v1 - kp1.pt.y;
    // 假設測量有一個像素的偏差，2自由度卡方檢定設定值是 5.991
    if((errX1*errX1+errY1*errY1)>5.991*sigmaSquare1)
        continue;
```

```
            }
            else
            {
                // 雙目相機情況下
                // ......
            }
            // 計算三維點在另一個主要畫面格下的重投影誤差，操作同上
            // ......

            // Step 6.7：檢查尺度連續性
            // 在世界座標系下，三維點與相機間的向量，方向由相機指向三維點
            cv::Mat normal1 = x3D-Ow1;
            float dist1 = cv::norm(normal1);
            cv::Mat normal2 = x3D-Ow2;
            float dist2 = cv::norm(normal2);
            if(dist1==0 || dist2==0)
                continue;
            // ratioDist 是在不考慮金字塔尺度的情況下的距離比例
            const float ratioDist = dist2/dist1;
            // 金字塔尺度因數的比例
            const float ratioOctave = mpCurrentKeyFrame->
                mvScaleFactors[kp1.octave]/pKF2->mvScaleFactors[kp2.octave];
            // 距離的比例和影像金字塔的比例不應該差太多，否則跳過
            if(ratioDist*ratioFactor<ratioOctave || ratioDist>
                ratioOctave*ratioFactor)
                continue;

            // Step 6.8：成功三角化生成三維點，將其構造成地圖點
            MapPoint* pMP = new MapPoint(x3D,mpCurrentKeyFrame,mpMap);

            // Step 6.9：為該地圖點增加觀測和各種屬性
            // ......

            // Step 6.10：將新產生的地圖點放入檢測佇列中
            // 這些地圖點都會經過 MapPointCulling 函式的檢驗
            mlpRecentAddedMapPoints.push_back(pMP);
            nnew++;
        }
    }
}
```

12.4 檢查並融合當前主要畫面格與相鄰畫面格

師兄：在局部地圖建構執行緒中，地圖點產生了比較大的變動，比如前面講過的在共視主要畫面格之間重新進行特徵匹配、三角化，生成新的地圖點；又如前面根據一定的規則剔除不合格的地圖點，這時就需要對已有的地圖點進行整

理，包括合併重複的地圖點，用更準確的地圖點替換舊的地圖點，最後統一更新
地圖點的描述子、深度、平均觀測方向等屬性。具體步驟如下：

第 1 步，取和當前主要畫面格共視程度最高的前 *n* 個主要畫面格作為一
級相鄰主要畫面格，並以和一級相鄰主要畫面格共視程度最高的 5 個主要畫
面格作為二級相鄰主要畫面格。其中，在單目相機模式下 *n* = 20，在雙目相
機或 RGB-D 相機模式下 *n* = 10。

第 2 步，將當前畫面格的地圖點分別投影到一級相鄰主要畫面格和二級
相鄰主要畫面格中，尋找匹配點對應的地圖點進行融合，稱為正向投影融合。

第 3 步，將一級相鄰主要畫面格和二級相鄰主要畫面格的地圖點分別投
影到當前主要畫面格中，尋找匹配點對應的地圖點進行融合，稱為反向投影
融合。

第 4 步，更新當前畫面格的地圖點的描述子、深度、平均觀測方向等屬
性。

第 5 步，更新當前畫面格與其他畫面格的共視連接關係。

地圖點投影匹配融合過程見特徵匹配部分的講解。

具體程式如下。

```
/**
 * @brief 檢查並融合當前主要畫面格與相鄰(兩級相鄰)畫面格重複的地圖點
 *
 */
void LocalMapping::SearchInNeighbors()
{
    // Step 1：獲得當前主要畫面格在共視圖中權重排名前 nn 的相鄰主要畫面格
    // 在單目相機模式下取前 20 個相鄰主要畫面格，在雙目相機或 RGBD 相機模式下取前 10 個相鄰主要畫面格
    int nn = 10;
    if(mbMonocular)
        nn=20;
    // 和當前主要畫面格相鄰的主要畫面格，也就是一級相鄰主要畫面格
    const vector<KeyFrame*> vpNeighKFs = mpCurrentKeyFrame->
        GetBestCovisibilityKeyFrames(nn);

    // Step 2：儲存當前主要畫面格的一級相鄰主要畫面格及二級相鄰主要畫面格到 vpTargetKFs 中
    // ......

    // 特徵匹配器使用預設參數，最優和次優比例為 0.6，匹配時檢查特徵點的旋轉
```

```
ORBmatcher matcher;

// Step 3:將當前畫面格的地圖點分別投影到兩級相鄰主要畫面格中，尋找匹配點對應的地圖點進行融合，
// 稱為正向投影融合
vector<MapPoint*> vpMapPointMatches = mpCurrentKeyFrame->
    GetMapPointMatches();
for(vector<KeyFrame*>::iterator vit=vpTargetKFs.begin(),
    vend=vpTargetKFs.end(); vit!=vend; vit++)
{

    KeyFrame* pKFi = *vit;
    // 將地圖點投影到主要畫面格中進行匹配和融合，融合策略如下
    // 1．如果地圖點能匹配主要畫面格的特徵點，並且該點有對應的地圖點，那麼選擇觀測數目多的替
    // 換兩個地圖點
    // 2．如果地圖點能匹配主要畫面格的特徵點，並且該點沒有對應的地圖點，那麼為該點增加該投影
    // 地圖點
    // 注意，這個時候對地圖點進行融合操作是立即生效的
    matcher.Fuse(pKFi,vpMapPointMatches);
}

// Step 4：將兩級相鄰主要畫面格的地圖點分別投影到當前主要畫面格中，尋找匹配點對應的地圖點進行
// 融合稱為反向投影融合，用於儲存要融合的一級相鄰主要畫面格和二級相鄰主要畫面格的所有地圖點的集合
vector<MapPoint*> vpFuseCandidates;
vpFuseCandidates.reserve(vpTargetKFs.size()*vpMapPointMatches.size());
// Step 4.1：遍歷每個一級相鄰主要畫面格和二級相鄰主要畫面格，
// 收集它們的地圖點儲存到 vpFuseCandidates 中
for(vector<KeyFrame*>::iterator vitKF=vpTargetKFs.begin(),
    vendKF=vpTargetKFs.end(); vitKF!=vendKF; vitKF++)
{

    KeyFrame* pKFi = *vitKF;
    vector<MapPoint*> vpMapPointsKFi = pKFi->GetMapPointMatches();
    // 遍歷當前一級相鄰主要畫面格和二級相鄰主要畫面格中的所有地圖點，找出需要進行融合的地圖
    // 點並加入集合中
    for(vector<MapPoint*>::iterator vitMP=vpMapPointsKFi.begin(),
        vendMP=vpMapPointsKFi.end(); vitMP!=vendMP; vitMP++)
    {
        MapPoint* pMP = *vitMP;
        // 如果地圖點 pMP 是壞點，或者已經加入集合中，則跳過
        // ......
        // 加入集合中，並標記已經加入
        pMP->mnFuseCandidateForKF = mpCurrentKeyFrame->mnId;
        vpFuseCandidates.push_back(pMP);
    }
}
// Step 4.2：進行地圖點反向投影融合，這和正向投影融合的操作完全相同
// 不同的是，正向投影融合是 "每個主要畫面格和當前主要畫面格的地圖點進行融合"，而這裡是
// "當前關鍵畫面格和所有相鄰主要畫面格的地圖點進行融合"
matcher.Fuse(mpCurrentKeyFrame,vpFuseCandidates);
```

```
// Step 5：更新當前畫面格的地圖點的描述子、深度、平均觀測方向等屬性
vpMapPointMatches = mpCurrentKeyFrame->GetMapPointMatches();
for(size_t i=0, iend=vpMapPointMatches.size(); i<iend; i++)
    {
    MapPoint* pMP=vpMapPointMatches[i];
    if(pMP)
    {
        if(!pMP->isBad())
        {
            // 在所有找到地圖點的主要畫面格中，獲得最佳描述子
            pMP->ComputeDistinctiveDescriptors();
            // 更新平均觀測方向和觀測距離範圍
            pMP->UpdateNormalAndDepth();
        }
    }
    }

// Step 6：更新當前畫面格與其他畫面格的共視連接關係
mpCurrentKeyFrame->UpdateConnections();
}
```

12.5　主要畫面格的剔除

師兄：在追蹤執行緒中插入主要畫面格的條件是相對寬鬆的，目的是增加追蹤過程的彈性，在大旋轉、快速運動、紋理不足等惡劣情況下可以提高追蹤的成功率。這些主要畫面格會傳遞到局部地圖建構執行緒中，此時太多的主要畫面格會使得局部 BA 變得非常慢，因此需要即時剔除容錯程度較高的主要畫面格。

小白：「容錯」的判斷標準是什麼呢？

師兄：容錯主要畫面格的判定是這樣的，其 90% 以上的地圖點能被其他至少 3 個主要畫面格觀測到。換句話說，這個主要畫面格產生的地圖點具有很大的可替代性，即使刪除掉，也不會對地圖產生什麼影響，反而還能減少局部 BA 的規模。具體流程如下。

第 1 步，根據共視圖提取當前主要畫面格的所有共視主要畫面格，後續就要從這些共視主要畫面格中剔除容錯的主要畫面格。

第 2 步，遍歷共視主要畫面格，對於每一個共視主要畫面格，首先獲取它所有的地圖點。

第 3 步，遍歷上一步中獲取的共視主要畫面格的所有地圖點，統計地圖點中能被其他至少 3 個主要畫面格觀測到的地圖點的數目。對於雙目相機或 RGB-D 相機模式來說，只統計那些近點（不超過基準線的 40 倍），忽略遠點（超過基線的 40 倍）。另外，在判斷觀測到該地圖點的主要畫面格時，還有一個金字塔尺度限制條件，要求觀測到該地圖點的其他主要畫面格對應的二維特徵點所在的金字塔層級（對應下面程式中的 scaleLeveli）小於或等於當前畫面格中該地圖點對應的二維特徵點所在的金字塔層級（對應下面程式中的 scaleLevel）加 1。

第 4 步，如果該主要畫面格 90% 以上的有效地圖點被判斷為容錯的，則認為該主要畫面格是容錯的，需要刪除該主要畫面格。

具體程式實作如下：

```
/**
 * @brief 檢測當前主要畫面格在共視圖中的所有共視主要畫面格，根據地圖點在共視圖中的容錯程度剔除
 * 容錯主要畫面格
 * 容錯主要畫面格的判定：90% 以上的地圖點能被其他主要畫面格（至少 3 個）觀測到
 */
void LocalMapping::KeyFrameCulling()
{
    // 該函式中變數層層深入，這裡列一下：
    // mpCurrentKeyFrame：當前主要畫面格，本程式就是判斷它是否需要刪除
    // pKF：mpCurrentKeyFrame 的某一個共視主要畫面格
    // vpMapPoints：pKF 對應的所有地圖點
    // pMP：vpMapPoints 中的某個地圖點
    // observations：所有能觀測到 pMP 的主要畫面格
    // pKFi：observations 中的某個主要畫面格
    // scaleLeveli：pKFi 的金字塔尺度
    // scaleLevel：pKF 的金字塔尺度

    // Step 1：根據共視圖提取當前主要畫面格的所有共視主要畫面格
    vector<KeyFrame*> vpLocalKeyFrames = mpCurrentKeyFrame->
        GetVectorCovisibleKeyFrames();
    // 對所有的共視主要畫面格進行遍歷
    for(vector<KeyFrame*>::iterator vit=vpLocalKeyFrames.begin(),
        vend=vpLocalKeyFrames.end(); vit!=vend; vit++)
    {
        KeyFrame* pKF = *vit;
        // 第 1 個主要畫面格不能刪除，跳過
        if(pKF->mnId==0)
```

```
        continue;

// Step 2：提取每個共視主要畫面格的地圖點
const vector<MapPoint*> vpMapPoints = pKF->GetMapPointMatches();
// 記錄某個點被觀測的次數，後面並未使用
int nObs = 3;
// 觀測相機數目設定值，預設為 3
const int thObs=nObs;
// 記錄容錯觀測點的數目
int nRedundantObservations=0;
int nMPs=0;

// Step 3：遍歷共視主要畫面格的所有地圖點，其中能被其他至少 3 個
// 主要畫面格觀測到的地圖點為容錯地圖點
for(size_t i=0, iend=vpMapPoints.size(); i<iend; i++)
{
    MapPoint* pMP = vpMapPoints[i];
    if(pMP)
    {
        if(!pMP->isBad())
        {
            if(!mbMonocular)
            {
                // 對於雙目相機模式，僅考慮近處 ( 不超過基準線的 40 倍 ) 的地圖點
                if(pKF->mvDepth[i]>pKF->mThDepth || pKF->mvDepth[i]<0)
                    continue;
            }
            nMPs++;
            // 觀測到該地圖點的相機總數目大於設定值
            if(pMP->Observations()>thObs)
            {
                const int &scaleLevel = pKF->mvKeysUn[i].octave;
                // Observation 儲存的是可以觀測到該地圖點的所有主要畫面格的集合
                const map<KeyFrame*, size_t> observations = pMP->
                    GetObservations();
                int nObs=0;
                // 遍歷觀測到該地圖點的主要畫面格
                for(map<KeyFrame*, size_t>::const_iterator mit=
                    observations.begin(), mend=observations.end();
                    mit!=mend; mit++)
                {
                    KeyFrame* pKFi = mit->first;
                    if(pKFi==pKF)
                        continue;
                    const int &scaleLeveli = pKFi->
                        mvKeysUn[mit->second].octave;
                // 尺度約束：為什麼 pKF 尺度 +1 要大於或等於 pKFi 尺度？
                // 回答：因為同樣或更低金字塔層級的地圖點更準確
```

```
                    if(scaleLeveli<=scaleLevel+1)
                    {
                      nObs++;
                      // 已經找到 3 個滿足條件的主要畫面格，停止不找了
                      if(nObs>=thObs)
                            break;
                    }
                }
                // 地圖點至少被 3 個主要畫面格觀測到，記錄為容錯點，更新容錯點計數數目
                if(nObs>=thObs)
                {
                    nRedundantObservations++;
                }
            }
        }
      }
    }

    // Step 4：如果該主要畫面格 90% 以上的有效地圖點被判斷為容錯的，則認為該主要畫面格是容
    // 錯的，需要刪除該主要畫面格
    if(nRedundantObservations>0.9*nMPs)
        pKF->SetBadFlag();
  }
}
```

## 第 13 章

ORB-SLAM2 中的閉環執行緒

13.1 什麼是閉環檢測

師兄：閉環（Loop Closure）也稱回路，是 SLAM 系統中非常重要的部分。它主要用來判斷機器人是否經過同一地點，一旦檢測成功，即可進行全域最佳化，從而消除累計軌跡誤差和地圖誤差。以圖 13-1 為例，機器人從原點出發，沿著箭頭逆時鐘繞一圈，當回到原點時，由於視覺里程計的誤差不斷累積，計算的機器人位姿所在位置（圖 13-1 中的紅點）發生了飄移，並沒有和原點重合。但是，機器人本身並不知道已經飄移了，所以需要不斷地用當前主要畫面格資訊和儲存的歷史主要畫面格資訊進行比對，希望能夠知道當前紅色的點其實就是出發時的原點。

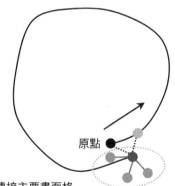

● 原點
● 當前主要畫面格
● 當前主要畫面格的連接主要畫面格
● 閉環候選主要畫面格 (不和當前主要畫面格連接)

▲ 圖 13-1 閉環檢測

小白：知道之後有什麼用呢？

師兄：當判斷出機器人當前的位置就是出發時的原點時，就可以把這個資訊告訴後端中的最佳化函式，具體表現為增加一些邊的聯繫。然後，後端根據新增加的資訊，可以調整之前的位姿和地圖點，直到機器人當前的位置和出發時的原點重合為止。這樣就透過檢測閉環，並用閉環資訊對已有的位姿和地圖點進行了矯正，最後消除累計誤差。

13.2 尋找並驗證閉環候選主要畫面格

師兄：在閉環檢測階段，把確定閉環候選主要畫面格分為兩個階段，第一階段是尋找初始閉環候選主要畫面格，第二階段是驗證閉環候選主要畫面格。

13.2.1 尋找初始閉環候選主要畫面格

根據公共單字搜尋得到的閉環候選主要畫面格，對應的函式是 KeyFrameDatabase::DetectLoopCandidates，該方法和追蹤執行緒中搜尋重定位候選主要畫面格的方法類似，透過設定 3 個相對設定值進行篩選。

- 設定值 1：minCommonWords，是最大共同單字數的 0.8 倍。
- 設定值 2：minScore，當前主要畫面格與它的共視主要畫面格的最低相似度。
- 設定值 3：minScoreToRetain，統計符合上述條件的閉環候選主要畫面格的共視關係最好的 10 畫面格中，相似度得分最高的組，設定為該得分的 0.75 倍。具體步驟如下。

首先，找出和當前畫面格具有公共單字的所有主要畫面格，不包括與當前畫面格連接的主要畫面格。

其次，只保留其中共同單字數超過 minCommonWords 並且相似度超過 minScore 的主要畫面格。

最後，計算上述候選主要畫面格對應的共視主要畫面格組的總得分，只取得分超過 minScoreToRetain 的組中分數最高的主要畫面格作為閉環候選主要畫面格。

13.2.2 驗證閉環候選主要畫面格

在得到閉環候選主要畫面格後，從中選擇滿足連續性條件的候選主要畫面格。為了能夠厘清過程，我們定義幾個概念，如表 13-1 所示。

▼ 表 13-1 閉環候選主要畫面格的相關概念及其含義

概念	含義
組	對於某個主要畫面格,它和它具有共視關係的主要畫面格組成的一個組
子候選組	對於某個階段的閉環候選主要畫面格,它和它具有共視關係的主要畫面格組成的一個組
連續性	不同組之間如果共同擁有一個及以上的主要畫面格,那麼稱這兩個組之間具有連續性,它們之間可以建立連接關係
連續組	如果當前子候選組和上次閉環檢測中的連續組鏈中至少一個子連續組滿足了連續性,那麼該子候選組就升級為連續組
連續組鏈	多個連續組組成的集合稱為連續組鏈。每次閉環檢測都會得到一個連續組鏈,閉環檢測的目的就是當前的子候選組在上次閉環檢測的連續組鏈中尋找新的連接關係
連續長度	如果當前子候選組和上次閉環檢測中的連續組鏈中某個子連續組建立了連接,則當前子候選組的連續長度在該子連續組的連續長度的基礎上加 1
子連續組	連續組鏈中的一個子集

在程式中連續組 ConsistentGroup 的資料型態為 pair<set<KeyFrame*>, int>,它的第一個元素對應每個連續組的主要畫面格集合,第二個元素對應每個連續組的連續長度。mvConsistentGroups 記錄上次閉環檢測時連續組鏈資訊,vCurrent-ConsistentGroups 記錄本次閉環檢測時連續組鏈資訊。mvpEnoughConsistentCandidates 記錄達到連續性條件的閉環組資訊,初始化清零。

下面介紹從閉環候選主要畫面格中選擇滿足連續性條件的候選主要畫面格的具體流程,這裡結合圖 13-2 進行分析。

第 1 步,遍歷第一階段找到的每個候選主要畫面格,將它及其相連的主要畫面格組成一個子候選組 spCandidateGroup。

第 2 步,遍歷上次閉環檢測到的連續組鏈 mvConsistentGroups,取出它的每個子連續組 sPreviousGroup。

第 3 步,遍歷每個子候選組 spCandidateGroup,檢測子候選組中的每個主要畫面格在子連續組 sPreviousGroup 中是否存在。如果有一畫面格共同存在於子候選組與上次閉環的子連續組中,那麼子候選組與該子連續組連續。

第 4 步,如果判定發生了連續,那麼接下來需要判斷是否達到了連續性條件。首先更新連續長度,取出和當前的子候選組發生連續關係的上次閉環中的子連續組的連續長度,也就是上次閉環連續組鏈 mvConsistentGroups 的第二個元素，記為 nPreviousConsistency。因為剛剛確定了連續關係，所以需要更新連續長度，將當前子候選組的連續長度 nCurrentConsistency 在上次閉環的子連續組的連續長度的基礎上加 1，也就是 nCurrentConsistency = nPreviousConsistency + 1。然後將該連續關係（spCandidateGroup, nCurrentConsistency）打包在一起，放在本次閉環的連續組鏈 vCurrentConsistentGroups 中，並在 vbConsistentGroup 中設定標記，以免重複增加。最後判斷是否達到了足夠的連續長度。如果當前連續長度滿足要求（程式中設定的是連續長度大於或等於 3），且還沒有其他子候選組達到連續長度要求，那麼認為當前子候選組 spCandidateGroup 已經滿足足夠的連續性條件。我們認為當前子候選組對應的第一階段的候選主要畫面格 pCandidateKF 透過了考驗，升級為第二階段的候選主要畫面格，放在 mvpEnoughConsistentCandidates 中，用於後續的閉環矯正。

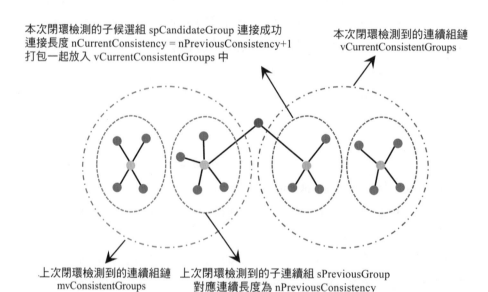

本次閉環檢測的子候選組 spCandidateGroup 連接成功
連接長度 nCurrentConsistency = nPreviousConsistency+1
打包一起放入 vCurrentConsistentGroups 中

本次閉環檢測到的連續組鏈
vCurrentConsistentGroups

上次閉環檢測到的連續組鏈
mvConsistentGroups

上次閉環檢測到的子連續組 sPreviousGroup
對應連續長度為 nPreviousConsistency

● 共視主要畫面格 ● 組成連續性的公共主要畫面格　● 上次閉環檢測時連續組鏈中的閉環候選主要畫面格
● 本次閉環候選主要畫面格 pCandidateKF，如果連續長度超過 3，則放入 mvpEnoughConsistentCandidates 中

▲ 圖 13-2　閉環候選主要畫面格的連續性條件

> 第 5 步，如果該子候選組 spCandidateGroup 中的所有主要畫面格都和上次閉環無關（不連續），則不增加新連續關係。此時把子候選組複製到本次閉環檢測到的連續組鏈 vCurrentConsistentGroups 中，同時將連續長度清零。
>
> 第 6 步，當結束每個子候選組 spCandidateGroup 的遍歷後，將本次閉環檢測到的連續組鏈 vCurrentConsistentGroups 更新到上次閉環檢測到的連續組鏈 mvConsistentGroups 中。

程式解析如下。

```
/**
 * @brief 閉環檢測
 *
 * @return true    成功檢測到閉環
 * @return false   未檢測到閉環
 */
bool LoopClosing::DetectLoop()
{
    {
        // Step 1：從佇列中取出一個主要畫面格，作為當前檢測閉環主要畫面格
        unique_lock<mutex> lock(mMutexLoopQueue);

        // 從佇列頭部開始取，也就是先取先進來的主要畫面格
        mpCurrentKF = mlpLoopKeyFrameQueue.front();
        // 取出主要畫面格後，從佇列中彈出該主要畫面格
        mlpLoopKeyFrameQueue.pop_front();
        // 設定當前主要畫面格不在最佳化的過程中被刪除
        mpCurrentKF->SetNotErase();
    }

    // Step 2：如果距離上次閉環沒多久（小於 10 畫面格），則不進行閉環檢測
    if(mpCurrentKF->mnId<mLastLoopKFid+10)
    {
        mpKeyFrameDB->add(mpCurrentKF);
        mpCurrentKF->SetErase();
        return false;
    }

    // Step 3：遍歷當前主要畫面格的所有連接主要畫面格，計算它與每個共視主要畫面格的詞袋相似度得分，
    // 記錄最低得分
    const vector<KeyFrame*> vpConnectedKeyFrames = mpCurrentKF->
GetVectorCovisibleKeyFrames();
    const DBoW2::BowVector &CurrentBowVec = mpCurrentKF->mBowVec;
    float minScore = 1;
    for(size_t i=0; i<vpConnectedKeyFrames.size(); i++)
```

```
    {
        KeyFrame* pKF = vpConnectedKeyFrames[i];
        if(pKF->isBad())
            continue;
        const DBoW2::BowVector &BowVec = pKF->mBowVec;
        // 計算兩個主要畫面格的相似度得分；得分越低，相似度越低
        float score = mpORBVocabulary->score(CurrentBowVec, BowVec);
        // 更新最低得分
        if(score<minScore)
            minScore = score;
    }

    // Step 4：在所有主要畫面格中找出閉環候選畫面格 ( 注意，不和當前畫面格連接 )
    // 和當前主要畫面格具有閉環關係的主要畫面格，詞袋相似度得分要超過上面計算的最低得分
    vector<KeyFrame*> vpCandidateKFs = mpKeyFrameDB->DetectLoopCandidates
(mpCurrentKF, minScore);
    // 如果沒有閉環候選畫面格，則傳回 false
    // ......
    // Step 5：在候選畫面格中檢測具有連續性的候選畫面格
    // 記錄最終篩選後得到的閉環畫面格，先清空
    mvpEnoughConsistentCandidates.clear();
    // ConsistentGroup 的資料型態為 pair<set<KeyFrame*>,int>
    // 它的第一個元素對應每個連續組的主要畫面格集合，第二個元素對應每個連續組的連續長度
    vector<ConsistentGroup> vCurrentConsistentGroups;
    // mvConsistentGroups 記錄上次閉環檢測的連續組鏈
    // vbConsistentGroup 記錄上次閉環連續組鏈中子連續組是否和當前的候選組相連( 有共同主要畫面格 )
    vector<bool> vbConsistentGroup(mvConsistentGroups.size(),false);
    // Step 5.1：遍歷剛才得到的每個候選主要畫面格
    for(size_t i=0, iend=vpCandidateKFs.size(); i<iend; i++)
    {
        KeyFrame* pCandidateKF = vpCandidateKFs[i];

        // Step 5.2：將候選主要畫面格及其相連的主要畫面格組成一個子候選組
        set<KeyFrame*> spCandidateGroup = pCandidateKF->GetConnectedKeyFrames();
        // 把候選主要畫面格也加進去
        spCandidateGroup.insert(pCandidateKF);
        // 滿足連續性的標識
        bool bEnoughConsistent = false;
        // 是否產生了連續關係
        bool bConsistentForSomeGroup = false;
        // Step 5.3：遍歷前一次閉環檢測到的連續組鏈
        // 上次閉環檢測的連續組鏈 ConsistentGroup 的資料結構：typedef pair<set
        // <KeyFrame*>, int> ConsistentGroup
        // 它的第一個元素對應每個子連續組的主要畫面格集合，第二個元素對應每個連續組的連續長度
        for(size_t iG=0, iendG=mvConsistentGroups.size(); iG<iendG; iG++)
        {
            // 取出上次閉環檢測中的一個子連續組中的主要畫面格集合
            set<KeyFrame*> sPreviousGroup = mvConsistentGroups[iG].first;
```

```
// Step 5.4：遍歷每個子候選組，檢測子候選組中的每個主要畫面格在子連續組中是否存在
// 如果有一畫面格共同存在於子候選組與上次閉環的子連續組中，那麼子候選組與該子連續組連續
bool bConsistent = false;
for(set<KeyFrame*>::iterator sit=spCandidateGroup.begin(),
send=spCandidateGroup.end(); sit!=send;sit++)
{
    if(sPreviousGroup.count(*sit))
    {
        // 如果存在，則連續
        bConsistent=true;
        // 該子候選組至少與一個子連續組相連，跳出迴圈
        bConsistentForSomeGroup=true;
        break;
    }
}
if(bConsistent)
{
    // Step 5.5：如果判定為連續，那麼接下來需要判斷是否達到了連續性條件
    // 取出和當前的子候選組發生連續關係的上次閉環中的子連續組的連續長度
    int nPreviousConsistency = mvConsistentGroups[iG].second;
    // 將當前子候選組的連續長度在上次閉環的子連續組的連續長度的基礎上 +1，
    int nCurrentConsistency = nPreviousConsistency +1
    // 如果上述連續關係還未記錄到 vCurrentConsistentGroups 中，則記錄一下
    // 注意，這裡 spCandidateGroup 可能放置在 vbConsistentGroup 中其他
    // 索引（iG）下
    if(!vbConsistentGroup[iG])
    {
        // 將該子候選組及其連續程度組合在一起
        ConsistentGroup cg = make_pair(spCandidateGroup,
nCurrentConsistency);
        // 加入本次閉環檢測的連續組鏈
        vCurrentConsistentGroups.push_back(cg);
        // 標記一下，防止重複增加到同一個索引（iG）下
        vbConsistentGroup[iG]=true;
    }
    // 如果當前連續長度滿足要求（>=3），且還沒有其他子候選組達到連續長度要求，
    // 則認為成功連續
    if(nCurrentConsistency>=mnCovisibilityConsistencyTh &&
!bEnoughConsistent)
    {
        // 記錄達到連續條件的子候選組
        mvpEnoughConsistentCandidates.push_back(pCandidateKF);
        // 標記一下，防止重複增加
        bEnoughConsistent=true;
    }
}
// Step 5.6：如果該子候選組中的所有主要畫面格都和上次閉環無關（不連續），則不增加新連續關係
```

```
    // 此時把子候選組全部複製到 vCurrentConsistentGroups 中，同時將連續長度清零
    if(!bConsistentForSomeGroup)
    {
        ConsistentGroup cg = make_pair(spCandidateGroup,0);
        vCurrentConsistentGroups.push_back(cg);
    }
}
// 更新連續組鏈
mvConsistentGroups = vCurrentConsistentGroups;
// 將當前閉環檢測的主要畫面格增加到主要畫面格資料庫中
mpKeyFrameDB->add(mpCurrentKF);
// 成功檢測到閉環，傳回 true；否則，傳回 false
// ......
}
```

13.3 計算 Sim(3) 變換

13.3.1 為什麼需要計算 Sim(3)

小白：什麼是 Sim(3)？為什麼需要計算它呢？

師兄：先說定義。Sim(3) 表示三維空間的相似變換（Similarity Transformation）。計算 Sim(3) 實際上就是計算三個參數：旋轉 R、平移 t、尺度因數 s。

下面來說 Sim(3) 的意義。還以前面閉環檢測的示意圖為例，當機器人繞了一圈後，當前主要畫面格和原點之間其實隔了很多畫面格。在 ORB-SLAM2 中，每畫面格的位姿都是由鄰近畫面格或地圖點的資訊得到的，在機器人繞了一圈後，累積誤差增大，很可能產生飄移。對於單目相機模式來說，飄移可以分為位姿飄移（對應旋轉 R、平移 t）和尺度飄移（尺度因數 s）。對於雙目相機和 RGB-D 相機模式來說，通常認為只有位姿飄移，沒有尺度飄移（尺度因數 $s = 1$）。不管是何種飄移，都需要把本來應該閉合的介面「縫合」。

小白：怎麼「縫合」呢？難道直接讓判斷為同一位置的兩個主要畫面格位姿強制相等？

師兄：這樣肯定不行！這裡的「縫合」物件不僅包括判斷為同一位置的兩個主要畫面格，還包括它們的連接主要畫面格等一系列物件，所有這些有關的主要畫面格一起慢慢調整，最終將介面「縫合」。為什麼要這麼做呢？我們用掃描人臉估計位姿實現三維重建做類比。我們拿著相機正對著人臉向右開始掃描，繞了一圈後，從左側回到人臉正面。由於估計的位姿存在誤差，經過一圈的累積產生

了比較明顯的飄移，如果直接將判斷為同一位置的兩個主要畫面格位姿強制「縫合」，然後用這些位姿進行三維重建，那麼人臉在正面會有明顯跳變，具體表現為五官錯位，這是非常嚴重的問題，是一定要避免的。更好的做法是，將閉環兩畫面格的誤差均攤到這兩畫面格及其連接主要畫面格上，一起微調，最後實現平滑「縫合」，這樣重建的人臉就不會有明顯的錯位，看起來就正常多了。

13.3.2 *Sim(3) 原理推導 [1]

師兄：在講程式之前，我們先完整地推導一遍 Sim(3) 的原理，對理解程式非常有用。從理論上來說，計算 Sim(3) 需要三對不共線的點即可求解。

小白：為什麼透過三對不共線的點就可以求解？

師兄：我們先進行感性的理解，三對匹配的不共線的三維點可以組成兩個三角形。根據三角形各自的法向量可以得到它們之間的旋轉，透過相似三角形面積能夠得到尺度因數，用前面得到的旋轉和尺度因數可以把兩個三角形平行放置，透過計算距離可以得到平移。

以上是直觀的理解，實際在計算時需要有嚴格的數學推導。我們這裡使用的方法來自 Berthold K. P. Horn 在 1987 年發表的論文「Closed-form solution of absolute orientation using unit quaternions」[1]。該文提出了用三維匹配點建構最佳化方程式，不需要迭代，直接用閉式解求出兩個座標系之間的旋轉、平移、尺度因數。該方法的優點非常明顯：

首先，給定兩個座標系下的至少 3 個匹配三維點對，只需一步即可求得變換關係，不需要迭代，速度很快。

其次，因為不是數值解，所以不需要像迭代方法那樣找一個好的初始解。閉式解可以直接求得比較精確的結果。

小白：什麼是數值解和閉式解呢？

師兄：數值解（Numerical Solution）是在特定條件下透過近似計算得出的一個數值，如數值逼近。閉式解也稱為解析解，就是舉出解的具體函式形式，從解的運算式中可以計算出任何對應值。實際上，在 SLAM 問題中，通常能夠得到大於 3 個的三維匹配點對，該文獻推導了在該情況下使用最小平方方法得到最優解的

---

1 * 表示本節內容為選讀部分，讀者可根據需要選擇性地學習。

方法。另外，文獻中利用單位四元數表示旋轉，簡化了求解的推導。

再來重申計算 Sim(3) 的目的：已知至少三個匹配的不共線的三維點對，求它們之間的相對旋轉、平移、尺度因數。

1. 利用三對點計算旋轉

小白：利用三對點可以計算旋轉嗎？

師兄：我們來進行量化分析。假設座標系 1 下有三個不共線的三維點 P_1, P_2, P_3，它們分別和座標系 2 下的三個不共線的三維點 Q_1, Q_2, Q_3 匹配，如圖 13-3 所示。

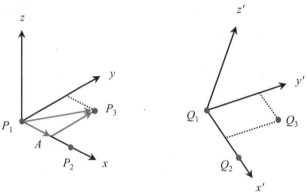

座標系 1 下的三個點　　　　座標系 2 下的三個點

▲ 圖 13-3 利用三對點計算旋轉

首先，根據座標系 1 下的三個不共線的三維點構造一個新的座標系。沿 x 軸方向的單位向量為 $\hat{x}$

$$
\begin{aligned}
x &= P_2 - P_1 \\
\hat{x} &= \frac{x}{||x||}
\end{aligned}
\tag{13-1}
$$

沿 y 軸方向的單位向量為 $\hat{y}$

$$
\begin{aligned}
y &= \overrightarrow{AP_3} \\
&= \overrightarrow{P_1P_3} - \overrightarrow{P_1A} \quad = (P_3 - P_1) - [(P_3 - P_1)\hat{x}]\hat{x} \\
\hat{y} &= \frac{y}{||y||}
\end{aligned}
\tag{13-2}
$$

沿 z 軸方向的單位向量為 $\hat{z}$

$$\hat{z} = \hat{x} \times \hat{y} \tag{13-3}$$

同理，對於座標系 2 下的 Q_1, Q_2, Q_3，也可以得到沿 3 個座標軸方向的單位向量 $\hat{x'}, \hat{y'}, \hat{z'}$。

現在要計算座標系 1 到座標系 2 的旋轉，記由座標系單位向量組成的基底矩陣為

$$
\begin{aligned}
M_1 &= [\hat{x}, \hat{y}, \hat{z}] \\
M_2 &= [\hat{x'}, \hat{y'}, \hat{z'}]
\end{aligned}
\tag{13-4}
$$

假設座標系 1 下有一個向量 v_1，它在座標系 2 下記為 v_2，因為向量本身沒有變化，所以根據座標系定義有

$$
\begin{aligned}
M_1 v_1 &= M_2 v_2 \\
v_2 &= M_2^\top M_1 v_1
\end{aligned}
\tag{13-5}
$$

那麼從座標系 1 到座標系 2 的旋轉為

$$R = M_2^\top M_1 \tag{13-6}$$

看起來好像沒什麼問題，但在實際中並不會這樣用，因為存在如下問題。

第一，旋轉的結果和選擇點的順序關係密切，分別讓不同的點做座標系原點，得到的結果不同。

第二，這種情況不適用於匹配點大於三個的情況。

因此，在實際中並不會使用以上方法，因為我們通常能夠拿到遠大於三個的三維匹配點對，所以會使用最小平方方法來得到更穩定、更精確的結果。

下面進入正題。

2. 計算 Sim(3) 平移

假設獲得了 $n > 3$ 組匹配的三維點觀測座標，它們分別記為 $P = \{P_i\}$ 和 $Q = \{Q_i\}$，其中 $i = 1, \cdots, n$，我們的目的是找到如下變換關係：

$$Q = sRP + t \tag{13-7}$$

式中，s 表示尺度因數；R 表示旋轉；t 表示平移。

如果資料是沒有任何雜訊的理想資料，那麼從理論上來說可以找到嚴格滿足式 (13-7) 的尺度因數、旋轉和平移。但在實際中，資料不可避免地會受到雜訊的影響，所以我們轉換思路，定義一個誤差 e_i，目的就是**尋找合適的尺度因數、旋轉和平移，使得它在所有資料上的誤差最小**：

$$e_i = Q_i - sRP_i - t$$
$$\min_{s,R,t} \sum_{i=1}^{n} ||e_i||^2 = \min_{s,R,t} \sum_{i=1}^{n} ||Q_i - sRP_i - t||^2 \tag{13-8}$$

在開始求解之前，先定義兩個三維點集合中所有三維點的均值（或者稱為質心、重心）向量：

$$\bar{P} = \frac{1}{n} \sum_{i=1}^{n} P_i$$
$$\bar{Q} = \frac{1}{n} \sum_{i=1}^{n} Q_i \tag{13-9}$$

讓每個三維點座標向量 P_i, Q_i 分別減去均值向量，得到去中心化後的座標向量 P'_i, Q'_i，則有

$$P'_i = P_i - \bar{P}$$
$$Q'_i = Q_i - \bar{Q}$$
$$\sum_{i=1}^{n} P'_i = \sum_{i=1}^{n} (P_i - \bar{P}) = \sum_{i=1}^{n} P_i - n\bar{P} = 0 \tag{13-10}$$
$$\sum_{i=1}^{n} Q'_i = \sum_{i=1}^{n} (Q_i - \bar{Q}) = \sum_{i=1}^{n} Q_i - n\bar{Q} = 0$$

上面的結論很重要，在後面推導時會使用。

下面開始推導誤差方程式。

$$\sum_{i=1}^{n} ||e_i||^2 = \sum_{i=1}^{n} ||Q_i - sRP_i - t||^2$$
$$= \sum_{i=1}^{n} ||Q'_i + \bar{Q} - sRP'_i - sR\bar{P} - t||^2$$
$$= \sum_{i=1}^{n} ||(Q'_i - sRP'_i) + \underbrace{(\bar{Q} - sR\bar{P} - t)}_{t_0}||^2$$

$$= \sum_{i=1}^{n} ||(\boldsymbol{Q}'_i - s\boldsymbol{R}\boldsymbol{P}'_i)||^2 + 2\boldsymbol{t}_0^\top \sum_{i=1}^{n}(\boldsymbol{Q}'_i - s\boldsymbol{R}\boldsymbol{P}'_i) + n||\boldsymbol{t}_0||^2 \qquad (13\text{-}11)$$

為了使推導不顯得那樣「臃腫」，簡記：

$$\boldsymbol{t}_0 = \bar{\boldsymbol{Q}} - s\boldsymbol{R}\bar{\boldsymbol{P}} - \boldsymbol{t} \qquad (13\text{-}12)$$

根據式 (13-10)，可得等式右邊中間項：

$$\sum_{i=1}^{n}(\boldsymbol{Q}'_i - s\boldsymbol{R}\boldsymbol{P}'_i) = \sum_{i=1}^{n}\boldsymbol{Q}'_i - s\boldsymbol{R}\sum_{i=1}^{n}\boldsymbol{P}'_i = 0 \qquad (13\text{-}13)$$

這樣前面的誤差方程式可以化簡為

$$\sum_{i=1}^{n}||\boldsymbol{e}_i||^2 = \sum_{i=1}^{n}||(\boldsymbol{Q}'_i - s\boldsymbol{R}\boldsymbol{P}'_i)||^2 + n||\boldsymbol{t}_0||^2 \qquad (13\text{-}14)$$

等式右邊的兩項都是大於或等於 0 的平方項，並且只有第二項中的 $\boldsymbol{t}_0$ 和要求的平移 $\boldsymbol{t}$ 有關，所以當 $\boldsymbol{t}_0 = 0$ 時，可以得到平移的最優解 $\boldsymbol{t}^*$：

$$\begin{aligned} \boldsymbol{t}_0 &= \bar{\boldsymbol{Q}} - s\boldsymbol{R}\bar{\boldsymbol{P}} - \boldsymbol{t} = 0 \\ \boldsymbol{t}^* &= \bar{\boldsymbol{Q}} - s\boldsymbol{R}\bar{\boldsymbol{P}} \end{aligned} \qquad (13\text{-}15)$$

也就是說，知道了旋轉 $\boldsymbol{R}$ 和尺度因數 s，就能根據三維點均值做差得到平移 $\boldsymbol{t}$。注意，這裡平移的方向是 $\{\boldsymbol{P}_i\} \rightarrow \{\boldsymbol{Q}_i\}$。

3. 計算 Sim(3) 尺度因數

誤差函式也可以進一步簡化為

$$\begin{aligned} \sum_{i=1}^{n}||\boldsymbol{e}_i||^2 &= \sum_{i=1}^{n}||\boldsymbol{Q}'_i - s\boldsymbol{R}\boldsymbol{P}'_i||^2 \\ &= \sum_{i=1}^{n}||\boldsymbol{Q}'_i||^2 - 2s\sum_{i=1}^{n}\boldsymbol{Q}'^\top_i\boldsymbol{R}\boldsymbol{P}'_i + s^2\sum_{i=1}^{n}||\boldsymbol{R}\boldsymbol{P}'_i||^2 \end{aligned} \qquad (13\text{-}16)$$

由於向量的模長不受旋轉的影響，所以 $||\boldsymbol{R}\boldsymbol{P}'_i||^2 = ||\boldsymbol{P}'_i||^2$。

為了後續更加清晰地表示，我們用簡單的符號代替上述式子中的部分內容，有：

$$\sum_{i=1}^{n} ||e_i||^2 = \underbrace{\sum_{i=1}^{n} ||\boldsymbol{Q}'_i||^2}_{S_{\boldsymbol{Q}}} - 2s \underbrace{\sum_{i=1}^{n} \boldsymbol{Q}'^{\top}_i \boldsymbol{R} \boldsymbol{P}'_i}_{D} + s^2 \underbrace{\sum_{i=1}^{n} ||\boldsymbol{P}'_i||^2}_{S_{\boldsymbol{P}}}$$

$$= S_{\boldsymbol{Q}} - 2sD + s^2 S_{\boldsymbol{P}}$$

(13-17)

由於 $\boldsymbol{R}$ 是已知的，因此很容易看出來上面是一個以 s 為引數的一元二次方程，要使得該方程式誤差最小，我們可以得到此時尺度因數 s 的取值：

$$s = \frac{D}{S_{\boldsymbol{P}}} = \frac{\sum_{i=1}^{n} \boldsymbol{Q}'^{\top}_i \boldsymbol{R} \boldsymbol{P}'_i}{\sum_{i=1}^{n} ||\boldsymbol{P}'_i||^2}$$

(13-18)

但是，這裡還會有一個不對稱的問題。假如我們對式 (13-18) 中的 $\boldsymbol{P}'_i, \boldsymbol{Q}'_i$ 進行調換，得到：

$$\frac{\sum_{i=1}^{n} \boldsymbol{P}'^{\top}_i \boldsymbol{R} \boldsymbol{Q}'_i}{\sum_{i=1}^{n} ||\boldsymbol{Q}'_i||^2} \neq \frac{1}{s}$$

(13-19)

可以看到，尺度並不具備對稱性，也就是從 $\{P_i\} \rightarrow \{Q_i\}$ 得到的尺度因數並不等於從 $\{Q_i\} \rightarrow \{P_i\}$ 得到的尺度因數的倒數。這也說明我們使用前面方法得到的尺度因數並不穩定。所以需要重新構造誤差函式，使得計算的尺度因數是對稱的、穩定的。

當然，我們不用自己絞盡腦汁去構造，直接用精心設計過的構造方法即可，如下所示：

$$\sum_{i=1}^{n} ||e_i||^2 = \sum_{i=1}^{n} ||\frac{1}{\sqrt{s}} \boldsymbol{Q}'_i - \sqrt{s} \boldsymbol{R} \boldsymbol{P}'_i||^2$$

$$= \frac{1}{s} \underbrace{\sum_{i=1}^{n} ||\boldsymbol{Q}'_i||^2}_{S_{\boldsymbol{Q}}} - 2 \underbrace{\sum_{i=1}^{n} \boldsymbol{Q}'^{\top}_i \boldsymbol{R} \boldsymbol{P}'_i}_{D} + s \underbrace{\sum_{i=1}^{n} ||\boldsymbol{R} \boldsymbol{P}'_i||^2}_{S_{\boldsymbol{P}}}$$

$$= \frac{1}{s} S_{\boldsymbol{Q}} - 2D + s S_{\boldsymbol{P}}$$

$$= (\sqrt{s S_{\boldsymbol{P}}} - \sqrt{\frac{S_{\boldsymbol{Q}}}{s}})^2 + 2(S_{\boldsymbol{P}} S_{\boldsymbol{Q}} - D)$$

(13-20)

上面等式右邊第一項為只和尺度因數 s 有關的平方項，第二項和 s 無關，但和旋轉 **R** 有關，因此令第一項為 0，就能得到最佳的尺度因數 s*

$$s^* = \sqrt{\frac{S_Q}{S_P}} = \sqrt{\frac{\sum_{i=1}^n ||\boldsymbol{Q}_i'||^2}{\sum_{i=1}^n ||\boldsymbol{P}_i'||^2}} \tag{13-21}$$

同時，第二項中的 S_P, S_Q 都是平方項，所以令第二項中的 $D = \sum_{i=1}^n \boldsymbol{Q}_i'^\top \boldsymbol{R} \boldsymbol{P}_i'$ 最大，可以使得剩下的誤差函式最小。

這裡總結一下對稱形式的優勢：使得尺度因數的解和旋轉、平移都無關；反過來，計算旋轉不受資料選擇的影響。

可以直觀地理解為，尺度因數就是三維點到各自均值中心的距離之和。

4. 計算 Sim(3) 旋轉

下面考慮用四元數代替矩陣來表達旋轉。

小白：為什麼用四元數而非用矩陣來表達旋轉？

師兄：有兩點考慮：

第一，因為直接使用矩陣必須要保證矩陣的正交性等約束，這個約束太強了，會帶來很多問題。

第二，四元數只需要保證模值為 1 的約束，簡單很多，方便推導。在開始之前，先來看四元數的性質。大家可以自行證明。

性質 1. 用四元數對三維點進行旋轉。假設空間三維點座標向量 $\boldsymbol{P} = [x, y, z]$，用一個虛四元數表示為 $\dot{\boldsymbol{p}} = [0, x, y, z]^\top$。

旋轉用一個單位四元數 $\dot{\boldsymbol{q}}$ 來表示，則 $\dot{\boldsymbol{p}}$ 旋轉後的三維點用四元數表示為

$$\dot{\boldsymbol{p}}' = \dot{\boldsymbol{q}}\dot{\boldsymbol{p}}\dot{\boldsymbol{q}}^{-1} = \dot{\boldsymbol{q}}\dot{\boldsymbol{p}}\dot{\boldsymbol{q}}^* \tag{13-22}$$

四元數 $\dot{\boldsymbol{p}}'$ 的虛部取出即為旋轉後的座標。其中 $\dot{\boldsymbol{q}}^*$ 表示取 $\dot{\boldsymbol{q}}$ 的共軛。

性質 2. 三個四元數滿足如下條件。直接相乘的形式表示四元數乘法，中間的 · 表示向量點乘。

$$\dot{\boldsymbol{p}} \cdot (\dot{\boldsymbol{r}}\dot{\boldsymbol{q}}^*) = (\dot{\boldsymbol{p}}\dot{\boldsymbol{q}}) \cdot \dot{\boldsymbol{r}} \tag{13-23}$$

性質 3. 假設四元數 $[r_0, r_x, r_y, r_z]$，則有

$$\dot{r}\dot{q} = \begin{bmatrix} r_0 & -r_x & -r_y & -r_z \\ r_x & r_0 & -r_z & r_y \\ r_y & r_z & r_0 & -r_x \\ r_z & -r_y & r_x & r_0 \end{bmatrix} \dot{q} = \mathbb{R}\dot{q}$$

$$\dot{q}\dot{r} = \begin{bmatrix} r_0 & -r_x & -r_y & -r_z \\ r_x & r_0 & r_z & -r_y \\ r_y & -r_z & r_0 & r_x \\ r_z & r_y & -r_x & r_0 \end{bmatrix} \dot{q} = \overline{\mathbb{R}}\dot{q}$$

(13-24)

式中 $\mathbb{R}, \overline{\mathbb{R}}$ 都是 4×4 的矩陣。

以上幾個性質會在代價函式的計算中使用。旋轉 $\boldsymbol{R}$ 用一個單位四元數 $\dot{q}$ 來表示，座標向量 $\boldsymbol{X}_i'$ 用一個虛四元數表式為 $\dot{\boldsymbol{X}_i'}$，利用式 (13-22)、(13-23)、(13-24) 的性質，代價函式可以做如下變換：

$$\begin{aligned}
\sum_{i=1}^{n} \boldsymbol{Q}_i' \boldsymbol{R} \boldsymbol{P}_i' &= \sum_{i=1}^{n} (\dot{\boldsymbol{Q}_i'}) \cdot (\dot{q}\dot{\boldsymbol{P}_i'}\dot{q}^*) \\
&= \sum_{i=1}^{n} (\dot{\boldsymbol{Q}_i'}\dot{q}) \cdot (\dot{q}\dot{\boldsymbol{P}_i'}) \\
&= \sum_{i=1}^{n} (\mathbb{R}_{Q_i'}\dot{q}) \cdot (\overline{\mathbb{R}_{P_i'}}\dot{q}) \\
&= \sum_{i=1}^{n} \dot{q}^\top \mathbb{R}_{Q_i'}^\top \overline{\mathbb{R}_{P_i'}} \dot{q} \\
&= \dot{q}^\top \left(\sum_{i=1}^{n} \mathbb{R}_{Q_i'}^\top \overline{\mathbb{R}_{P_i'}} \right) \dot{q} \\
&= \dot{q}^\top \boldsymbol{N} \dot{q}
\end{aligned}$$

(13-25)

其中

$$\boldsymbol{N} = \sum_{i=1}^{n} \mathbb{R}_{Q_i'}^\top \overline{\mathbb{R}_{P_i'}}$$

(13-26)

記 Q'_i 和 P'_i 的座標為

$$Q'_i = [Q'_{i,x}, Q'_{i,y}, Q'_{i,z}]^\top$$
$$P'_i = [P'_{i,x}, P'_{i,y}, P'_{i,z}]^\top \tag{13-27}$$

根據式 (13-24)，則有

$$\dot{Q}'_i \dot{q} = \begin{bmatrix} 0 & -Q'_{i,x} & -Q'_{i,y} & -Q'_{i,z} \\ Q'_{i,x} & 0 & -Q'_{i,z} & Q'_{i,y} \\ Q'_{i,y} & Q'_{i,z} & 0 & -Q'_{i,x} \\ Q'_{i,z} & -Q'_{i,y} & Q'_{i,x} & 0 \end{bmatrix} \dot{q} = \mathbb{R}_{Q'_i} \dot{q}$$

$$\dot{q}\dot{P}'_i = \begin{bmatrix} 0 & -P'_{i,x} & -P'_{i,y} & -P'_{i,z} \\ P'_{i,x} & 0 & P'_{i,z} & -P'_{i,y} \\ P'_{i,y} & -P'_{i,z} & 0 & P'_{i,x} \\ P'_{i,z} & P'_{i,y} & -P'_{i,x} & 0 \end{bmatrix} \dot{q} = \overline{\mathbb{R}_{P'_i}} \dot{q} \tag{13-28}$$

至此，我們可以直接用式 (13-28) 的結果求解矩陣 N。不過直接求解的矩陣元素看起來很亂，容易錯，這裡根據結果的特點取了個巧，先定義了一個新的矩陣 M，它的形式非常簡潔，然後用其元素來表示 N。

$$M = \sum_{i=1}^{n} P'_i Q'^{\top}_i$$
$$= \begin{bmatrix} S_{xx} & S_{xy} & S_{xz} \\ S_{yx} & S_{yy} & S_{yz} \\ S_{zx} & S_{zy} & S_{zz} \end{bmatrix} \tag{13-29}$$

其中

$$S_{xx} = \sum_{i=1}^{n} P_{i,x} Q_{i,x}$$

$$S_{xy} = \sum_{i=1}^{n} P_{i,x} Q_{i,y} \tag{13-30}$$

$$S_{zz} = \sum_{i=1}^{n} P_{i,z} Q_{i,z}$$

則最終矩陣 N 可以表示為

$$N = \sum_{i=1}^{n} \mathbb{R}_{Q_i'}^{\top} \overline{\mathbb{R}_{P_i'}} \tag{13-31}$$

$$= \begin{bmatrix} (S_{xx}+S_{yy}+S_{zz}) & S_{yz}-S_{zy} & S_{zx}-S_{xz} & S_{xy}-S_{yx} \\ S_{yz}-S_{zy} & (S_{xx}-S_{yy}-S_{zz}) & S_{xy}+S_{yx} & S_{zx}+S_{xz} \\ S_{zx}-S_{xz} & S_{xy}+S_{yx} & (-S_{xx}+S_{yy}-S_{zz}) & S_{yz}+S_{zy} \\ S_{xy}-S_{yx} & S_{zx}+S_{xz} & S_{yz}+S_{zy} & (-S_{xx}-S_{yy}+S_{zz}) \end{bmatrix}$$

最後對 N 進行特徵值分解，求得最大特徵值對應的特徵向量就是待求的用四元數表示的旋轉。注意，這裡旋轉的方向是 $\{P_i\} \to \{Q_i\}$。

至此，我們就得到 Sim(3) 的三個參數：旋轉 R、平移 t、尺度因數 s。

推導過程和程式設計過程不一樣，我們總結一下計算 Sim(3) 的程式實作過程。

第 1 步：計算旋轉 R。

計算每個三維點 P_i, Q_i 分別減去均值，去中心化後的座標 P_i', Q_i'。

按照式 (13-29) 的形式建構 M 矩陣，然後按照式 (13-31) 的形式用 M 的元素來表示 N。

對 N 進行特徵值分解，求得最大特徵值對應的特徵向量就是待求的用四元數表示的旋轉 R。

第 2 步：根據上面計算的旋轉 R 計算尺度因數 s。

可以使用兩種方法計算。一種是式 (13-21) 中具有對稱性的尺度因數（推薦），另一種是式 (13-18) 中不具有對稱性的尺度因數（ORB-SLAM2 使用）。

第 3 步：根據旋轉 R 和尺度因數 s 計算平移 t：

$$t = \bar{Q} - sR\bar{P} \tag{13-32}$$

5. 計算 Sim(3) 原始程式詳解

師兄：以上是 Sim(3) 的原理，看起來比較複雜，但實際上最後我們只需要按照總結的 3 個步驟來計算，實作程式比較簡單。Sim(3) 程式框架和 EPnP 比較類似，這裡先講迭代次數是怎麼估計的。

ϵ 表示在 N 對匹配點中，隨便取出一對點是內點的機率。為了計算 Sim(3)，

我們需要從 N 對點中取三對點，假設是有放回地取，在一次採樣中，同時取這三對點都為內點的機率是 ϵ^3；相反，這三對點中至少存在一對外點的機率是 $1 - \epsilon^3$。假設採用 RANSAC（RANdom SAmple Consensus）連續進行了 K 次採樣，每次採樣中三對點中至少存在一對外點的機率為 $p_0 = (1 - \epsilon^3)^K$，那麼 K 次採樣中至少有一次採樣中三對點都是內點的機率為 $p = 1 - p_0$。代入，得到

$$K = \frac{\log(1-p)}{\log(1-\epsilon^3)} \qquad (13\text{-}33)$$

計算 Sim(3) 的程式較多，下面我們展示的是其中的核心程式。

```cpp
/**
 * @brief 根據兩組匹配的三維點計算 P2 到 P1 的 Sim(3) 變換
 * @param[in] P1    匹配的三維點（3 個點，每個點的座標都是三維列向量形式，3 個點組成了
 *                  3×3 的矩陣）
 * @param[in] P2    匹配的三維點
 */
void Sim3Solver::ComputeSim3(cv::Mat &P1, cv::Mat &P2)
{
    // Step 1：定義三維點質心及去質心後的點
    // O1 和 O2 分別為 P1 和 P2 矩陣中三維點的質心
    // Pr1 和 Pr2 為去質心後的三維點
    cv::Mat Pr1(P1.size(),P1.type());
    cv::Mat Pr2(P2.size(),P2.type());
    cv::Mat O1(3,1,Pr1.type());
    cv::Mat O2(3,1,Pr2.type());
    ComputeCentroid(P1,Pr1,O1);
    ComputeCentroid(P2,Pr2,O2);

    // Step 2：計算三維點數目 n>3 的 M 矩陣。對應式 (13-29)
    cv::Mat M = Pr2*Pr1.t();

    // Step 3：計算 N 矩陣。對應式 (13-31)
    double N11, N12, N13, N14, N22, N23, N24, N33, N34, N44;
    cv::Mat N(4,4,P1.type());
    N11 = M.at<float>(0,0)+M.at<float>(1,1)+M.at<float>(2,2);   // Sxx+Syy+Szz
    N12 = M.at<float>(1,2)-M.at<float>(2,1);                    // Syz-Szy
    N13 = M.at<float>(2,0)-M.at<float>(0,2);                    // Szx-Sxzv
    N14 = M.at<float>(0,1)-M.at<float>(1,0);                    // ……
    N22 = M.at<float>(0,0)-M.at<float>(1,1)-M.at<float>(2,2);
    N23 = M.at<float>(0,1)+M.at<float>(1,0);
    N24 = M.at<float>(2,0)+M.at<float>(0,2);
    N33 = -M.at<float>(0,0)+M.at<float>(1,1)-M.at<float>(2,2);
    N34 = M.at<float>(1,2)+M.at<float>(2,1);
    N44 = -M.at<float>(0,0)-M.at<float>(1,1)+M.at<float>(2,2);
```

```
N = (cv::Mat_<float>(4,4) << N11, N12, N13, N14,
                             N12, N22, N23, N24,
                             N13, N23, N33, N34,
                             N14, N24, N34, N44);

// Step 4：進行特徵值分解，求得最大特徵值對應的特徵向量就是我們要求的用四元數表示的旋轉
cv::Mat eval, evec;
// 特徵值預設是從大到小排列，所以 evec[0] 是最大值
cv::eigen(N,eval,evec);
// N 矩陣的最大特徵值 ( 第一個特徵值 ) 對應的特徵向量就是要求的四元數 ( q0 q1 q2 q3 )，
// 其中 q0 是實部
// 將 (q1 q2 q3) 放入 vec ( 四元數的虛部 ) 中
cv::Mat vec(1,3,evec.type());
(evec.row(0).colRange(1,4)).copyTo(vec);
// 四元數虛部模長 norm(vec)=sin(theta/2)，
// 四元數實部 evec.at<float>(0,0)=q0=cos(theta/2)
// 這一步中的 ang 實際上是 theta/2，theta 是旋轉向量中的旋轉角度
double ang=atan2(norm(vec),evec.at<float>(0,0));
// vec/norm(vec) 得到歸一化後的旋轉向量，然後乘以角度得到
// 包含旋轉軸和旋轉角資訊的旋轉向量 vec
vec = 2*ang*vec/norm(vec);
mR12i.create(3,3,P1.type());
// 將旋轉向量 ( 軸角 ) 轉換為旋轉矩陣
cv::Rodrigues(vec,mR12i);

// Step 5：利用剛計算出來的旋轉將三維點旋轉到同一個座標系下
cv::Mat P3 = mR12i*Pr2;

// Step 6：計算尺度因數
if(!mbFixScale)
{
    double nom = Pr1.dot(P3);
    // 準備計算分母
    cv::Mat aux_P3(P3.size(),P3.type());
    aux_P3=P3;
    // 先得到平方
    cv::pow(P3,2,aux_P3);
    double den = 0;
    // 再累加
    for(int i=0; i<aux_P3.rows; i++)
    {
        for(int j=0; j<aux_P3.cols; j++)
        {
            den+=aux_P3.at<float>(i,j);
        }
    }
    ms12i = nom/den;
}
else
    ms12i = 1.0f;
```

```
    // Step 7：計算平移
    mt12i.create(1,3,P1.type());
    // 對應式 (13-32)
    mt12i = O1 - ms12i*mR12i*O2;

    // Step 8：計算雙向變換矩陣，目的是在後面的檢查過程中能夠雙向投影
    // Step 8.1 用尺度因數、旋轉、平移建構變換矩陣 T12
    mT12i = cv::Mat::eye(4,4,P1.type());
    cv::Mat sR = ms12i*mR12i;
    //                        |sR t|
    // 計算相似變換矩陣 mT12i = | 0 1|
    sR.copyTo(mT12i.rowRange(0,3).colRange(0,3));
    mt12i.copyTo(mT12i.rowRange(0,3).col(3));
    // Step 8.2 計算相似變換矩陣 mT12i 的反矩陣 mT21i
    mT21i = cv::Mat::eye(4,4,P1.type());
    cv::Mat sRinv = (1.0/ms12i)*mR12i.t();
    sRinv.copyTo(mT21i.rowRange(0,3).colRange(0,3));
    cv::Mat tinv = -sRinv*mt12i;
    tinv.copyTo(mT21i.rowRange(0,3).col(3));
}
```

13.3.3 計算 Sim(3) 的流程

師兄：前面詳細介紹了利用多對點求解 Sim(3) 相似變換的原理，下面來看在 ORB-SLAM2 程式中是如何計算的。

首先，整理計算 Sim(3) 的流程。

第 1 步，遍歷上一步得到的具有足夠連續關係的閉環候選主要畫面格集合，篩選出其中與當前畫面格的匹配特徵點數大於一定設定值（程式中設定值為 20）的閉環候選主要畫面格，並為它們構造一個 Sim(3) 求解器。由於主要畫面格之間沒有先驗的位姿關係，因此這裡在求主要畫面格之間的匹配特徵點時採用詞袋方法進行搜尋匹配。詞袋搜尋匹配特徵點的優點是速度快，缺點是漏匹配比較多。我們後續會想辦法增加更多的匹配關係。

第 2 步，對每一個閉環候選主要畫面格用 Sim(3) 求解器進行迭代匹配，如果迭代超過 5 次還沒有求出滿足重投影誤差條件的 Sim(3) 變換，則放棄當前閉環候選主要畫面格；如果獲得了初步滿足條件的 Sim(3) 變換，則利用得到的這個 Sim(3) 變換作為初值，和當前主要畫面格尋找更多的匹配關係，然後用更多的匹配關係反過來對 Sim(3) 進行 BA 最佳化，如果最佳化後的匹配內點數目超過 20，則認為閉環獲得了準確的 Sim(3) 變換，退出迴圈。

第 3 步，取出上一步中與當前主要畫面格成功進行閉環匹配的主要畫面格及其連接主要畫面格（稱為閉環候選主要畫面格組，見圖 13-4 中綠色虛線圈內），然後計算閉環候選主要畫面格組中所有主要畫面格的地圖點（稱為閉環候選主要畫面格組對應的地圖點）。

第 4 步，由於第 1、2 步中求解 Sim(3) 僅僅使用了兩畫面格之間的關係，因此求解的 Sim(3) 變換受到雜訊的影響較大。為了更加穩妥，這裡將第 3 步中得到的閉環候選主要畫面格組對應的地圖點都投影到當前主要畫面格中進行投影匹配，希望能進一步得到更多的匹配關係，因為成功的閉環需要足夠的匹配特徵點對。

第 5 步，如果經過第 4 步後，當前主要畫面格與閉環候選主要畫面格的匹配數目超過了 40，則說明成功閉環，準備下一步的閉環矯正；否則，認為閉環不可靠，將當前主要畫面格和閉環候選主要畫面格刪除，退出本次閉環。

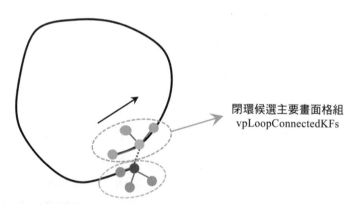

● 當前主要畫面格 mpCurrentKF
● 當前主要畫面格的連接主要畫面格
● 閉環候選主要畫面格 mpMatchedKF，不和當前主要畫面格連接
● 閉環候選主要畫面格的連接主要畫面格

▲ 圖 13-4 閉環候選主要畫面格組

以上過程對應的程式詳解如下。

```
/**
 * @brief 計算當前主要畫面格和閉環候選主要畫面格的 Sim(3) 變換
```

```
 * @return true    只要有一個閉環候選主要畫面格透過 Sim(3) 的求解與最佳化,就傳回 true
 * @return false   所有閉環候選主要畫面格與當前主要畫面格都沒有有效的 Sim(3) 變換
 */
bool LoopClosing::ComputeSim3()
{
    // 對每個(上一步得到的具有足夠連續關係的)閉環候選主要畫面格都計算 Sim(3)
    const int nInitialCandidates = mvpEnoughConsistentCandidates.size();
    ORBmatcher matcher(0.75,true);
    // 儲存每個閉環候選主要畫面格的 Sim3Solver 求解器
    vector<Sim3Solver*> vpSim3Solvers;
    vpSim3Solvers.resize(nInitialCandidates);
    // 儲存每個閉環候選主要畫面格的匹配地圖點資訊
    vector<vector<MapPoint*> > vvpMapPointMatches;
    vvpMapPointMatches.resize(nInitialCandidates);
    // 儲存每個閉環候選主要畫面格應該被放棄 (True) 或保留 (False)
    vector<bool> vbDiscarded;
    vbDiscarded.resize(nInitialCandidates);
    // 完成 Step 1 的匹配後,被保留的閉環候選主要畫面格數量
    int nCandidates=0;

    // Step 1:遍歷閉環候選主要畫面格集合,初步篩選出與當前主要畫面格的匹配特徵點數目大於 20 的
    // 閉環候選主要畫面格集合,並為每個閉環候選主要畫面格構造一個 Sim3Solver
    for(int i=0; i<nInitialCandidates; i++)
    {
        // Step 1.1 從篩選的閉環候選畫面格中取出一畫面格有效的主要畫面格
        pKF KeyFrame* pKF = mvpEnoughConsistentCandidates[i];
        // 避免在 LocalMapping 中的 KeyFrameCulling 函式將此主要畫面格作為容錯畫面格剔除
        pKF->SetNotErase();
        // 如果閉環候選主要畫面格品質不高,則直接捨棄
        if(pKF->isBad())
        {
            vbDiscarded[i] = true;
            continue;
        }

        // Step 1.2 用詞袋對當前主要畫面格與閉環候選主要畫面格進行粗匹配
        // vvpMapPointMatches 是匹配特徵點對應的地圖點,本質上來自閉環候選主要畫面格
        int nmatches = matcher.SearchByBoW(mpCurrentKF,pKF,vvpMapPointMatches[i]);
        // 粗篩:匹配的特徵點數太少,該閉環候選主要畫面格剔除
        if(nmatches<20)
        {
            vbDiscarded[i] = true;
            continue;
        }
        else
        {
            // Step 1.3 為保留的閉環候選主要畫面格構造 Sim(3) 求解器
            // 如果 mbFixScale 為 true,則為 6 自由度最佳化(雙目相機或 RGB-D 相機模式)
            // 如果 mbFixScale 為 false,則為 7 自由度最佳化(單目相機模式)
```

```
            Sim3Solver* pSolver = new Sim3Solver(mpCurrentKF,pKF,
vvpMapPointMatches[i],mbFixScale);
            // Sim3Solver RANSAC 過程置信度為 0.99，至少 20 個 inliers，最多 300 次迭代
            pSolver->SetRansacParameters(0.99,20,300);
            vpSim3Solvers[i] = pSolver;
        }
        // 保留的閉環候選主要畫面格數量
        nCandidates++;
    }
    // 用於標記是否有一個閉環候選主要畫面格透過 Sim3Solver 的求解與最佳化
    bool bMatch = false;

    // Step 2 對每個閉環候選主要畫面格用 Sim3Solver 進行迭代匹配，直到有一個閉環候選主要畫面格
    // 匹配成功，或者全部失敗
    while(nCandidates>0 && !bMatch)
    {
        // 遍歷每個閉環候選主要畫面格
        for(int i=0; i<nInitialCandidates; i++)
        {
            if(vbDiscarded[i])
                continue;
            KeyFrame* pKF = mvpEnoughConsistentCandidates[i];
            // 標記經過 RANSAC sim(3) 求解後哪些是內點
            vector<bool> vbInliers;
            // 內點數量
            int nInliers;
            // 是否到達了最優解
            bool bNoMore;

            // Step 2.1 取出在 Step 1.3 中為當前閉環候選主要畫面格建構的 Sim3Solver 並開始迭代
            Sim3Solver* pSolver = vpSim3Solvers[i];
            // 最多迭代 5 次，傳回的 Scm 是閉環候選主要畫面格 pKF 到當前畫面格
            // mpCurrentKF 的 Sim(3) 變換（T12）
            cv::Mat Scm = pSolver->iterate(5,bNoMore,vbInliers,nInliers);
            // 總迭代次數達到最大限制還沒有求出合格的 Sim(3) 變換，該閉環候選主要畫面格剔除
            if(bNoMore)
            {
                vbDiscarded[i]=true;
                nCandidates--;
            }
            // 如果計算出了 Sim(3) 變換，則繼續匹配更多點並最佳化。
            // 因為之前 SearchByBoW 匹配可能會有遺漏
            if(!Scm.empty())
            {
                // 取出經過 Sim3Solver 計算後匹配點中的內點集合
                vector<MapPoint*> vpMapPointMatches(vvpMapPointMatches[i].size(),
static_cast<MapPoint*>(NULL));
                for(size_t j=0, jend=vbInliers.size(); j<jend; j++)
```

```
                    {
                        // 保存內點
                        if(vbInliers[j])
                            vpMapPointMatches[j]=vvpMapPointMatches[i][j];
                    }
                // Step 2.2 透過上面求取的 Sim(3) 變換引導主要畫面格匹配，彌補 Step 1 中的漏匹配
                // 閉環候選主要畫面格 pKF 到當前畫面格 mpCurrentKF 的 R（R12）、t（t12）、
                // 尺度因數 s（s12）
                cv::Mat R = pSolver->GetEstimatedRotation();
                cv::Mat t = pSolver->GetEstimatedTranslation();
                const float s = pSolver->GetEstimatedScale();
                // 查詢更多的匹配（成功的閉環匹配需要滿足足夠多的匹配特徵點數，
                // 之前在使用 SearchByBoW 進行特徵點匹配時會有漏匹配）
                // 透過 Sim(3) 變換，投影搜尋 pKF1 的特徵點在 pKF2 中的匹配；
                // 同理，投影搜尋 pKF2 的特徵點在 pKF1 中的匹配
                // 只有互相成功匹配，才認為是可靠的匹配
                matcher.SearchBySim3(mpCurrentKF,pKF,vpMapPointMatches,s,R,t,7.5);
                // Step 2.3 用新的匹配最佳化 Sim(3)，只要有一個閉環候選主要畫面格透過 Sim(3)
                // 的求解與最佳化，就停止對其他閉環候選主要畫面格的判斷
                // 將 OpenCV 的 Mat 矩陣轉換成 Eigen 的 Matrix 類型
                // gScm：閉環候選主要畫面格到當前主要畫面格的 Sim(3) 變換
            g2o::Sim3 gScm(Converter::toMatrix3d(R),Converter::toVector3d(t),s);
                // 如果 mbFixScale 為 true，則為 6 自由度最佳化（雙目 RGBD 相機）；
                // 如果 mbFixScale 為 false，則為 7 自由度最佳化（單目相機）
                // 最佳化 mpCurrentKF 與 pKF 對應的 MapPoints 間的 Sim(3)，
                // 得到最佳化後的量 gScm
                const int nInliers = Optimizer::OptimizeSim3(mpCurrentKF, pKF,
        vpMapPointMatches, gScm, 10, mbFixScale);
                // 如果最佳化成功，則停止 while 迴圈遍歷閉環候選主要畫面格
                if(nInliers>=20)
                {
                    // 為 True 時將不再進入 while 迴圈
                    bMatch = true;
                    // mpMatchedKF 就是最終閉環檢測出來與當前畫面格形成閉環的主要畫面格
                    mpMatchedKF = pKF;
                    // gSmw：從世界座標系 w 到該候選畫面格 m 的 Sim(3) 變換，
                    // 都在一個座標系下，所以尺度因數 Scale=1
                    g2o::Sim3 gSmw(Converter::toMatrix3d(pKF->GetRotation()),
        Converter::toVector3d(pKF->GetTranslation()),1.0);
                    // 得到 g2o 最佳化後從世界座標系到當前畫面格的 Sim(3) 變換
                    mg2oScw = gScm*gSmw;
                    mScw = Converter::toCvMat(mg2oScw);
                    mvpCurrentMatchedPoints = vpMapPointMatches;
                    // 只要有一個候選主要畫面格透過 Sim(3) 的求解與最佳化，就跳出，停止對其
                    // 他候選主要畫面格的判斷
                    break;
                }
        }
    }
```

```
            }
        }
        // 退出上面 while 迴圈的原因有兩種，一種是求解成功，bMatch 置位後退出；
        // 另一種是 nCandidates 耗盡為 0
        if(!bMatch)
        {
            // 如果沒有閉環候選主要畫面格透過 Sim(3) 的求解與最佳化，則重置後傳回 false
            // ......
    }

        // Step 3：取出與當前畫面格閉環匹配上的主要畫面格 mpMatchedKF 及其連接主要畫面格，
        // 以及這些連接主要畫面格的地圖點
        // ......

        // Step 4：將閉環候選主要畫面格及其連接主要畫面格的所有地圖點投影到當前主要畫面格中進行投影匹配
        // 根據投影查詢更多的匹配關係 ( 成功的閉環匹配需要滿足足夠多的匹配特徵點數目 )
        // 根據 Sim(3) 變換，將每個 mvpLoopMapPoints 投影到 mpCurrentKF 中，搜尋新的匹配對
        // mvpCurrentMatchedPoints 是經過 SearchBySim3 得到的已經匹配的點對，這裡不再匹配
        matcher.SearchByProjection(mpCurrentKF, mScw, mvpLoopMapPoints, mvpCurrent-
MatchedPoints,10);

        // Step 5：統計當前畫面格與閉環候選主要畫面格的匹配地圖點數目，超過 40 個說明成功閉環，
        // 傳回 true；否則失敗，傳回 false
        // ......
    }
```

13.4 閉環矯正

師兄：閉環矯正是閉環中最重要的一個環節，前面是檢測閉環，這裡用檢測的閉環關係對所有主要畫面格的位姿和地圖點進行矯正。

首先介紹兩個重要的操作：位姿傳播和矯正及地圖點座標傳播和矯正。

13.4.1 Sim(3) 位姿傳播和矯正

小白：這裡為什麼需要傳播位姿呢？

師兄：在解釋之前，我們先來整理涉及的所有變數。

- mpCurrentKF：當前主要畫面格（圖 13-5 中的紅色的圓點）。
- pKFi：當前主要畫面格的某個連接主要畫面格（圖 13-5 中的綠色的圓點）。
- mg2oScw：從世界座標系到當前主要畫面格的 Sim(3) 變換（圖 13-5 中帶箭頭的紅色曲線）。它經過了 g2o 最佳化，我們認為這個是最新的、準確的 Sim(3) 變換，需要用它來傳播和矯正其他舊的、不準確的主要畫面格。

- Tic：從 mpCurrentKF 到 pKFi 的 SE(3) 位姿變換。

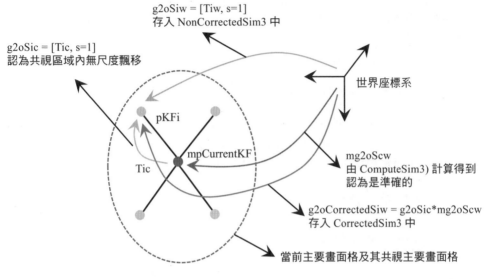

▲ 圖 13-5 Sim(3) 位姿傳播和矯正

- g2oSic：從 mpCurrentKF 到 pKFi 的 Sim(3) 位姿變換。因為它們距離非常近，尺度不會發生明顯的變化，所以在 g2oSic 中尺度因數 $s = 1$，此時 g2oSic 和位姿變換 Tic 其實是一樣的。

- g2oCorrectedSiw：pKFi 經過 Sim(3) 位姿傳播和矯正過的世界座標系下的 Sim(3) 變換。

- g2oSiw：pKFi 未經過 Sim(3) 位姿傳播和矯正的世界座標系下的 Sim(3) 變換。其中尺度因數 $s = 1$。

目的是用 mg2oScw 傳播和矯正 pKFi，這樣就能將閉環檢測中費力計算的 mg2oScw 作用在和當前主要畫面格連接的主要畫面格上，造成「平滑縫合」的效果。

小白：那如何傳播位姿呢？

師兄：基本原理是用準確的 mg2oScw 表示世界座標系下 pKFi 的 Sim(3) 變換，用圖 13-5 中的帶箭頭的紅色曲線加上黃色曲線來表示藍色曲線，用程式實作是這樣的。

```
g2oCorrectedSiw = g2oSic*mg2oScw;
```

Sim(3) 位姿傳播和矯正過程的程式如下。

```
// Step 2.1：透過 mg2oScw（準確的）傳播和矯正位姿，
// 得到當前主要畫面格的共視主要畫面格的世界座標系下的 Sim(3) 變換
// 遍歷當前主要畫面格組
for(vector<KeyFrame*>::iterator vit=mvpCurrentConnectedKFs.begin(),
vend=mvpCurrentConnectedKFs.end(); vit!=vend; vit++)
{
    KeyFrame* pKFi = *vit;
    cv::Mat Tiw = pKFi->GetPose();
    // 跳過當前主要畫面格，因為其位姿已經最佳化過了，在這裡是參考基準
    if(pKFi!=mpCurrentKF)
    {
        // 得到當前主要畫面格 mpCurrentKF 到其共視主要畫面格 pKFi 的相對變換
        cv::Mat Tic = Tiw*Twc;
        cv::Mat Ric = Tic.rowRange(0,3).colRange(0,3);
        cv::Mat tic = Tic.rowRange(0,3).col(3);

        // g2oSic：當前主要畫面格 mpCurrentKF 到其共視主要畫面格 pKFi 的 Sim(3) 相對變換
        // 這裡是 non-correct, 所以 scale=1.0
        g2o::Sim3 g2oSic(Converter::toMatrix3d(Ric),
Converter::toVector3d(tic),1.0);
        // 當前畫面格的位姿固定不動，其他的主要畫面格根據相對關係得到 Sim(3) 調整的位姿
        g2o::Sim3 g2oCorrectedSiw = g2oSic*mg2oScw;
        // 存放閉環 g2o 最佳化後當前主要畫面格的共視主要畫面格的 Sim3 位姿
        CorrectedSim3[pKFi]=g2oCorrectedSiw;
    }
    cv::Mat Riw = Tiw.rowRange(0,3).colRange(0,3);
    cv::Mat tiw = Tiw.rowRange(0,3).col(3);
    g2o::Sim3 g2oSiw(Converter::toMatrix3d(Riw),Converter::toVector3d(tiw),1.0);
    // 存放沒有矯正的當前主要畫面格的共視主要畫面格的 Sim(3) 變換
    NonCorrectedSim3[pKFi]=g2oSiw;
}
```

13.4.2 地圖點座標傳播和矯正

師兄：前面講了 Sim(3) 位姿的傳播和矯正，下面對當前主要畫面格的連接主要畫面格的地圖點座標進行矯正。

小白：到底哪些地圖點座標是準確的，哪些是不準確的呢？

師兄：前面在求解 Sim(3) 變換時，當前主要畫面格的 Sim(3) 變換和地圖點都是放在一起最佳化的，所以認為當前主要畫面格 mpCurrentKF 的 Sim(3) 變換和地圖點座標都是準確的。前面把其 Sim(3) 變換傳播到了它的連接主要畫面格中，這裡是把它的地圖點座標傳播到它的連接主要畫面格中的地圖點座標（認為

不準確）。

首先看定義。

- mpCurrentKF：當前主要畫面格。
- pKFi：當前主要畫面格的某個連接主要畫面格。
- g2oCorrectedSiw：pKFi 經過 Sim(3) 位姿傳播過的世界座標系下的 Sim(3) 變換。
- g2oCorrectedSwi：g2oCorrectedSiw 的逆變換。
- g2oSiw：pKFi 未經過 Sim(3) 位姿傳播的世界座標系下的 Sim(3) 變換。
- eigP3Dw：pKFi 的某個有效的世界座標系下的地圖點座標。
- eigCorrectedP3Dw：eigP3Dw 經過位姿 g2oCorrectedSiw 矯正後的世界座標系下的地圖點座標，也是我們最終要得到的座標。

結合圖 13-6 分析過程。首先用 g2oSiw 將未矯正的、不準確的世界座標系下的地圖點 eigP3Dw 變換到 pKFi 的相機座標系下，然後利用傳播過的、準確的位姿 g2oCorrectedSwi 將其再變換到世界座標系下，就獲得了 eigCorrectedP3Dw。

這個過程在圖 13-6 中表示為，從世界座標系到 pKFi 的帶箭頭的綠色曲線，再透過帶箭頭的藍色曲線回到世界座標系。在 ORB-SLAM2 中是透過如下程式實作的。

```
// 下面變換是，eigP3Dw：world → g2oSiw → i → g2oCorrectedSwi → world
Eigen::Matrix<double,3,1> eigCorrectedP3Dw =
g2oCorrectedSwi.map(g2oSiw.map(eigP3Dw));
```

其中，map 函式內部實作如下。

```
// map 函式是用 sim(3) 變換 (r,t,s)，那把某個座標系下的三維座標變換到另一個座標系下
Vector3 map (const Vector3& xyz) const {
    return s*(r*xyz) + t;
}
```

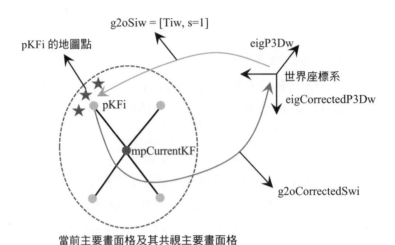

當前主要畫面格及其共視主要畫面格

▲ 圖 13-6 地圖點座標矯正

以上地圖點座標矯正過程對應的程式如下。

```
// Step 2.2：得到矯正的當前主要畫面格的共視主要畫面格的位姿後，修正共視主要畫面格的地圖點
// 遍歷待矯正的共視主要畫面格 ( 不包括當前主要畫面格 )
for(KeyFrameAndPose::iterator mit=CorrectedSim3.begin(),
mend=CorrectedSim3.end(); mit!=mend; mit++)
{
    // 取出當前主要畫面格的連接主要畫面格
    KeyFrame* pKFi = mit->first;
    // 取出經過位姿傳播後的 Sim(3) 變換
    g2o::Sim3 g2oCorrectedSiw = mit->second;
    g2o::Sim3 g2oCorrectedSwi = g2oCorrectedSiw.inverse();
    // 取出未經過位姿傳播的 Sim(3) 變換
    g2o::Sim3 g2oSiw =NonCorrectedSim3[pKFi];
    vector<MapPoint*> vpMPsi = pKFi->GetMapPointMatches();
    // 遍歷待矯正共視主要畫面格中的每個地圖點
    for(size_t iMP=0, endMPi = vpMPsi.size(); iMP<endMPi; iMP++)
    {
        MapPoint* pMPi = vpMPsi[iMP];
        // 跳過無效的地圖點
        if(!pMPi)
            continue;
        if(pMPi->isBad())
            continue;
        // 標記，防止重複矯正
        if(pMPi->mnCorrectedByKF==mpCurrentKF->mnId)
            continue;
        // 矯正過程在本質上也以當前主要畫面格為基礎的最佳化後的位姿展開
        // 將該未校正的 eigP3Dw 先從世界座標系映射到未校正的 pKFi 相機座標系下，
```

```
    // 然後反映射到矯正後的世界座標系下
    cv::Mat P3Dw = pMPi->GetWorldPos();
    // 地圖點在世界座標系下的座標
    Eigen::Matrix<double,3,1> eigP3Dw = Converter::toVector3d(P3Dw);
    // map(P) 內部進行了相似變換 s*R*P +t
    // 下面變換是,eigP3Dw:world → g2oSiw → i → g2oCorrectedSwi → world
    Eigen::Matrix<double,3,1> eigCorrectedP3Dw = g2oCorrectedSwi.map
(g2oSiw.map(eigP3Dw));
    cv::Mat cvCorrectedP3Dw = Converter::toCvMat(eigCorrectedP3Dw);
    pMPi->SetWorldPos(cvCorrectedP3Dw);
    // 記錄矯正該地圖點的主要畫面格 ID,防止重複
    pMPi->mnCorrectedByKF = mpCurrentKF->mnId;
    // 記錄該地圖點所在的主要畫面格 ID
    pMPi->mnCorrectedReference = pKFi->mnId;
    // 因為地圖點更新了,所以需要更新其平均觀測方向及觀測距離範圍
    pMPi->UpdateNormalAndDepth();
}

// Step 2.3:將共視主要畫面格的 Sim(3) 轉換為 SE(3),根據更新的 Sim(3) 更新主要畫面格的位姿
// 呼叫 toRotationMatrix 可以自動歸一化旋轉矩陣
Eigen::Matrix3d eigR = g2oCorrectedSiw.rotation().toRotationMatrix();
Eigen::Vector3d eigt = g2oCorrectedSiw.translation();
double s = g2oCorrectedSiw.scale();
// 平移向量中包含尺度資訊,還需要用尺度進行歸一化
eigt *=(1./s);
cv::Mat correctedTiw = Converter::toCvSE3(eigR,eigt);
// 設定矯正後的新的 SE(3) 位姿
pKFi->SetPose(correctedTiw);
// Step 2.4:根據共視關係更新當前畫面格與其他主要畫面格之間的連接關係
// 地圖點的位置改變了,可能會引起共視關係 (權值) 的改變
pKFi->UpdateConnections();
}
```

13.4.3 閉環矯正的流程

師兄:下面整理閉環矯正的流程。

第 1 步,結束局部地圖建構執行緒、全域 BA,為閉環矯正做準備。

第 2 步,因為之前在閉環檢測、計算 Sim(3) 時改變了該主要畫面格的地圖點,所以需要根據共視關係更新當前畫面格與其他主要畫面格之間的連接關係。

第 3 步,透過前面計算的當前主要畫面格的 Sim(3) 變換進行位姿傳播,矯正與當前畫面格相連的主要畫面格的位姿和它們的地圖點。

第 4 步，檢查當前主要畫面格的地圖點與閉環匹配主要畫面格的地圖點是否存在衝突，對衝突的地圖點進行替換或填補。

第 5 步，將閉環相連主要畫面格組中的所有地圖點投影到當前主要畫面格組中，進行匹配、融合，新增或替換當前主要畫面格組中主要畫面格的地圖點。

第 6 步，更新當前主要畫面格的兩級共視主要畫面格的連接關係，得到前面經過地圖點融合而新建立的共視連接關係。

第 7 步，進行本質圖最佳化，最佳化本質圖中所有主要畫面格的位姿。

第 8 步，新建一個執行緒用於全域 BA 最佳化，最佳化所有的主要畫面格和地圖點。

程式及詳細註釋如下。

```
/**
 * @brief 閉環矯正
 */
void LoopClosing::CorrectLoop()
{
    // 結束局部地圖建構執行緒、全域 BA，為閉環矯正做準備
    // ......

    // Step 1：根據共視關係更新當前主要畫面格與其他主要畫面格之間的連接關係
    // 因為之前在閉環檢測、計算 Sim(3) 時改變了該主要畫面格的地圖點，所以需要更新連接關係
    mpCurrentKF->UpdateConnections();

    // Step 2：透過位姿傳播，得到 Sim(3) 最佳化後與當前畫面格相連的主要畫面格的位姿及它們的地圖點
    // 當前畫面格與世界座標系之間的 Sim(3) 變換在 ComputeSim3 函式中已經確定並最佳化，
    // 透過相對位姿關係，可以確定這些相連的主要畫面格與世界座標系之間的 Sim(3) 變換
    // 取出當前主要畫面格及其共視主要畫面格，稱為「當前主要畫面格組」
    mvpCurrentConnectedKFs = mpCurrentKF->GetVectorCovisibleKeyFrames();
    mvpCurrentConnectedKFs.push_back(mpCurrentKF);
    // CorrectedSim3：存放閉環 g2o 最佳化後當前主要畫面格的共視主要畫面格的世界座標系下的
    // Sim(3) 變換
    // NonCorrectedSim3：存放沒有矯正的當前主要畫面格的共視主要畫面格的世界座標系下的
    // Sim(3) 變換
    KeyFrameAndPose CorrectedSim3, NonCorrectedSim3;
    // 先將 mpCurrentKF 的 Sim(3) 變換存入，認為是準確的，所以固定不動
    CorrectedSim3[mpCurrentKF]=mg2oScw;
    // 當前主要畫面格到世界座標系下的變換矩陣
    cv::Mat Twc = mpCurrentKF->GetPoseInverse();
```

```
// 對地圖點進行操作
{
    // 鎖定地圖點
    unique_lock<mutex> lock(mpMap->mMutexMapUpdate);

    // Step 2.1：透過 mg2oScw（認為是準確的）傳播位姿，
    // 得到當前主要畫面格的共視主要畫面格的世界座標系下的 Sim(3) 位姿
    // ......

    // Step 2.2：得到矯正的當前主要畫面格的共視主要畫面格位姿後，修正這些共視主要畫面格的
    // 地圖點
    // ......

    // Step 3：檢查當前畫面格的地圖點與經過閉環匹配後該畫面格的地圖點是否存在衝突，
    // 對衝突的地圖點進行替換或填補
    // mvpCurrentMatchedPoints 是當前主要畫面格和閉環候選主要畫面格組的所有地圖點進行投
    // 影得到的匹配點
    for(size_t i=0; i<mvpCurrentMatchedPoints.size(); i++)
    {
        if(mvpCurrentMatchedPoints[i])
        {
            // 取出同一個索引對應的兩種地圖點，決定是否要替換
            // 匹配投影得到的地圖點
            MapPoint* pLoopMP = mvpCurrentMatchedPoints[i];
            // 原來的地圖點
            MapPoint* pCurMP = mpCurrentKF->GetMapPoint(i);
            if(pCurMP)
                // 如果有重複的地圖點，則用匹配的地圖點代替現有的地圖點
                // 匹配的地圖點經過一系列操作後是比較精確的，
                // 現有的地圖點很可能存在累計誤差
                pCurMP->Replace(pLoopMP);
            else

            {
                // 如果當前畫面格沒有該地圖點，則直接增加
                mpCurrentKF->AddMapPoint(pLoopMP,i);
                pLoopMP->AddObservation(mpCurrentKF,i);
                pLoopMP->ComputeDistinctiveDescriptors();
            }
        }
    }
}
// Step 4：將閉環相連主要畫面格組中的所有地圖點投影到當前主要畫面格組中，進行匹配、融合，
// 新增或替換當前主要畫面格組中 KF 的地圖點
// 因為閉環相連主要畫面格組 mvpLoopMapPoints 在地圖中存在的時間比較久，經歷了多次最佳化，
// 所以認為是準確的而當前主要畫面格組中的主要畫面格的地圖點是新計算的，可能存在累計誤差
// CorrectedSim3：存放矯正後當前主要畫面格的共視主要畫面格及其世界座標系下的 Sim(3) 變換
SearchAndFuse(CorrectedSim3);
```

```
    // Step 5：更新當前主要畫面格組之間的兩級共視相連關係，
    // 得到因閉環時地圖點融合而新得到的連接關係
    // LoopConnections：儲存因閉環時地圖點調整而新生成的連接關係
    map<KeyFrame*, set<KeyFrame*> > LoopConnections;
    // Step 5.1：遍歷當前畫面格的相連主要畫面格組（一級相連）
    for(vector<KeyFrame*>::iterator vit=mvpCurrentConnectedKFs.begin(),
vend=mvpCurrentConnectedKFs.end(); vit!=vend; vit++)
    {
        KeyFrame* pKFi = *vit;
        // Step 5.2：得到與當前畫面格相連的主要畫面格的相連主要畫面格（二級相連）
        vector<KeyFrame*> vpPreviousNeighbors = pKFi->
GetVectorCovisibleKeyFrames();
        // Step 5.3：更新一級相連主要畫面格的連接關係（會增加當前主要畫面格，
        // 因為地圖點已經更新和替換）
        pKFi->UpdateConnections();
        // Step 5.4：取出該畫面格更新後的連接關係
        LoopConnections[pKFi]=pKFi->GetConnectedKeyFrames();
        // Step 5.5：去除閉環之前的二級連接關係，剩下的連接就是由閉環得到的連接關係
        for(vector<KeyFrame*>::iterator vit_prev=vpPreviousNeighbors.begin(),
vend_prev=vpPreviousNeighbors.end(); vit_prev!=vend_prev; vit_prev++)
        {
            LoopConnections[pKFi].erase(*vit_prev);
        }
        // Step 5.6：從連接關係中去除閉環之前的一級連接關係，
        // 剩下的連接就是由閉環得到的連接關係
        for(vector<KeyFrame*>::iterator vit2=mvpCurrentConnectedKFs.begin(),
vend2=mvpCurrentConnectedKFs.end(); vit2!=vend2; vit2++)
        {
            LoopConnections[pKFi].erase(*vit2);
        }
    }
    // Step 6：進行本質圖最佳化，最佳化本質圖中所有主要畫面格的位姿
    Optimizer::OptimizeEssentialGraph(mpMap, mpMatchedKF, mpCurrentKF, NonCor-
rectedSim3, CorrectedSim3, LoopConnections, mbFixScale);
    // Step 7：增加當前畫面格與閉環匹配畫面格之間的邊（這個連接關係不最佳化）
    mpMatchedKF->AddLoopEdge(mpCurrentKF);
    mpCurrentKF->AddLoopEdge(mpMatchedKF);
    // Step 8：新建一個執行緒，用於全域 BA 最佳化，最佳化所有的主要畫面格和地圖點
    mbRunningGBA = true;
    mbFinishedGBA = false;
    mbStopGBA = false;
    mpThreadGBA = new thread(&LoopClosing::RunGlobalBundleAdjustment,this,
mpCurrentKF->mnId);

    // 關閉閉環執行緒，釋放局部地圖建構執行緒
    mpLocalMapper->Release();
    mLastLoopKFid = mpCurrentKF->mnId;
}
```

13.5 閉環全域 BA 最佳化

師兄： 完成閉環矯正後，最後一步是對所有的地圖點和主要畫面格位姿進行全域 BA 最佳化，流程如下。

第 1 步，執行全域 BA，最佳化所有主要畫面格位姿和地圖中的地圖點。

第 2 步，遍歷並更新全域地圖中的所有生成樹中的主要畫面格位姿。

第 3 步，遍歷每個地圖點並用更新的主要畫面格位姿更新地圖點位置。

```cpp
/**
 * @brief 進行全域 BA 最佳化並更新所有主要畫面格位姿和地圖點座標
 *
 * @param[in] nLoopKF 看上去是閉環主要畫面格 ID，但在呼叫時給的是當前主要畫面格的 ID
 */
void LoopClosing::RunGlobalBundleAdjustment(unsigned long nLoopKF)
{
    // 記錄 GBA 已迭代的次數，用來檢查全域 BA 過程是不是因為意外結束的
    int idx = mnFullBAIdx;
    // mbStopGBA 直接引用傳遞，這樣當有外部請求時，這個最佳化函式能夠即時回應並且結束

    // Step 1：執行全域 BA，最佳化所有的主要畫面格位姿和地圖中地圖點
    Optimizer::GlobalBundleAdjustemnt(mpMap,        // 地圖點物件
                                      10,           // 迭代次數
                                      &mbStopGBA,   // 外界控制 GBA 停止的標識
                                      nLoopKF,      // 形成了閉環的當前主要畫面格的 ID
                                      false);       // 不使用堅固核函式
    // 更新所有的地圖點和主要畫面格
    // 在全域 BA 過程中局部地圖建構執行緒仍然在工作，這意味著在執行全域 BA 時
    // 可能產生新的主要畫面格，但是並未包括在全域 BA 中，可能會造成更新後的地圖並不連續。
    // 需要透過生成樹來傳播
    {
        unique_lock<mutex> lock(mMutexGBA);
        // 如果全域 BA 過程是因為意外結束的，則直接退出 GBA
        if(idx!=mnFullBAIdx)
            return;
        // 如果當前 GBA 沒有插斷要求，則更新位姿和地圖點
        if(!mbStopGBA)
        {
            mpLocalMapper->RequestStop();
            // 等待局部地圖建構執行緒結束才會繼續後續操作
            // ......

            // 後續要更新地圖，所以要上鎖
```

```
            unique_lock<mutex> lock(mpMap->mMutexMapUpdate);
            // 從第一個主要畫面格開始矯正主要畫面格。剛開始只保存初始化的第一個主要畫面格
            list<KeyFrame*> lpKFtoCheck(mpMap->mvpKeyFrameOrigins.begin(),mpMap-
>mvpKeyFrameOrigins.end());

            // Step 2：遍歷並更新全域地圖中的所有生成樹中的主要畫面格位姿
            while(!lpKFtoCheck.empty())
            {
                KeyFrame* pKF = lpKFtoCheck.front();
                const set<KeyFrame*> sChilds = pKF->GetChilds();
                cv::Mat Twc = pKF->GetPoseInverse();
                // 遍歷當前主要畫面格的子主要畫面格
                for(set<KeyFrame*>::const_iterator sit=sChilds.begin();
sit!=sChilds.end();sit++)
                    {
                        KeyFrame* pChild = *sit;
                        // 記錄，避免重複
                        if(pChild->mnBAGlobalForKF!=nLoopKF)
                        {
                            // 從父主要畫面格到當前子主要畫面格的位姿變換 T_child_farther
                            cv::Mat Tchildc = pChild->GetPose()*Twc;
                            // 再利用最佳化後的父主要畫面格的位姿轉換到世界座標系下，
                            // 相當於更新了子主要畫面格的位姿
                            // 在最小生成樹中除了根節點，其他的節點都會作為其他主要畫面格的子節點，
                            // 這樣做可以使得最終所有的主要畫面格都得到最佳化
                            pChild->mTcwGBA = Tchildc*pKF->mTcwGBA;
                            // 標記，避免重複
                            pChild->mnBAGlobalForKF=nLoopKF;
                        }
                        lpKFtoCheck.push_back(pChild);
                    }
                // 記錄未矯正的主要畫面格的位姿
                pKF->mTcwBefGBA = pKF->GetPose();
                // 記錄已經矯正的主要畫面格的位姿
                pKF->SetPose(pKF->mTcwGBA);
                // 從串列中移除
                lpKFtoCheck.pop_front();
            }
            const vector<MapPoint*> vpMPs = mpMap->GetAllMapPoints();
            // Step 3：遍歷每個地圖點並用更新的主要畫面格位姿來更新地圖點位置
            for(size_t i=0; i<vpMPs.size(); i++)
            {
                MapPoint* pMP = vpMPs[i];
                if(pMP->isBad())
                    continue;
                // 如果這個地圖點直接參與了全域 BA 最佳化的過程，則重新設定其位姿即可
                if(pMP->mnBAGlobalForKF==nLoopKF)
                {
```

```
                    pMP->SetWorldPos(pMP->mPosGBA);
                }
                else
                {
                    // 如果這個地圖點並沒有直接參與全域 BA 最佳化的過程,
                    // 則使用其參考主要畫面格的新位姿來最佳化其座標
                    KeyFrame* pRefKF = pMP->GetReferenceKeyFrame();
                    // 如果參考主要畫面格沒有經過此次全域 BA 最佳化,則跳過
                    if(pRefKF->mnBAGlobalForKF!=nLoopKF)
                        continue;
                    // 未矯正位姿的相機座標系下的三維點
                    cv::Mat Rcw = pRefKF->mTcwBefGBA.rowRange(0,3).colRange(0,3);
                    cv::Mat tcw = pRefKF->mTcwBefGBA.rowRange(0,3).col(3);
                    // 轉換到其參考主要畫面格相機座標系下的座標
                    cv::Mat Xc = Rcw*pMP->GetWorldPos()+tcw;
                    // 使用已經矯正過的參考主要畫面格的位姿,將該地圖點變換到世界座標系下
                    cv::Mat Twc = pRefKF->GetPoseInverse();
                    cv::Mat Rwc = Twc.rowRange(0,3).colRange(0,3);
                    cv::Mat twc = Twc.rowRange(0,3).col(3);
                    pMP->SetWorldPos(Rwc*Xc[+twc);
                }
            }
            // 釋放局部地圖建構執行緒
            mpLocalMapper->Release();
        }
        mbFinishedGBA = true;
        mbRunningGBA = false;
    }
}
```

參考文獻

[1]   HORN B K P. Closed-form solution of absolute orientation using unit quaternions[J]. Josa a, 1987, 4(4): 629-642.

## 第 14 章

ORB-SLAM2 中的最佳化方法

師兄：在 ORB-SLAM2 中使用 g2o 函式庫進行位姿和地圖點最佳化。根據不同的應用需求，程式中使用了不同的最佳化函式，下面進行整理。

```
/*
 * @brief 僅最佳化位姿，不最佳化地圖點，用於追蹤過程
 * @param  pFrame        普通畫面格
 * @return               內點數量
 */
int Optimizer::PoseOptimization(Frame *pFrame)


/*
 * @brief 局部地圖建構執行緒中局部地圖最佳化
 * @param pKF            主要畫面格
 * @param pbStopFlag     是否停止最佳化的標識
 * @param pMap           局部地圖
 * @note 由局部地圖建構執行緒呼叫，對局部地圖進行最佳化的函式
 */
void Optimizer::LocalBundleAdjustment(KeyFrame *pKF, bool* pbStopFlag, Map* pMap)


/**
 * @brief 閉環時對固定地圖點進行 Sim(3) 最佳化
 * @param[in] pKF1       當前畫面格
 * @param[in] pKF2       閉環候選主要畫面格
 * @param[in] vpMatches1 兩個主要畫面格之間的匹配關係
 * @param[in] g2oS12     兩個主要畫面格之間的 Sim(3) 變換，方向是從 2 到 1
 * @param[in] th2        透過卡方檢定來驗證是否為誤差邊用到的設定值
 * @param[in] bFixScale  是否最佳化尺度，單目相機進行尺度最佳化，雙目相機或 RGB-D 相機不
 *                       進行尺度最佳化
 * @return int           最佳化之後匹配點中內點的個數
 */
int Optimizer::OptimizeSim3(KeyFrame *pKF1, KeyFrame *pKF2, vector<MapPoint *>
                            &vpMatches1, g2o::Sim3 &g2oS12,
                            const float th2, const bool bFixScale)


/**
 * @brief 閉環時本質圖最佳化，僅最佳化所有主要畫面格位姿，不最佳化地圖點
 * @param pMap                全域地圖
```

```
 *  @param pLoopKF             閉環匹配上的主要畫面格
 *  @param pCurKF              當前主要畫面格
 *  @param NonCorrectedSim3    未經過 Sim(3) 傳播調整的主要畫面格位姿
 *  @param CorrectedSim3       經過 Sim(3) 傳播調整過的主要畫面格位姿
 *  @param LoopConnections     因閉環時地圖點調整而新生成的邊
 */
void Optimizer::OptimizeEssentialGraph(Map* pMap, KeyFrame* pLoopKF, KeyFrame*
        pCurKF, const LoopClosing::KeyFrameAndPose &NonCorrectedSim3,
        const LoopClosing::KeyFrameAndPose &CorrectedSim3, const map<KeyFrame *,
        set<KeyFrame *> > &LoopConnections, const bool &bFixScale)
/**
 *  @brief 全域最佳化，最佳化所有主要畫面格位姿和地圖點
 *  @param[in] pMap            地圖點
 *  @param[in] nIterations     迭代次數
 *  @param[in] pbStopFlag      外部控制 BA 最佳化結束的標識
 *  @param[in] nLoopKF         形成了閉環的當前主要畫面格的 ID
 *  @param[in] bRobust         是否使用堅固核函式
 */
void Optimizer::GlobalBundleAdjustemnt(Map* pMap, int nIterations, bool*
    pbStopFlag, const unsigned long nLoopKF, const bool bRobust)
```

14.1 追蹤執行緒僅最佳化位姿

　　師兄：我們先來看最簡單的最佳化函式 —— PoseOptimization，它主要用於追蹤執行緒，在追蹤的第一階段和第二階段中都有應用。結合圖 14-1，分析其中頂點和邊的選擇。

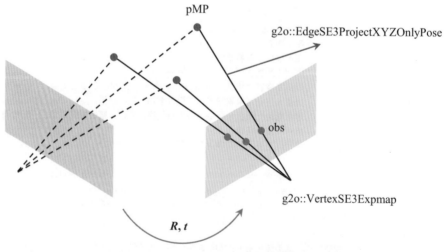

▲ 圖 14-1 僅最佳化位姿中的頂點和邊

1. 頂點

當前畫面格的位姿，也是待最佳化的變數。頂點的類型為 g2o::VertexSE3 Expmap。由於僅最佳化當前畫面格的位姿，因此其他畫面格的位姿是不最佳化的，我們在圖 14-1 中用虛線表示。

2. 邊

每個地圖點在當前畫面格中的投影。對於單目相機模式，邊的類型為 g2o::EdgeSE3ProjectXYZOnlyPose；對於雙目相機和 RGB-D 相機模式，邊的類型為 g2o::EdgeStereoSE3ProjectXYZOnlyPose。

下面分析邊中誤差的定義，以單目相機模式下的邊 g2o::EdgeSE3Project XYZOnlyPose 為例，在程式中誤差函式是這樣定義的。

```
class EdgeSE3ProjectXYZOnlyPose: public BaseUnaryEdge<2, Vector2d,
VertexSE3Expmap>{
public:
    // ......
    void computeError() {
        const VertexSE3Expmap* v1 = static_cast<const VertexSE3Expmap*>
(_vertices[0]);
        Vector2d obs(_measurement);
        // 誤差 = 觀測 - 重投影座標
        _error = obs-cam_project(v1->estimate().map(Xw));
    }
    // ......
};
```

小白：這裡的 _vertices[0] 是什麼意思呢？

師兄：我們知道邊的類型有一元邊、二元邊等，這裡定義的就是一元邊，它只連接一個頂點，即 _vertices[0]。如果是二元邊，則 _vertices 會有兩個元素，分別是 _vertices[0] 和 _vertices[1]，表示邊連接的兩個頂點。

小白：前面說過頂點就是當前畫面格的位姿，就是這裡定義的 v1 嗎？

師兄：是的，v1 的類型是頂點，v1->estimate() 就是頂點的估計值，也就是我們最佳化的位姿。位姿是從世界座標系到當前相機座標系。Xw 是外面傳入的地圖點座標，map() 函式的作用是用位姿來對地圖點 Xw 進行變換，定義如下。

```
// 用位姿來對地圖點進行變換
Vector3d map(const Vector3d & xyz) const
{
```

```
        return _r*xyz + _t;
    }
```

所以，程式 v1->estimate().map(Xw) 表示用最佳化的位姿把地圖點變換為當前畫面格的相機座標系下的三維點。誤差方程式中還有一個函式 cam_project，它的作用是將相機座標系下的三維點透過針孔投影模型用本身參數轉化為二維影像座標。其定義如下。

```
// 單目相機模式：將相機座標系下的三維點透過針孔投影模型用本身參數轉化為二維影像座標
Vector2d EdgeSE3ProjectXYZOnlyPose::cam_project(const Vector3d & trans_xyz)
const{
    Vector2d proj = project2d(trans_xyz);
    Vector2d res;
    res[0] = proj[0]*fx + cx;
    res[1] = proj[1]*fy + cy;
    return res;
}
// 歸一化三維點
Vector2d project2d(const Vector3d& v) {
    Vector2d res;
    res(0) = v(0)/v(2);
    res(1) = v(1)/v(2);
    return res;
}
```

綜上，cam_project(v1->estimate().map(Xw)) 表示用估計的位姿將地圖點透過針孔投影模型轉化為影像上的二維座標。而 obs 就是對地圖點的觀測（見圖 14-1），它們的差就是重投影誤差。

小白：那對於雙目相機或 RGB-D 相機模式，誤差的定義有什麼不一樣嗎？

師兄：整個過程幾乎是一樣的來說，只有一個點不同，就是在雙目相機或 RGB-D 相機模式下觀測值比在單目相機模式下多了一個維度，即左目像素在右目相機中對應點的水平座標，在投影時把這個資訊加進去即可，如下所示。

```
// 雙目相機或 RGB-D 相機模式：將相機座標系下的三維點透過針孔投影模型用本身參數轉化為左目二維
影像座標和右目對應的水平座標
Vector3d EdgeStereoSE3ProjectXYZOnlyPose::cam_project(const Vector3d &
trans_xyz) const{
    const float invz = 1.0f/trans_xyz[2];
    Vector3d res;
    res[0] = trans_xyz[0]*invz*fx + cx;
    res[1] = trans_xyz[1]*invz*fy + cy;
    // 相比單目相機模式，雙目相機或 RGB-D 相機模式多了下面一個維度
```

```
    res[2] = res[0] - bf*invz;
    return res;
}
```

下面整理 PoseOptimization 的整個流程。

第 1 步，構造 g2o 最佳化器。

第 2 步，將待最佳化的當前畫面格的位姿作為圖的頂點增加到圖中。

第 3 步，增加一元邊。邊的誤差為觀測的特徵點座標和地圖點在當前畫面格中的投影之差。其中，邊的資訊矩陣與該特徵點所在的影像金字塔層級有關。

第 4 步，開始最佳化，共最佳化 4 次，每次最佳化迭代 10 次。每次最佳化後，根據邊的誤差將對應地圖點分為內點和外點。如果是外點，則不參與下次最佳化。

第 5 次，用最佳化後的位姿更新當前畫面格的位姿。

最佳化過程對應的程式如下。由於雙目相機和 RGB-D 相機模式的程式與此極為相似，因此我們對其進行了省略。

```
/*
 * @brief 僅最佳化位姿，不最佳化地圖點，用於追蹤執行緒
 * @param  pFrame  普通畫面格
 * @return 內點數量
 */
int Optimizer::PoseOptimization(Frame *pFrame)
{
    // 該最佳化函式主要用於追蹤執行緒中：運動追蹤、參考畫面格追蹤、地圖追蹤和重定位
    // Step 1：構造 g2o 最佳化器，BlockSolver_6_3 表示位姿 _PoseDim 為 6 維，
    // 路標點 _LandmarkDim 為三維
    g2o::SparseOptimizer optimizer;
    g2o::BlockSolver_6_3::LinearSolverType * linearSolver;
    linearSolver = new
g2o::LinearSolverDense<g2o::BlockSolver_6_3::PoseMatrixType>();
    g2o::BlockSolver_6_3 * solver_ptr = new g2o::BlockSolver_6_3(linearSolver);
    g2o::OptimizationAlgorithmLevenberg* solver = new
g2o::OptimizationAlgorithmLevenberg(solver_ptr);
    optimizer.setAlgorithm(solver);
    // 輸入的畫面格中有效的參與最佳化過程的 2D-3D 點對
    int nInitialCorrespondences=0;

    // Step 2：增加頂點：待最佳化的當前畫面格的 Tcw
```

```
    g2o::VertexSE3Expmap * vSE3 = new g2o::VertexSE3Expmap();
    vSE3->setEstimate(Converter::toSE3Quat(pFrame->mTcw));
    // 設定 ID
    vSE3->setId(0);
    // 要最佳化的變數，所以不能固定
    vSE3->setFixed(false);
    optimizer.addVertex(vSE3);
    const int N = pFrame->N;
    // 單目相機模式
    vector<g2o::EdgeSE3ProjectXYZOnlyPose*> vpEdgesMono;
    vector<size_t> vnIndexEdgeMono;
    vpEdgesMono.reserve(N);
    vnIndexEdgeMono.reserve(N);
    // 自由度為 2 的卡方分佈在顯著性水準為 0.05 時對應的臨界設定值為 5.991
    const float deltaMono = sqrt(5.991);
    // 雙目相機模式
    // ......

    // Step 3：增加一元邊
    {
        // 鎖定地圖點。由於需要使用地圖點來構造頂點和邊，
        // 因此不希望在構造的過程中部分地圖點被改寫，造成不一致，甚至是段錯誤
        unique_lock<mutex> lock(MapPoint::mGlobalMutex);
        // 遍歷當前地圖中的所有地圖點
        for(int i=0; i<N; i++)
        {
            MapPoint* pMP = pFrame->mvpMapPoints[i];
            // 如果這個地圖點還會有，沒有被剔除掉
            if(pMP)
            {
                // 單目相機模式
                if(pFrame->mvuRight[i]<0)
                {
                    nInitialCorrespondences++;
                    pFrame->mvbOutlier[i] = false;
                    // 對這個地圖點的觀測
                    Eigen::Matrix<double,2,1> obs;
                    const cv::KeyPoint &kpUn = pFrame->mvKeysUn[i];
                    obs << kpUn.pt.x, kpUn.pt.y;
                    // 新建單目相機的邊，一元邊，誤差為觀測特徵點座標減去投影點的座標
                    g2o::EdgeSE3ProjectXYZOnlyPose* e = new
g2o::EdgeSE3ProjectXYZOnlyPose();
                    // 設定邊的頂點
                    e->setVertex(0, dynamic_cast<g2o::OptimizableGraph::Vertex*>
(optimizer.vertex(0)));
                    e->setMeasurement(obs);
                    // 這個點的可信程度和特徵點所在的影像金字塔層級有關
                    const float invSigma2 = pFrame->mvInvLevelSigma2[kpUn.octave];
                    e->setInformation(Eigen::Matrix2d::Identity()*invSigma2);
```

```
                    // 在這裡使用了堅固核函式
                    g2o::RobustKernelHuber* rk = new g2o::RobustKernelHuber;
                    e->setRobustKernel(rk);
                    // 前面提到過的卡方設定值
                    rk->setDelta(deltaMono);
                    // 設定相機本身參數
                    e->fx = pFrame->fx;
                    e->fy = pFrame->fy;
                    e->cx = pFrame->cx;
                    e->cy = pFrame->cy;

                    // 地圖點的空間位置，作為迭代的初值
                    cv::Mat Xw = pMP->GetWorldPos();
                    e->Xw[0] = Xw.at<float>(0);
                    e->Xw[1] = Xw.at<float>(1);
                    e->Xw[2] = Xw.at<float>(2);
                    // 最佳化求解器中增加的邊
                    optimizer.addEdge(e); vpEdgesMono.push_back(e);
                    vnIndexEdgeMono.push_back(i);
                }
                else
                {
                    // 雙目相機或 RGB-D 相機模式
                    // ......
                }
            }
        }
    }
    // 如果沒有足夠的匹配點，則放棄
    if(nInitialCorrespondences<3)
        return 0;

    // Step 4：開始最佳化，共最佳化 4 次，每次最佳化迭代 10 次。每次最佳化後，
    // 將觀測分為外點和內點，外點不參與下次最佳化
    // 由於每次最佳化後是對所有的觀測進行外點和內點的判別，
    // 因此之前被判別為外點的點有可能變成內點，反之亦然
    // 以卡方檢定計算出為基礎的設定值（假設測量有一個像素的偏差）
    const float chi2Mono[4]={5.991,5.991,5.991,5.991};  // 單目相機
    const int its[4]={10,10,10,10}; // 4 次迭代，每次迭代的次數
    // 壞點的地圖點個數
    int nBad=0;
    // 一共進行 4 次最佳化
    for(size_t it=0; it<4; it++)
    {
        vSE3->setEstimate(Converter::toSE3Quat(pFrame->mTcw));
        // 其實就是初始化最佳化器，這裡的參數 0 就算不填寫，預設也是 0，
        // 也就是只對 level 為 0 的邊進行最佳化
        optimizer.initializeOptimization(0);
        // 開始最佳化，最佳化 10 次
```

```
        optimizer.optimize(its[it]);
        nBad=0;
        // 最佳化結束，開始遍歷參與最佳化的每一條誤差邊（單目相機模式）
        for(size_t i=0, iend=vpEdgesMono.size(); i<iend; i++)
        {
            g2o::EdgeSE3ProjectXYZOnlyPose* e = vpEdgesMono[i];
            const size_t idx = vnIndexEdgeMono[i];
            // 如果這條誤差邊來自外點
            if(pFrame->mvbOutlier[idx])
            {
                e->computeError();
            }
            // 就是 error*\Omega*error，表徵了這個點的誤差大小 （考慮置信度以後）
            const float chi2 = e->chi2();
            if(chi2>chi2Mono[it])

            {
            pFrame->mvbOutlier[idx]=true;
            // 設定為外點，level 1 對應為外點，在上面的過程中設定為不最佳化
            e->setLevel(1);
            nBad++;
            }
            else
            {
            pFrame->mvbOutlier[idx]=false;
            // 設定為內點，level 0 對應為內點，在上面的過程中就是要最佳化這些關係
            e->setLevel(0);
            }
            if(it==2)
                // 除了前兩次最佳化需要使用堅固核函式，其餘的最佳化都不需要使用，
                // 因為重投影誤差已經有了明顯的下降

                e->setRobustKernel(0);
            }
        // 雙目相機或 RGB-D 相機模式：遍歷雙目相機的誤差邊，和單目相機一樣
        // ......
        if(optimizer.edges().size()<10)
            break;
    }
    // Step 5：得到最佳化後的當前畫面格的位姿
    g2o::VertexSE3Expmap* vSE3_recov = static_cast<g2o::VertexSE3Expmap*>
(optimizer.vertex(0));
    g2o::SE3Quat SE3quat_recov = vSE3_recov->estimate();
    cv::Mat pose = Converter::toCvMat(SE3quat_recov);
    pFrame->SetPose(pose);

    // 傳回內點數目
    return nInitialCorrespondences-nBad;
}
```

14.2　局部地圖建構執行緒中局部地圖最佳化

　　師兄：局部地圖建構執行緒中局部地圖最佳化函式 LocalBundleAdjustment 主要用於最佳化局部地圖建構執行緒中的局部主要畫面格和局部地圖點。結合圖 14-2 分析其中頂點和邊的選擇。

1. 頂點

　　待最佳化的局部主要畫面格（圖 14-2 中的紅色主要畫面格）和局部地圖點（圖 14-2 中的紅色和綠色地圖點），以及不最佳化的固定主要畫面格（圖 14-2 中的灰色主要畫面格），用來增加約束關係。其中局部主要畫面格是當前主要畫面格的一級相連主要畫面格，局部地圖點是局部主要畫面格觀測的所有地圖點。這裡把二級相連主要畫面格作為固定主要畫面格，也作為頂點增加到圖中，但是不最佳化。頂點中主要畫面格的類型為 g2o::VertexSE3Expmap，頂點中地圖點的類型為 g2o::VertexSBAPointXYZ。

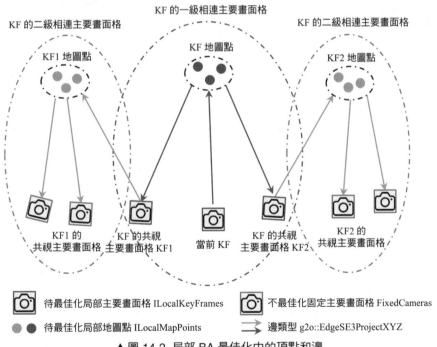

▲圖 14-2　局部 BA 最佳化中的頂點和邊

2. 邊

局部地圖點和觀測到它的主要畫面格的觀測關係，為二元邊。對於單目相機模式，邊的類型為 g2o::EdgeSE3ProjectXYZ；對於雙目相機和 RGB-D 相機模式，邊的類型為 g2o::EdgeStereoSE3ProjectXYZ。

下面分析邊中誤差的定義，以單目相機模式下的邊 g2o::EdgeSE3ProjectXYZ 為例，在程式中誤差函式是這樣定義的。

```
void computeError() {
    const VertexSE3Expmap* v1 = static_cast<const VertexSE3Expmap*>
(_vertices[1]);
    const VertexSBAPointXYZ* v2 = static_cast<const VertexSBAPointXYZ*>
(_vertices[0]);
    Vector2d obs(_measurement);
    // 誤差 = 觀測 - 重投影座標
    _error = obs-cam_project(v1->estimate().map(v2->estimate()));
}
```

小白：這裡的誤差函式和 PoseOptimization 中的很像，但好像又有些不一樣。

師兄：是的，你可以參考前面 PoseOptimization 中的分析來解讀這裡的誤差是怎麼定義的。

小白：好的。在程式中邊連接的頂點是這樣定義的：

```
g2o::EdgeSE3ProjectXYZ* e = new g2o::EdgeSE3ProjectXYZ();
                    // 邊的第一個頂點是地圖點
                    e->setVertex(0, dynamic_cast<g2o::OptimizableGraph::Vertex*>
(optimizer.vertex(id)));
                    // 邊的第二個頂點是觀測到該地圖點的主要畫面格位姿
                    e->setVertex(1, dynamic_cast<g2o::OptimizableGraph::Vertex*>
(optimizer.vertex(pKFi->mnId)));
                    e->setMeasurement(obs);
```

所以，這裡的 _vertices[0] 對應的是地圖點，vertices[1] 對應的是觀測到該地圖點的主要畫面格，v1->estimate() 對應的是最佳化的主要畫面格位姿，v2->estimate() 對應的是最佳化的地圖點。因此，v1->estimate().map(v2->estimate()) 表示用最佳化的主要畫面格位姿把最佳化的地圖點座標變換為當前主要畫面格的相機座標系下的三維點。cam_project 的作用和前面一樣，是將得到的相機座標系下的三維點透過針孔投影模型用本身參數轉化為二維影像座標。我分析得對嗎？

師兄：完全正確！你已經會舉一反三了，其實後面的誤差也都大同小異。下面整理局部地圖最佳化的流程。

第 1 步，將當前主要畫面格及其共視主要畫面格加入局部主要畫面格中。

第 2 步，遍歷局部主要畫面格中的一級相連主要畫面格，將它們觀測到的地圖點加入局部地圖點中。

第 3 步，得到能被局部地圖點觀測到但不屬於局部主要畫面格的主要畫面格，也就是二級相連主要畫面格，稱為固定主要畫面格，它們在局部 BA 最佳化時僅作為限制條件，不參與最佳化。

第 4 步，構造 g2o 最佳化器。

第 5 步，增加待最佳化的位姿頂點── 局部主要畫面格的位姿。

第 6 步，增加不最佳化的位姿頂點── 固定主要畫面格的位姿。

第 7 步，增加待最佳化的局部地圖點作為頂點。

第 8 步，每增加完一個地圖點之後，對每一對連結的地圖點和觀測到它的主要畫面格建構邊。

第 9 步，分成兩個階段開始最佳化。第一階段迭代 5 次，排除誤差較大的邊，然後繼續進行第二階段的最佳化，迭代 10 次。

第 10 步，在所有最佳化結束後重新計算誤差，剔除邊連接誤差比較大的主要畫面格和地圖點。

第 11 步，更新最佳化後的主要畫面格位姿及地圖點的位置、平均觀測方向等屬性。

下面是局部地圖最佳化流程的程式及註釋，由於雙目相機和 RGB-D 相機模式的程式與單目相機模式極為相似，所以對其進行了省略。

```
/*
 * @brief 局部地圖建構執行緒中局部地圖最佳化
 * @param pKF          主要畫面格
 * @param pbStopFlag   是否停止最佳化的標識
 * @param pMap         局部地圖
 * @note 由局部地圖建構執行緒呼叫，對局部地圖進行最佳化的函式
 */
void Optimizer::LocalBundleAdjustment(KeyFrame *pKF, bool* pbStopFlag,
Map* pMap)
```

```
{
// 局部主要畫面格
list<KeyFrame*> lLocalKeyFrames;
// Step 1：將當前主要畫面格及其共視主要畫面格加入局部主要畫面格中
lLocalKeyFrames.push_back(pKF);
pKF->mnBALocalForKF = pKF->mnId;
// 找到主要畫面格連接的共視主要畫面格 (一級相連)，加入局部主要畫面格中
const vector<KeyFrame*> vNeighKFs = pKF->GetVectorCovisibleKeyFrames();
for(int i=0, iend=vNeighKFs.size(); i<iend; i++)

{
    KeyFrame* pKFi = vNeighKFs[i];
        // 把參與局部 BA 最佳化的每一個主要畫面格的 mnBALocalForKF 設定為當前主要畫面格的 mnId，
        // 防止重複增加
        pKFi->mnBALocalForKF = pKF->mnId;
        // 保證該主要畫面格有效才能加入
        if(!pKFi->isBad())
            lLocalKeyFrames.push_back(pKFi);
    }

    // Step 2：遍歷局部主要畫面格中的一級相連主要畫面格，將它們觀測到的地圖點加入局部地圖點中
    list<MapPoint*> lLocalMapPoints;
    // 遍歷局部主要畫面格中的每個主要畫面格
    for(list<KeyFrame*>::iterator lit=lLocalKeyFrames.begin(),
lend=lLocalKeyFrames.end(); lit!=lend; lit++)
    {
        // 取出該主要畫面格對應的地圖點
        vector<MapPoint*> vpMPs = (*lit)->GetMapPointMatches();
        // 遍歷主要畫面格觀測到的每一個地圖點，加入局部地圖點中
        for(vector<MapPoint*>::iterator vit=vpMPs.begin(), vend=vpMPs.end();
vit!=vend; vit++)
        {
            MapPoint* pMP = *vit;
            if(pMP)
            {
                if(!pMP->isBad())   // 保證地圖點有效
                    // 把參與局部 BA 最佳化的每個地圖點的 mnBALocalForKF 設定為當前主要畫
                    // 面格的 mnId
                    // mnBALocalForKF 是為了防止重複增加
                    if(pMP->mnBALocalForKF!=pKF->mnId)
                    {
                        lLocalMapPoints.push_back(pMP);
                        pMP->mnBALocalForKF=pKF->mnId;
                    }
            } // 判斷地圖點是否可靠
        } // 遍歷主要畫面格觀測到的每個地圖點
    }

    // Step 3：得到能被局部地圖點觀測到但不屬於局部主要畫面格的主要畫面格 (二級相連)，
```

```
        // 這些二級相連主要畫面格在局部 BA 最佳化時不參與最佳化
        list<KeyFrame*> lFixedCameras;
        // 遍歷局部地圖中的每個地圖點
        for(list<MapPoint*>::iterator lit=lLocalMapPoints.begin(),
lend=lLocalMapPoints.end(); lit!=lend; lit++)
        {
            // 觀測到該地圖點的 KF 和該地圖點在 KF 中的索引
            map<KeyFrame*,size_t> observations = (*lit)->GetObservations();
            // 遍歷所有觀測到該地圖點的主要畫面格
            for(map<KeyFrame*,size_t>::iterator mit=observations.begin(),
mend=observations.end(); mit!=mend; mit++)
            {
                KeyFrame* pKFi = mit->first;
                // pKFi->mnBALocalForKF!=pKF->mnId 表示不屬於局部主要畫面格
                // pKFi->mnBAFixedForKF!=pKF->mnId 表示還未標記為 fixed ( 固定的 ) 主要畫面格
                if(pKFi->mnBALocalForKF! =pKF->mnId && pKFi->mnBAFixedForKF! =pKF-
>mnId)
                {
                    // 將局部地圖點能觀測到的但不屬於局部 BA 範圍的主要畫面格的 mnBAFixedForKF
                    // 標記為 pKF ( 觸發局部 BA 的當前主要畫面格 ) 的 mnId
                    pKFi->mnBAFixedForKF=pKF->mnId;
                        if(!pKFi->isBad())
                            lFixedCameras.push_back(pKFi);
                }
            }
        }

        // Step 4：構造 g2o 最佳化器
        g2o::SparseOptimizer optimizer;
        g2o::BlockSolver_6_3::LinearSolverType * linearSolver;
        linearSolver = new
g2o::LinearSolverEigen<g2o::BlockSolver_6_3::PoseMatrixType>();
        g2o::BlockSolver_6_3 * solver_ptr = new g2o::BlockSolver_6_3(linearSolver);
        g2o::OptimizationAlgorithmLevenberg* solver = new
g2o::OptimizationAlgorithmLevenberg(solver_ptr);
        optimizer.setAlgorithm(solver);

        // 外界設定的停止最佳化標識
        // 可能在 Tracking::NeedNewKeyFrame() 中置位
        if(pbStopFlag)
            optimizer.setForceStopFlag(pbStopFlag);
        // 記錄參與局部 BA 最佳化的最大主要畫面格 mnId
        unsigned long maxKFid = 0;

        // Step 5：增加待最佳化的位姿頂點：局部主要畫面格的位姿
        for(list<KeyFrame*>::iterator lit=lLocalKeyFrames.begin(),
lend=lLocalKeyFrames.end(); lit!=lend; lit++)
        {
            KeyFrame* pKFi = *lit;
```

```
        g2o::VertexSE3Expmap * vSE3 = new g2o::VertexSE3Expmap();
        // 設定初始最佳化位姿
        vSE3->setEstimate(Converter::toSE3Quat(pKFi->GetPose()));
        vSE3->setId(pKFi->mnId);
        // 如果是初始主要畫面格，則要鎖住位姿不最佳化
        vSE3->setFixed(pKFi->mnId==0);
        optimizer.addVertex(vSE3);
        if(pKFi->mnId>maxKFid)
            maxKFid=pKFi->mnId;
    }

    // Step 6：增加不最佳化的位姿頂點：固定主要畫面格的位姿
    for(list<KeyFrame*>::iterator lit=lFixedCameras.begin(),
lend=lFixedCameras.end(); lit!=lend; lit++)
    {
        KeyFrame* pKFi = *lit;
        g2o::VertexSE3Expmap * vSE3 = new g2o::VertexSE3Expmap();
        vSE3->setEstimate(Converter::toSE3Quat(pKFi->GetPose()));
        vSE3->setId(pKFi->mnId);
        // 所有的這些頂點的位姿都不最佳化，只是為了增加約束項
        vSE3->setFixed(true);
        optimizer.addVertex(vSE3);
        if(pKFi->mnId>maxKFid)
            maxKFid=pKFi->mnId;
    }

    // Step 7：增加待最佳化的局部地圖點作為頂點
    // 邊的最大數目 = 位姿數目 * 地圖點數目
const int nExpectedSize =
(lLocalKeyFrames.size()+lFixedCameras.size())*lLocalMapPoints.size();
    vector<g2o::EdgeSE3ProjectXYZ*> vpEdgesMono;
    vpEdgesMono.reserve(nExpectedSize);
    vector<KeyFrame*> vpEdgeKFMono;
    vpEdgeKFMono.reserve(nExpectedSize);
    vector<MapPoint*> vpMapPointEdgeMono;
    vpMapPointEdgeMono.reserve(nExpectedSize);
    // 自由度為 2 的卡方分佈在顯著性水準為 0.05 時對應的臨界設定值為 5.991
    const float thHuberMono = sqrt(5.991);
    // 遍歷所有的局部地圖點
    for(list<MapPoint*>::iterator lit=lLocalMapPoints.begin(),
lend=lLocalMapPoints.end(); lit!=lend; lit++)
    {
        // 增加頂點：地圖點
        MapPoint* pMP = *lit;
        g2o::VertexSBAPointXYZ* vPoint = new g2o::VertexSBAPointXYZ();
        vPoint->setEstimate(Converter::toVector3d(pMP->GetWorldPos()));
        // 前面記錄 maxKFid 的作用表現在這裡
        int id = pMP->mnId+maxKFid+1;
        vPoint->setId(id);
```

```
        // 因為使用了 LinearSolverType，所以需要將所有的三維點邊緣化掉
        vPoint->setMarginalized(true);
        optimizer.addVertex(vPoint);
        // 觀測到該地圖點的 KF 和該地圖點在 KF 中的索引
        const map<KeyFrame*,size_t> observations = pMP->GetObservations();

        // Step 8：每增加完一個地圖點之後，對每對連結的地圖點和觀測到它的主要畫面格建構邊
        // 遍歷所有觀測到當前地圖點的主要畫面格
        for(map<KeyFrame*,size_t>::const_iterator mit=observations.begin(),
mend=observations.end(); mit!=mend; mit++)
        {
            KeyFrame* pKFi = mit->first;
            if(!pKFi->isBad())
            {
                const cv::KeyPoint &kpUn = pKFi->mvKeysUn[mit->second];
                // 在單目相機模式下建構誤差邊
                if(pKFi->mvuRight[mit->second]<0)
                {
                    Eigen::Matrix<double,2,1> obs;
                    obs << kpUn.pt.x, kpUn.pt.y;
                    g2o::EdgeSE3ProjectXYZ* e = new g2o::EdgeSE3ProjectXYZ();
                    // 邊的第一個頂點是地圖點
                    e->setVertex(0, dynamic_cast<g2o::OptimizableGraph::Vertex*>
(optimizer.vertex(id)));
                    // 邊的第二個頂點是觀測到該地圖點的主要畫面格位姿
                    e->setVertex(1, dynamic_cast<g2o::OptimizableGraph::Vertex*>
(optimizer.vertex(pKFi->mnId)));
                    e->setMeasurement(obs);
                    // 權重為特徵點所在影像金字塔層級的倒數
                    const float &invSigma2 = pKFi->mvInvLevelSigma2[kpUn.octave];
                    e->setInformation(Eigen::Matrix2d::Identity()*invSigma2);
                    // 使用堅固核函式抑制外點
                    // ......

                    // 將邊增加到最佳化器中，記錄邊、邊連接的主要畫面格、邊連接的地圖點資訊
                    optimizer.addEdge(e);
                    vpEdgesMono.push_back(e);
                    vpEdgeKFMono.push_back(pKFi);
                    vpMapPointEdgeMono.push_back(pMP);
                }
                else
                {
                    // 雙目相機或 RGB-D 相機模式和單目相機模式類似
                    // ......
                }
            }
        } // 遍歷所有觀測到當前地圖點的主要畫面格
    } // 遍歷所有的局部地圖中的地圖點
```

```
// 在開始執行局部 BA 最佳化前，再次確認是否有外部請求停止最佳化，因為這個變數是引用傳遞，
// 所以會隨外部變化
// 可能在 Tracking::NeedNewKeyFrame(), mpLocalMapper->InsertKeyFrame 中置位
if(pbStopFlag)
    if(*pbStopFlag)
        return;

// Step 9：分成兩個階段開始最佳化
// 第一階段最佳化
optimizer.initializeOptimization();
// 迭代 5 次
optimizer.optimize(5);
bool bDoMore= true;
// 檢查是否有外部請求停止最佳化
if(pbStopFlag)
    if(*pbStopFlag)
        bDoMore = false;
// 如果有外部請求停止最佳化，則不再進行第二階段的最佳化
if(bDoMore)
{
    // Step 9.1：檢測外點，並設定下次不最佳化
    // 遍歷所有的雙目相機誤差邊
    for(size_t i=0, iend=vpEdgesMono.size(); i<iend;i++)
    {
        g2o::EdgeSE3ProjectXYZ* e = vpEdgesMono[i];
        MapPoint* pMP = vpMapPointEdgeMono[i];
        if(pMP->isBad())
            continue;
        // 以卡方檢定計算出為基礎的設定值 ( 假設測量有一個像素的偏差 )
        // 自由度為 2 的卡方分佈在顯著性水準為 0.05 時對應的臨界設定值為 5.991
        // 如果當前邊誤差超出設定值，或者邊連接的地圖點深度值為負，則說明該邊有問題，不最佳化
        if(e->chi2()>5.991 || !e->isDepthPositive())
        {
            e->setLevel(1); // 不最佳化
        }
        // 第二階段的最佳化屬於精求解，所以不使用堅固核函式
        e->setRobustKernel(0);
    }

    // 遍歷所有的雙目相機誤差邊
    // ......

    // Step 9.2：排除誤差較大的邊後再次進行最佳化 ( 第二階段最佳化 )
    optimizer.initializeOptimization(0);
    optimizer.optimize(10);
}
vector<pair<KeyFrame*,MapPoint*> > vToErase;
vToErase.reserve(vpEdgesMono. size()+vpEdgesStereo.size());
```

```
// Step 10：在最佳化結束後重新計算誤差，剔除邊連接誤差比較大的主要畫面格和地圖點
// 對於單目相機誤差邊
for(size_t i=0, iend=vpEdgesMono.size(); i<iend;i++)
{
    g2o::EdgeSE3ProjectXYZ* e = vpEdgesMono[i];
    MapPoint* pMP = vpMapPointEdgeMono[i];
    if(pMP->isBad())
        continue;
    // 以卡方檢定計算為基礎的設定值 ( 假設測量有一個像素的偏差 )
    // 自由度為 2 的卡方分佈在顯著性水準為 0.05 時對應的臨界設定值為 5.991
    // 如果當前邊誤差超出設定值，或者邊連接的地圖點深度值為負，則說明該邊有問題，要刪掉
    if(e->chi2()>5.991 || !e->isDepthPositive())
    {
        KeyFrame* pKFi = vpEdgeKFMono[i];
        vToErase.push_back(make_pair(pKFi,pMP));
    }
}
// 對於雙目相機誤差邊
// ......

// 刪除地圖中的離群點
// ......

// Step 11：更新最佳化後的主要畫面格位姿及地圖點的位置、平均觀測方向等屬性
// ......
}
```

14.3　閉環執行緒中的 Sim(3) 位姿最佳化

師兄：檢測閉環時進行 Sim(3) 位姿最佳化的函式是 OptimizeSim3，它不最佳化地圖點，僅對形成閉環的 Sim(3) 位姿進行最佳化。結合圖 14-3 分析其中頂點和邊的選擇。

1. 頂點

待最佳化的 Sim(3) 位姿和匹配的地圖點（固定不最佳化）。頂點中 Sim(3) 位姿的類型為 g2o::VertexSim3Expmap，頂點中地圖點的類型為 g2o::VertexSBA-PointXYZ。

2. 邊

地圖點和 Sim(3) 位姿的投影關係，為二元邊。這裡的邊有兩種，第一種

是從閉環候選主要畫面格的地圖點用 g2oS12 投影到當前主要畫面格的邊，類型是 g2o::EdgeSim3ProjectXYZ，稱為正向投影，如圖 14-3 所示。第二種是從當前主要畫面格的地圖點用 g2oS21 投影到閉環候選主要畫面格的邊，類型是 g2o::EdgeInverseSim3ProjectXYZ，稱為反向投影。

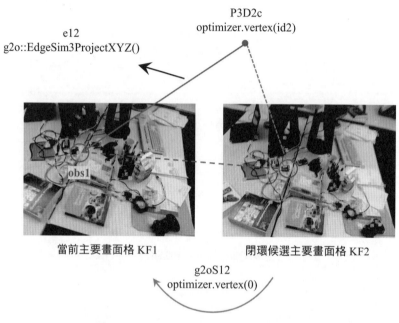

▲ 圖 14-3 Sim(3) 位姿最佳化中的頂點和邊

下面分析邊中誤差的定義，以正向投影的邊 g2o::EdgeSim3ProjectXYZ 為例。

```
// 定義邊連接的頂點
g2o::EdgeSim3ProjectXYZ* e12 = new g2o::EdgeSim3ProjectXYZ();
// vertex(id2) 對應的是 pKF2 相機座標系下的三維點，類型是 VertexSBAPointXYZ
e12->setVertex(0, dynamic_cast<g2o::OptimizableGraph::Vertex*>
(optimizer.vertex(id2)));
// vertex(0) 對應的是待最佳化的 Sim(3) 位姿 g2oS12，類型為 VertexSim3Expmap，其 ID 為 0
e12->setVertex(1, dynamic_cast<g2o::OptimizableGraph::Vertex*>
(optimizer.vertex(0)));
// obs1 是 pKF1 中對應的觀測
e12->setMeasurement(obs1);
```

在程式中誤差函式是這樣定義的。

```
// 邊 g2o::EdgeSim3ProjectXYZ 的誤差函式
```

```
void computeError()
{
    // v1 對應的是最佳化的位姿 g2oS12
    const VertexSim3Expmap* v1 = static_cast<const VertexSim3Expmap*>
(_vertices[1]);
    // v2 對應的是相機 2 座標系下的三維點
    const VertexSBAPointXYZ* v2 = static_cast<const VertexSBAPointXYZ*>
(_vertices[0]);
    // 誤差 = 觀測 - 投影
    Vector2d obs(_measurement);
    _error = obs-v1->cam_map1(project(v1->estimate().map(v2->estimate())));
}
```

這裡的誤差也是重投影誤差，和前面的形式類似，我們進一步分析。

v2->estimate() 表示估計的相機 2 座標系下的三維點座標，v1->estimate() 表示估計的位姿 g2oS12，結合下面的函式定義。

v1->estimate().map(v2->estimate()) 表示用 v1 估計的位姿 g2oS12 把 v2 估計的相機 2 座標系下的三維點變換到相機 1 座標系下，然後透過 project 函式歸一化三維點座標，再透過 cam_map1 函式用本身參數轉化為像素座標。

```
// map 函式的作用是用 sim(3) 變換 (r,t,s)，即把某個座標系下的三維點變換到另一個座標系下
Vector3 map (const Vector3& xyz) const {
    return s*(r*xyz) + t;
}

// 把三維點座標歸一化
Vector2d project(const Vector3d& v)
{
    Vector2d res;
    res(0) = v(0)/v(2);
    res(1) = v(1)/v(2);
    return res;
}
// 用本身參數轉化為像素座標
Vector2d cam_map1(const Vector2d & v) const
{
    Vector2d res;
    res[0] = v[0]*_focal_length1[0] + _principle_point1[0];
    res[1] = v[1]*_focal_length1[1] + _principle_point1[1];
    return res;
}
```

下面整理閉環執行緒中 Sim(3) 位姿最佳化的流程。

第 1 步，初始化 g2o 最佳化器。

第 2 步，設定待最佳化的 Sim(3) 位姿作為頂點。根據感測器類型決定是否固定尺度，如果是單目相機模式，則不固定尺度；如果是雙目相機或 RGB-D 相機模式，則在最佳化時固定尺度。

第 3 步，設定匹配的地圖點作為頂點，並且設定地圖點不最佳化。

第 4 步，設定地圖點投影關係作為邊。根據投影方向，有兩種邊。一種是從閉環候選主要畫面格的地圖點投影到當前主要畫面格的邊，稱為正向投影；另一種是從當前主要畫面格的地圖點投影到閉環候選主要畫面格的邊，稱為反向投影。

第 5 步，用 g2o 開始最佳化，迭代 5 次。

第 6 步，用卡方檢定剔除誤差大的邊。

第 7 步，再次用 g2o 最佳化剩下的邊。如果在上一步中有誤差較大的邊被剔除，那麼說明閉環品質並不是非常好，本次迭代 10 次。否則，只需要迭代 5 次。

第 8 步，用最佳化後的結果來更新 Sim(3) 位姿。

這部分程式實作如下。

```
/**
 * @brief 閉環時對固定地圖點進行 Sim(3) 位姿最佳化
 * @param[in] pKF1          當前畫面格
 * @param[in] pKF2          閉環候選主要畫面格
 * @param[in] vpMatches1    兩個主要畫面格之間的匹配關係
 * @param[in] g2oS12        兩個主要畫面格之間的 Sim(3) 變換，方向是從 2 到 1
 * @param[in] th2           卡方檢定是否為誤差適用到的設定值
 * @param[in] bFixScale     是否最佳化尺度，單目相機模式下進行尺度最佳化，雙目相機 /RGB-D
 *                          相機模式下不進行尺度最佳化
 * @return int              最佳化之後匹配點中內點的個數
 */
int Optimizer::OptimizeSim3(KeyFrame *pKF1, KeyFrame *pKF2, vector<MapPoint *>
&vpMatches1, g2o::Sim3 &g2oS12, const float th2, const bool bFixScale)
{
    // Step 1：初始化 g2o 最佳化器
    g2o::SparseOptimizer optimizer;
    g2o::BlockSolverX::LinearSolverType * linearSolver;
    linearSolver = new
g2o::LinearSolverDense<g2o::BlockSolverX::PoseMatrixType>();
```

```cpp
    g2o::BlockSolverX * solver_ptr = new g2o::BlockSolverX(linearSolver);
    g2o::OptimizationAlgorithmLevenberg* solver = new
g2o::OptimizationAlgorithmLevenberg(solver_ptr);
    optimizer.setAlgorithm(solver);
    // 獲取 PKF1 和 PKF2 的本身參數矩陣 K1、K2 及位姿 R1w、t1w、R2w、t2w
    // ......

    // Step 2：設定待最佳化的 Sim(3) 位姿作為頂點
    g2o::VertexSim3Expmap * vSim3 = new g2o::VertexSim3Expmap();
    // 根據感測器類型決定是否固定尺度
    vSim3->_fix_scale=bFixScale;
    vSim3->setEstimate(g2oS12);
    vSim3->setId(0);
    // Sim(3) 需要最佳化
    vSim3->setFixed(false);       // 因為要最佳化 Sim(3) 頂點，所以設定為 false
    vSim3->_principle_point1[0] = K1.at<float>(0,2);    // 光心水平座標 cx
    vSim3->_principle_point1[1] = K1.at<float>(1,2);    // 光心垂直座標 cy
    vSim3->_focal_length1[0] = K1.at<float>(0,0);       // 焦距 fx
    vSim3->_focal_length1[1] = K1.at<float>(1,1);       // 焦距 fy
    vSim3->_principle_point2[0] = K2.at<float>(0,2);
    vSim3->_principle_point2[1] = K2.at<float>(1,2);
    vSim3->_focal_length2[0] = K2.at<float>(0,0);
    vSim3->_focal_length2[1] = K2.at<float>(1,1);
    optimizer.addVertex(vSim3);

    // Step 3：設定匹配的地圖點作為頂點
    const int N = vpMatches1.size();
    // 獲取 pKF1 的地圖點
    const vector<MapPoint*> vpMapPoints1 = pKF1->GetMapPointMatches();
    //pKF2 對應的地圖點到 pKF1 的投影邊
    vector<g2o::EdgeSim3ProjectXYZ*> vpEdges12;
    //pKF1 對應的地圖點到 pKF2 的投影邊
    vector<g2o::EdgeInverseSim3ProjectXYZ*> vpEdges21;
    vector<size_t> vnIndexEdge; // 邊的索引
    vnIndexEdge.reserve(2*N);
    vpEdges12.reserve(2*N);
    vpEdges21.reserve(2*N);
    // 核函式的設定值
    const float deltaHuber = sqrt(th2);
    int nCorrespondences = 0;
    // 遍歷每對匹配點
    for(int i=0; i<N; i++)
    {
        if(!vpMatches1[i])
            continue;
        // pMP1 和 pMP2 是匹配的地圖點
        MapPoint* pMP1 = vpMapPoints1[i];
        MapPoint* pMP2 = vpMatches1[i];
```

```
        // 保證頂點的 ID 能夠錯開
        const int id1 = 2*i+1;
        const int id2 = 2*(i+1);
        // i2 是 pMP2 在 pKF2 中對應的索引
        const int i2 = pMP2->GetIndexInKeyFrame(pKF2);
        if(pMP1 && pMP2)
        {
            if(!pMP1->isBad() && !pMP2->isBad() && i2>=0)
            {
                // 如果這對匹配點都可靠，並且對應的二維特徵點也都存在，則增加 PointXYZ 頂點
                g2o::VertexSBAPointXYZ* vPoint1 = new g2o::VertexSBAPointXYZ();
                // 將地圖點轉換為各自相機座標系下的三維點
                cv::Mat P3D1w = pMP1->GetWorldPos();
                cv::Mat P3D1c = R1w*P3D1w + t1w;
                vPoint1->setEstimate(Converter::toVector3d(P3D1c));
                vPoint1->setId(id1);
                // 地圖點不最佳化
                vPoint1->setFixed(true); optimizer.addVertex(vPoint1);
                g2o::VertexSBAPointXYZ* vPoint2 = new g2o::VertexSBAPointXYZ();
                cv::Mat P3D2w = pMP2->GetWorldPos();
                cv::Mat P3D2c = R2w*P3D2w + t2w;
                vPoint2->setEstimate(Converter::toVector3d(P3D2c));
                vPoint2->setId(id2);
                vPoint2->setFixed(true);
                optimizer.addVertex(vPoint2);
            }
            else
                continue;
        }
        else
            continue;
        // 對匹配關係進行計數
        nCorrespondences++;

        // Step 4：增加邊（地圖點投影到特徵點）
        // 地圖點 pMP1 對應的觀測特徵點
        Eigen::Matrix<double,2,1> obs1;
        const cv::KeyPoint &kpUn1 = pKF1->mvKeysUn[i];
        obs1 << kpUn1.pt.x, kpUn1.pt.y;

        // Step 4.1 從閉環候選主要畫面格的地圖點投影到當前主要畫面格的邊（正向投影）
        g2o::EdgeSim3ProjectXYZ* e12 = new g2o::EdgeSim3ProjectXYZ();
        // vertex(id2) 對應的是 pKF2 VertexSBAPointXYZ 類型的三維點
        e12->setVertex(0, dynamic_cast<g2o::OptimizableGraph::Vertex*>
(optimizer.vertex(id2)));
        // 問：為什麼這裡增加的節點的 ID 為 0 ？
        // 答：因為 vertex(0) 對應的是 VertexSim3Expmap 類型的待最佳化 Sim(3)，其 ID 為 0
        e12->setVertex(1, dynamic_cast<g2o::OptimizableGraph::Vertex*>
```

```
(optimizer.vertex(0)));
        e12->setMeasurement(obs1);
        // 資訊矩陣和這個特徵點的可靠程度 ( 影像金字塔的層級 ) 有關
        const float &invSigmaSquare1 = pKF1->mvInvLevelSigma2[kpUn1.octave];
        e12->setInformation(Eigen::Matrix2d::Identity()*invSigmaSquare1);
        // 使用堅固核函式
        g2o::RobustKernelHuber* rk1 = new g2o::RobustKernelHuber;
        e12->setRobustKernel(rk1);
        rk1->setDelta(deltaHuber);
        optimizer.addEdge(e12);

        // Step 4.2 從當前主要畫面格的地圖點投影到閉環候選主要畫面格的邊 ( 反向投影 )
        // ......
    }

    // Step 5：用 g2o 開始最佳化，迭代 5 次
    optimizer.initializeOptimization();
    optimizer.optimize(5);

    // Step 6：用卡方檢定剔除誤差大的邊
    int nBad=0;
    for(size_t i=0; i<vpEdges12.size();i++)
    {
        g2o::EdgeSim3ProjectXYZ* e12 = vpEdges12[i];
        g2o::EdgeInverseSim3ProjectXYZ* e21 = vpEdges21[i];
        if(!e12 || !e21)
            continue;
        if(e12->chi2()>th2 || e21->chi2()>th2)
        {
            // 如果正向投影或反向投影任意一個超過誤差設定值，就刪除該邊
            size_t idx = vnIndexEdge[i];
            vpMatches1[idx]=static_cast<MapPoint*>(NULL);
            optimizer.removeEdge(e12);
            optimizer.removeEdge(e21);
            vpEdges12[i]=static_cast<g2o::EdgeSim3ProjectXYZ*>(NULL);
            vpEdges21[i]=static_cast<g2o::EdgeInverseSim3ProjectXYZ*>(NULL);
            // 累計刪除的邊數目
            nBad++;
        }
    }
    // 如果有誤差較大的邊被剔除，那麼就說明閉環品質並不是非常好，還要多迭代幾次；反之，就少迭代幾次

    int nMoreIterations;
    if(nBad>0)
        nMoreIterations=10;
    else
        nMoreIterations=5;
    // 如果經過上面的剔除後剩下的匹配關係已經非常少了， 那麼就放棄最佳化。將內點數直接設定為  0
```

```
    if(nCorrespondences-nBad<10)
        return 0;

    // Step 7：再次用 g2o 最佳化。剔除誤差較大的邊對應的匹配，統計內點總數
    // ……

    // Step 8：用最佳化後的結果來更新 Sim(3) 位姿
    g2o::VertexSim3Expmap* vSim3_recov = static_cast<g2o::VertexSim3Expmap*>
(optimizer.vertex(0));
    g2oS12= vSim3_recov->estimate();
    return nIn;
}
```

14.4 閉環時本質圖最佳化

師兄：閉環矯正中的本質圖最佳化函式 OptimizeEssentialGraph 用於閉環矯正後最佳化所有主要畫面格的位姿。注意，這裡不最佳化地圖點。結合圖 14-4 分析其中頂點和邊的選擇。

1. 頂點

待最佳化的所有主要畫面格位姿（圖 14-4 中的所有節點）。頂點中主要畫面格的類型為 g2o::VertexSim3Expmap，其中多了一項根據感測器的類型決定是否最佳化尺度。

2. 邊

本質圖最佳化中邊的種類非常多，但資料型態都是二元邊 g2o::EdgeSim3。邊主要分為三種。第一種，閉環相關的連接關係，包括閉環矯正後地圖點變動後新增加的連接關係（圖 14-4 中綠色的連線）、形成閉環的連接關係（圖 14-4 中紅色的連線）。第二種，生成樹連接關係（圖 14-4 中黑色帶箭頭的連線）。第三種，共視關係非常好（至少有 100 個共視地圖點）的連接關係（圖 14-4 中黃色的雙股連線）。當然，相比共視圖，本質圖去掉了很多連接關係（圖 14-4 中黑色的虛線），在最佳化過程中可以加速收斂。

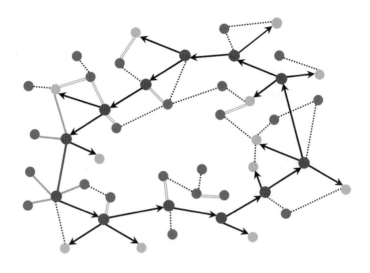

● ● 生成樹節點　　● 其他節點　　——▶ 生成樹節點　　…… 非本質圖連接

—— 共視權重超過 100 的連接　—— 閉環連接　—— 閉環調整地圖點產生的新連接

▲圖 14-4 本質圖最佳化

　　下面分析邊中誤差的定義。雖然有不同種類的邊，但是其類型都是 g2o::EdgeSim3，它連接的頂點如下。

```
// 主要畫面格 i 到主要畫面格 j 的 Sim(3) 變換
g2o::Sim3 Sji = Sjw * Swi;
g2o::EdgeSim3* e = new g2o::EdgeSim3();
e->setVertex(1, dynamic_cast<g2o::OptimizableGraph::Vertex*>
(optimizer.vertex(nIDj)));
e->setVertex(0, dynamic_cast<g2o::OptimizableGraph::Vertex*>
(optimizer.vertex(nIDi)));
// 設定為觀測值
e->setMeasurement(Sji);
```

　　邊中誤差的定義如下。

```
void computeError()
{
    const VertexSim3Expmap* v1 = static_cast<const VertexSim3Expmap*>
(_vertices[0]);
    const VertexSim3Expmap* v2 = static_cast<const VertexSim3Expmap*>
(_vertices[1]);
    Sim3 C(_measurement);
    // 誤差 = 觀測 Sji * Siw * Swi
    Sim3 error_ =C*v1->estimate()*v2->estimate().inverse();
```

```
    _error = error_.log();
}
```

可以看到誤差的定義非常簡單，就是 $S_{ji}S_{ij}$。

下面整理閉環時本質圖最佳化的流程。

> 第 1 步，構造 g2o 最佳化器。
>
> 第 2 步，將地圖中所有主要畫面格的位姿作為頂點增加到最佳化器中，固定閉環畫面格不進行最佳化。注意，這裡並沒有鎖住第 0 個主要畫面格，所以對初始主要畫面格位姿也進行了最佳化。
>
> 第 3 步，增加因閉環時地圖點調整而生成的主要畫面格之間的新連接關係。
>
> 第 4 步，增加追蹤時形成的邊、閉環匹配成功形成的邊，包括生成樹連接關係、當前畫面格與閉環匹配畫面格之間的連接關係、共視程度超過 100 的主要畫面格之間的連接關係。
>
> 第 5 步，用 g2o 開始最佳化，迭代 20 次。
>
> 第 6 步，將最佳化後的位姿更新到主要畫面格中。
>
> 第 7 步，根據參考畫面格最佳化前後的相對關係調整地圖點的位置。

這部分對應的程式及註釋如下。

```
/**
 * @brief 閉環時本質圖最佳化，僅最佳化所有主要畫面格的位姿，不最佳化地圖點
 * @param pMap                全域地圖
 * @param pLoopKF             閉環匹配上的主要畫面格
 * @param pCurKF              當前主要畫面格
 * @param NonCorrectedSim3    未經過 Sim(3) 傳播調整過的主要畫面格位姿
 * @param CorrectedSim3       經過 Sim(3) 傳播調整過的主要畫面格位姿
 * @param LoopConnections     因閉環時地圖點調整而新生成的邊
 */
void Optimizer::OptimizeEssentialGraph(Map* pMap, KeyFrame* pLoopKF, KeyFrame*
    pCurKF, const LoopClosing::KeyFrameAndPose &NonCorrectedSim3,
    const LoopClosing::KeyFrameAndPose &CorrectedSim3, const map<KeyFrame *,
    set<KeyFrame *> > &LoopConnections, const bool &bFixScale)
{
    // Step 1：構造 g2o 最佳化器
    g2o::SparseOptimizer optimizer;
    optimizer.setVerbose(false);
    g2o::BlockSolver_7_3::LinearSolverType * linearSolver =
        new g2o::LinearSolverEigen<g2o::BlockSolver_7_3::PoseMatrixType>();
```

```
    g2o::BlockSolver_7_3 * solver_ptr= new g2o::BlockSolver_7_3(linearSolver);
    g2o::OptimizationAlgorithmLevenberg* solver = new
g2o::OptimizationAlgorithmLevenberg(solver_ptr);
    // 第一次迭代的初始 lambda 值，如未指定，會自動計算一個合適的值
    solver->setUserLambdaInit(1e-16);
    optimizer.setAlgorithm(solver);
    // 獲取當前地圖中的所有主要畫面格和地圖點
    const vector<KeyFrame*> vpKFs = pMap->GetAllKeyFrames();
    const vector<MapPoint*> vpMPs = pMap->GetAllMapPoints();
    // 最大主要畫面格 ID，在增加頂點時使用
    const unsigned int nMaxKFid = pMap->GetMaxKFid();
    // 記錄所有最佳化前主要畫面格的位姿，優先使用在閉環時透過 Sim(3) 傳播調整過的 Sim(3) 位姿
    vector<g2o::Sim3,Eigen::aligned_allocator<g2o::Sim3> > vScw(nMaxKFid+1);
    // 記錄所有主要畫面格經過本次本質圖最佳化過的位姿
    vector<g2o::Sim3,Eigen::aligned_allocator<g2o::Sim3> >
vCorrectedSwc(nMaxKFid+1);
    // 兩個主要畫面格之間共視權重的最小值
    const int minFeat = 100;

    // Step 2：將地圖中所有主要畫面格的位姿作為頂點增加到最佳化器中
    for(size_t i=0, iend=vpKFs.size(); i<iend;i++)
    {
        KeyFrame* pKF = vpKFs[i];
        if(pKF->isBad())
            continue;
        g2o::VertexSim3Expmap* VSim3 = new g2o::VertexSim3Expmap();
        // 主要畫面格在所有主要畫面格中的 ID，用來設定為頂點的 ID
        const int nIDi = pKF->mnId;
        LoopClosing::KeyFrameAndPose::const_iterator it =
 CorrectedSim3.find(pKF);
        if(it!=CorrectedSim3.end())
        {
            // 如果該主要畫面格在閉環時透過 Sim(3) 傳播調整過，則優先用調整後的 Sim(3) 位姿
            vScw[nIDi] = it->second;
            VSim3->setEstimate(it->second);
        }
        else
        {
            // 如果該主要畫面格在閉環時沒有透過 Sim(3) 傳播調整過，則用追蹤時的位姿，尺度為 1
            Eigen::Matrix<double,3,3> Rcw =
Converter::toMatrix3d(pKF->GetRotation());
            Eigen::Matrix<double,3,1> tcw =
Converter::toVector3d(pKF->GetTranslation());
            g2o::Sim3 Siw(Rcw,tcw,1.0);
            vScw[nIDi] = Siw;
            VSim3->setEstimate(Siw);
        }
        // 閉環匹配上的畫面格不進行位姿最佳化 ( 認為是準確的，作為基準 )
        // 注意，這裡並沒有鎖住第 0 個主要畫面格，所以對初始主要畫面格位姿也進行了最佳化
```

```
        if(pKF==pLoopKF)
            VSim3->setFixed(true);
        VSim3->setId(nIDi);
        VSim3->setMarginalized(false);
        // 與當前系統的感測器有關，如果是 RGB-D 相機或雙目相機模式，
        // 則不需要最佳化 sim(3) 的縮放係數，保持為 1 即可
        VSim3->_fix_scale = bFixScale;
        // 增加頂點
        optimizer.addVertex(VSim3);
        // 最佳化前的位姿頂點，後面程式中沒有使用
        vpVertices[nIDi]=VSim3;
    }
    // 保存由於閉環後最佳化 sim(3) 而出現的新的主要畫面格和主要畫面格之間的連接關係，
    // 其中 ID 比較小的主要畫面格在前，ID 比較大的主要畫面格在後
    set<pair<long unsigned int,long unsigned int> > sInsertedEdges;
    // 單位矩陣
    const Eigen::Matrix<double,7,7> matLambda =
Eigen::Matrix<double,7,7>::Identity();

    // Step 3：增加第 1 種邊，即因閉環時地圖點調整而出現的主要畫面格之間的新連接關係
    for(map<KeyFrame *, set<KeyFrame *> >::const_iterator mit =
LoopConnections.begin(), mend=LoopConnections.end(); mit!=mend; mit++)
    {
        KeyFrame* pKF = mit->first;
        const long unsigned int nIDi = pKF->mnId;
        // 和 pKF 形成新連接關係的主要畫面格
        const set<KeyFrame*> &spConnections = mit->second;
        const g2o::Sim3 Siw = vScw[nIDi];
        const g2o::Sim3 Swi = Siw.inverse();
        // 對於當前主要畫面格 nIDi 而言，遍歷每一個新增加的主要畫面格 nIDj 的連接關係
        for(set<KeyFrame*>::const_iterator sit=spConnections.begin(),
send=spConnections.end(); sit!=send; sit++)
        {
            const long unsigned int nIDj = (*sit)->mnId;
            if((nIDi!=pCurKF->mnId || nIDj!=pLoopKF->mnId)
                    && pKF->GetWeight(*sit)<minFeat)
                continue;
            // 透過上面考驗的畫面格有兩種情況：
            // 第一種，恰好是當前畫面格及其閉環畫面格 nIDi=pCurKF，
            // 並且 nIDj=pLoopKF（此時忽略共視程度）
            // 第二種，任意兩對主要畫面格，其共視程度大於 100
            const g2o::Sim3 Sjw = vScw[nIDj];
            // 得到兩個位姿間的 Sim(3) 變換
            const g2o::Sim3 Sji = Sjw * Swi;
            g2o::EdgeSim3* e = new g2o::EdgeSim3();
            e->setVertex(1, dynamic_cast<g2o::OptimizableGraph::Vertex*>
(optimizer.vertex(nIDj)));
            e->setVertex(0, dynamic_cast<g2o::OptimizableGraph::Vertex*>
(optimizer.vertex(nIDi)));
```

```
                // Sji 內部是經過 Sim(3) 調整的觀測
                e->setMeasurement(Sji);
                // 資訊矩陣是單位矩陣，說明這類新增加的邊對總誤差的貢獻是一樣大的
                e->information() = matLambda;
                optimizer.addEdge(e);
                // 保證小的 ID 在前，大的 ID 在後
                sInsertedEdges.insert(make_pair(min(nIDi,nIDj),max(nIDi,nIDj)));
            }
        }

    // Step 4：增加追蹤時形成的邊、閉環匹配成功形成的邊
    for(size_t i=0, iend=vpKFs.size(); i<iend; i++)
    {
        KeyFrame* pKF = vpKFs[i];
        const int nIDi = pKF->mnId;
        g2o::Sim3 Swi;
        LoopClosing::KeyFrameAndPose::const_iterator iti =
NonCorrectedSim3.find(pKF);
        if(iti!=NonCorrectedSim3.end())
            Swi = (iti->second).inverse(); // 優先使用未經過 Sim(3) 傳播調整過的位姿
        else
            Swi = vScw[nIDi].inverse(); // 沒找到才考慮使用經過 Sim(3) 傳播調整過的位姿
        KeyFrame* pParentKF = pKF->GetParent();

        // Step 4.1：增加第 2 種邊，即生成樹的邊（有父主要畫面格）
        // 父主要畫面格就是和當前畫面格共視程度最高的主要畫面格
        if(pParentKF)
        {
            // 父主要畫面格 ID
            int nIDj = pParentKF->mnId;
            g2o::Sim3 Sjw;
            LoopClosing::KeyFrameAndPose::const_iterator itj = NonCorrectedSim3.
find(pParentKF);
            // 優先使用未經過 Sim(3) 傳播調整過的位姿
            if(itj!=NonCorrectedSim3.end())
                Sjw = itj->second;
            else
                Sjw = vScw[nIDj];
            // 計算父子主要畫面格之間的相對位姿
            g2o::Sim3 Sji = Sjw * Swi;
            g2o::EdgeSim3* e = new g2o::EdgeSim3();
            e->setVertex(1, dynamic_cast<g2o::OptimizableGraph::Vertex*>
(optimizer.vertex(nIDj)));
            e->setVertex(0, dynamic_cast<g2o::OptimizableGraph::Vertex*>
(optimizer.vertex(nIDi)));
            // 希望父子主要畫面格之間的位姿差最小
            e->setMeasurement(Sji);
            e->information() = matLambda;
            optimizer.addEdge(e);
        }
```

```
    // Step 4.2：增加第 3 種邊，即當前畫面格與閉環匹配畫面格之間的連接關係
    // （這裡面也包括當前遍歷到的這個主要畫面格之前存在過的閉環邊）
    // 獲取和當前主要畫面格形成閉環關係的主要畫面格
    const set<KeyFrame*> sLoopEdges = pKF->GetLoopEdges();
    for(set<KeyFrame*>::const_iterator sit=sLoopEdges.begin(),
send=sLoopEdges.end(); sit!=send; sit++)
    {
        KeyFrame* pLKF = *sit;
        // 注意，要比當前遍歷到的這個主要畫面格的 ID 小，這是為了避免重複增加
        if(pLKF->mnId<pKF->mnId)
        {
            g2o::Sim3 Slw;
            LoopClosing::KeyFrameAndPose::const_iterator itl = NonCorrected-
Sim3.find(pLKF);
            // 優先使用未經過 Sim(3) 傳播調整過的位姿
            if(itl!=NonCorrectedSim3.end())
                Slw = itl->second;
            else
                Slw = vScw[pLKF->mnId];
            g2o::Sim3 Sli = Slw * Swi;
            g2o::EdgeSim3* el = new g2o::EdgeSim3();
            el->setVertex(1, dynamic_cast<g2o::OptimizableGraph::Vertex*>
(optimizer.vertex(pLKF->mnId)));
            el->setVertex(0, dynamic_cast<g2o::OptimizableGraph::Vertex*>
(optimizer.vertex(nIDi)));
            el->setMeasurement(Sli);
            el->information() = matLambda;
            optimizer.addEdge(el);
        }
    }

    // Step 4.3：增加第 4 種邊，即共視程度超過 100 的主要畫面格也作為邊進行最佳化
    // 取出和當前主要畫面格共視程度超過 100 的主要畫面格
    const vector<KeyFrame*> vpConnectedKFs =
pKF->GetCovisiblesByWeight(minFeat);
    for(vector<KeyFrame*>::const_iterator vit=vpConnectedKFs.begin();
vit!=vpConnectedKFs.end(); vit++)
    {
        KeyFrame* pKFn = *vit;
        // 避免重複增加以下情況：最小生成樹中的父子主要畫面格關係，以及和當前遍歷到的主要畫
        // 面格組成的閉環關係
        if(pKFn && pKFn!=pParentKF && !pKF->hasChild(pKFn)
&& !sLoopEdges.count(pKFn))
        {
            // 注意，要比當前遍歷到的這個主要畫面格的 ID 小，這是為了避免重複增加
            if(!pKFn->isBad() && pKFn->mnId<pKF->mnId)
            {
                // 如果這條邊已經增加了，則跳過
```

```
                    if(sInsertedEdges.count(make_pair(min(pKF->mnId,pKFn->mnId),
max(pKF->mnId,pKFn->mnId))))
                        continue;
                    g2o::Sim3 Snw;
                    LoopClosing::KeyFrameAndPose::const_iterator itn =
NonCorrectedSim3.find(pKFn);
                    // 優先使用未經過 Sim(3) 傳播調整過的位姿
                    if(itn!=NonCorrectedSim3.end())
                        Snw = itn->second;
                    else
                        Snw = vScw[pKFn->mnId];
                    g2o::Sim3 Sni = Snw * Swi;
                    g2o::EdgeSim3* en = new g2o::EdgeSim3();
                    en->setVertex(1, dynamic_cast<g2o::OptimizableGraph::Vertex*>
(optimizer.vertex(pKFn->mnId)));
                    en->setVertex(0, dynamic_cast<g2o::OptimizableGraph::Vertex*>
(optimizer.vertex(nIDi)));
                    en->setMeasurement(Sni);
                    en->information() = matLambda;
                    optimizer.addEdge(en);
                }
            } // 如果這個比較好的共視關係的約束之前沒有被重複增加過
        } // 則遍歷所有與當前遍歷到的主要畫面格具有較好的共視關係的主要畫面格
    } // 增加追蹤時形成的邊、閉環匹配成功形成的邊

    // Step 5：用 g2o 開始最佳化，迭代 20 次
    optimizer.initializeOptimization();
    optimizer.optimize(20);
    // 在更新地圖前先上鎖，防止衝突
    unique_lock<mutex> lock(pMap->mMutexMapUpdate);

    // Step 6：將最佳化後的位姿更新到主要畫面格中
    for(size_t i=0;i<vpKFs.size();i++) // 遍歷所有主要畫面格
    {
        KeyFrame* pKFi = vpKFs[i];
        const int nIDi = pKFi->mnId;
        g2o::VertexSim3Expmap* VSim3 = static_cast<g2o::VertexSim3Expmap*>
(optimizer.vertex(nIDi));
        g2o::Sim3 CorrectedSiw = VSim3->estimate();
        vCorrectedSwc[nIDi]=CorrectedSiw.inverse();
        Eigen::Matrix3d eigR = CorrectedSiw.rotation().toRotationMatrix();
        Eigen::Vector3d eigt = CorrectedSiw.translation();
        double s = CorrectedSiw.scale();
        // 轉換成尺度為 1 的變換矩陣的形式 Sim3:[sR t;0 1] -> SE3:[R t/s;0 1]
        eigt *=(1./s);
        cv::Mat Tiw = Converter::toCvSE3(eigR,eigt);
        // 將更新的位姿寫入主要畫面格中
        pKFi->SetPose(Tiw);
    }
```

```
    // Step 7：根據參考畫面格最佳化前後的相對關係調整地圖點的位置
    // ......
}
```

14.5 全域最佳化

師兄：全域最佳化函式 GlobalBundleAdjustemnt 主要用於最佳化所有的主要畫面格位姿和地圖點。我們分析其中頂點和邊的選擇。

1. 頂點

待最佳化的所有主要畫面格的位姿和所有地圖點。以第 0 個主要畫面格位姿作為參考基準，不最佳化。頂點中主要畫面格位姿的類型為 g2o::VertexSE3Expmap，頂點中地圖點的類型為 g2o::VertexSBAPointXYZ。

2. 邊

地圖點和觀測到它的主要畫面格的投影關係，為二元邊。對於單目相機模式，邊的類型為 g2o::EdgeSE3ProjectXYZ；對於雙目相機和 RGB-D 相機模式，邊的類型為 g2o::EdgeStereoSE3ProjectXYZ。

從頂點和邊的類型來看，頂點和邊的定義與局部地圖建構執行緒中的局部地圖最佳化函式 LocalBundleAdjustment 是一樣的。邊的誤差類型也是一樣的，只不過這裡使用的是全域地圖，而非局部地圖。此處不再贅述。

下面整理全域最佳化的流程。

第 1 步，初始化 g2o 最佳化器。

第 2 步，向最佳化器中增加頂點：所有的主要畫面格位姿和所有的地圖點。

第 3 步，向最佳化器中增加邊，這裡的邊就是地圖點和觀測到它的主要畫面格的投影關係。在單目相機模式下和雙目相機模式下有所不同。

第 4 步，開始最佳化，迭代 10 次。

第 5 步，將最佳化結果保存起來。注意，這裡沒有直接原位替換更新，而是將更新的主要畫面格位姿和地圖點分別保存在變數 mTcwGBA 和 mPosGBA 中。

全域最佳化的程式及註釋如下。

```
/**
 * @brief BA 最佳化過程，由全域 BA 呼叫
 * @param[in] vpKFs          參與 BA 的所有主要畫面格
 * @param[in] vpMP           參與 BA 的所有地圖點
 * @param[in] nIterations    最佳化迭代次數
 * @param[in] pbStopFlag     外部控制 BA 結束的標識
 * @param[in] nLoopKF        形成了閉環的當前主要畫面格的 ID
 * @param[in] bRobust        是否使用核函式
 */
void Optimizer::BundleAdjustment(const vector<KeyFrame *> &vpKFs,
        const vector<MapPoint *> &vpMP, int nIterations, bool* pbStopFlag,
        const unsigned long nLoopKF, const bool bRobust)
{
    // 不參與最佳化的地圖點
    vector<bool> vbNotIncludedMP;
    vbNotIncludedMP.resize(vpMP.size());

    // Step 1：初始化 g2o 最佳化器
    g2o::SparseOptimizer optimizer;
    g2o::BlockSolver_6_3::LinearSolverType * linearSolver;
    linearSolver = new
g2o::LinearSolverEigen<g2o::BlockSolver_6_3::PoseMatrixType>();
    g2o::BlockSolver_6_3 * solver_ptr = new g2o::BlockSolver_6_3(linearSolver);
    g2o::OptimizationAlgorithmLevenberg* solver = new
g2o::OptimizationAlgorithmLevenberg(solver_ptr);
    optimizer.setAlgorithm(solver);
    // 如果這時外部請求終止，則結束。注意，這行程式執行之後，外部再請求結束 BA 最佳化，則無法結束
    if(pbStopFlag)
        optimizer.setForceStopFlag(pbStopFlag);
    // 記錄增加到最佳化器中的頂點的最大主要畫面格 ID
    long unsigned int maxKFid = 0;

    // Step 2：向最佳化器中增加頂點
    // Step 2.1：向最佳化器中增加主要畫面格位姿作為頂點
    // 遍歷當前地圖中的所有主要畫面格
    for(size_t i=0; i<vpKFs.size(); i++)
        {
        KeyFrame* pKF = vpKFs[i];
        // 跳過無效主要畫面格
        if(pKF->isBad())
            continue;
        // 對每個能用的主要畫面格構造 SE(3) 頂點，其實就是當前主要畫面格的位姿
        g2o::VertexSE3Expmap * vSE3 = new g2o::VertexSE3Expmap();
        vSE3->setEstimate(Converter::toSE3Quat(pKF->GetPose()));
        // 頂點的 ID 就是主要畫面格在所有主要畫面格中的 ID
        vSE3->setId(pKF->mnId);
```

```
        // 只有第 0 畫面格主要畫面格不最佳化 ( 參考基準 )
        vSE3->setFixed(pKF->mnId==0);
        // 向最佳化器中增加頂點，並且更新 maxKFid
        optimizer.addVertex(vSE3);
        if(pKF->mnId>maxKFid)
            maxKFid=pKF->mnId;
    }
    // 卡方分佈 95% 以上可信度時的設定值
    const float thHuber2D = sqrt(5.99);         // 自由度為 2
    const float thHuber3D = sqrt(7.815);        // 自由度為 3
    // Step 2.2：向最佳化器中增加地圖點作為頂點
    // 遍歷地圖中的所有地圖點
    for(size_t i=0; i<vpMP.size(); i++)
    {
        MapPoint* pMP = vpMP[i];
        // 跳過無效地圖點
        if(pMP->isBad())
            continue;
        // 建立頂點
        g2o::VertexSBAPointXYZ* vPoint = new g2o::VertexSBAPointXYZ();
        // 轉換資料型態
        vPoint->setEstimate(Converter::toVector3d(pMP->GetWorldPos()));
        // 前面記錄 maxKFid 是為了在這裡使用
        const int id = pMP->mnId+maxKFid+1;
        vPoint->setId(id);
        // 注意，在用 g2o 進行 BA 最佳化時必須將其所有的地圖點全部舒爾消去掉，否則會出錯
        vPoint->setMarginalized(true);
        optimizer.addVertex(vPoint);
        // 取出地圖點和主要畫面格之間觀測的關係
        const map<KeyFrame*,size_t> observations = pMP->GetObservations();
        // 邊計數
        int nEdges = 0;
        // Step 3：向最佳化器中增加投影邊 ( 是在遍歷地圖點、增加地圖點的頂點時順便增加的 )
        // 遍歷觀測到當前地圖點的所有主要畫面格
        for(map<KeyFrame*,size_t>::const_iterator mit=observations.begin();
mit!=observations.end(); mit++)
        {
            KeyFrame* pKF = mit->first;
            // 跳過不合法的主要畫面格
            if(pKF->isBad() || pKF->mnId>maxKFid)
                continue;
            nEdges++;
            // 取出該地圖點對應該主要畫面格的二維特徵點
            const cv::KeyPoint &kpUn = pKF->mvKeysUn[mit->second];
            if(pKF->mvuRight[mit->second]<0)
            {
                // 單目相機模式：
                // 觀測
```

```
                Eigen::Matrix<double,2,1> obs;
                obs << kpUn.pt.x, kpUn.pt.y;
                // 建立邊
                g2o::EdgeSE3ProjectXYZ* e = new g2o::EdgeSE3ProjectXYZ();
                // 邊連接的第 0 號頂點對應的是第 ID 個地圖點
                e->setVertex(0, dynamic_cast<g2o::OptimizableGraph::Vertex*>
(optimizer.vertex(id)));
                // 邊連接的第 1 號頂點對應的是第 ID 個主要畫面格
                e->setVertex(1, dynamic_cast<g2o::OptimizableGraph::Vertex*>
(optimizer.vertex(pKF->mnId)));
                e->setMeasurement(obs);
                // 資訊矩陣與特徵點在影像金字塔中的層級有關，層級越高，可信度越差
                const float &invSigma2 = pKF->mvInvLevelSigma2[kpUn.octave];
                e->setInformation(Eigen::Matrix2d::Identity()*invSigma2);
                // 使用堅固核函式
                if(bRobust)
                {
                    g2o::RobustKernelHuber* rk = new g2o::RobustKernelHuber;
                    e->setRobustKernel(rk);
                    // 設定為卡方分佈中自由度為 2 的設定值，如果重投影誤差大於 1 個像素，
                    // 就認為是不太可靠的點
                    // 使用堅固核函式是為了避免其誤差的平方項出現數值增長過快
                    rk->setDelta(thHuber2D);
                }
                // 設定相機本身參數
                e->fx = pKF->fx;
                e->fy = pKF->fy;
                e->cx = pKF->cx;
                e->cy = pKF->cy;
                // 增加邊
                optimizer.addEdge(e);
            }
            else
            {
                // 雙目相機或 RGB-D 相機模式：
                // ……
            }
        } // 向最佳化器中增加投影邊，也就是遍歷所有觀測到當前地圖點的主要畫面格

        // 如果因為一些特殊原因，實際上並沒有任何主要畫面格觀測到當前的這個地圖點，
        // 則刪除這個地圖點，因此這個地圖點也就不參與最佳化
        // ……
    }

    // Step 4：開始最佳化
    optimizer.initializeOptimization();
    optimizer.optimize(nIterations);
```

```
    // Step 5：將最佳化的結果保存起來
    // 遍歷所有的主要畫面格
    for(size_t i=0; i<vpKFs.size(); i++)
    {
        KeyFrame* pKF = vpKFs[i];
        if(pKF->isBad())
            continue;
        // 獲取最佳化後的位姿
        g2o::VertexSE3Expmap* vSE3 = static_cast<g2o::VertexSE3Expmap*>
(optimizer.vertex(pKF->mnId));
        g2o::SE3Quat SE3quat = vSE3->estimate();
        if(nLoopKF==0)
        {
            // 從原則上來講不會出現「當前閉環主要畫面格是第 0 畫面格」的情況，
            // 如果出現這種情況，則只能說明是在建立初始地圖點時呼叫的這個全域 BA 函式
            // 這時地圖中只有兩個主要畫面格，其中最佳化後的位姿資料可以直接寫入主要畫面格的成員
            // 變數中
            pKF->SetPose(Converter::toCvMat(SE3quat));
        }
        else
        {
            // 正常操作，先把最佳化後的位姿寫入主要畫面格的一個專門的成員變數 mTcwGBA 中備用
            pKF->mTcwGBA.create(4,4,CV_32F);
            Converter::toCvMat(SE3quat).copyTo(pKF->mTcwGBA);
            pKF->mnBAGlobalForKF = nLoopKF;
        }
    }

    // 遍歷所有地圖點，保存最佳化之後地圖點的位姿
    // ……
}
```

第三部分

ORB-SLAM3 理論與實作

1. ORB-SLAM3 介紹

2021 年，西班牙薩拉戈薩大學發表了 ORB-SLAM3 [1]。它在 ORB-SLAM2 的基礎上進行了較大改進。ORB-SLAM3 在定位準確度和堅固性方面好於同類的開放原始碼演算法，比如在雙目慣性模式下，該演算法在無人機資料集 EuRoC 上可以達到平均 3.6cm 的定位準確度，在手持裝置快速移動的室內資料集 TUM-VI 上可以達到 9mm 的定位準確度，受到業內極大的關注。

在繼續介紹之前，我們有必要先介紹一些新的術語（見表 1），初學者如果一時難以理解也沒關係，我們會在後面的章節中詳細介紹。

▼ 表 1　術語及含義

術語	含義
視覺慣性系統	相機和 IMU（慣性測量單元）感測器融合系統
IMU 初始化	目的是獲得慣性變數較好的初值，這些慣性變數包括重力方向和 IMU 零偏
多地圖系統	由一系列不連續的子地圖組成，稱為地圖集。每個子地圖都有自己的主要畫面格、地圖點、共視圖和生成樹。子地圖之間能夠實作位置辨識、重定位、地圖融合等功能
閉環檢測召回率	在真正發生閉環檢測的事件中被成功檢測到的比例

（1）ORB-SLAM3 演算法的主要創新點 [1]

1）可以執行視覺、視覺慣性和多地圖。支持單目相機、雙目相機和 RGB-D 相機，且支援針孔和魚眼鏡頭模型的 SLAM 系統。

2）以特徵點為基礎的單目和雙目視覺慣性 SLAM 系統，完全依賴最大後驗估計（包括在 IMU 初始化階段）。該演算法可以在不同大小的室內和室外環境中堅固、即時地執行。即使在沒有閉環的情況下，ORB-SLAM3 與其他視覺慣性 SLAM 方法相比，也具備極好的堅固性和更高的準確度。

3）一種新的高召回率的位置辨識演算法。ORB-SLAM2 中閉環檢測方法需要滿足時序上連續 3 次成功驗證才能透過，這就需要檢測至少三個新進來的主要畫面格，這種方法透過犧牲召回率來保證閉環準確度。ORB-SLAM3 中新的位置辨識演算法，在理想的情況下，不需要等待新進來的主要畫面格就可以完成驗證，用計算量略微增大的代價，換取閉環檢測召回率和地圖準確度的提高。

4）一個支援位置辨識、重定位、閉環檢測和地圖融合的多地圖系統。該系統可以讓系統在視覺資訊缺乏的場景中長時間執行，比如當追蹤遺失的時候，它會重新建立地圖，並在重新存取之前的地圖時無縫地與之前的地圖融合。

5）一種抽象相機模型。它可以將相機模型和 SLAM 系統解耦，支援任意類型的相機模型。

（2）使用的資料連結類型。ORB-SLAM3 充分使用了短期、中期、長期及多地圖資料連結，具體如下。

1）短期資料連結。僅僅和最近幾秒內獲取的地圖進行匹配。這是大多數視覺里程計使用的唯一資料連結類型，這種方法存在的問題是，一旦地圖從視野中消失，視覺里程計就故障，即使回到原來的地方，也會造成持續的估計飄移。

2）中期資料連結。匹配距離相機近並且累計飄移較小的地圖元素。與短期觀測相比，這些資訊可以一併加入 BA 最佳化，當相機移動到已經建好圖的區域時，可以達到零飄移。

3）長期資料連結。使用位置辨識技術將當前觀測與之前存取過的區域中的元素匹配，可用於閉環檢測和追蹤遺失後的重定位。這種長期匹配允許使用位姿圖最佳化重置飄移和矯正閉環。這是保證在中、大型閉環場景中 SLAM 具有較高準確度的關鍵。

4）多地圖資料連結。用之前建立的多個子地圖實作跨地圖匹配和 BA 最佳化。

ORB-SLAM3 演算法框架如圖 1 所示。

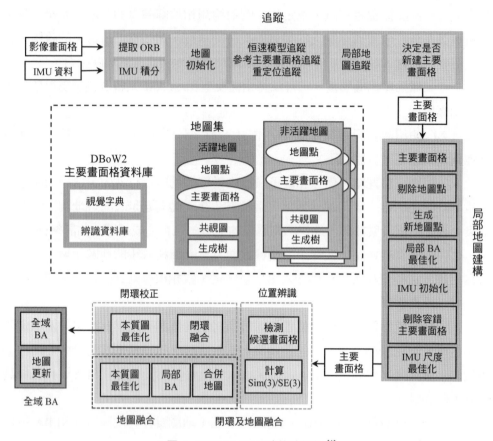

▲圖 1 ORB-SLAM3 演算法框架 [1]

2. ORB-SLAM3 和 ORB-SLAM2 的功能對比

表 2 所示為 ORB-SLAM3 和 ORB-SLAM2 的功能對比。

▼ 表 2 ORB-SLAM3 與 ORB-SLAM2 的功能對比

類目	ORB-SLAM2	ORB-SLAM3
支援感測器類型	單目相機、雙目相機、RGB-D 相機	單目相機、單目相機 +IMU、雙目相機、雙目相機 +IMU、RGB-D 相機、RGB-D 相機 +IMU
支援相機模型	針孔相機模型。在雙目相機模式下假設雙目完成了立體矯正，匹配點位於水平的極線附近	抽象相機模型。程式提供針孔、魚眼鏡頭模型。在雙目相機模式下不依賴於立體矯正，而是將雙目相機看作兩個相對位置不變的、獨立的、具有重疊角度的單目相機
地圖	單地圖	多地圖，支持地圖融合
尺度	在單目相機模式下地圖和位姿沒有絕對尺度	在單目相機 +IMU 模式下地圖和位姿具有絕對尺度
追蹤執行緒	跟丟後透過重定位來找回，如果重定位失敗，則徹底跟丟；重定位使用的是針孔相機模型下的 EPnP 演算法	在視覺慣性模式下，短期追蹤遺失時可以透過 IMU 預積分來推算位姿，也可以透過重定位來找回位姿；視覺慣性資訊聯合最佳化位姿；如果長期追蹤遺失，則將目前地圖保存，從頭開始新建地圖；重定位時採用了最大似然 PnP 演算法，將相機模型和 SLAM 系統解耦
局部地圖建構執行緒	剔除地圖點、共視圖主要畫面格之間生成新的地圖點、局部 BA 最佳化、剔除容錯主要畫面格	在 ORB-SLAM2 的基礎上新增：在視覺慣性模式下初始化 IMU，對 IMU 參數、重力方向、尺度資訊進行最佳化，視覺慣性資訊聯合最佳化位姿
閉環執行緒	閉環檢測、計算 Sim(3) 變換、閉環矯正	在 ORB-SLAM2 的基礎上新增：一種新的高召回率的位置辨識演算法，多地圖融合，視覺慣性資訊聯合最佳化位姿

3. 內容安排

第三部分包括 6 章，詳細介紹視覺慣性 SLAM 優秀開放原始碼框架 ORB-SLAM3。由於在第二部分中詳細介紹過 ORB-SLAM2，因此第三部分只介紹 ORB-SLAM3 相比 ORB-SLAM2 的主要新增內容。具體內容如下。

- 第 15 章為 ORB-SLAM3 中的 IMU 預積分。你將了解視覺慣性緊耦合的意義、IMU 預積分原理及推導、IMU 預積分的程式實作。

- 第 16 章為 ORB-SLAM3 中的多地圖系統。你將了解多地圖的基本概念、多地圖系統的效果和作用、建立新地圖的方法和時機，以及地圖融合。

- 第 17 章為 ORB-SLAM3 中的追蹤執行緒。你將了解 ORB-SLAM3 中追蹤執行緒流程圖及追蹤執行緒的新變化。

- 第 18 章為 ORB-SLAM3 中的局部地圖建構執行緒。你將了解局部地圖建構執行緒的作用、局部地圖建構執行緒的流程及其中 IMU 的初始化。

- 第 19 章為 ORB-SLAM3 中的閉環及地圖融合執行緒。你將了解共同區域檢測、地圖融合的具體流程和程式實作。

- 第 20 章為視覺 SLAM 的現在與未來。你將了解視覺 SLAM 的發展歷程、視覺慣性 SLAM 框架對比及資料集，以及視覺 SLAM 的未來發展趨勢。

參考資料

[1]   CAMPOS C, ELVIRA R, RODRÍGUEZ J J G, et al. Orb-slam3: An accurate open-source library for visual, visual–inertial, and multimap slam[J]. IEEE Transactions on Robotics, 2021, 37(6): 1874-1890.

第 15 章
ORB-SLAM3 中的
IMU 預積分

師兄：ORB-SLAM3 的第一個亮點就是實作了視覺 - 慣性緊耦合 SLAM 系統。所以感測器模式增加了單目相機 +IMU、雙目相機 +IMU 及 RGB-D 相機 +IMU 模式。這對整個系統的定位準確度和堅固性的提升效果是巨大的。

小白：什麼是 IMU 呢？

師兄：慣性測量單元（Inertial Measurement Unit, IMU）也稱為慣性感測器。基礎的 IMU 由一個三軸加速度計和三軸陀螺儀組成，它們分別可以測量加速度 a 和角速度 ω。與 IMU 相關的還有一個比較特別的參數，叫作零偏 b，它會隨時間緩慢變化。另外，IMU 測量值中還包括雜訊 η，通常可以簡化為高斯白色雜訊。

15.1 視覺慣性緊耦合的意義

小白：為什麼要把視覺感測器和慣性感測器進行結合呢？能造成什麼作用？

師兄：主要是因為它們具有互補性，分為以下幾個方面。

1）相機輸出的是影像。相機在低速運動下能夠穩定成像，而且由於短時間內影像變換不大，因此在特徵匹配時表現較好；而當相機高速運動時，不僅容易造成成像模糊，而且短時間內影像差異也較大，這會導致重疊區域較少而出現特徵誤匹配的問題。而 IMU 輸出的是線加速度和角速度，在快速運動時才輸出可靠的測量，在緩慢運動時測量結果反而不可靠。所以，**在慢速和快速運動下資料的可靠性方面，兩者具有互補性**。

2）相機成像效果不會隨時間飄移，如果相機靜止不動，則輸出的影像也不變，該影像估計的位姿也是固定的。而 IMU 在短時間內具有較好的準確度，在長時間使用時測量值會有明顯的飄移，僅憑 IMU 本身是無法抑制飄移的，而影像可以提供約束來有效地估計並修正飄移。所以，**在抑制飄移方面，兩者具有互補性**。

3）影像的特徵提取與匹配和場景的紋理豐富程度強相關，在遇到白牆、玻璃等特殊場景下，很難提取到可靠的特徵點。而 IMU 則不受視覺場景環境的影響，在這些特殊場景下 IMU 輸出不受影響。所以**在使用場景方面，兩者具有互補性。**

4）當相機拍攝的影像發生變化時，僅憑影像資訊無法判斷是相機自己在運動還是外界環境發生了變化；而 IMU 測量的則是本體的運動，與外界環境無關。所以，**在感知自身運動和環境變化方面，兩者具有互補性。**

5）對於單目相機來說，無法獲得絕對尺度。而透過單目相機和 IMU 的資料融合，可以得到絕對尺度資訊。所以，**在確定絕對尺度方面，兩者具有互補性。**

總之，相機和 IMU 之間的資料緊耦合可以實現「1+1>2」的效果。

小白：緊耦合是什麼意思呢？是不是也有鬆散耦合？

師兄：是的，鬆散耦合也是一種資料融合方法。對於相機和 IMU 來說，鬆散耦合和緊耦合的定義及優缺點如下。

1）鬆散耦合（loosely-coupled），指 IMU 和相機先分別獨立進行狀態估計，然後對分別估計的狀態結果進行融合。其優點是原理簡單、計算量小；缺點是割裂了狀態估計中的聯繫、累計誤差較大、可能導致結果不穩定。

2）緊耦合（tightly-coupled），指把 IMU 和相機的資料放在一起，共同建構運動方程式和觀測方程式，聯合進行狀態估計。其優點是累計誤差較小、準確度很高；缺點是估計的狀態量維度比較高、計算量較大。

15.2　IMU 預積分原理及推導

師兄：提到 IMU，繞不開一個非常重要的概念——IMU 預積分（IMU preintegration）。這是 Christian Forster 等人最早在 2015 年發表的成果 [1]，之後開放原始碼了實作程式 [2]，是視覺慣性里程計（Visual Inertial Odometry，VIO）領域發展的里程碑。

小白：為什麼預積分這麼重要呢？它解決了什麼問題？

師兄：IMU 的頻率通常在 100 Hz ～ 1 kHz 之間，在如此高的資料輸出頻率下，如何利用好資料、如何高效率地利用資料是非常具有挑戰性的任務，這對於即時性要求較高的 VIO 和 SLAM 應用來說尤其重要。IMU 測量的角速度和加速度透過多次積分可以得到旋轉角度和位移量，那麼以什麼樣的頻率積分呢？如果對每個 IMU 資料都進行積分，那麼計算量將是非常可怕的，而且也沒必要。所以通常的做法是對兩個影像畫面格之間的 IMU 資料進行積分，從而建構影像畫面格之間的相對位姿約束。這時就出現了一個問題，兩個影像畫面格之間的 IMU 積分需要給定第一個畫面格的狀態估計量作為積分初始條件。而每次最佳化迭代，這些狀態估計量都會更新，這就需要不斷重複地進行所有畫面格之間的 IMU 積分。IMU 預積分就是為了解決這個問題提出的，它用某種巧妙的設計避免了重複積分，進而可以推導出最佳化所需的雅可比矩陣的解析運算式，比較完美地解決了如何利用好資料和如何高效率地利用資料的問題。

　　小白：感覺自己已經迫不及待地想要學習 IMU 預積分的精妙之處了！

　　師兄：嗯，IMU 預積分是 VIO 中非常核心同時又有較大難度的基礎知識。

15.2.1　預積分推導涉及的基礎公式

　　師兄：在繼續推導預積分之前，首先舉出一些後續將要用到的公式。這裡不加推導，直接舉出結論。

　　特殊正交群 SO(3) 滿足 $\mathrm{SO}(3) \doteq \left\{ \boldsymbol{R} \in \mathbb{R}^{3\times 3} : \boldsymbol{R}^\top \boldsymbol{R} = \boldsymbol{I}, \det(\boldsymbol{R}) = 1 \right\}$，其對應的李代數記為 $\mathfrak{so}(3)$。R 空間的向量 $\boldsymbol{\omega}$ 和 $\mathfrak{so}(3)$ 空間的反對稱矩陣的對應關係為

$$\boldsymbol{w}^\wedge = \begin{bmatrix} w_1 \\ w_2 \\ w_3 \end{bmatrix}^\wedge = \begin{bmatrix} 0 & -w_3 & w_2 \\ w_3 & 0 & -w_1 \\ -w_2 & w_1 & 0 \end{bmatrix} = \boldsymbol{S} \in \mathfrak{so}(3) \tag{15-1}$$

　　同樣，我們也可以將反對稱矩陣透過符號 $\vee$ 轉化為向量，比如 $\boldsymbol{S}^\vee = \boldsymbol{\omega}$。反對稱符號 $\wedge$ 的交換性質如下，在後續推導中會經常用到：

$$\boldsymbol{a}^\wedge \boldsymbol{b} = -\boldsymbol{b}^\wedge \boldsymbol{a}, \quad \forall \mathbf{a}, \mathbf{b} \in \mathbb{R}^3 \tag{15-2}$$

　　根據羅德里格斯公式，我們可以得到指數映射 $\mathfrak{so}(3) \rightarrow \mathrm{SO}(3)$，如下所示：

$$\exp\left(\boldsymbol{\phi}^\wedge\right) = \boldsymbol{I} + \frac{\sin(\|\boldsymbol{\phi}\|)}{\|\boldsymbol{\phi}\|} \boldsymbol{\phi}^\wedge + \frac{1 - \cos(\|\boldsymbol{\phi}\|)}{\|\boldsymbol{\phi}\|^2} \left(\boldsymbol{\phi}^\wedge\right)^2 \tag{15-3}$$

取一階近似可得

$$\exp\left(\boldsymbol{\phi}^\wedge\right) \approx \boldsymbol{I} + \boldsymbol{\phi}^\wedge \tag{15-4}$$

和指數映射類似，透過對數映射可以實作 $SO(3) \to \mathfrak{so}(3)$，這裡不再贅述。為了簡化標記，方便後續推導，這裡採用了一種新記號 Exp 和 Log 來向量化地表示指數和對數映射，直接在向量上操作，代替 $\mathfrak{so}(3)$ 空間的反對稱矩陣，如下所示：

$$
\begin{aligned}
\text{Exp}: && \mathbb{R}^3 &\to SO(3) &&; &\boldsymbol{\phi} &\mapsto \exp\left(\boldsymbol{\phi}^\wedge\right) \\
\text{Log}: && SO(3) &\to \mathbb{R}^3 &&; &\boldsymbol{R} &\mapsto \log(\boldsymbol{R})^\vee
\end{aligned}
\tag{15-5}
$$

對於三維實向量 $\boldsymbol{\phi}$ 和一個小量 $\delta\boldsymbol{\phi}$，有如下性質，它們主要表示如何拆分和合併 Exp：

$$
\text{Exp}(\boldsymbol{\phi} + \delta\boldsymbol{\phi}) \approx \text{Exp}(\boldsymbol{\phi})\,\text{Exp}\left(\boldsymbol{J}_r(\boldsymbol{\phi})\delta\boldsymbol{\phi}\right)
\tag{15-6}
$$

$$
\text{Exp}(\boldsymbol{\phi})\,\text{Exp}(\delta\boldsymbol{\phi}) \approx \text{Exp}\left(\boldsymbol{\phi} + \boldsymbol{J}_r^{-1}(\boldsymbol{\phi})\delta\boldsymbol{\phi}\right)
\tag{15-7}
$$

其中 $\boldsymbol{J}_r$ 表示右雅可比，其定義如下：

$$
\boldsymbol{J}_r(\boldsymbol{\phi}) = \boldsymbol{I} - \frac{1 - \cos(\|\boldsymbol{\phi}\|)}{\|\boldsymbol{\phi}\|^2}\boldsymbol{\phi}^\wedge + \left(\frac{\|\boldsymbol{\phi}\| - \sin(\|\boldsymbol{\phi}\|)}{\|\boldsymbol{\phi}\|^3}\right)\left(\boldsymbol{\phi}^\wedge\right)^2
\tag{15-8}
$$

$$
\boldsymbol{J}_r^{-1}(\boldsymbol{\phi}) = \boldsymbol{I} + \frac{1}{2}\boldsymbol{\phi}^\wedge + \left(\frac{1}{\|\boldsymbol{\phi}\|^2} - \frac{1 + \cos(\|\boldsymbol{\phi}\|)}{2\|\boldsymbol{\phi}\|\sin(\|\boldsymbol{\phi}\|)}\right)\left(\boldsymbol{\phi}^\wedge\right)^2
\tag{15-9}
$$

根據指數映射的伴隨性質，可以得到如下性質，它主要表示如何交換 Exp 和 $\boldsymbol{R}$：

$$
\boldsymbol{R}\,\text{Exp}(\boldsymbol{\phi})\boldsymbol{R}^\top = \exp\left(\boldsymbol{R}\boldsymbol{\phi}^\wedge\boldsymbol{R}^\top\right) = \text{Exp}(\boldsymbol{R}\boldsymbol{\phi})
\tag{15-10}
$$

$$
\text{Exp}(\boldsymbol{\phi})\boldsymbol{R} = \boldsymbol{R}\,\text{Exp}\left(\boldsymbol{R}^\top\boldsymbol{\phi}\right)
\tag{15-11}
$$

以上就是預積分推導用到的基礎公式。下面我們參考文文獻 [1, 2] 一步步推導 IMU 預積分的整個過程。

15.2.2 IMU 模型和運動積分

師兄：首先，定義幾個常用的座標系，如圖 15-1 所示。b 代表本體（body）座標系，也就是 IMU 所在的座標系；w 代表世界（world）座標系；c 代表相機（camera）座標系。

回憶一下中學物理中的基礎知識：位移 $\boldsymbol{p}$ 對時間求導是速度 $\boldsymbol{v}$，速度 $\boldsymbol{v}$ 對時

間求導是加速度 a。根據運動模型可得

$$\dot{R}_{\mathrm{wb}} = R_{\mathrm{wb}} {}_{\mathrm{b}}\boldsymbol{\omega}_{\mathrm{wb}}^{\wedge}, \quad {}_{\mathrm{w}}\dot{v} = {}_{\mathrm{w}}a, \quad {}_{\mathrm{w}}\dot{p} = {}_{\mathrm{w}}v \qquad (15\text{-}12)$$

式中，$\dot{X}$ 表示對 X 求微分；左下角標 ${}_{\mathrm{b}}()$ 和 ${}_{\mathrm{w}}()$ 分別表示本體座標系和世界坐標系；右下角標 $()_{\mathrm{wb}}$ 表示從本體座標系到世界座標系的轉換；$\wedge$ 表示從向量到反對稱矩陣的轉換。

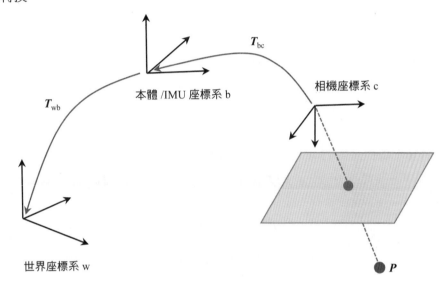

▲ 圖 15-1 座標系定義

記 Δt 是 IMU 的採樣間隔時間，假設在 t 到 $t + \Delta t$ 的時間內，${}_{\mathrm{w}}a$ 和 ${}_{\mathrm{b}}\boldsymbol{\omega}_{\mathrm{wb}}$ 恒定不變，根據尤拉積分可得

$$R_{\mathrm{wb}}(t + \Delta t) = R_{\mathrm{wb}}(t)\,\mathrm{Exp}({}_{\mathrm{b}}\boldsymbol{\omega}_{\mathrm{wb}}(t)\Delta t)$$
$${}_{\mathrm{w}}v(t + \Delta t) = {}_{\mathrm{w}}v(t) + {}_{\mathrm{w}}a(t)\Delta t \qquad (15\text{-}13)$$
$${}_{\mathrm{w}}p(t + \Delta t) = {}_{\mathrm{w}}p(t) + {}_{\mathrm{w}}v(t)\Delta t + \frac{1}{2}{}_{\mathrm{w}}a(t)\Delta t^2$$

注意，上式中的 ${}_{\mathrm{w}}a$ 和 ${}_{\mathrm{b}}\boldsymbol{\omega}_{\mathrm{wb}}$ 是理想值，並沒有考慮零偏和雜訊。記 IMU 直接測量的加速度為 ${}_{\mathrm{b}}\tilde{a}$，角速度為 ${}_{\mathrm{b}}\tilde{\boldsymbol{\omega}}_{\mathrm{wb}}$。記緩慢變化的加速度計零偏為 b^a，陀螺儀零偏為 b^g，加速度計白色雜訊為 η^a，陀螺儀白色雜訊為 η^g，重力加速度為 g。注意，加速度的測量值包含 g。則在時刻 t 的 IMU 測量模型為

$$_b\tilde{\boldsymbol{\omega}}_{\text{wb}}(t) = {}_b\boldsymbol{\omega}_{\text{wb}}(t) + \boldsymbol{b}^g(t) + \boldsymbol{\eta}^g(t)$$

$$_b\tilde{\boldsymbol{a}}(t) = \boldsymbol{R}_{\text{wb}}^{\top}({}_w\boldsymbol{a}(t) - {}_w\boldsymbol{g}) + \boldsymbol{b}^a(t) + \boldsymbol{\eta}^a(t)$$

(15-14)

把式 (15-14) 代入式 (15-13) 後，所有的座標系都沒有歧義。為了簡化描述，我們去掉所有下標，得到

$$\boldsymbol{R}(t + \Delta t) = \boldsymbol{R}(t) \operatorname{Exp}\left(\left(\tilde{\boldsymbol{\omega}}(t) - \boldsymbol{b}^g(t) - \boldsymbol{\eta}^{gd}(t)\right) \Delta t\right)$$

$$\boldsymbol{v}(t + \Delta t) = \boldsymbol{v}(t) + \boldsymbol{g}\Delta t + \boldsymbol{R}(t)\left(\tilde{\boldsymbol{a}}(t) - \boldsymbol{b}^a(t) - \boldsymbol{\eta}^{ad}(t)\right) \Delta t$$

$$\boldsymbol{p}(t + \Delta t) = \boldsymbol{p}(t) + \boldsymbol{v}(t)\Delta t + \frac{1}{2}\boldsymbol{g}\Delta t^2 + \frac{1}{2}\boldsymbol{R}(t)\left(\tilde{\boldsymbol{a}}(t) - \boldsymbol{b}^a(t) - \boldsymbol{\eta}^{ad}(t)\right) \Delta t^2$$

(15-15)

小白：式 (15-15) 中的 $\boldsymbol{\eta}^{gd}$ 和 $\boldsymbol{\eta}^{ad}$ 是怎麼來的？和式 (15-14) 中的 $\boldsymbol{\eta}^g$ 和 $\boldsymbol{\eta}^a$ 有什麼不同？

師兄：這裡多出的 d 代表雜訊是離散（discrete）的，離散時間雜訊 $\boldsymbol{\eta}^{gd}$ 和 $\boldsymbol{\eta}^{ad}$ 與連續時間雜訊 $\boldsymbol{\eta}^g$ 和 $\boldsymbol{\eta}^a$ 的抽樣率有關，它們的協方差滿足如下關係：

$$\operatorname{Cov}\left(\boldsymbol{\eta}^{gd}(t)\right) = \frac{1}{\Delta t} \operatorname{Cov}\left(\boldsymbol{\eta}^g(t)\right)$$

$$\operatorname{Cov}\left(\boldsymbol{\eta}^{ad}(t)\right) = \frac{1}{\Delta t} \operatorname{Cov}\left(\boldsymbol{\eta}^a(t)\right)$$

(15-16)

15.2.3 為什麼需要對 IMU 資料進行預積分

師兄：下面我們開始正式推導 IMU 預積分。在 i 時刻 IMU 相關的狀態量包括 IMU 的旋轉 $\boldsymbol{R}_i$、速度 $\boldsymbol{v}_i$、位置 $\boldsymbol{p}_i$、陀螺儀零偏 $\boldsymbol{b}_i^g$ 和加速度計零偏 $\boldsymbol{b}_i^a$。前面我們比較感性地解釋了 IMU 預積分的原因，下面從數學上進行推導和闡述。由於 IMU 頻率非常高，所以 Δt 時間非常短暫。如果以 Δt 時間間隔積分，則計算量會非常大，而且沒有必要，還會給後續最佳化更新狀態帶來很大的麻煩。在實際 VIO 和 SLAM 系統中，影像每秒顯示畫面遠低於 IMU，一般不超過 60 畫面格 /s，所以通常將一段時間內的 IMU 資料累計進行積分處理。在最佳化問題中，這個時間段通常採用兩個相鄰影像主要畫面格的時間間隔。

如圖 15-2 所示，假設已經將 IMU 和影像畫面格的時間戳記對齊。

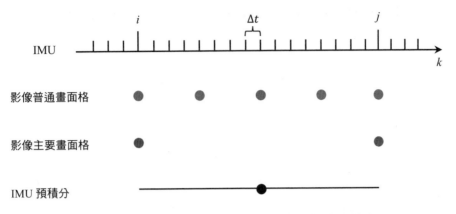

▲ 圖 15-2　影像畫面格、IMU 和預積分的每秒顯示畫面對比 [1]

第 i 時刻到第 j 時刻分別對應兩個影像主要畫面格,其中包含若干個 Δt ,根據式 (15-15) 將第 i 時刻到第 j 時刻的 IMU 測量資料累計起來,可以得到

$$R_j = R_i \prod_{k=i}^{j-1} \mathrm{Exp}\left(\left(\tilde{\boldsymbol{\omega}}_k - \boldsymbol{b}_k^g - \boldsymbol{\eta}_k^{gd} \right) \Delta t \right)$$

$$\boldsymbol{v}_j = \boldsymbol{v}_i + \boldsymbol{g}\Delta t_{ij} + \sum_{k=i}^{j-1} \boldsymbol{R}_{wk} \left(\tilde{\boldsymbol{a}}_k - \boldsymbol{b}_k^a - \boldsymbol{\eta}_k^{ad} \right) \Delta t \tag{15-17}$$

$$\boldsymbol{p}_j = \boldsymbol{p}_i + \sum_{k=i}^{j-1} \left(\boldsymbol{v}_{wk}\Delta t + \frac{1}{2}\boldsymbol{g}\Delta t^2 + \frac{1}{2}\boldsymbol{R}_{wk}\left(\tilde{\boldsymbol{a}}_k - \boldsymbol{b}_k^a - \boldsymbol{\eta}_k^{ad} \right) \Delta t^2 \right)$$

式 (15-17) 是 IMU 的直接積分。其中,$\boldsymbol{R}_i$、$\boldsymbol{v}_i$、$\boldsymbol{p}_i$ 分別表示第 i 時刻的旋轉、速度、位置在世界座標系下的表示。累加起來的時間為 Δt_{ij},它的定義為

$$\Delta t_{ij} = \sum_{k=i}^{j-1} \Delta t = (j-i)\,\Delta t \tag{15-18}$$

直接積分雖然計算簡單,但是有一個致命的缺點:如果第 i 時刻的狀態量經過最佳化更新了,則從第 $i+1$ 時刻到第 $j-1$ 時刻的狀態也要跟著更新,這時需要**重新計算積分**,這對於需要頻繁進行最佳化、對即時性要求很高的 VIO 和 SLAM 系統來說是無法接受的。那怎麼辦呢?我們可以使用一段時間的相對量來

代替某個時刻的絕對量，於是定義了旋轉、速度、位置的相對狀態量，稱為預積分（preintegration），如下所示：

$$
\Delta \boldsymbol{R}_{ij} \doteq \boldsymbol{R}_i^\top \boldsymbol{R}_j = \prod_{k=i}^{j-1} \mathrm{Exp}\left(\left(\tilde{\boldsymbol{\omega}}_k - \boldsymbol{b}_k^g - \boldsymbol{\eta}_k^{gd}\right)\Delta t\right)
$$

$$
\Delta \boldsymbol{v}_{ij} \doteq \boldsymbol{R}_i^\top \left(\boldsymbol{v}_j - \boldsymbol{v}_i - \boldsymbol{g}\Delta t_{ij}\right)
$$

$$
= \sum_{k=i}^{j-1} \Delta \boldsymbol{R}_{ik}\left(\tilde{\boldsymbol{a}}_k - \boldsymbol{b}_k^a - \boldsymbol{\eta}_k^{ad}\right)\Delta t \tag{15-19}
$$

$$
\Delta \boldsymbol{p}_{ij} \doteq \boldsymbol{R}_i^\top \left(\boldsymbol{p}_j - \boldsymbol{p}_i - \boldsymbol{v}_i\Delta t_{ij} - \frac{1}{2}\boldsymbol{g}\Delta t_{ij}^2\right)
$$

$$
= \sum_{k=i}^{j-1}\left[\Delta \boldsymbol{v}_{ik}\Delta t + \frac{1}{2}\Delta \boldsymbol{R}_{ik}\left(\tilde{\boldsymbol{a}}_k - \boldsymbol{b}_k^a - \boldsymbol{\eta}_k^{ad}\right)\Delta t^2\right]
$$

其中 $\Delta \boldsymbol{R}_{ik} \doteq \boldsymbol{R}_i^\top \boldsymbol{R}_k$，$\Delta \boldsymbol{v}_{ik} \doteq \boldsymbol{R}_i^\top (\boldsymbol{v}_k - \boldsymbol{v}_i - \boldsymbol{g}\Delta t_{ik})$。

小白：這就是預積分嗎？看起來平平無奇啊。

師兄：是的，我們先來認識一下它，它的作用不可小覷，有效地解決了 SLAM 中的很多問題。式 (15-19) 中的預積分項有如下特點。

- 預積分中的每一項都是相對量，當第 i 時刻的 $\boldsymbol{R}_i$、$\boldsymbol{v}_i$、$\boldsymbol{p}_i$ 更新後，不需要重新計算第 j 時刻的 $\boldsymbol{R}_j$、$\boldsymbol{v}_j$、$\boldsymbol{p}_j$，**有效地解決了重複計算的問題**。

- 預積分中的三個式子是累乘（旋轉）或累加（速度和位置）的形式，這樣第 $j+1$ 時刻只需要在第 i 時刻到第 j 時刻的結果上累乘或累加第 $j+1$ 時刻的結果即可，實作**遞推更新**。這種更新方法運算資源消耗少，程式實作也非常簡單。

- 需要說明的是，只有 $\Delta \boldsymbol{R}_{ij}$ 真正表示的是兩個時刻之間旋轉的相對變化量，$\Delta \boldsymbol{v}_{ij}$ 和 $\Delta \boldsymbol{p}_{ij}$ 並不直接表示實體層面上速度和位置的相對變化量（但量綱是一樣的）。之所以這樣表示，是為了使其獨立於第 i 時刻狀態和重力加速度的影響，這樣可以很方便地透過感測器測量值直接計算。

- 等式右邊包含零偏估計值 $\boldsymbol{b}_k^g$ 和 $\boldsymbol{b}_k^a$，還有雜訊項 $\boldsymbol{\eta}_k^{gd}$ 和 $\boldsymbol{\eta}_k^{ad}$。這些還需要進一步處理。

小白：我們不是已經推導出預積分公式了嗎？還需要處理什麼呢？

　　師兄：式 (15-19) 是預積分的理想形式，我們無法根據測量值直接計算，因為其中的連加和連乘中包括零偏估計值，還有未知的雜訊項。所以，我們還需要進一步解決這些問題。假設兩個相鄰影像主要畫面格之間零偏是恒定不變的，滿足如下關係：

$$\boldsymbol{b}_i^g = \boldsymbol{b}_{i+1}^g = \cdots = \boldsymbol{b}_{j-1}^g, \quad \boldsymbol{b}_i^a = \boldsymbol{b}_{i+1}^a = \cdots = \boldsymbol{b}_{j-1}^a \tag{15-20}$$

後續推導過程主要分成以下幾步。

第一步，假設零偏已知，然後將雜訊項分離出來。

第二步，推導出預積分中的雜訊遞推模型。

第三步，當更新零偏後，推導預積分的更新方式，避免重複積分。

第四步，求預積分中殘差對狀態增量的雅可比矩陣。

15.2.4　預積分中的雜訊分離

　　小白：為什麼要分離預積分中的雜訊呢？

　　師兄：以式 (15-19) 中速度預積分量為例，如式 (15-21) 所示。假設在第 i 時刻零偏 $\boldsymbol{b}_i^a$ 和 $\boldsymbol{b}_i^g$ 是已知的（實際上會在最佳化後不斷更新，後面會專門討論更新後的情況）。其中等式右側的 $\tilde{a}_k$ 是加速度測量值，$\Delta \boldsymbol{R}_{ik}$ 透過式 (15-19) 中第一項可以直接計算得到，但是具體的雜訊 $\boldsymbol{\eta}_k^{ad}$ 我們仍然不知道，雖然前面我們假設它服從高斯分佈，但並不清楚它在某個時刻的具體值，因此雜訊對預積分的影響也是不知道的。

$$\Delta \boldsymbol{v}_{ij} = \sum_{k=i}^{j-1} \Delta \boldsymbol{R}_{ik} \left(\tilde{\boldsymbol{a}}_k - \boldsymbol{b}_i^a - \boldsymbol{\eta}_k^{ad} \right) \Delta t \tag{15-21}$$

　　記 $\Delta \tilde{\boldsymbol{R}}_{ij}$ 為預積分旋轉測量值（Preintegrated Rotation Measurement），則定義預積分速度測量值（Preintegrated Velocity Measurement）$\Delta \tilde{\boldsymbol{v}}_{ij}$ 為

$$\Delta \tilde{\boldsymbol{v}}_{ij} = \sum_{k=i}^{j-1} \Delta \tilde{\boldsymbol{R}}_{ik} \left(\tilde{\boldsymbol{a}}_k - \boldsymbol{b}_i^a \right) \Delta t \tag{15-22}$$

對比一下式 (15-22) 和式 (15-21) 有什麼區別？

小白：除新定義的 $\Delta\tilde{\boldsymbol{R}}_{ik}$ 外，還少了雜訊 $\boldsymbol{\eta}_k^{ad}$。

師兄：是的，因此式 (15-22) 和雜訊沒有關係，並且是可以直接計算得到的。我們的目的就是把 IMU 測量雜訊 $\boldsymbol{\eta}_k^{ad}$ 從 $\Delta\boldsymbol{v}_{ij}$ 中分離出來，從而得到「**理想值 = 測量值 − 雜訊**」的結果：

$$\Delta\boldsymbol{v}_{ij} \doteq \Delta\tilde{\boldsymbol{v}}_{ij} - \delta\boldsymbol{v}_{ij} \tag{15-23}$$

式中，$\delta\boldsymbol{v}_{ij}$ 稱為速度預積分雜訊，後面可以透過最佳化的方式過濾掉這部分誤差。這就可以解決雜訊不可測的問題了。同理，可以定義旋轉和位置的預積分測量值 $\Delta\tilde{\boldsymbol{R}}_{ij}$ 和 $\Delta\tilde{\boldsymbol{p}}_{ij}$，以及它們對應的雜訊 $\delta\boldsymbol{\phi}_{ij}$ 和 $\delta\boldsymbol{p}_{ij}$。將上述雜訊放在一起，定義預積分雜訊（Preintegrated Noise）為

$$\boldsymbol{\eta}_{ij}^{\Delta} \doteq \begin{bmatrix} \delta\boldsymbol{\phi}_{ij}^{\top} & \delta\boldsymbol{v}_{ij}^{\top} & \delta\boldsymbol{p}_{ij}^{\top} \end{bmatrix}^{\top} \tag{15-24}$$

下面繼續推導預積分公式，目的是使得每個預積分量變成如下雜訊分離的形式：

$$\Delta\boldsymbol{R}_{ij} \doteq \Delta\tilde{\boldsymbol{R}}_{ij} \operatorname{Exp}\left(-\delta\boldsymbol{\phi}_{ij}\right) \tag{15-25}$$

$$\Delta\boldsymbol{v}_{ij} \doteq \Delta\tilde{\boldsymbol{v}}_{ij} - \delta\boldsymbol{v}_{ij} \tag{15-26}$$

$$\Delta\boldsymbol{p}_{ij} \doteq \Delta\tilde{\boldsymbol{p}}_{ij} - \delta\boldsymbol{p}_{ij} \tag{15-27}$$

注意，式 (15-25) 中旋轉的是乘性雜訊而非加性雜訊。

1. 旋轉預積分量的雜訊分離

師兄：先來推導旋轉預積分量的雜訊分離過程，目的是得到式 (15-25) 的結果，推導過程如下：

$$
\begin{aligned}
\Delta\boldsymbol{R}_{ij} &= \prod_{k=i}^{j-1} \operatorname{Exp}\left((\tilde{\boldsymbol{\omega}}_k - \boldsymbol{b}_i^g)\,\Delta t - \boldsymbol{\eta}_k^{gd}\Delta t\right) \\
&\approx \prod_{k=i}^{j-1} \operatorname{Exp}\left((\tilde{\boldsymbol{\omega}}_k - \boldsymbol{b}_i^g)\,\Delta t\right) \operatorname{Exp}\left(-\boldsymbol{J}_r\left((\tilde{\boldsymbol{\omega}}_k - \boldsymbol{b}_i^g)\,\Delta t\right)\boldsymbol{\eta}_k^{gd}\Delta t\right) \\
&\doteq \Delta\tilde{\boldsymbol{R}}_{ij} \prod_{k=i}^{j-1} \operatorname{Exp}\left(-\Delta\tilde{\boldsymbol{R}}_{k+1,j}^{\top}\boldsymbol{J}_r^k\boldsymbol{\eta}_k^{gd}\Delta t\right)
\end{aligned} \tag{15-28}
$$

其中預積分旋轉測量為

$$\Delta \tilde{R}_{ij} = \prod_{k=i}^{j-1} \mathrm{Exp}\left((\tilde{\omega}_k - b_i^g)\,\Delta t\right) \tag{15-29}$$

下面分析上式推導細節。式 (15-28) 從第一行到第二行是利用式 (15-6) 的性質將指數拆分為兩部分；對於第二行後半部分到第三行的推導比較難理解，下面詳細推導。為方便描述，把式 (15-28) 第二行的部分內容用新的記號 $J_r^k = J_r\left((\tilde{\omega}_k - b_i^g)\,\Delta t\right)$ 代替。然後把式 (15-28) 中的第二行連乘依次拆開，則有

$$\approx \mathrm{Exp}\left((\tilde{\omega}_i - b_i^g)\,\Delta t\right)$$

$$\overbrace{\mathrm{Exp}\left(-J_r^i \eta_i^{gd} \Delta t\right)}^{\mathrm{Exp}(\phi)} \overbrace{\mathrm{Exp}\left((\tilde{\omega}_{i+1} - b_i^g)\,\Delta t\right)}^{R}$$

$$\mathrm{Exp}\left(-J_r^{i+1} \eta_{i+1}^{gd} \Delta t\right) \mathrm{Exp}\left((\tilde{\omega}_{i+2} - b_i^g)\,\Delta t\right) \tag{15-30}$$

$$\mathrm{Exp}\left(-J_r^{i+2} \eta_{i+2}^{gd} \Delta t\right) \quad \cdots$$

$$\mathrm{Exp}\left((\tilde{w}_{j-1} - b_i^g)\,\Delta t\right) \mathrm{Exp}\left(-J_r^{j-1} \eta_{j-1}^{gd} \Delta t\right)$$

為方便理解，這裡故意寫成了多行。目的是把所有的 $\mathrm{Exp}\left((\tilde{\omega}_k - b_i^g)\,\Delta t\right)$, $k = i,\cdots,j-1$ 按照順序依次移到最前面，因此需要用式 (15-11) 的性質交換 Exp 和 R 的順序。我們取式 (15-30) 中的第二行單獨推導，則有

$$\overbrace{\mathrm{Exp}\left(-J_r^i \eta_i^{gd} \Delta t\right)}^{\mathrm{Exp}(\phi)} \overbrace{\mathrm{Exp}\left((\tilde{\omega}_{i+1} - b_i^g)\,\Delta t\right)}^{R} =$$

$$\tag{15-31}$$

$$\overbrace{\mathrm{Exp}\left((\tilde{\omega}_{i+1} - b_i^g)\,\Delta t\right)}^{R} \overbrace{\mathrm{Exp}\left(-\left(\mathrm{Exp}\left((\tilde{\omega}_{i+1} - b_i^g)\,\Delta t\right)\right)^{\top} J_r^i \eta_i^{gd} \Delta t\right)}^{\mathrm{Exp}(R^{\top}\phi)}$$

這樣，就將 $\mathrm{Exp}\left((\tilde{\omega}_{i+1} - b_i^g)\,\Delta t\right)$ 往前挪了一位。再看式 (15-30) 的前三行：

$$\approx \mathrm{Exp}\left((\tilde{\boldsymbol{\omega}}_i - \boldsymbol{b}_i^g)\,\Delta t\right)$$

$$\mathrm{Exp}\left((\tilde{\boldsymbol{\omega}}_{i+1} - \boldsymbol{b}_i^g)\,\Delta t\right) \mathrm{Exp}\left(-(\mathrm{Exp}((\tilde{\boldsymbol{\omega}}_{i+1} - \boldsymbol{b}_i^g)\,\Delta t))^\top \boldsymbol{J}_r^i \boldsymbol{\eta}_i^{gd}\Delta t\right)$$

$$\mathrm{Exp}\left(-\boldsymbol{J}_r^{i+1}\boldsymbol{\eta}_{i+1}^{gd}\Delta t\right)\mathrm{Exp}\left((\tilde{\boldsymbol{\omega}}_{i+2} - \boldsymbol{b}_i^g)\,\Delta t\right)$$

$$= \mathrm{Exp}\left((\tilde{\boldsymbol{\omega}}_i - \boldsymbol{b}_i^g)\,\Delta t\right)\mathrm{Exp}\left((\tilde{\boldsymbol{\omega}}_{i+1} - \boldsymbol{b}_i^g)\,\Delta t\right)$$

$$\mathrm{Exp}\left(-(\mathrm{Exp}((\tilde{\boldsymbol{\omega}}_{i+1} - \boldsymbol{b}_i^g)\,\Delta t))^\top \boldsymbol{J}_r^i \boldsymbol{\eta}_i^{gd}\Delta t\right)\overbrace{\mathrm{Exp}\left(-\boldsymbol{J}_r^{i+1}\boldsymbol{\eta}_{i+1}^{gd}\Delta t\right)}^{\mathrm{Exp}(\boldsymbol{\phi})}\overbrace{\mathrm{Exp}\left((\tilde{\boldsymbol{\omega}}_{i+2}-\boldsymbol{b}_i^g)\,\Delta t\right)}^{\boldsymbol{R}}$$

$$= \mathrm{Exp}\left((\tilde{\boldsymbol{\omega}}_i - \boldsymbol{b}_i^g)\,\Delta t\right)\mathrm{Exp}\left((\tilde{\boldsymbol{\omega}}_{i+1} - \boldsymbol{b}_i^g)\,\Delta t\right)$$

$$\mathrm{Exp}\left(-(\mathrm{Exp}((\tilde{\boldsymbol{\omega}}_{i+1} - \boldsymbol{b}_i^g)\,\Delta t))^\top \boldsymbol{J}_r^i \boldsymbol{\eta}_i^{gd}\Delta t\right)\overbrace{\mathrm{Exp}\left((\tilde{\boldsymbol{\omega}}_{i+2} - \boldsymbol{b}_i^g)\,\Delta t\right)}^{\boldsymbol{R}}$$

$$\overbrace{\mathrm{Exp}\left(-\mathrm{Exp}((\tilde{\boldsymbol{\omega}}_{i+2} - \boldsymbol{b}_i^g)\,\Delta t)^\top \boldsymbol{J}_r^{i+1}\boldsymbol{\eta}_{i+1}^{gd}\Delta t\right)}^{\mathrm{Exp}(\boldsymbol{R}^\top\boldsymbol{\phi})} \tag{15-32}$$

在式 (15-32) 中,經過一次交換,$\mathrm{Exp}\left((\tilde{\boldsymbol{\omega}}_{i+2} - \boldsymbol{b}_i^g)\,\Delta t\right)$ 往前挪了一位元,但是它還需要再往前挪一位才能合格。繼續使用式 (15-11) 的性質來交換順序。注意,以下更新了上面大括號內 $\mathrm{Exp}(\boldsymbol{\phi})$ 和 $\boldsymbol{R}$ 的指代項。接式 (15-32) 繼續推導:

$$= \mathrm{Exp}\left((\tilde{\boldsymbol{\omega}}_i - \boldsymbol{b}_i^g)\,\Delta t\right)\mathrm{Exp}\left((\tilde{\boldsymbol{\omega}}_{i+1} - \boldsymbol{b}_i^g)\,\Delta t\right)$$

$$\overbrace{\mathrm{Exp}\left(-(\mathrm{Exp}((\tilde{\boldsymbol{\omega}}_{i+1} - \boldsymbol{b}_i^g)\,\Delta t))^\top \boldsymbol{J}_r^i \boldsymbol{\eta}_i^{gd}\Delta t\right)}^{\mathrm{Exp}(\boldsymbol{\phi})}\overbrace{\mathrm{Exp}\left((\tilde{\boldsymbol{\omega}}_{i+2} - \boldsymbol{b}_i^g)\,\Delta t\right)}^{\boldsymbol{R}}$$

$$\mathrm{Exp}\left(-\mathrm{Exp}((\tilde{\boldsymbol{\omega}}_{i+2} - \boldsymbol{b}_i^g)\,\Delta t)^\top \boldsymbol{J}_r^{i+1}\boldsymbol{\eta}_{i+1}^{gd}\Delta t\right)$$

$$= \mathrm{Exp}\left((\tilde{\boldsymbol{\omega}}_i - \boldsymbol{b}_i^g)\,\Delta t\right)\mathrm{Exp}\left((\tilde{\boldsymbol{\omega}}_{i+1} - \boldsymbol{b}_i^g)\,\Delta t\right)\overbrace{\mathrm{Exp}\left((\tilde{\boldsymbol{\omega}}_{i+2} - \boldsymbol{b}_i^g)\,\Delta t\right)}^{\boldsymbol{R}} \tag{15-33}$$

$$\overbrace{\mathrm{Exp}\left(-\left(\mathrm{Exp}((\tilde{\boldsymbol{\omega}}_{i+2} - \boldsymbol{b}_i^g)\,\Delta t)^\top \mathrm{Exp}((\tilde{\boldsymbol{\omega}}_{i+1} - \boldsymbol{b}_i^g)\,\Delta t)^\top\right)\boldsymbol{J}_r^i \boldsymbol{\eta}_i^{gd}\Delta t\right)}^{\mathrm{Exp}(\boldsymbol{R}^\top\boldsymbol{\phi})}$$

$$\mathrm{Exp}\left(-\mathrm{Exp}((\tilde{\boldsymbol{\omega}}_{i+2} - \boldsymbol{b}_i^g)\,\Delta t)^\top \boldsymbol{J}_r^{i+1}\boldsymbol{\eta}_{i+1}^{gd}\Delta t\right)$$

至此，$\mathrm{Exp}\left((\tilde{\boldsymbol{\omega}}_{i+2}-\boldsymbol{b}_i^g)\,\Delta t\right)$ 經過多次交換回到了應該在的位置上。然後將式 (15-33) 的結果代入式 (15-30)，並依次交換順序，最終可得

$$
\begin{aligned}
\approx\ & \mathrm{Exp}\left((\tilde{\boldsymbol{\omega}}_i-\boldsymbol{b}_i^g)\,\Delta t\right)\mathrm{Exp}\left((\tilde{\boldsymbol{\omega}}_{i+1}-\boldsymbol{b}_i^g)\,\Delta t\right)\mathrm{Exp}\left((\tilde{\boldsymbol{\omega}}_{i+2}-\boldsymbol{b}_i^g)\,\Delta t\right) \\
& \mathrm{Exp}\left(-\left(\mathrm{Exp}\left((\tilde{\boldsymbol{\omega}}_{i+2}-\boldsymbol{b}_i^g)\,\Delta t\right)^{\top}\mathrm{Exp}\left((\tilde{\boldsymbol{\omega}}_{i+1}-\boldsymbol{b}_i^g)\,\Delta t\right)^{\top}\right)\boldsymbol{J}_r^i\boldsymbol{\eta}_i^{gd}\Delta t\right) \\
& \mathrm{Exp}\left(-\mathrm{Exp}\left((\tilde{\boldsymbol{\omega}}_{i+2}-\boldsymbol{b}_i^g)\,\Delta t\right)^{\top}\boldsymbol{J}_r^{i+1}\boldsymbol{\eta}_{i+1}^{gd}\Delta t\right) \\
& \mathrm{Exp}\left(-\boldsymbol{J}_r^{i+2}\boldsymbol{\eta}_{i+2}^{gd}\Delta t\right)\quad\cdots \\
& \mathrm{Exp}\left((\tilde{\boldsymbol{w}}_{j-1}-\boldsymbol{b}_i^g)\,\Delta t\right)\mathrm{Exp}\left(-\boldsymbol{J}_r^{j-1}\boldsymbol{\eta}_{j-1}^{gd}\Delta t\right) \\
=\ & \prod_{k=i}^{j-1}\mathrm{Exp}\left((\tilde{\boldsymbol{\omega}}_k-\boldsymbol{b}_i^g)\,\Delta t\right)\prod_{k=i}^{j-1}\mathrm{Exp}\left(-\prod_{m=k+1}^{j-1}\mathrm{Exp}\left((\tilde{\boldsymbol{\omega}}_m-\boldsymbol{b}_i^g)\,\Delta t\right)^{\top}\boldsymbol{J}_r^k\boldsymbol{\eta}_k^{gd}\Delta t\right) \\
=\ & \Delta\tilde{\boldsymbol{R}}_{ij}\prod_{k=i}^{j-1}\mathrm{Exp}\left(-\Delta\tilde{\boldsymbol{R}}_{k+1,j}^{\top}\boldsymbol{J}_r^k\boldsymbol{\eta}_k^{gd}\Delta t\right)
\end{aligned}
\tag{15-34}
$$

對比式 (15-34) 和式 (15-25) 可得

$$
\mathrm{Exp}\left(-\delta\boldsymbol{\phi}_{ij}\right)=\prod_{k=i}^{j-1}\mathrm{Exp}\left(-\Delta\tilde{\boldsymbol{R}}_{k+1,j}^{\top}\boldsymbol{J}_r^k\boldsymbol{\eta}_k^{gd}\Delta t\right)
\tag{15-35}
$$

兩邊取 Log，可得

$$
\delta\boldsymbol{\phi}_{ij}=-\mathrm{Log}\left(\prod_{k=i}^{j-1}\mathrm{Exp}\left(-\Delta\tilde{\boldsymbol{R}}_{k+1,j}^{\top}\boldsymbol{J}_r^k\boldsymbol{\eta}_k^{gd}\Delta t\right)\right)
\tag{15-36}
$$

上式包含對數和指數項，仍然比較複雜，我們接著化簡。為方便推導，簡記

$$
\xi_k=\Delta\tilde{\boldsymbol{R}}_{k+1,j}^{\top}\boldsymbol{J}_r^k\boldsymbol{\eta}_k^{gd}\Delta t
\tag{15-37}
$$

則有

$$
\begin{aligned}
\delta\boldsymbol{\phi}_{ij} &= -\operatorname{Log}\left(\prod_{k=i}^{j-1}\operatorname{Exp}\left(-\xi_k\right)\right) \\
&= -\operatorname{Log}\left(\operatorname{Exp}\left(-\xi_i\right)\operatorname{Exp}\left(-\xi_{i+1}\right) \quad \cdots \quad \operatorname{Exp}\left(-\xi_{j-1}\right)\right) \\
&= -\operatorname{Log}\left(\operatorname{Exp}\left(-\xi_i - \boldsymbol{J}_r^{-1}(-\xi_i)\xi_{i+1}\right) \quad \cdots \quad \operatorname{Exp}\left(-\xi_{j-1}\right)\right) \\
&\approx -\operatorname{Log}\left(\operatorname{Exp}\left(-\xi_i - \xi_{i+1}\right) \quad \cdots \quad \operatorname{Exp}\left(-\xi_{j-1}\right)\right) \\
&= -\operatorname{Log}\left(\operatorname{Exp}\left(-\sum_{k=i}^{j-1}\xi_k\right)\right) \\
&= \sum_{k=i}^{j-1}\xi_k
\end{aligned}
\tag{15-38}
$$

式 (15-38) 中第二行到第三行使用了式 (15-7) 的性質，第三行中的 ξ_k 都是小量，$\boldsymbol{J}_r^{-1}(\xi_k) \approx \boldsymbol{I}$，最後推出：

$$
\delta\boldsymbol{\phi}_{ij} = \sum_{k=i}^{j-1}\Delta\tilde{\boldsymbol{R}}_{k+1,j}^{\top}\boldsymbol{J}_r^k\boldsymbol{\eta}_k^{gd}\Delta t
\tag{15-39}
$$

式 (15-39) 中的 $\boldsymbol{\eta}_k^{gd}$ 服從零均值的高斯分佈，其他量都是已知量，所以 $\delta\boldsymbol{\phi}_{ij}$ 也服從零均值的高斯分佈。

2. 速度預積分量的雜訊分離

推導速度預積分量的雜訊分離將用到旋轉預積分量的雜訊分離結果，將式 (15-25) 代入 $\Delta\boldsymbol{v}_{ij}$，可得

$$
\begin{aligned}
\Delta\boldsymbol{v}_{ij} &= \sum_{k=i}^{j-1}\Delta\boldsymbol{R}_{ik}\left(\tilde{\boldsymbol{a}}_k - \boldsymbol{b}_i^a - \boldsymbol{\eta}_k^{ad}\right)\Delta t \\
&\approx \sum_{k=i}^{j-1}\Delta\tilde{\boldsymbol{R}}_{ik}\operatorname{Exp}\left(-\delta\boldsymbol{\phi}_{ik}\right)\left(\tilde{\boldsymbol{a}}_k - \boldsymbol{b}_i^a - \boldsymbol{\eta}_k^{ad}\right)\Delta t \\
&\approx \sum_{k=i}^{j-1}\Delta\tilde{\boldsymbol{R}}_{ik}\left(\boldsymbol{I} - \delta\boldsymbol{\phi}_{ik}^{\wedge}\right)\left(\tilde{\boldsymbol{a}}_k - \boldsymbol{b}_i^a - \boldsymbol{\eta}_k^{ad}\right)\Delta t \\
&= \sum_{k=i}^{j-1}\left[\Delta\tilde{\boldsymbol{R}}_{ik}\left(\boldsymbol{I} - \delta\boldsymbol{\phi}_{ik}^{\wedge}\right)\left(\tilde{\boldsymbol{a}}_k - \boldsymbol{b}_i^a\right)\Delta t - \Delta\tilde{\boldsymbol{R}}_{ik}\boldsymbol{\eta}_k^{ad}\Delta t\right]
\end{aligned}
$$

$$= \sum_{k=i}^{j-1} \left[\Delta \tilde{\boldsymbol{R}}_{ik} \left(\tilde{\boldsymbol{a}}_k - \boldsymbol{b}_i^a \right) \Delta t + \Delta \tilde{\boldsymbol{R}}_{ik} \left(\tilde{\boldsymbol{a}}_k - \boldsymbol{b}_i^a \right)^{\wedge} \delta \boldsymbol{\phi}_{ik} \Delta t - \Delta \tilde{\boldsymbol{R}}_{ik} \boldsymbol{\eta}_k^{ad} \Delta t \right]$$

$$= \sum_{k=i}^{j-1} \left[\Delta \tilde{\boldsymbol{R}}_{ik} \left(\tilde{\boldsymbol{a}}_k - \boldsymbol{b}_i^a \right) \Delta t \right] + \sum_{k=i}^{j-1} \left[\Delta \tilde{\boldsymbol{R}}_{ik} \left(\tilde{\boldsymbol{a}}_k - \boldsymbol{b}_i^a \right)^{\wedge} \delta \boldsymbol{\phi}_{ik} \Delta t - \Delta \tilde{\boldsymbol{R}}_{ik} \boldsymbol{\eta}_k^{ad} \Delta t \right]$$

$$\doteq \Delta \tilde{\boldsymbol{v}}_{ij} - \delta \boldsymbol{v}_{ij} \tag{15-40}$$

式 (15-40) 中從第二行到第三行使用了性質 $\text{Exp}(\boldsymbol{\phi}) = \exp \left(\boldsymbol{\phi}^{\wedge} \right) \approx \boldsymbol{I} + \boldsymbol{\phi}^{\wedge}$ ，從第三行到第四行利用了式 (15-2) 的性質。預積分速度測量 $\Delta \tilde{\boldsymbol{v}}_{ij}$ 的結果見式 (15-22)。則有

$$\delta \boldsymbol{v}_{ij} \doteq \sum_{k=i}^{j-1} \left[\Delta \tilde{\boldsymbol{R}}_{ik} \boldsymbol{\eta}_k^{ad} \Delta t - \Delta \tilde{\boldsymbol{R}}_{ik} \left(\tilde{\boldsymbol{a}}_k - \boldsymbol{b}_i^a \right)^{\wedge} \delta \boldsymbol{\phi}_{ik} \Delta t \right] \tag{15-41}$$

同樣地，$\delta \boldsymbol{v}_{ij}$ 服從零均值的高斯分佈。

3. 位置預積分量的雜訊分離

計算位置預積分量的雜訊分離需要用到前面得到的旋轉和速度預積分量的雜訊分離結果，將式 (15-25)、(15-26) 代入 $\Delta \boldsymbol{p}_{ij}$，可得

$$\Delta \boldsymbol{p}_{ij} = \sum_{k=i}^{j-1} \left[\Delta \boldsymbol{v}_{ik} \Delta t + \frac{1}{2} \Delta \boldsymbol{R}_{ik} \left(\tilde{\boldsymbol{a}}_k - \boldsymbol{b}_i^a - \boldsymbol{\eta}_k^{ad} \right) \Delta t^2 \right]$$

$$\approx \sum_{k=i}^{j-1} \left[\left(\Delta \tilde{\boldsymbol{v}}_{ik} - \delta \boldsymbol{v}_{ik} \right) \Delta t + \frac{1}{2} \Delta \tilde{\boldsymbol{R}}_{ik} \text{Exp} \left(-\delta \boldsymbol{\phi}_{ik} \right) \left(\tilde{\boldsymbol{a}}_k - \boldsymbol{b}_i^a - \boldsymbol{\eta}_k^{ad} \right) \Delta t^2 \right]$$

$$\approx \sum_{k=i}^{j-1} \left[\left(\Delta \tilde{\boldsymbol{v}}_{ik} - \delta \boldsymbol{v}_{ik} \right) \Delta t + \frac{1}{2} \Delta \tilde{\boldsymbol{R}}_{ik} \left(\boldsymbol{I} - \delta \boldsymbol{\phi}_{ik}^{\wedge} \right) \left(\tilde{\boldsymbol{a}}_k - \boldsymbol{b}_i^a - \boldsymbol{\eta}_k^{ad} \right) \Delta t^2 \right]$$

$$= \sum_{k=i}^{j-1} \left[\left(\Delta \tilde{\boldsymbol{v}}_{ik} - \delta \boldsymbol{v}_{ik} \right) \Delta t + \frac{1}{2} \Delta \tilde{\boldsymbol{R}}_{ik} \left(\boldsymbol{I} - \delta \boldsymbol{\phi}_{ik}^{\wedge} \right) \left(\tilde{\boldsymbol{a}}_k - \boldsymbol{b}_i^a \right) \Delta t^2 - \frac{1}{2} \Delta \tilde{\boldsymbol{R}}_{ik} \boldsymbol{\eta}_k^{ad} \Delta t^2 \right]$$

$$= \sum_{k=i}^{j-1} \left[\Delta \tilde{\boldsymbol{v}}_{ik} \Delta t + \frac{1}{2} \Delta \tilde{\boldsymbol{R}}_{ik} \left(\tilde{\boldsymbol{a}}_k - \boldsymbol{b}_i^a \right) \Delta t^2 + \frac{1}{2} \Delta \tilde{\boldsymbol{R}}_{ik} \left(\tilde{\boldsymbol{a}}_k - \boldsymbol{b}_i^a \right)^{\wedge} \delta \boldsymbol{\phi}_{ik} \Delta t^2 \right.$$

$$\left. - \frac{1}{2} \Delta \tilde{\boldsymbol{R}}_{ik} \boldsymbol{\eta}_k^{ad} \Delta t^2 - \delta \boldsymbol{v}_{ik} \Delta t \right]$$

$$\doteq \Delta \tilde{\boldsymbol{p}}_{ij} - \delta \boldsymbol{p}_{ij} \tag{15-42}$$

其中，預積分位置測量（Preintegrated Position Measurement）為

$$\Delta\tilde{\boldsymbol{p}}_{ij} \doteq \sum_{k=i}^{j-1}\left[\Delta\tilde{\boldsymbol{v}}_{ik}\Delta t + \frac{1}{2}\Delta\tilde{\boldsymbol{R}}_{ik}\left(\tilde{\boldsymbol{a}}_k - \boldsymbol{b}_i^a\right)\Delta t^2\right] \tag{15-43}$$

對應的雜訊為

$$\delta\boldsymbol{p}_{ij} \doteq \sum_{k=i}^{j-1}\left[\delta\boldsymbol{v}_{ik}\Delta t - \frac{1}{2}\Delta\tilde{\boldsymbol{R}}_{ik}\left(\tilde{\boldsymbol{a}}_k - \boldsymbol{b}_i^a\right)^{\wedge}\delta\boldsymbol{\phi}_{ik}\Delta t^2 + \frac{1}{2}\Delta\tilde{\boldsymbol{R}}_{ik}\boldsymbol{\eta}_k^{ad}\Delta t^2\right] \tag{15-44}$$

且 $\delta\boldsymbol{p}_{ij}$ 服從零均值的高斯分佈。

15.2.5 預積分中的雜訊遞推模型

師兄：至此，求出了三個預積分雜訊的運算式，分別對應式 (15-39)、式 (15-41) 和式 (15-44)。它們仍存在一些問題：

- 預積分雜訊項因為涉及大量的累加求和，所以計算量較大；
- 每次都需要重新計算。比如，即使已經計算出位置預積分雜訊項 $\delta\boldsymbol{p}_{ij}$，要想得到 $\delta\boldsymbol{p}_{i,j+1}$，還得重新計算，這浪費了大量的算力。

因此，我們想到能否使用遞推的方式計算預積分雜訊項呢？這樣不僅能夠利用以前的資訊，避免大量重複計算，而且程式實作非常簡單。

答案是肯定的。以位置預積分雜訊項為例，$\delta\boldsymbol{p}_{ij}$ 運算式每次新來一個資料都需要從頭開始進行複雜的累加求和計算，這給計算平臺帶來很大的負擔。如果我們能透過 $\delta\boldsymbol{p}_{i,j-1}$ 推出 $\delta\boldsymbol{p}_{ij}$，就能避免累加，很方便地更新位置預積分雜訊項。下面我們依次推導旋轉、速度、位置預積分雜訊項的遞推模型。

1. 旋轉預積分雜訊項遞推模型

根據式 (15-39) 旋轉預積分雜訊項，有

$$\delta\phi_{ij} = \sum_{k=i}^{j-1} \Delta\tilde{R}_{k+1,j}^{\top} J_r^k \eta_k^{gd} \Delta t$$

$$= \sum_{k=i}^{j-2} \Delta\tilde{R}_{k+1,j}^{\top} J_r^k \eta_k^{gd} \Delta t + \Delta\tilde{R}_{jj}^{\top} J_r^{j-1} \eta_{j-1}^{gd} \Delta t$$

$$= \sum_{k=i}^{j-2} \left(\Delta\tilde{R}_{k+1,j-1}\Delta\tilde{R}_{j-1,j}\right)^{\top} J_r^k \eta_k^{gd} \Delta t + J_r^{j-1} \eta_{j-1}^{gd} \Delta t$$

$$= \Delta\tilde{R}_{j,j-1} \sum_{k=i}^{j-2} \Delta\tilde{R}_{k+1,j-1}^{\top} J_r^k \eta_k^{gd} \Delta t + J_r^{j-1} \eta_{j-1}^{gd} \Delta t$$

$$= \Delta\tilde{R}_{j,j-1}\delta\phi_{i,j-1} + J_r^{j-1} \eta_{j-1}^{gd} \Delta t \tag{15-45}$$

在式 (15-45) 中，第二行的操作是將第一行中的第 $j-1$ 項拆分出來，第三行的操作是從 $\Delta\tilde{R}_{k+1,j}$ 中分離出其遞推項 $\Delta\tilde{R}_{k+1,j-1}$，第四行的操作是為了組裝出 $\delta\phi_{i,j-1}$。

2. 速度預積分雜訊項遞推模型

對於式 (15-41) 的速度預積分雜訊項，推導較為簡單：

$$\delta v_{ij} = \sum_{k=i}^{j-1} \left[\Delta\tilde{R}_{ik}\eta_k^{ad}\Delta t - \Delta\tilde{R}_{ik}\left(\tilde{a}_k - b_i^a\right)^{\wedge}\delta\phi_{ik}\Delta t \right]$$

$$= \sum_{k=i}^{j-2} \left[\Delta\tilde{R}_{ik}\eta_k^{ad}\Delta t - \Delta\tilde{R}_{ik}\left(\tilde{a}_k - b_i^a\right)^{\wedge}\delta\phi_{ik}\Delta t \right]$$

$$+ \Delta\tilde{R}_{i,j-1}\eta_{j-1}^{ad}\Delta t - \Delta\tilde{R}_{i,j-1}\left(\tilde{a}_{j-1} - b_i^a\right)^{\wedge}\delta\phi_{i,j-1}\Delta t$$

$$= \delta v_{i,j-1} + \Delta\tilde{R}_{i,j-1}\eta_{j-1}^{ad}\Delta t - \Delta\tilde{R}_{i,j-1}\left(\tilde{a}_{j-1} - b_i^a\right)^{\wedge}\delta\phi_{i,j-1}\Delta t \tag{15-46}$$

3. 位置預積分雜訊項遞推模型

對於式 (15-44) 的位置預積分雜訊項，推導也較為簡單：

$$\delta \boldsymbol{p}_{ij} = \sum_{k=i}^{j-1} \left[\delta \boldsymbol{v}_{ik} \Delta t - \frac{1}{2} \Delta \tilde{\boldsymbol{R}}_{ik} \left(\tilde{\boldsymbol{a}}_k - \boldsymbol{b}_i^a \right)^{\wedge} \delta \boldsymbol{\phi}_{ik} \Delta t^2 + \frac{1}{2} \Delta \tilde{\boldsymbol{R}}_{ik} \boldsymbol{\eta}_k^{ad} \Delta t^2 \right]$$

$$= \delta \boldsymbol{p}_{i,j-1} + \delta \boldsymbol{v}_{i,j-1} \Delta t - \frac{1}{2} \Delta \tilde{\boldsymbol{R}}_{i,j-1} \left(\tilde{\boldsymbol{a}}_{j-1} - \boldsymbol{b}_i^a \right)^{\wedge} \delta \boldsymbol{\phi}_{i,j-1} \Delta t^2 + \frac{1}{2} \Delta \tilde{\boldsymbol{R}}_{i,j-1} \boldsymbol{\eta}_{j-1}^{ad} \Delta t^2$$

$$\text{(15-47)}$$

4. 總結

我們獲得了以上 3 個預積分雜訊項的遞推模型後，將其用矩陣表示，得到預積分雜訊 $\boldsymbol{\eta}_{ij}^{\triangle}$ 的遞推方式：

$$\boldsymbol{\eta}_{ij}^{\triangle} = \left[\delta \boldsymbol{\phi}_{ij}^{\top} \; \delta \boldsymbol{v}_{ij}^{\top} \; \delta \boldsymbol{p}_{ij}^{\top} \right]^{\top}$$

$$= \underbrace{\begin{bmatrix} \Delta \tilde{\boldsymbol{R}}_{j,j-1} & \boldsymbol{O}_{3\times3} & \boldsymbol{O}_{3\times3} \\ -\Delta \tilde{\boldsymbol{R}}_{i,j-1} \left(\tilde{\boldsymbol{a}}_{j-1} - \boldsymbol{b}_i^a \right)^{\wedge} \Delta t & \boldsymbol{I}_{3\times3} & \boldsymbol{O}_{3\times3} \\ -\frac{1}{2} \Delta \tilde{\boldsymbol{R}}_{i,j-1} \left(\tilde{\boldsymbol{a}}_{j-1} - \boldsymbol{b}_i^a \right)^{\wedge} \Delta t^2 & \Delta t \boldsymbol{I}_{3\times3} & \boldsymbol{I}_{3\times3} \end{bmatrix}}_{\boldsymbol{A}_{j-1}} \boldsymbol{\eta}_{i,j-1}^{\triangle}$$

$$+ \underbrace{\begin{bmatrix} \boldsymbol{J}_r^{j-1} \Delta t & \boldsymbol{O}_{3\times3} \\ \boldsymbol{O}_{3\times3} & \Delta \tilde{\boldsymbol{R}}_{i,j-1} \Delta t \\ \boldsymbol{O}_{3\times3} & \frac{1}{2} \Delta \tilde{\boldsymbol{R}}_{i,j-1} \Delta t^2 \end{bmatrix}}_{\boldsymbol{B}_{j-1}} \boldsymbol{\eta}_{j-1}^d \qquad \text{(15-48)}$$

其中，IMU 測量雜訊定義如下：

$$\boldsymbol{\eta}_k^d \doteq \begin{bmatrix} \boldsymbol{\eta}_k^{gd} \\ \boldsymbol{\eta}_k^{ad} \end{bmatrix} \qquad \text{(15-49)}$$

將兩個大矩陣分別用 $\boldsymbol{A}_{j-1}$ 和 $\boldsymbol{B}_{j-1}$ 代替，得到

$$\boldsymbol{\eta}_{ij}^{\triangle} = \boldsymbol{A}_{j-1} \boldsymbol{\eta}_{i,j-1}^{\triangle} + \boldsymbol{B}_{j-1} \boldsymbol{\eta}_{j-1}^d \qquad \text{(15-50)}$$

記 $\boldsymbol{\Sigma}_{\eta}$ 是 IMU 測量雜訊 $\boldsymbol{\eta}_k^d$ 的協方差，它是 6×6 的矩陣。記 $\boldsymbol{\Sigma}_{ij}$ 是預積分雜訊 $\boldsymbol{\eta}_{ij}^{\triangle}$ 的協方差，它是 9×9 的矩陣，則預積分測量協方差可以用下面的式

子迭代計算：

$$\boldsymbol{\Sigma}_{ij} = \boldsymbol{A}_{j-1}\boldsymbol{\Sigma}_{i,j-1}\boldsymbol{A}_{j-1}^{\top} + \boldsymbol{B}_{j-1}\boldsymbol{\Sigma}_{\boldsymbol{\eta}}\boldsymbol{B}_{j-1}^{\top} \qquad (15\text{-}51)$$

初始狀態 $\boldsymbol{\Sigma}_{ij} = \boldsymbol{0}_{9\times9}$。

　　小白：預積分測量協方差有什麼作用呢？

　　師兄：協方差的反矩陣就是我們常說的資訊矩陣。資訊矩陣用於在圖最佳化中按照權重分配邊的誤差。

　　小白：為什麼要這樣分配誤差呢？

　　師兄：在迭代最佳化過程中，每經過一次最佳化，誤差都會減小，但不能完全消除，那麼這部分不能消除的誤差怎麼處理呢？一種簡單的方法就是均攤到每條邊上。但大部分的情況下這並不科學，因為不同邊對應的測量值的可信度是不一樣的，這個「可信度」就用資訊矩陣度量。測量值的協方差越大，說明距離真值的誤差越大，對應的資訊矩陣就越小，說明這條邊的可信度差，分配的誤差也越大，下次最佳化時是重點關照物件。

15.2.6　預積分中零偏更新的影響

　　師兄：到這裡還沒結束。我們在前面的雜訊分離和遞推過程中假設第 i 時刻加速度計和陀螺儀的零偏都是固定的，但實際上零偏作為最佳化的狀態量是不斷更新的。加速度計和陀螺儀零偏的更新小量用 $\delta\boldsymbol{b}^a$ 和 $\delta\boldsymbol{b}^g$ 表示，則第 i 時刻零偏更新方式可表示為

$$\begin{aligned} \boldsymbol{b}_i^a &\leftarrow \boldsymbol{b}_i^a + \delta\boldsymbol{b}_i^a \\ \boldsymbol{b}_i^g &\leftarrow \boldsymbol{b}_i^g + \delta\boldsymbol{b}_i^g \end{aligned} \qquad (15\text{-}52)$$

　　因為預積分中用到了第 i 時刻的零偏，從理論上來說，當零偏發生變化後，預積分要重新計算。但是這種方式的計算代價太大了。

　　這裡採用了一種簡化的思路，假設預積分觀測量是隨零偏線性變化的，這樣可以用預積分量關於零偏變化的一階項來近似更新預積分值。當更新零偏時，也可以近似求得新的預積分結果。為了表示區別，在零偏更新後的預積分量上面增加一條橫線。現在記號有點多，下面來整理一下。

- 零偏**未更新**時旋轉、速度和位置預積分測量分別為 $\Delta\tilde{R}_{ij}$、$\Delta\tilde{v}_{ij}$ 和 $\Delta\tilde{p}_{ij}$。
- 零偏**更新**之後旋轉、速度和位置預積分測量分別為 $\Delta\overline{\tilde{R}}_{ij}$、$\Delta\overline{\tilde{v}}_{ij}$ 和 $\Delta\overline{\tilde{p}}_{ij}$。 $\Delta\overline{\tilde{R}}_{ij}$、$\Delta\overline{\tilde{v}}_{ij}$ 和 $\Delta\overline{\tilde{p}}_{ij}$ 的定義如下。

$$\Delta\overline{\tilde{R}}_{ij} \doteq \prod_{k=i}^{j-1} \mathrm{Exp}\left(\left(\tilde{\omega}_k - (b_i^g + \delta b_i^g)\right)\Delta t\right) \tag{15-53}$$

$$\Delta\overline{\tilde{v}}_{ij} \doteq \sum_{k=i}^{j-1} \left[\Delta\overline{\tilde{R}}_{ik}\left(\tilde{a}_k - (b_i^a + \delta b_i^a)\right)\Delta t\right] \tag{15-54}$$

$$\Delta\overline{\tilde{p}}_{ij} \doteq \sum_{k=i}^{j-1} \left[\Delta\overline{\tilde{v}}_{ik}\Delta t + \frac{1}{2}\Delta\overline{\tilde{R}}_{ik}\left(\tilde{a}_k - (b_i^a + \delta b_i^a)\right)\Delta t^2\right] \tag{15-55}$$

我們接下來的目標是推導出式 (15-53)、式 (15-54)、式 (15-55) 表示的預積分量關於零偏變化 δb^a 和 δb^g 的一階偏導，最終得到如下形式：

$$\Delta\overline{\tilde{R}}_{ij} \doteq \Delta\tilde{R}_{ij}\,\mathrm{Exp}\left(\frac{\partial\Delta\tilde{R}_{ij}}{\partial b^g}\delta b_i^g\right) \tag{15-56}$$

$$\Delta\overline{\tilde{v}}_{ij} \doteq \Delta\tilde{v}_{ij} + \frac{\partial\Delta\tilde{v}_{ij}}{\partial b^g}\delta b_i^g + \frac{\partial\Delta\tilde{v}_{ij}}{\partial b^a}\delta b_i^a \tag{15-57}$$

$$\Delta\overline{\tilde{p}}_{ij} \doteq \Delta\tilde{p}_{ij} + \frac{\partial\Delta\tilde{p}_{ij}}{\partial b^g}\delta b_i^g + \frac{\partial\Delta\tilde{p}_{ij}}{\partial b^a}\delta b_i^a \tag{15-58}$$

下面分別推導式 (15-56)、式 (15-57) 和式 (15-58) 中的偏導。

1. 零偏更新後旋轉預積分量對零偏的偏導

先來推導旋轉預積分量的情況：

$$\Delta\overline{\tilde{R}}_{ij} \doteq \prod_{k=i}^{j-1} \mathrm{Exp}\left(\left(\tilde{\omega}_k - (b_i^g + \delta b_i^g)\right)\Delta t\right)$$

$$= \prod_{k=i}^{j-1} \mathrm{Exp}\left(\left(\tilde{\omega}_k - b_i^g\right)\Delta t - \delta b_i^g\Delta t\right)$$

$$\approx \prod_{k=i}^{j-1} \left(\mathrm{Exp}\left(\left(\tilde{\omega}_k - b_i^g\right)\Delta t\right)\mathrm{Exp}\left(-J_r^k\delta b_i^g\Delta t\right)\right)$$

$$= \Delta \tilde{\boldsymbol{R}}_{ij} \prod_{k=i}^{j-1} \mathrm{Exp} \left(-\Delta \tilde{\boldsymbol{R}}_{k+1,j}^{\top} \boldsymbol{J}_r^k \delta \boldsymbol{b}_i^g \Delta t \right)$$

$$= \Delta \tilde{\boldsymbol{R}}_{ij} \mathrm{Exp} \left(\sum_{k=i}^{j-1} \left(-\Delta \tilde{\boldsymbol{R}}_{k+1,j}^{\top} \boldsymbol{J}_r^k \delta \boldsymbol{b}_i^g \Delta t \right) \right) \tag{15-59}$$

式 (15-59) 中從第二行到第三行利用了式 (15-6) 的性質，將一個 Exp 拆分為兩個，從而分離出 $\delta \boldsymbol{b}_i^g$。從第三行到第四行的過程和式 (15-28) 的推導過程一致，這裡省略過程。對比式 (15-56) 得到零偏更新後旋轉預積分量對零偏的偏導運算式，並推導其遞推模型：

$$\frac{\partial \Delta \tilde{\boldsymbol{R}}_{ij}}{\partial \boldsymbol{b}^g} = \sum_{k=i}^{j-1} \left(-\Delta \tilde{\boldsymbol{R}}_{k+1,j}^{\top} \boldsymbol{J}_r^k \Delta t \right)$$

$$= \sum_{k=i}^{j-2} \left(-\Delta \tilde{\boldsymbol{R}}_{k+1,j}^{\top} \boldsymbol{J}_r^k \Delta t \right) - \Delta \tilde{\boldsymbol{R}}_{jj}^{\top} \boldsymbol{j}_r^{j-1} \Delta t$$

$$= \sum_{k=i}^{j-2} \left(- \left(\Delta \tilde{\boldsymbol{R}}_{k+1,j-1} \Delta \tilde{\boldsymbol{R}}_{j-1,j} \right)^{\top} \boldsymbol{J}_r^k \Delta t \right) - \Delta \tilde{\boldsymbol{R}}_{jj}^{\top} \boldsymbol{J}_r^{j-1} \Delta t$$

$$= \Delta \tilde{\boldsymbol{R}}_{j,j-1} \sum_{k=i}^{j-2} \left(- \left(\Delta \tilde{\boldsymbol{R}}_{k+1,j-1} \right)^{\top} \boldsymbol{J}_r^k \Delta t \right) - \boldsymbol{J}_r^{j-1} \Delta t$$

$$= \Delta \tilde{\boldsymbol{R}}_{j,j-1} \frac{\partial \Delta \tilde{\boldsymbol{R}}_{i,j-1}}{\partial \boldsymbol{b}^g} - \boldsymbol{J}_r^{j-1} \Delta t \tag{15-60}$$

2. 零偏更新後速度預積分量對零偏的偏導

在求解零偏更新後速度預積分量對零偏的偏導時，將式 (15-56) 代入式 (15-54)：

$$\Delta \overline{\tilde{\boldsymbol{v}}}_{ij} = \sum_{k=i}^{j-1} \left[\Delta \overline{\tilde{\boldsymbol{R}}}_{ik} \left(\tilde{\boldsymbol{a}}_k - (\boldsymbol{b}_i^a + \delta \boldsymbol{b}_i^a) \right) \Delta t \right]$$

$$= \sum_{k=i}^{j-1} \left[\Delta \tilde{\boldsymbol{R}}_{ik} \mathrm{Exp} \left(\frac{\partial \Delta \tilde{\boldsymbol{R}}_{ik}}{\partial \boldsymbol{b}^g} \delta \boldsymbol{b}_i^g \right) \left(\tilde{\boldsymbol{a}}_k - \boldsymbol{b}_i^a - \delta \boldsymbol{b}_i^a \right) \Delta t \right]$$

$$\approx \sum_{k=i}^{j-1} \left[\Delta \tilde{\boldsymbol{R}}_{ik} \left(\boldsymbol{I} + \left(\frac{\partial \Delta \tilde{\boldsymbol{R}}_{ik}}{\partial \boldsymbol{b}^g} \delta \boldsymbol{b}_i^g \right)^\wedge \right) (\tilde{\boldsymbol{a}}_k - \boldsymbol{b}_i^a - \delta \boldsymbol{b}_i^a) \Delta t \right]$$

$$= \sum_{k=i}^{j-1} \left[\Delta \tilde{\boldsymbol{R}}_{ik} (\tilde{\boldsymbol{a}}_k - \boldsymbol{b}_i^a) \Delta t - \Delta \tilde{\boldsymbol{R}}_{ik} \delta \boldsymbol{b}_i^a \Delta t + \Delta \tilde{\boldsymbol{R}}_{ik} \left(\frac{\partial \Delta \tilde{\boldsymbol{R}}_{ik}}{\partial \boldsymbol{b}^g} \delta \boldsymbol{b}_i^g \right)^\wedge (\tilde{\boldsymbol{a}}_k - \boldsymbol{b}_i^a) \Delta t \right.$$

$$\left. - \Delta \tilde{\boldsymbol{R}}_{ik} \left(\frac{\partial \Delta \tilde{\boldsymbol{R}}_{ik}}{\partial \boldsymbol{b}^g} \delta \boldsymbol{b}_i^g \right)^\wedge \delta \boldsymbol{b}_i^a \Delta t \right]$$

$$\approx \Delta \tilde{\boldsymbol{v}}_{ij} + \sum_{k=i}^{j-1} \left\{ - \left(\Delta \tilde{\boldsymbol{R}}_{ik} \Delta t \right) \delta \boldsymbol{b}_i^a - \left[\Delta \tilde{\boldsymbol{R}}_{ik} (\tilde{\boldsymbol{a}}_k - \boldsymbol{b}_i^a)^\wedge \frac{\partial \Delta \tilde{\boldsymbol{R}}_{ik}}{\partial \boldsymbol{b}^g} \Delta t \right] \delta \boldsymbol{b}_i^g \right\}$$

$$= \Delta \tilde{\boldsymbol{v}}_{ij} + \frac{\partial \Delta \tilde{\boldsymbol{v}}_{ij}}{\partial \boldsymbol{b}^g} \delta \boldsymbol{b}_i^g + \frac{\partial \Delta \tilde{\boldsymbol{v}}_{ij}}{\partial \boldsymbol{b}^a} \delta \boldsymbol{b}_i^a \qquad (15\text{-}61)$$

式 (15-61) 中從第二行到第三行是直接展開的；從第四行到第五行用到了式 (15-2) 的性質，並且忽略了最後一項高階小量 $\left(\frac{\partial \Delta \tilde{\boldsymbol{R}}_{ik}}{\partial \boldsymbol{b}^g} \delta \boldsymbol{b}_i^g \right)^\wedge \delta \boldsymbol{b}_i^a$。在得到偏導後，繼續推導其遞推關係：

$$\frac{\partial \Delta \tilde{\boldsymbol{v}}_{ij}}{\partial \boldsymbol{b}^a} = - \sum_{k=i}^{j-1} \left(\Delta \tilde{\boldsymbol{R}}_{ik} \Delta t \right)$$

$$= \frac{\partial \Delta \tilde{\boldsymbol{v}}_{i,j-1}}{\partial \boldsymbol{b}^a} - \Delta \tilde{\boldsymbol{R}}_{i,j-1} \Delta t \qquad (15\text{-}62)$$

$$\frac{\partial \Delta \tilde{\boldsymbol{v}}_{ij}}{\partial \boldsymbol{b}^g} = - \sum_{k=i}^{j-1} \left(\Delta \tilde{\boldsymbol{R}}_{ik} (\tilde{\boldsymbol{a}}_k - \boldsymbol{b}_i^a)^\wedge \frac{\partial \Delta \tilde{\boldsymbol{R}}_{ik}}{\partial \boldsymbol{b}^g} \Delta t \right)$$

$$= \frac{\partial \Delta \tilde{\boldsymbol{v}}_{i,j-1}}{\partial \boldsymbol{b}^g} - \left(\Delta \tilde{\boldsymbol{R}}_{i,j-1} (\tilde{\boldsymbol{a}}_{j-1} - \boldsymbol{b}_i^a)^\wedge \frac{\partial \Delta \tilde{\boldsymbol{R}}_{i,j-1}}{\partial \boldsymbol{b}^g} \Delta t \right) \qquad (15\text{-}63)$$

3. 零偏更新後位置預積分量對零偏的偏導

在求解零偏更新後位置預積分量對零偏的偏導時，將式 (15-56)、式 (15-57) 代入式 (15-55)：

$$\Delta \overline{\tilde{\boldsymbol{p}}}_{ij} \doteq \sum_{k=i}^{j-1} \left(\Delta \overline{\tilde{\boldsymbol{v}}}_{ik} \Delta t + \frac{1}{2} \Delta \overline{\tilde{\boldsymbol{R}}}_{ik} \left(\tilde{\boldsymbol{a}}_k - (\boldsymbol{b}_i^a + \delta \boldsymbol{b}_i^a) \right) \Delta t^2 \right)$$

$$= \sum_{k=i}^{j-1} \left(\left(\Delta \tilde{\boldsymbol{v}}_{ik} + \frac{\partial \Delta \tilde{\boldsymbol{v}}_{ik}}{\partial \boldsymbol{b}^g} \delta \boldsymbol{b}_i^g + \frac{\partial \Delta \tilde{\boldsymbol{v}}_{ik}}{\partial \boldsymbol{b}^a} \delta \boldsymbol{b}_i^a \right) \Delta t \right.$$

$$\left. + \frac{1}{2} \Delta \tilde{\boldsymbol{R}}_{ik} \operatorname{Exp} \left(\frac{\partial \Delta \tilde{\boldsymbol{R}}_{ik}}{\partial \boldsymbol{b}^g} \delta \boldsymbol{b}_i^g \right) \left(\tilde{\boldsymbol{a}}_k - (\boldsymbol{b}_i^a + \delta \boldsymbol{b}_i^a) \right) \Delta t^2 \right) \tag{15-64}$$

式 (15-64) 後半部分的推導和前面類似，我們單獨取出來：

$$\sum_{k=i}^{j-1} \left(\frac{1}{2} \Delta \tilde{\boldsymbol{R}}_{ik} \operatorname{Exp} \left(\frac{\partial \Delta \tilde{\boldsymbol{R}}_{ik}}{\partial \boldsymbol{b}^g} \delta \boldsymbol{b}_i^g \right) \left(\tilde{\boldsymbol{a}}_k - (\boldsymbol{b}_i^a + \delta \boldsymbol{b}_i^a) \right) \Delta t^2 \right)$$

$$\approx \frac{\Delta t^2}{2} \sum_{k=i}^{j-1} \left(\Delta \tilde{\boldsymbol{R}}_{ik} \left(\boldsymbol{I} + \left(\frac{\partial \Delta \tilde{\boldsymbol{R}}_{ik}}{\partial \boldsymbol{b}^g} \delta \boldsymbol{b}_i^g \right)^\wedge \right) \left(\tilde{\boldsymbol{a}}_k - \boldsymbol{b}_i^a - \delta \boldsymbol{b}_i^a \right) \right)$$

$$\approx \frac{\Delta t^2}{2} \sum_{k=i}^{j-1} \left(\Delta \tilde{\boldsymbol{R}}_{ik} \left(\tilde{\boldsymbol{a}}_k - \boldsymbol{b}_i^a \right) - \Delta \tilde{\boldsymbol{R}}_{ik} \delta \boldsymbol{b}_i^a - \Delta \tilde{\boldsymbol{R}}_{ik} \left(\tilde{\boldsymbol{a}}_k - \boldsymbol{b}_i^a \right)^\wedge \frac{\partial \Delta \tilde{\boldsymbol{R}}_{ik}}{\partial \boldsymbol{b}^g} \delta \boldsymbol{b}_i^g \right)$$

$$\tag{15-65}$$

然後求偏導及其遞推公式：

$$\frac{\partial \Delta \tilde{\boldsymbol{p}}_{ij}}{\partial \boldsymbol{b}^g} = \sum_{k=i}^{j-1} \left(\frac{\partial \Delta \tilde{\boldsymbol{v}}_{ik}}{\partial \boldsymbol{b}^g} \Delta t - \frac{1}{2} \Delta \tilde{\boldsymbol{R}}_{ik} \left(\tilde{\boldsymbol{a}}_k - \boldsymbol{b}_i^a \right)^\wedge \frac{\partial \Delta \tilde{\boldsymbol{R}}_{ik}}{\partial \boldsymbol{b}^g} \Delta t^2 \right)$$

$$= \frac{\partial \Delta \tilde{\boldsymbol{p}}_{i,j-1}}{\partial \boldsymbol{b}^g} + \left(\frac{\partial \Delta \tilde{\boldsymbol{v}}_{i,j-1}}{\partial \boldsymbol{b}^g} \Delta t - \frac{1}{2} \Delta \tilde{\boldsymbol{R}}_{i,j-1} \left(\tilde{\boldsymbol{a}}_{j-1} - \boldsymbol{b}_i^a \right)^\wedge \frac{\partial \Delta \tilde{\boldsymbol{R}}_{i,j-1}}{\partial \boldsymbol{b}^g} \Delta t^2 \right)$$

$$\tag{15-66}$$

$$\frac{\partial \Delta \tilde{\boldsymbol{p}}_{ij}}{\partial \boldsymbol{b}^a} = \sum_{k=i}^{j-1} \left(\frac{\partial \Delta \tilde{\boldsymbol{v}}_{ik}}{\partial \boldsymbol{b}^a} \Delta t - \frac{1}{2} \Delta \tilde{\boldsymbol{R}}_{ik} \Delta t^2 \right)$$

$$= \frac{\partial \Delta \tilde{\boldsymbol{p}}_{i,j-1}}{\partial \boldsymbol{b}^a} + \left(\frac{\partial \Delta \tilde{\boldsymbol{v}}_{i,j-1}}{\partial \boldsymbol{b}^a} \Delta t - \frac{1}{2} \Delta \tilde{\boldsymbol{R}}_{i,j-1} \Delta t^2 \right) \tag{15-67}$$

式 (15-66)、式 (15-67) 中的第 2 步把 $\sum_{k=i}^{j-1}$ 區拆分成了 $\sum_{k=i}^{j-2}$ 和 $k = j - 1$ 兩項。

到此為止，我們完成了對零偏更新後預積分量對零偏的偏導的推導，它們都是遞推形式的，這種近似修正的方法避免了大量的重新計算，程式設計時非常方便，這是預積分技術降低計算量的關鍵之一。

15.2.7 預積分中殘差對狀態增量的雅可比矩陣

師兄：終於進入預積分最後一步了，我們的目標是求預積分中殘差對狀態增量的雅可比矩陣。

小白：那什麼是殘差呢？

師兄：在介紹殘差前，我們先回顧一下在純視覺 SLAM 中常用的重投影誤差。假設有左右兩個位置的影像，透過特徵匹配，可以知道左圖上的某個特徵點 x_l 對應右圖上的特徵點 x_r，它們是空間中同一個三維點 P 在兩張影像上的投影。透過位姿估計方法估計出左圖到右圖相機的相對位姿變換 T_{rl}，然後用位姿 T_{rl} 把 P 重新投影到右圖上，得到右圖上的像素點 x'_r。由於估計的位姿 T_{rl} 一般包含誤差，因此 x_r 和 x'_r 並不會嚴格重合，它們之間的位置誤差就叫作重投影誤差。在純視覺 SLAM 中，參與最佳化的狀態量是位姿和三維地圖點，重投影誤差對狀態量的雅可比矩陣非常重要，它能夠在最佳化過程中提供重要的梯度方向，指導最佳化的迭代。

在視覺慣性 SLAM 系統中，殘差是指預積分的測量值和估計值之間的誤差，它也用來指導最佳化時的迭代。我們要求的是殘差對**狀態增量**的雅可比矩陣。為方便後續求導，我們定義增量（或擾動）如下：

$$\begin{aligned}
&R_i \leftarrow R_i \operatorname{Exp}(\delta\phi_i), \qquad R_j \leftarrow R_j \operatorname{Exp}(\delta\phi_j) \\
&p_i \leftarrow p_i + R_i\delta p_i, \qquad p_j \leftarrow p_j + R_j\delta p_j \\
&v_i \leftarrow v_i + \delta v_i, \qquad v_j \leftarrow v_j + \delta v_j \\
&\delta b_i^g \leftarrow \delta b_i^g + \tilde{\delta b}_i^g, \qquad \delta b_i^a \leftarrow \delta b_i^a + \tilde{\delta b}_i^a
\end{aligned} \tag{15-68}$$

在式 (15-68) 中，$\tilde{\delta b}_i^g$、$\tilde{\delta b}_i^a$ 是零偏**增量的增量**。預積分的狀態量如下。

- 第 i 時刻的旋轉 R_i、平移 p_i、線速度 v_i。
- 第 i 時刻加速度計的零偏更新量 δb_i^a、陀螺儀的零偏更新量 δb_i^g。
- 第 j 時刻的旋轉 R_j、平移 p_j、線速度 v_j。

　　注意，這裡殘差求解的是**狀態增量**的雅可比矩陣，因為在非線性最小平方迭代計算過程中，是透過狀態的**增量**更新狀態量的。這裡的狀態增量分別是 $\delta\boldsymbol{\phi}_i$、$\delta\boldsymbol{\phi}_j$、$\delta\boldsymbol{p}_i$、$\delta\boldsymbol{p}_j$、$\delta\boldsymbol{v}_i$、$\delta\boldsymbol{v}_j$、$\tilde{\delta b}_i^g$、$\tilde{\delta b}_i^a$。

　　小白：式 (15-68) 中旋轉和位置的擾動為什麼不像速度和偏置那樣直接相加呢？

　　師兄：我們簡單推導一下。假設第 i 時刻的變換矩陣為

$$\boldsymbol{T}_i = \begin{bmatrix} \boldsymbol{R}_i & \boldsymbol{p}_i \\ \boldsymbol{O} & 1 \end{bmatrix} \tag{15-69}$$

給一個右擾動

$$\delta\boldsymbol{T}_i = \begin{bmatrix} \delta\boldsymbol{R}_i & \delta\boldsymbol{p}_i \\ \boldsymbol{O} & 1 \end{bmatrix} \tag{15-70}$$

則有

$$\boldsymbol{T}_i\delta\boldsymbol{T}_i = \begin{bmatrix} \boldsymbol{R}_i & \boldsymbol{p}_i \\ \boldsymbol{O} & 1 \end{bmatrix}\begin{bmatrix} \delta\boldsymbol{R}_i & \delta\boldsymbol{p}_i \\ \boldsymbol{O} & 1 \end{bmatrix} = \begin{bmatrix} \boldsymbol{R}_i\delta\boldsymbol{R}_i & \boldsymbol{p}_i + \boldsymbol{R}_i\delta\boldsymbol{p}_i \\ \boldsymbol{O} & 1 \end{bmatrix} \tag{15-71}$$

　　式 (15-71) 分別對應式 (15-68) 中旋轉和平移部分的更新。

　　下面開始計算預積分的殘差，記第 i 時刻到第 j 時刻的旋轉殘差為 $r_{\Delta R_{ij}}$，速度殘差為 $r_{\Delta v_{ij}}$，位置殘差為 $r_{\Delta p_{ij}}$。

1. 旋轉殘差對狀態增量的雅可比

　　旋轉殘差定義如下：

$$\begin{aligned} \boldsymbol{r}_{\Delta R_{ij}} &\doteq \mathrm{Log}\left[\left(\Delta\overline{\tilde{\boldsymbol{R}}}_{ij}\right)^{\top}\Delta\boldsymbol{R}_{ij}\right] \\ &= \mathrm{Log}\left[\left(\Delta\tilde{\boldsymbol{R}}_{ij}\,\mathrm{Exp}\left(\frac{\partial\Delta\tilde{\boldsymbol{R}}_{ij}}{\partial\boldsymbol{b}^g}\delta\boldsymbol{b}_i^g\right)\right)^{\top}\boldsymbol{R}_i^{\top}\boldsymbol{R}_j\right] \end{aligned} \tag{15-72}$$

　　其中，不包含 $\boldsymbol{p}_i$、$\boldsymbol{p}_j$、$\boldsymbol{v}_i$、$\boldsymbol{v}_j$ 及 $\delta\boldsymbol{b}_i^a$，因此旋轉殘差關於這些狀態對應增量的雅可比矩陣都是 $\boldsymbol{O}$，即

$$\frac{\partial \boldsymbol{r}_{\Delta R_{ij}}}{\partial \delta \boldsymbol{p}_i} = \frac{\partial \boldsymbol{r}_{\Delta R_{ij}}}{\partial \delta \boldsymbol{p}_j} = \frac{\partial \boldsymbol{r}_{\Delta R_{ij}}}{\partial \delta \boldsymbol{v}_i} = \frac{\partial \boldsymbol{r}_{\Delta R_{ij}}}{\partial \delta \boldsymbol{v}_j} = \frac{\partial \boldsymbol{r}_{\Delta R_{ij}}}{\partial \delta \tilde{\boldsymbol{b}}_i^a} = \boldsymbol{O} \tag{15-73}$$

下面推導旋轉殘差對 $\delta \boldsymbol{\phi}_i$（$\boldsymbol{R}_i$ 對應李代數的擾動）的雅可比矩陣：

$$
\begin{aligned}
\boldsymbol{r}_{\Delta R_{ij}} \left(\boldsymbol{R}_i \operatorname{Exp}\left(\delta \boldsymbol{\phi}_i\right)\right) &= \operatorname{Log}\left[\left(\Delta \overline{\tilde{\boldsymbol{R}}}_{ij}\right)^{\top} \left(\boldsymbol{R}_i \operatorname{Exp}\left(\delta \boldsymbol{\phi}_i\right)\right)^{\top} \boldsymbol{R}_j\right] \\
&= \operatorname{Log}\left[\left(\Delta \overline{\tilde{\boldsymbol{R}}}_{ij}\right)^{\top} \operatorname{Exp}\left(-\delta \boldsymbol{\phi}_i\right) \boldsymbol{R}_i^{\top} \boldsymbol{R}_j\right] \\
&= \operatorname{Log}\left[\left(\Delta \overline{\tilde{\boldsymbol{R}}}_{ij}\right)^{\top} \boldsymbol{R}_i^{\top} \boldsymbol{R}_j \operatorname{Exp}\left(-\boldsymbol{R}_j^{\top} \boldsymbol{R}_i \delta \boldsymbol{\phi}_i\right)\right] \\
&= \operatorname{Log}\left\{\operatorname{Exp}\left[\operatorname{Log}\left(\left(\Delta \overline{\tilde{\boldsymbol{R}}}_{ij}\right)^{\top} \boldsymbol{R}_i^{\top} \boldsymbol{R}_j\right)\right] \operatorname{Exp}\left(-\boldsymbol{R}_j^{\top} \boldsymbol{R}_i \delta \boldsymbol{\phi}_i\right)\right\} \\
&= \operatorname{Log}\left[\operatorname{Exp}\left(\boldsymbol{r}_{\Delta R_{ij}}(\boldsymbol{\phi}_i)\right) \operatorname{Exp}\left(-\boldsymbol{R}_j^{\top} \boldsymbol{R}_i \delta \boldsymbol{\phi}_i\right)\right] \\
&\approx \boldsymbol{r}_{\Delta R_{ij}}(\boldsymbol{\phi}_i) - \boldsymbol{J}_r^{-1}\left(\boldsymbol{r}_{\Delta R_{ij}}(\boldsymbol{\phi}_i)\right) \boldsymbol{R}_j^{\top} \boldsymbol{R}_i \delta \boldsymbol{\phi}_i
\end{aligned} \tag{15-74}
$$

式 (15-74) 中從第二行到第三行利用了式 (15-11) 的性質，最後一行使用了式 (15-7) 的性質，最後得到

$$\frac{\partial \boldsymbol{r}_{\Delta R_{ij}}}{\partial \delta \boldsymbol{\phi}_i} = -\boldsymbol{J}_r^{-1}\left(\boldsymbol{r}_{\Delta R_{ij}}(\boldsymbol{\phi}_i)\right) \boldsymbol{R}_j^{\top} \boldsymbol{R}_i \tag{15-75}$$

旋轉殘差對 $\delta \boldsymbol{\phi}_j$ 的雅可比矩陣：

$$
\begin{aligned}
\boldsymbol{r}_{\Delta R_{ij}} \left(\boldsymbol{R}_j \operatorname{Exp}\left(\delta \boldsymbol{\phi}_j\right)\right) &= \operatorname{Log}\left[\left(\Delta \overline{\tilde{\boldsymbol{R}}}_{ij}\right)^{\top} \boldsymbol{R}_i^{\top} \boldsymbol{R}_j \operatorname{Exp}\left(\delta \boldsymbol{\phi}_j\right)\right] \\
&= \operatorname{Log}\left\{\operatorname{Exp}\left[\operatorname{Log}\left(\left(\Delta \overline{\tilde{\boldsymbol{R}}}_{ij}\right)^{\top} \boldsymbol{R}_i^{\top} \boldsymbol{R}_j\right)\right] \operatorname{Exp}\left(\delta \boldsymbol{\phi}_j\right)\right\} \\
&= \operatorname{Log}\left\{\operatorname{Exp}\left(\boldsymbol{r}_{\Delta R_{ij}}(\boldsymbol{\phi}_j)\right) \operatorname{Exp}\left(\delta \boldsymbol{\phi}_j\right)\right\} \\
&\approx \boldsymbol{r}_{\Delta R_{ij}}(\boldsymbol{\phi}_j) + \boldsymbol{J}_r^{-1}\left(\boldsymbol{r}_{\Delta R_{ij}}(\boldsymbol{\phi}_j)\right) \delta \boldsymbol{\phi}_j
\end{aligned} \tag{15-76}
$$

式 (15-76) 中最後一行使用了式 (15-7) 的性質，最終得到

$$\frac{\partial \boldsymbol{r}_{\Delta R_{ij}}}{\partial \delta \boldsymbol{\phi}_j} = \boldsymbol{J}_r^{-1}\left(\boldsymbol{r}_{\Delta R_{ij}}(\boldsymbol{\phi}_j)\right) \tag{15-77}$$

旋轉殘差對 $\delta \boldsymbol{b}_i^g$ 的雅可比矩陣：

$$r_{\Delta \boldsymbol{R}_{ij}}\left(\delta \boldsymbol{b}_i^g + \tilde{\delta} \boldsymbol{b}_i^g\right)$$

$$= \mathrm{Log}\left\{\left[\Delta \tilde{\boldsymbol{R}}_{ij} \, \mathrm{Exp}\left(\frac{\partial \Delta \tilde{\boldsymbol{R}}_{ij}}{\partial \boldsymbol{b}^g}\left(\delta \boldsymbol{b}_i^g + \tilde{\delta} \boldsymbol{b}_i^g\right)\right)\right]^{\top} \boldsymbol{R}_i^{\top} \boldsymbol{R}_j\right\}$$

$$= \mathrm{Log}\left\{\left[\Delta \tilde{\boldsymbol{R}}_{ij} \, \mathrm{Exp}\left(\frac{\partial \Delta \tilde{\boldsymbol{R}}_{ij}}{\partial \boldsymbol{b}^g}\delta \boldsymbol{b}_i^g\right)\mathrm{Exp}\left(\boldsymbol{J}_r\left(\frac{\partial \Delta \tilde{\boldsymbol{R}}_{ij}}{\partial \boldsymbol{b}^g}\delta \boldsymbol{b}_i^g\right)\frac{\partial \Delta \tilde{\boldsymbol{R}}_{ij}}{\partial \boldsymbol{b}^g}\tilde{\delta} \boldsymbol{b}_i^g\right)\right]^{\top} \Delta \boldsymbol{R}_{ij}\right\}$$

$$\doteq \mathrm{Log}\left\{\left[\Delta \overline{\tilde{\boldsymbol{R}}}_{ij} \, \mathrm{Exp}\left(\boldsymbol{J}_r^b\frac{\partial \Delta \tilde{\boldsymbol{R}}_{ij}}{\partial \boldsymbol{b}^g}\tilde{\delta} \boldsymbol{b}_i^g\right)\right]^{\top} \Delta \boldsymbol{R}_{ij}\right\}$$

$$= \mathrm{Log}\left[\mathrm{Exp}\left(-\boldsymbol{J}_r^b\frac{\partial \Delta \tilde{\boldsymbol{R}}_{ij}}{\partial \boldsymbol{b}^g}\tilde{\delta} \boldsymbol{b}_i^g\right)\Delta \overline{\tilde{\boldsymbol{R}}}_{ij}^{\top}\Delta \boldsymbol{R}_{ij}\right]$$

$$= \mathrm{Log}\left[\mathrm{Exp}\left(-\boldsymbol{J}_r^b\frac{\partial \Delta \tilde{\boldsymbol{R}}_{ij}}{\partial \boldsymbol{b}^g}\tilde{\delta} \boldsymbol{b}_i^g\right)\mathrm{Exp}\left(\mathrm{Log}\left(\Delta \overline{\tilde{\boldsymbol{R}}}_{ij}^{\top}\Delta \boldsymbol{R}_{ij}\right)\right)\right]$$

$$= \mathrm{Log}\left[\mathrm{Exp}\left(-\boldsymbol{J}_r^b\frac{\partial \Delta \tilde{\boldsymbol{R}}_{ij}}{\partial \boldsymbol{b}^g}\tilde{\delta} \boldsymbol{b}_i^g\right)\mathrm{Exp}\left(\boldsymbol{r}_{\Delta \boldsymbol{R}_{ij}}\left(\delta \boldsymbol{b}_i^g\right)\right)\right]$$

$$= \mathrm{Log}\left\{\mathrm{Exp}\left(\boldsymbol{r}_{\Delta \boldsymbol{R}_{ij}}\left(\delta \boldsymbol{b}_i^g\right)\right)\mathrm{Exp}\left[-\mathrm{Exp}\left(\boldsymbol{r}_{\Delta \boldsymbol{R}_{ij}}\left(\delta \boldsymbol{b}_i^g\right)\right)^{\top}\boldsymbol{J}_r^b\frac{\partial \Delta \boldsymbol{R}_{ij}}{\partial \boldsymbol{b}^g}\tilde{\delta} \boldsymbol{b}_i^g\right]\right\}$$

$$= \boldsymbol{r}_{\Delta \boldsymbol{R}_{ij}}\left(\delta \boldsymbol{b}_i^g\right) - \boldsymbol{J}_r^{-1}\left(\boldsymbol{r}_{\Delta \boldsymbol{R}_{ij}}\left(\delta \boldsymbol{b}_i^g\right)\right)\mathrm{Exp}\left(\boldsymbol{r}_{\Delta \boldsymbol{R}_{ij}}\left(\delta \boldsymbol{b}_i^g\right)\right)^{\top}\boldsymbol{J}_r^b\frac{\partial \Delta \tilde{\boldsymbol{R}}_{ij}}{\partial \boldsymbol{b}^g}\tilde{\delta} \boldsymbol{b}_i^g \qquad (15\text{-}78)$$

式 (15-78) 中第二行用到了式 (15-6) 的性質，第三行中的 $\boldsymbol{J}_r^b \doteq \boldsymbol{J}_r\left(\dfrac{\partial \Delta \tilde{\boldsymbol{R}}_{ij}}{\partial \boldsymbol{b}^g}\delta \boldsymbol{b}_i^g\right)$ ，從第六行到第七行用到了式 (15-11) 的性質，進行了位置交換，倒數第二行用到了式 (15-7) 的性質，最後得到

$$\frac{\partial \boldsymbol{r}_{\Delta \boldsymbol{R}_{ij}}}{\partial \tilde{\delta} \boldsymbol{b}_i^g} = -\boldsymbol{J}_r^{-1}\left(\boldsymbol{r}_{\Delta \boldsymbol{R}_{ij}}\left(\delta \boldsymbol{b}_i^g\right)\right)\mathrm{Exp}\left(\boldsymbol{r}_{\Delta \boldsymbol{R}_{ij}}\left(\delta \boldsymbol{b}_i^g\right)\right)^{\top}\boldsymbol{J}_r^b\frac{\partial \Delta \tilde{\boldsymbol{R}}_{ij}}{\partial \boldsymbol{b}^g} \qquad (15\text{-}79)$$

2. 速度殘差對狀態增量的雅可比矩陣

速度殘差定義如下。

$$r_{\Delta v_{ij}} \doteq \Delta v_{ij} - \Delta \bar{\tilde{v}}_{ij}$$

$$= R_i^\top \left(v_j - v_i - g\Delta t_{ij} \right) - \left(\Delta \tilde{v}_{ij} + \frac{\partial \Delta \tilde{v}_{ij}}{\partial b_i^g} \delta b_i^g + \frac{\partial \Delta \tilde{v}_{ij}}{\partial b_i^a} \delta b_i^a \right) \qquad (15\text{-}80)$$

其中不包含 p_i、p_j、R_j，因此速度殘差對這些狀態增量的雅可比矩陣都是 O。

$$\frac{\partial r_{\Delta v_{ij}}}{\partial \delta p_i} = \frac{\partial r_{\Delta v_{ij}}}{\partial \delta p_j} = \frac{\partial r_{\Delta v_{ij}}}{\partial \delta \phi_j} = O \qquad (15\text{-}81)$$

速度殘差關於 δb_i^g、δb_i^a 的雅可比矩陣比較簡單，可以直接得出結論。

$$\frac{\partial r_{\Delta v_{ij}}}{\partial \delta b_i^g} = -\frac{\partial \Delta \tilde{v}_{ij}}{\partial b_i^g} \qquad (15\text{-}82)$$

$$\frac{\partial r_{\Delta v_{ij}}}{\partial \delta b_i^a} = -\frac{\partial \Delta \tilde{v}_{ij}}{\partial b_i^a} \qquad (15\text{-}83)$$

速度殘差關於 δv_i 的雅可比矩陣：

$$r_{\Delta v_{ij}} \left(v_i + \delta v_i \right) = R_i^\top \left(v_j - v_i - \delta v_i - g\Delta t_{ij} \right) - \left(\Delta \tilde{v}_{ij} + \frac{\partial \Delta \tilde{v}_{ij}}{\partial b_i^g} \delta b_i^g + \frac{\partial \Delta \tilde{v}_{ij}}{\partial b_i^a} \delta b_i^a \right)$$

$$= r_{\Delta v_{ij}} \left(v_i \right) - R_i^\top \delta v_i \qquad (15\text{-}84)$$

得出

$$\frac{\partial r_{\Delta v_{ij}}}{\partial \delta v_i} = -R_i^\top \qquad (15\text{-}85)$$

速度殘差關於 δv_j 的雅可比矩陣：

$$r_{\Delta v_{ij}} \left(v_j + \delta v_j \right) = R_i^\top \left(v_j + \delta v_j - v_i - g\Delta t_{ij} \right) - \left(\Delta \tilde{v}_{ij} + \frac{\partial \Delta \tilde{v}_{ij}}{\partial b_i^g} \delta b_i^g + \frac{\partial \Delta \tilde{v}_{ij}}{\partial b_i^a} \delta b_i^a \right)$$

$$= r_{\Delta v_{ij}} \left(v_j \right) + R_i^\top \delta v_j \qquad (15\text{-}86)$$

得出

$$\frac{\partial r_{\Delta v_{ij}}}{\partial \delta v_j} = R_i^\top \tag{15-87}$$

速度殘差關於 $\delta \phi_i$ 的雅可比矩陣：

$$
\begin{aligned}
r_{\Delta v_{ij}}\left(R_i \operatorname{Exp}\left(\delta\phi_i\right)\right) &= \left(R_i \operatorname{Exp}\left(\delta\phi_i\right)\right)^\top \left(v_j - v_i - g\Delta t_{ij}\right) - \Delta \bar{\tilde{v}}_{ij} \\
&= \operatorname{Exp}\left(-\delta\phi_i\right) R_i^\top \left(v_j - v_i - g\Delta t_{ij}\right) - \Delta \bar{\tilde{v}}_{ij} \\
&\approx \left(I - \left(\delta\phi_i\right)^\wedge\right) R_i^\top \left(v_j - v_i - g\Delta t_{ij}\right) - \Delta \bar{\tilde{v}}_{ij} \\
&= R_i^T \left(v_j - v_i - g\Delta t_{ij}\right) - \Delta \bar{\tilde{v}}_{ij} - \left(\delta\phi_i\right)^\wedge R_i^\top \left(v_j - v_i - g\Delta t_{ij}\right) \\
&= r_{\Delta v_{ij}}\left(\phi_i\right) + \left[R_i^\top \left(v_j - v_i - g\Delta t_{ij}\right)\right]^\wedge \delta\phi_i
\end{aligned}
\tag{15-88}
$$

得出

$$\frac{\partial r_{\Delta v_{ij}}}{\partial \delta \phi_i} = \left[R_i^\top \left(v_j - v_i - g\Delta t_{ij}\right)\right]^\wedge \tag{15-89}$$

3. 位置殘差對狀態增量的雅可比矩陣

位置殘差定義如下：

$$
\begin{aligned}
r_{\Delta p_{ij}} &\doteq \Delta p_{ij} - \Delta \bar{\tilde{p}}_{ij} \\
&= R_i^\top \left(p_j - p_i - v_i \Delta t_{ij} - \frac{1}{2}g\Delta t_{ij}^2\right) - \left(\Delta \tilde{p}_{ij} + \frac{\partial \Delta \tilde{p}_{ij}}{\partial b_i^g}\delta b_i^g + \frac{\partial \Delta \tilde{p}_{ij}}{\partial b_i^a}\delta b_i^a\right)
\end{aligned}
\tag{15-90}
$$

其中，不包含 v_j、R_j，因此位置殘差對這些狀態增量的雅可比矩陣都是 O：

$$\frac{\partial r_{\Delta p_{ij}}}{\partial \delta v_j} = \frac{\partial r_{\Delta p_{ij}}}{\partial \delta \phi_j} = O \tag{15-91}$$

位置殘差關於 δb_i^g、δb_i^a 的雅可比矩陣可以直接得出結論：

$$\frac{\partial r_{\Delta p_{ij}}}{\partial \delta \tilde{b}_i^g} = -\frac{\partial \Delta \tilde{p}_{ij}}{\partial b_i^g} \tag{15-92}$$

$$\frac{\partial r_{\Delta p_{ij}}}{\partial \delta \tilde{b}_i^a} = -\frac{\partial \Delta \tilde{p}_{ij}}{\partial b_i^a} \tag{15-93}$$

位置殘差關於 $\delta\boldsymbol{p}_j$ 的雅可比矩陣：

$$\boldsymbol{r}_{\Delta\boldsymbol{p}_{ij}}\left(\boldsymbol{p}_j + \boldsymbol{R}_j\delta\boldsymbol{p}_j\right) = \boldsymbol{R}_i^\top\left(\boldsymbol{p}_j + \boldsymbol{R}_j\delta\boldsymbol{p}_j - \boldsymbol{p}_i - \boldsymbol{v}_i\Delta t_{ij} - \frac{1}{2}\boldsymbol{g}\Delta t_{ij}^2\right) - \Delta\bar{\bar{\boldsymbol{p}}}_{ij}$$
$$= \boldsymbol{r}_{\Delta\boldsymbol{p}_{ij}}\left(\boldsymbol{p}_j\right) + \boldsymbol{R}_i^\top\boldsymbol{R}_j\delta\boldsymbol{p}_j \qquad (15\text{-}94)$$

得出

$$\frac{\partial\boldsymbol{r}_{\Delta\boldsymbol{p}_{ij}}}{\partial\delta\boldsymbol{p}_j} = \boldsymbol{R}_i^\top\boldsymbol{R}_j \qquad (15\text{-}95)$$

位置殘差關於 $\delta\boldsymbol{p}_i$ 的雅可比矩陣：

$$\boldsymbol{r}_{\Delta\boldsymbol{p}_{ij}}\left(\boldsymbol{p}_i + \boldsymbol{R}_i\delta\boldsymbol{p}_i\right) = \boldsymbol{R}_i^\top\left(\boldsymbol{p}_j - \boldsymbol{p}_i - \boldsymbol{R}_i\delta\boldsymbol{p}_i - \boldsymbol{v}_i\Delta t_{ij} - \frac{1}{2}\boldsymbol{g}\Delta t_{ij}^2\right) - \Delta\bar{\bar{\boldsymbol{p}}}_{ij}$$
$$= \boldsymbol{r}_{\Delta\boldsymbol{p}_{ij}}\left(\boldsymbol{p}_i\right) - \boldsymbol{I}\delta\boldsymbol{p}_i \qquad (15\text{-}96)$$

得出

$$\frac{\partial\boldsymbol{r}_{\Delta\boldsymbol{p}_{ij}}}{\partial\delta\boldsymbol{p}_i} = -\boldsymbol{I} \qquad (15\text{-}97)$$

位置殘差關於 $\delta\boldsymbol{v}_i$ 的雅可比矩陣：

$$\boldsymbol{r}_{\Delta\boldsymbol{p}_{ij}}\left(\boldsymbol{v}_i + \delta\boldsymbol{v}_i\right) = \boldsymbol{R}_i^\top\left(\boldsymbol{p}_j - \boldsymbol{p}_i - \boldsymbol{v}_i\Delta t_{ij} - \delta\boldsymbol{v}_i\Delta t_{ij} - \frac{1}{2}\boldsymbol{g}\Delta t_{ij}^2\right) - \Delta\bar{\bar{\boldsymbol{p}}}_{ij}$$
$$= \boldsymbol{r}_{\Delta\boldsymbol{p}_{ij}}\left(\boldsymbol{v}_i\right) - \boldsymbol{R}_i^\top\Delta t_{ij}\delta\boldsymbol{v}_i \qquad (15\text{-}98)$$

得出

$$\frac{\partial\boldsymbol{r}_{\Delta\boldsymbol{p}_{ij}}}{\partial\delta\boldsymbol{v}_i} = -\boldsymbol{R}_i^\top\Delta t_{ij} \qquad (15\text{-}99)$$

位置殘差關於 $\delta\boldsymbol{\phi}_i$ 的雅可比矩陣：

$$\begin{aligned}
\boldsymbol{r}_{\Delta\boldsymbol{v}_{ij}}\left(\boldsymbol{R}_i \operatorname{Exp}\left(\delta\boldsymbol{\phi}_i\right)\right) &= \left(\boldsymbol{R}_i \operatorname{Exp}\left(\delta\boldsymbol{\phi}_i\right)\right)^\top \left(\boldsymbol{p}_j - \boldsymbol{p}_i - \boldsymbol{v}_i \Delta t_{ij} - \frac{1}{2}\boldsymbol{g}\Delta t_{ij}^2\right) - \Delta\overline{\boldsymbol{p}}_{ij} \\
&= \operatorname{Exp}\left(-\delta\boldsymbol{\phi}_i\right)\boldsymbol{R}_i^\top \left(\boldsymbol{p}_j - \boldsymbol{p}_i - \boldsymbol{v}_i \Delta t_{ij} - \frac{1}{2}\boldsymbol{g}\Delta t_{ij}^2\right) - \Delta\overline{\boldsymbol{p}}_{ij} \\
&\approx \left(\boldsymbol{I} - \left(\delta\boldsymbol{\phi}_i\right)^\wedge\right)\boldsymbol{R}_i^\top \left(\boldsymbol{p}_j - \boldsymbol{p}_i - \boldsymbol{v}_i \Delta t_{ij} - \frac{1}{2}\boldsymbol{g}\Delta t_{ij}^2\right) - \Delta\overline{\boldsymbol{p}}_{ij} \\
&= \boldsymbol{R}_i^\top \left(\boldsymbol{p}_j - \boldsymbol{p}_i - \boldsymbol{v}_i \Delta t_{ij} - \frac{1}{2}\boldsymbol{g}\Delta t_{ij}^2\right) \\
&\quad - \Delta\overline{\boldsymbol{p}}_{ij} - \left(\delta\boldsymbol{\phi}_i\right)^\wedge \boldsymbol{R}_i^\top \left(\boldsymbol{p}_j - \boldsymbol{p}_i - \boldsymbol{v}_i \Delta t_{ij} - \frac{1}{2}\boldsymbol{g}\Delta t_{ij}^2\right) \\
&= \boldsymbol{r}_{\Delta\boldsymbol{p}_{ij}}(\boldsymbol{\phi}_i) + \left[\boldsymbol{R}_i^\top \left(\boldsymbol{p}_j - \boldsymbol{p}_i - \boldsymbol{v}_i \Delta t_{ij} - \frac{1}{2}\boldsymbol{g}\Delta t_{ij}^2\right)\right]^\wedge \delta\boldsymbol{\phi}_i
\end{aligned}$$

$$(15\text{-}100)$$

得出

$$\frac{\partial \boldsymbol{r}_{\Delta\boldsymbol{p}_{ij}}}{\partial \delta\boldsymbol{\phi}_i} = \left[\boldsymbol{R}_i^\top \left(\boldsymbol{p}_j - \boldsymbol{p}_i - \boldsymbol{v}_i \Delta t_{ij} - \frac{1}{2}\boldsymbol{g}\Delta t_{ij}^2\right)\right]^\wedge \tag{15-101}$$

至此，我們推導了預積分殘差對所有狀態增量的雅可比矩陣。它們將在 IMU 預積分程式實作中使用。

　　小白：這些都需要自己推導一遍嗎？

　　師兄：如果想要深刻理解預積分，則建議把以上過程反覆推導幾遍。如果只在專案中使用，則只需要理解背後的原理，直接使用推導結果也是可以的。

15.3　IMU 預積分的程式實現

　　小白：前面預積分的推導好複雜，其在程式中具體是如何應用的呢？

　　師兄：下面你會看到我們前面提到的預積分的優勢到底是如何在程式中表現的。因為涉及工程問題，所以程式實作過程並不一定和我們前面推導的順序一致。結合下面的原始程式，我們對預積分程式實作流程進行簡單整理。

- 定義由預積分雜訊項的遞推模型組成的矩陣 $\boldsymbol{A}$ 和 $\boldsymbol{B}$。注意，$\boldsymbol{A}$ 和 $\boldsymbol{B}$ 矩陣的部分元素使用的是「舊」資料，先更新這部分元素。

- 更新預積分測量值。由於位置預積分測量值依賴「舊」的速度和旋轉,速度預積分測量值依賴「舊」的旋轉,因此這裡的計算順序不能亂,先用「舊」資料計算位置預積分測量值,再計算速度預積分測量值。然後計算 A 和 B 矩陣中「舊」資料對應的元素。

- 用遞推方式計算零偏更新後,預積分量對零偏的雅可比矩陣。先計算位置預積分量對零偏的雅可比矩陣,再計算速度預積分量對零偏的雅可比矩陣。

- 當「舊」的旋轉預積分測量值不再需要時再更新它。

- 用最新的預積分測量值補充更新 A 和 B 矩陣中剩餘的元素。

- 計算協方差矩陣。注意,前面推導的是 9×9 的協方差矩陣,程式中多了 6 維雜訊協方差,所以這裡是 9×15 的矩陣。

- 最後計算零偏更新後,旋轉預積分量對零偏的雅可比矩陣。
  預積分核心程式實作如下。

```
// ImuTypes.cc 文件
/**
 * @brief 预积分计算，更新噪声
 *
 * @param[in] acceleration 加速度计数据
 * @param[in] angVel 陀螺仪数据
 * @param[in] dt 图像帧之间的时间差
 */
void Preintegrated::IntegrateNewMeasurement(const cv::Point3f &acceleration,
const cv::Point3f &angVel, const float &dt)
{
    // 保存 IMU 数据，利用中值积分的结果构造一个预积分类并保存在 mvMeasurements 中
    mvMeasurements.push_back(integrable(acceleration,angVel,dt));

    // 構造協方差矩陣
    // 定義預積分雜訊矩陣 A、B，這部分用於計算從 i 到 j-1 的歷史雜訊或者協方差
    cv::Mat A = cv::Mat::eye(9,9,CV_32F);
    cv::Mat B = cv::Mat::zeros(9,6,CV_32F);
    // 得到去偏置後的加速度、角速度
    cv::Mat acc = (cv::Mat_<float>(3,1) << acceleration.x-b.bax,acceleration.y-
b.bay, acceleration.z-b.baz);
    cv::Mat accW = (cv::Mat_<float>(3,1) << angVel.x-b.bwx, angVel.y-b.bwy,
angVel.z-b.bwz);
    // 記錄平均加速度和角速度
    avgA = (dT*avgA + dR*acc*dt)/(dT+dt);
    avgW = (dT*avgW + accW*dt)/(dT+dt);
    // 位置 dP 第一個被更新 ( 需用到上次的速度和旋轉值 )，速度 dV 第二個被更新 ( 依賴上次的旋
    // 轉值 )，旋轉 dR 最後被更新
```

```
    dP = dP + dV*dt + 0.5f*dR*acc*dt*dt;
    dV = dV + dR*acc*dt;
    // A 矩陣和 B 矩陣對速度和位移進行更新
    cv::Mat Wacc = (cv::Mat_<float>(3,3) << 0, -acc.at<float>(2),
                    acc.at<float>(1), acc.at<float>(2), 0, -acc.at<float>(0),
                    -acc.at<float>(1), acc.at<float>(0), 0);
    // 先更新 A 和 B 矩陣中的速度和位置部分，因為它依賴上次的旋轉值，對應式 (15-48)
    A.rowRange(3,6).colRange(0,3) = -dR*dt*Wacc;
    A.rowRange(6,9).colRange(0,3) = -0.5f*dR*dt*dt*Wacc;
    A.rowRange(6,9).colRange(3,6) = cv::Mat::eye(3,3,CV_32F)*dt;
    B.rowRange(3,6).colRange(3,6) = dR*dt;
    B.rowRange(6,9).colRange(3,6) = 0.5f*dR*dt*dt;

    // 更新零偏後，用遞推方式更新預積分量對零偏的雅可比矩陣，這樣不用每次重複計算
    JPa = JPa + JVa*dt -0.5f*dR*dt*dt;              // 對應式 (15-67)
    JPg = JPg + JVg*dt -0.5f*dR*dt*dt*Wacc*JRg;     // 對應式 (15-66)
    JVa = JVa - dR*dt;                              // 對應式 (15-62)
    JVg = JVg - dR*dt*Wacc*JRg;                     // 對應式 (15-63)
    // 用更新後的零偏進行角度積分
    IntegratedRotation dRi(angVel,b,dt);
    // 強行歸一化，使其符合旋轉矩陣的格式
    dR = NormalizeRotation(dR*dRi.deltaR);
    // 補充更新 A、B 矩陣中剩餘的元素。小量初始為 0，更新後通常也為 0，
    // 故省略了小量的更新，對應式 (15-48)
    A.rowRange(0,3).colRange(0,3) = dRi.deltaR.t();
    B.rowRange(0,3).colRange(0,3) = dRi.rightJ*dt;

    // 更新協方差矩陣
    // B 矩陣為 9*6 矩陣，Nga 6*6 為對角矩陣
    C.rowRange(0,9).colRange(0,9) = A*C.rowRange(0,9).colRange(0,9)*A.t() +
B*Nga*B.t();
    // 這一部分最開始是 0 矩陣，隨著積分次數的增加，每次都加上 6*6 隨機遊走資訊矩陣
    C.rowRange(9,15).colRange(9,15) = C.rowRange(9,15).colRange(9,15) + NgaWalk;
    // 最後更新旋轉的雅可比矩陣
    JRg = dRi.deltaR.t()*JRg - dRi.rightJ*dt;  // 對應式 (15-60)
    // 累加總積分時間
    dT += dt;
}
```

下面是根據新的零偏計算新的旋轉、速度、位置預積分測量值的程式實作。

```
// ImuTypes.cc 檔案
/**
 * @brief 根據新的零偏計算新的 dR
 * @param b_ 新的零偏
 * @return dR
 */
cv::Mat Preintegrated::GetDeltaRotation(const Bias &b_)
```

```
{
    std::unique_lock<std::mutex> lock(mMutex);
    // 計算偏置的變化量
    cv::Mat dbg = (cv::Mat_<float>(3,1) << b_.bwx-b.bwx,b_.bwy-b.bwy,b_.bwz- b.bwz);
    // 更新零偏後，旋轉預積分量 dR 對零偏線性化的近似求解
    return NormalizeRotation(dR*ExpSO3(JRg*dbg));       // 對應式 (15-56)
}


/**
 * @brief 根據新的零偏計算新的 dV
 * @param b_ 新的零偏
 * @return dV
 */
cv::Mat Preintegrated::GetDeltaVelocity(const Bias &b_)
{
    std::unique_lock<std::mutex> lock(mMutex);
    cv::Mat dbg = (cv::Mat_<float>(3,1) << b_.bwx-b.bwx,b_.bwy-b.bwy,b_.bwz- b.bwz);
    cv::Mat dba = (cv::Mat_<float>(3,1) << b_.bax-b.bax,b_.bay-b.bay,b_.baz- b.baz);
    // 零偏更新後，速度預積分量 dV 對零偏線性化的近似求解
    return dV + JVg*dbg + JVa*dba; // 對應式 (15-57)
}


/**
 * @brief 根據新的零偏計算新的 dP
 * @param b_ 新的零偏
 * @return dP
 */
cv::Mat Preintegrated::GetDeltaPosition(const Bias &b_)
{
    std::unique_lock<std::mutex> lock(mMutex);
    cv::Mat dbg = (cv::Mat_<float<(3,1) << b_.bwx-b.bwx,b_.bwy-b.bwy,b_.bwz- b.bwz);
    cv::Mat dba = (cv::Mat_<float<(3,1) << b_.bax-b.bax,b_.bay-b.bay,b_.baz- b.baz);
    // 零偏更新後，位置預積分量 dP 對零偏線性化的近似求解
    return dP + JPg*dbg + JPa*dba; // 對應式 (15-58)
}
```

下面來看殘差對狀態增量的雅可比矩陣。慣性邊的類別定義如下。

```
// G2oTypes.h
// 慣性邊的類別
class EdgeInertial : public g2o::BaseMultiEdge<9,Vector9d>
{
public:
    EIGEN_MAKE_ALIGNED_OPERATOR_NEW
    EdgeInertial(IMU::Preintegrated* pInt);
    virtual bool read(std::istream& is){return false;}
    virtual bool write(std::ostream& os) const{return false;}
    // 殘差
```

```
    void computeError();
    // 殘差對狀態增量的雅可比矩陣
    virtual void linearizeOplus();
    // 殘差對狀態增量的雅可比矩陣和資訊矩陣建構的 Hessian 矩陣
    Eigen::Matrix<double,24,24> GetHessian(){
        linearizeOplus();
        Eigen::Matrix<double,9,24> J;
        J.block<9,6>(0,0) = _jacobianOplus[0];
        J.block<9,3>(0,6) = _jacobianOplus[1];
        J.block<9,3>(0,9) = _jacobianOplus[2];
        J.block<9,3>(0,12) = _jacobianOplus[3];
        J.block<9,6>(0,15) = _jacobianOplus[4];
        J.block<9,3>(0,21) = _jacobianOplus[5];
        return J.transpose()*information()*J;
    }
    // ......

    // 預積分中對應的狀態對零偏的雅可比矩陣
    const Eigen::Matrix3d JRg, JVg, JPg;
    const Eigen::Matrix3d JVa, JPa;
    IMU::Preintegrated* mpInt;  // 預積分指標
    const double dt;    // 預積分時間
    Eigen::Vector3d g;  // 重力
};
```

　　先來看預積分殘差，它在慣性邊的類別的成員函式 computeError() 內實作，和推導結果一一對應。

```
// G2oTypes.cc
// 計算預積分殘差
void EdgeInertial::computeError()
{
    // 計算殘差
    // 位姿 Ti
    const VertexPose* VP1=static_cast<const VertexPose*>(_vertices[0]);
    // 速度 vi
    const VertexVelocity* VV1=static_cast<const VertexVelocity*>(_vertices[1]);
    // 零偏 Bgi
    const VertexGyroBias* VG1=static_cast<const VertexGyroBias*>(_vertices[2]);
    // 零偏 Bai
    const VertexAccBias* VA1=static_cast<const VertexAccBias*>(_vertices[3]);
    // 位姿 Tj
    const VertexPose* VP2=static_cast<const VertexPose*>(_vertices[4]);
    // 速度 vj
    const VertexVelocity* VV2=static_cast<const VertexVelocity*>(_vertices[5]);
    // 更新後的零偏
    const IMU::Bias b1(VA1->estimate()[0],VA1->estimate()[1],VA1->estimate()[2],
```

```
VG1->estimate()[0],VG1->estimate()[1],VG1->estimate()[2]);
    // 更新零偏後旋轉、速度、位置的預積分量
    const Eigen::Matrix3d dR=Converter::toMatrix3d(mpInt->GetDeltaRotation(b1));
    const Eigen::Vector3d dV=Converter::toVector3d(mpInt->GetDeltaVelocity(b1));
    const Eigen::Vector3d dP=Converter::toVector3d(mpInt->GetDeltaPosition(b1));
    // 旋轉預積分殘差，對應式 (15-72)
    const Eigen::Vector3d er = LogSO3(dR.transpose()*VP1->estimate().Rwb.
    transpose()*VP2->estimate().Rwb);
    // 速度預積分殘差，對應式 (15-80)
    const Eigen::Vector3d ev = VP1->estimate().Rwb.transpose()*(VV2->estimate()
- VV1->estimate() - g*dt) - dV;
    // 位置預積分殘差，對應式 (15-90)
    const Eigen::Vector3d ep = VP1->estimate().Rwb.transpose()*(VP2->estimate()
.twb - VP1->estimate().twb - VV1->estimate()*dt - g*dt*dt/2) - dP;
    _error << er, ev, ep;
}
```

而殘差對狀態增量的雅可比矩陣，在慣性邊的類別的成員函式 linearizeOplus() 內實作，和推導結果一一對應。

```
// G2oTypes.cc
// 計算殘差對狀態增量的雅可比矩陣
void EdgeInertial::linearizeOplus()
{
    // 位姿 Ti
    const VertexPose* VP1 = static_cast<const VertexPose*>(_vertices[0]);
    // 速度 vi
    const VertexVelocity* VV1= static_cast<const VertexVelocity*>(_vertices[1]);
    // 零偏 Bgi
    const VertexGyroBias* VG1= static_cast<const VertexGyroBias*>(_vertices[2]);
    // 零偏 Bai
    const VertexAccBias* VA1= static_cast<const VertexAccBias*>(_vertices[3]);
    // 位姿 Tj
    const VertexPose* VP2 = static_cast<const VertexPose*>(_vertices[4]);
    // 速度 vj
    const VertexVelocity* VV2= static_cast<const VertexVelocity*>(_vertices[5]);
    // 更新後的零偏
    const IMU::Bias b1(VA1->estimate()[0],VA1->estimate()[1],VA1->estimate()
[2],VG1->estimate()[0],VG1->estimate()[1],VG1->estimate()[2]);
    // 零偏的增量
    const IMU::Bias db = mpInt->GetDeltaBias(b1);
    Eigen::Vector3d dbg;
    dbg << db.bwx, db.bwy, db.bwz;
    const Eigen::Matrix3d Rwb1 = VP1->estimate().Rwb;          // Ri
    const Eigen::Matrix3d Rbw1 = Rwb1.transpose();             // Ri.t()
    const Eigen::Matrix3d Rwb2 = VP2->estimate().Rwb;          // Rj
    const Eigen::Matrix3d dR=Converter::toMatrix3d(mpInt->GetDeltaRotation(b1));
```

```
const Eigen::Matrix3d eR = dR.transpose() * Rbw1 * Rwb2;    // rΔRij
const Eigen::Vector3d er = LogSO3(eR);    // rΔφij
// Jr-^1(log(ΔRij))
const Eigen::Matrix3d invJr = InverseRightJacobianSO3(er);

// _jacobianOplus 個數等於邊的個數，裡面的大小等於殘差 × 每個節點待最佳化值的維度
// _jacobianOplus[0] 為 9*6 矩陣，三個殘差分別對 pose1 的旋轉（Ri）與平移（pi）求導
_jacobianOplus[0].setZero();
// (0,0) 起點的 3*3 塊表示旋轉殘差對 pose1 的旋轉（Ri）求導，對應式 (15-75)
_jacobianOplus[0].block<3,3>(0,0) = -invJr*Rwb2.transpose()*Rwb1;
// (3,0) 起點的 3*3 塊表示速度殘差對 pose1 的旋轉（Ri）求導，對應式 (15-89)
_jacobianOplus[0].block<3,3>(3,0) = Skew(Rbw1*(VV2->estimate() -
VV1->estimate() - g*dt));
// (6,0) 起點的 3*3 塊表示位置殘差對 pose1 的旋轉（Ri）求導，對應式 (15-101)
_jacobianOplus[0].block<3,3>(6,0) = Skew(Rbw1*(VP2->estimate().twb
- VP1->estimate().twb - VV1->estimate()*dt - 0.5*g*dt*dt));
// (6,3) 起點的 3*3 塊表示位置殘差對 pose1 的位置（pi）求導，對應式 (15-97)
_jacobianOplus[0].block<3,3>(6,3) = -Eigen::Matrix3d::Identity();
// _jacobianOplus[1] 為 9×3 矩陣，三個殘差分別對 pose1 的速度 vi 求導
_jacobianOplus[1].setZero();                         // 對應式 (15-73)
_jacobianOplus[1].block<3,3>(3,0) = -Rbw1;           // 對應式 (15-85)
_jacobianOplus[1].block<3,3>(6,0) = -Rbw1*dt;        // 對應式 (15-99)
// _jacobianOplus[2] 為 9×3 矩陣，三個殘差分別對陀螺儀零偏 bgi 的速度求導
_jacobianOplus[2].setZero();
_jacobianOplus[2].block<3,3>(0,0) = -invJr*eR.transpose()
*RightJacobianSO3(JRg*dbg)*JRg;                      // 對應式 (15-79)
_jacobianOplus[2].block<3,3>(3,0) = -JVg;            // 對應式 (15-82)
_jacobianOplus[2].block<3,3>(6,0) = -JPg;            // 對應式 (15-92)
// _jacobianOplus[3] 為 9×3 矩陣，三個殘差分別對加速度計偏置 bai 的速度求導
_jacobianOplus[3].setZero();                         // 對應式 (15-73)
_jacobianOplus[3].block<3,3>(3,0) = -JVa;            // 對應式 (15-83)
_jacobianOplus[3].block<3,3>(6,0) = -JPa;            // 對應式 (15-93)
// _jacobianOplus[4] 為 9×6 矩陣，三個殘差分別對 pose2 的旋轉（Rj）與平移（pj）導
_jacobianOplus[4].setZero();                         // 對應式 (15-81)
// 旋轉殘差對 Rj 的雅可比
_jacobianOplus[4].block<3,3>(0,0) = invJr;           // 對應式 (15-77)
// 位置殘差對 pj 的雅可比
_jacobianOplus[4].block<3,3>(6,3) = Rbw1*Rwb2;       // 對應式 (15-95)
// _jacobianOplus[5] 為 9×3 矩陣，三個殘差分別對 pose2 的速度（vj）求導
_jacobianOplus[5].setZero();
_jacobianOplus[5].block<3,3>(3,0) = Rbw1;            // 對應式 (15-87)
}
```

　　最後透過一個例子來了解 GetHessian() 函式中的 *J* 矩陣是如何建構的，如圖 15-3 所示，其中 [i] 對應上述程式中函式 EdgeInertial::linearizeOplus() 中的 _jacobianOplus[i]，根據 GetHessian() 函式中 _jacobianOplus[i] 給 *J* 矩陣的賦值程

式，我們可以得到如下矩陣，其中每個格子表示 3 × 3 的矩陣。

　　以上就是預積分在程式中實作的簡單範例。ORB-SLAM3 還包含大量的相關程式，原理和推導都大同小異，因篇幅所限，這裡不再贅述。

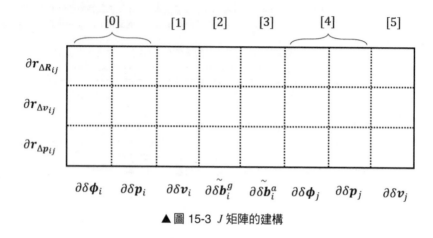

▲ 圖 15-3 J 矩陣的建構

參考文獻

[1]　FORSTER C, CARLONE L, DELLAERT F, et al. IMU preintegration on manifold for efficient visual-inertial maximum-a-posteriori estimation[C]. Georgia Institute of Technology, 2015.

[2]　FORSTER C, CARLONE L, DELLAERT F, et al. On-manifold preintegration for real-time visual–inertial odometry[J]. IEEE Transactions on Robotics, 2016, 33(1): 1-21.

第 *16* 章

ORB-SLAM3 中的多地圖系統

16.1 多地圖的基本概念

師兄：ORB-SLAM3 中另一個新的亮點是引入了多地圖系統，它對定位準確度和堅固性的提升效果非常明顯。

小白：怎麼理解多地圖系統呢？

師兄：多地圖系統由一系列不連續的子地圖組成，稱為地圖集，如圖 16-1 所示。它建立了一個以 DBoW2 詞袋為基礎的唯一的主要畫面格資料庫，所有子地圖共用這個資料庫，保證了多地圖場景辨識的高效率。每個子地圖都有自己的主要畫面格、地圖點、共視圖和生成樹。每個子地圖的參考畫面格固定為它的第一畫面格。子地圖之間能夠實現位置辨識、重定位、地圖融合等功能。根據地圖的狀態，這些子地圖可分為兩種 —— 活躍地圖和非活躍地圖。

小白：怎麼區分活躍地圖和非活躍地圖呢？

師兄：在程式中透過標記位元很容易區分，它們的定義如下。

（1）活躍地圖。當前輸入視訊流更新的地圖叫作活躍地圖，也就是追蹤執行緒中用於定位的地圖。在多地圖系統中，只有一個活躍地圖。

（2）非活躍地圖。在多地圖系統中，除當前活躍地圖外，其他子地圖都會被標記為非活躍地圖。

小白：那這兩種地圖之間是什麼關係呢？為什麼非活躍地圖可以有很多個呢？

師兄：活躍地圖和非活躍地圖之間是可以互相轉化的。

在追蹤執行緒中，當追蹤徹底遺失，找不回來時，會將活躍地圖標記為非活躍地圖，儲存在地圖集中。然後，對地圖重新進行初始化並啟動一個新地圖，這個新地圖就是活躍地圖。此時，活躍地圖還是 1 個，非活躍地圖增加了 1 個。

在閉環及地圖融合執行緒中，如果在活躍地圖和非活躍地圖中確定了共同觀測區域，則執行地圖融合。融合後，非活躍地圖會和活躍地圖融為一體，變成當前的活躍地圖。此時活躍地圖還是 1 個，非活躍地圖減少了 1 個。

透過上面的過程可以知道，活躍地圖始終只有一個，而非活躍地圖的數目是不斷變化的。

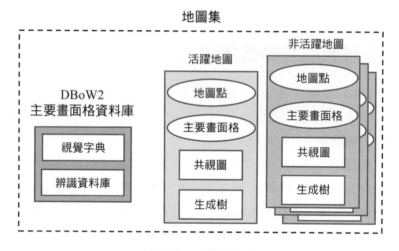

▲ 圖 16-1 地圖集範例

16.2 多地圖系統的效果和作用

1. 多地圖系統的效果

小白：多地圖系統相比單地圖系統有什麼優勢呢？

師兄：多地圖系統對定位準確度和堅固性的提升效果非常明顯。文獻 [1] 中的實驗證明，ORB-SLAM3 多地圖系統得到的全域地圖準確度是 VINS-Mono [2] 得到的全域地圖準確度的 2 倍。衡量指標有絕對軌跡誤差（Absolute Trajectory Error，ATE）和覆蓋率（Cover）。絕對軌跡誤差是指估計的軌跡和真實軌跡的均方根誤差。覆蓋率是指成功完成定位的畫面格數和總畫面格數的比例。下面先來看量化效果，如表 16-1 所示，在單目相機模式下，多地圖系統將覆蓋率從 10%~15% 提高到 70%~90%，同時絕對軌跡誤差明顯降低，這是巨大的效果提升。

如表 16-2 所示，在雙目相機模式下，多地圖系統的覆蓋率和絕對軌跡誤差也有一定的改善。綜合上述結果，多地圖系統使得 SLAM 系統不僅提高了整體的堅固性，也提高了定位的準確度。

▼ 表 16-1　單目相機模式下多地圖量化效果 [1]

EuRoC 資料集	ORB-SLAM3 多地圖單目模式			ORB-SLAM2 單地圖單目模式		
	絕對軌跡誤差 /m	覆蓋率 (%)	地圖數 / 個	絕對軌跡誤差 /m	覆蓋率 (%)	地圖數 / 個
V1_03	0.106	90.74	2	0.132	10.32	1
V2_03	0.093	70.74	2	0.146	15.71	1

▼ 表 16-2　雙目相機模式下多地圖量化效果 [1]

EuRoC 資料集	ORB-SLAM3 多地圖雙目模式			ORB-SLAM2 單地圖單目模式		
	絕對軌跡誤差 /m	覆蓋率 (%)	地圖數 / 個	絕對軌跡誤差 /m	覆蓋率 (%)	地圖數 / 個
V1_03	0.051	100	1	0.046	100	1
V2_03	0.218	94.55	4	0.316	89.21	1

2.　多地圖系統的作用

　　小白：這麼明顯的效果提升背後的原因是什麼呢？

　　師兄：這主要是因為地圖融合有利於實現不同地圖之間的寬基準線匹配，在多地圖之間建立資料連結。

　　小白：基準線是指兩個相機光心之間的距離吧，這裡「寬基準線匹配」怎麼理解呢？

　　師兄：沒錯，基準線的本意是指立體視覺系統中兩個相機光心之間的距離，在視覺 SLAM 系統中，引申為兩個相機位姿之間的距離。而「寬基準線」一詞用於匹配時，泛指兩張影像明顯不同的情況下的匹配。與寬基準線對應的名詞叫作窄基準線，在窄基準線匹配中一般存在如下假設：兩個相機位姿距離比較近，不會有大的旋轉、平移或尺度縮放，兩個相機焦距及其本身參數一致或變化很小。所以，在窄基準線匹配問題中，對應點的鄰域是相似的，很容易透過 PnP 投影和搜尋完成比較準確的匹配。但是在寬基準線的情況下，相機捕捉的影像在光學特性（如光源強度、顏色）、幾何特性（如物體形狀、大小）及空間位置（旋轉、平移或尺度縮放）方面差異都比較大，如果再加上雜訊、遮擋等因素，則匹配比較困難，且容易出現誤匹配。

ORB-SLAM2 將寬基準線匹配用在了同一個地圖中的不同主要畫面格之間，而 ORB-SLAM3 將寬基準線匹配擴充到了不同地圖之間，這在地圖融合中造成了非常關鍵的作用。

最後，再總結一下多地圖系統的作用。

- 多地圖系統能夠處理無限數量的子地圖，能夠在大場景下進行同時定位與地圖建構。
- 多地圖系統提高了前端的堅固性。如果在探索過程中追蹤遺失，且依靠重定位也無法恢復位姿，那麼將當前地圖暫存為非活躍地圖，並啟動一個新的地圖。當後續地圖之間檢測到共同區域時，可以實現無縫地圖融合。
- 多地圖系統提高了全域地圖準確度。在 ORB-SLAM2 中，相機追蹤遺失的判斷標準是簡單計算追蹤點數量。ORB-SLAM3 中制定了新的相機追蹤遺失的判斷標準。當幾何約束不好時，可以「斷臂求生」，直接放棄不準確的相機位姿估計。這可以避免在閉環的過程中不確定的位姿導致的位姿圖最佳化誤差過大。在這種情況下，地圖會被分割為多個子地圖，正是有了多地圖系統，這些子地圖最終才可以融合為更精確的全域地圖。

16.3　建立新地圖的方法和時機

師兄： 前面我們講了多地圖系統的效果和作用，下面討論在地圖集中如何建立新地圖，什麼時候需要建立新地圖。

16.3.1　如何建立新地圖

師兄： 建立新地圖的過程比較簡單，主要步驟如下。

第 1 步，如果存在當前活躍地圖，則先將當前活躍地圖標記為非活躍地圖。

第 2 步，新建地圖，並將新地圖標記為活躍地圖。

第 3 步，將新的活躍地圖插入地圖集中。

程式實作也非常簡單，如下所示。

```
// Atlas.cc
// 在地圖集中新建地圖
void Atlas::CreateNewMap()
{
    // 鎖住地圖集
    unique_lock<mutex> lock(mMutexAtlas);
    // 如果當前活躍地圖有效，則先將當前活躍地圖儲存為非活躍地圖，然後退出
    if(mpCurrentMap){
        // mnLastInitKFidMap 為當前地圖建立時第 1 個主要畫面格的 ID，
        // 它在上一個地圖最大主要畫面格 ID 的基礎上增加 1
    if(!mspMaps.empty() && mnLastInitKFidMap <mpCurrentMap->GetMaxKFid())
        mnLastInitKFidMap = mpCurrentMap->GetMaxKFid()+1;
    // 將當前地圖儲存起來，其實就是把 mIsInUse 標記為 false
    mpCurrentMap->SetStoredMap();
    }
    mpCurrentMap = new Map(mnLastInitKFidMap); // 新建地圖
    mpCurrentMap->SetCurrentMap();                 // 設定為活躍地圖
    mspMaps.insert(mpCurrentMap);                  // 插入地圖集中
}
```

小白：程式中的地圖儲存是怎麼實作的呢？

師兄：在程式中，其實並沒有真正進行「儲存」操作，只是把地圖中的一個標記位元 mIsInUse 設定為 false，也就是將該地圖設定為非活躍地圖。此時，這個非活躍地圖仍然在地圖集中。

16.3.2　什麼時候需要建立新地圖

師兄：建立新地圖的時機也很重要，既不能頻繁建立地圖，影響效率，也不能太保守，影響效果。整體來說，在以下幾種情況下需要考慮建立新地圖。

1. 構造 SLAM 系統時

在構造地圖集 Atlas 類別時，地圖集中還是空的，需要建立第一個地圖，程式實作如下。

```
// 在 System.cc 檔案中
// 構造地圖集 Atlas 類別，參數 0 表示初始化主要畫面格 ID 為 0
mpAtlas = new Atlas(0);
// 在 Atlas.cc 檔案中
// Atlas 類別的建構元數
Atlas::Atlas(int initKFid): mnLastInitKFidMap(initKFid), mHasViewer(false)
{
```

```
    mpCurrentMap = static_cast<Map*>(NULL);
    // 建立新地圖
    CreateNewMap();
}
```

2. 追蹤執行緒中時間戳記異常時

這裡的時間戳記異常包括兩種情況。

（1）時間戳記顛倒。當前影像畫面格時間戳記比前一個影像畫面格時間戳記還小，這不符合常識。

（2）時間戳記跳變。當前影像畫面格時間戳記距離前一個影像畫面格時間戳記比較久（大於 1s）。

下面是具體程式。

```
// Tracking.cc 檔案中的 Track() 函式
// 追蹤執行緒中時間戳記異常時的處理
if(mState!=NO_IMAGES_YET)
{
    // 進入以下兩個 if 敘述都是不正常的情況，不進行追蹤，直接傳回
    if(mLastFrame.mTimeStamp>mCurrentFrame.mTimeStamp)
    {
        // 如果當前影像畫面格時間戳記比前一個影像畫面格時間戳記小，則說明出錯了，清除 IMU 資料，
        // 建立新的子地圖
        unique_lock<mutex> lock(mMutexImuQueue);
        mlQueueImuData.clear();
        // 建立新地圖
        CreateMapInAtlas();
        return;
    }
    else if(mCurrentFrame.mTimeStamp>mLastFrame.mTimeStamp+1.0)
    {
        // 如果當前影像畫面格時間戳記距離前一個影像畫面格時間戳記大於 1s，則說明時間戳記明顯跳
        變了，
        // 重置地圖後直接傳回
        if(mpAtlas->isInertial()) // 如果是 IMU 模式，則做如下操作
        {
            // 如果當前地圖完成 IMU 初始化，則完成第一階段初始化
            if(mpAtlas->isImuInitialized())
            {
                if(!pCurrentMap->GetIniertialBA2())
                {
                    // 如果當前子地圖中 IMU 沒有經過 BA2，則重置活躍地圖
                    mpSystem->ResetActiveMap();
                }
                else
```

```
                    {
                        // 如果當前子地圖中 IMU 進行了 BA2，則建立新的子地圖
                        CreateMapInAtlas();
                    }
                }
                else
                {
                    // 重置活躍地圖
                    mpSystem->ResetActiveMap();
                }
            }
            // 非 IMU 模式，放棄追蹤，直接傳回
            return;
        }
}
```

3. 追蹤執行緒中確定追蹤遺失後

　　根據追蹤的階段不同，判斷條件也不同。如果在追蹤的第一階段就確定追蹤
遺失，則進行如下處理。

- 如果當前活躍地圖中主要畫面格的數量小於 10 個，則認為該地圖中有效資
  訊太少，直接重置，捨棄當前地圖。
- 如果當前活躍地圖中主要畫面格的數量超過 10 個，則認為該地圖仍有一定
  價值，儲存起來作為非活躍地圖，然後新建一個地圖。
  程式如下。

```
// Tracking.cc 檔案中的 Track() 函式
// 在追蹤的第一階段確定追蹤遺失
if (mState == LOST)
{
    if (pCurrentMap->KeyFramesInMap()<10)
    {
        // 當前活躍地圖中主要畫面格的數量小於 10 個，重置當前地圖
        mpSystem->ResetActiveMap();
    }else
        // 當前活躍地圖中主要畫面格的數量超過 10 個，先儲存為非活躍地圖，然後建立新地圖
        CreateMapInAtlas();
    // 清空上一個主要畫面格
    if(mpLastKeyFrame)
        mpLastKeyFrame = static_cast<KeyFrame*>(NULL);
    return;
}
```

　　如果在追蹤的第二階段確定追蹤遺失，則進行如下處理。

- 如果當前是純視覺模式且地圖中主要畫面格的數量超過 5 個或者在慣性模式下已經完成 IMU 第一階段初始化，則認為該地圖仍有一定價值，儲存起來作為非活躍地圖，然後新建一個地圖。

- 否則重置，捨棄當前地圖。

```
// Tracking.cc 檔案中的 Track() 函式
// 在追蹤的第二階段確定追蹤遺失
if(mState==LOST)
{
    // 如果地圖中主要畫面格的數量小於 5 個，則重置當前地圖，退出當前追蹤
    if(pCurrentMap->KeyFramesInMap()<=5)
    {
        mpSystem->ResetActiveMap();
        return;
    }
    if ((mSensor == System::IMU_MONOCULAR) || (mSensor == System::IMU_STEREO))
        if (!pCurrentMap->isImuInitialized())
        {
            // 如果是 IMU 模式，並且還未進行 IMU 初始化，則重置當前地圖，退出當前追蹤
            mpSystem->ResetActiveMap();
            return;
        }
    // 如果當前是純視覺模式且地圖中主要畫面格的數量超過 5 個或者在慣性模式下已經完成 IMU 第一階
    // 段初始化，則建立新的地圖
    CreateMapInAtlas();
}
```

以上就是需要建立地圖的幾種情況。

16.4 地圖融合概述

小白：第 15 章的演算法框架中提到了地圖融合，並且是和閉環執行緒放在一起的，它們是什麼關係呢？

師兄：雖然地圖融合和閉環二者的名字差別較大，但本質上做的事情非常接近。在 ORB-SLAM2 的單地圖系統中，閉環前需要檢測閉環候選主要畫面格，也就是尋找和當前主要畫面格不直接相連，但是有足夠的公共單字的主要畫面格。而在 ORB- SLAM3 的多地圖系統中，閉環前需要檢測具有共同區域的主要畫面格，它和閉環候選主要畫面格的意義比較接近。如果檢測到共同區域的主要畫面格都來自當前的活躍地圖，則執行閉環操作；如果檢測到共同區域的主要畫

面格來自不同的子地圖，則執行地圖融合操作。

小白：有沒有可能同時檢測到閉環和地圖融合呢？這時怎麼辦？

師兄：這是有可能的。處理方式也比較簡單，由於地圖融合是在多地圖之間進行的，優先順序比較高，因此如果同時檢測到閉環和地圖融合，則執行地圖融合操作，忽略閉環。

小白：地圖融合具體是如何操作的呢？

師兄：在第 19 章閉環及地圖融合執行緒中還會結合程式詳細講解實作細節。這裡簡單介紹一下地圖融合的流程[1]。

第 1 步，判斷兩個參與融合的地圖是否有交集。如果場景辨識模組在活躍地圖 M_a 中的主要畫面格 K_a 和非活躍地圖 M_m 中的主要畫面格 K_m 之間檢測到了共同區域，則認為兩個地圖有交集。

第 2 步，用 K_a 和 K_m 之間的匹配關係估計出它們之間的變換矩陣 T_{am}，用於對齊兩個地圖，如圖 16-2 所示。如果是單目相機模式，變換矩陣 T_{am} 就是 Sim(3) 變換；如果是雙目相機模式，則尺度固定為 1，變換矩陣 T_{am} 就是普通的 SE(3) 變換。具體操作是，先用詞袋得到 K_a 和 K_m 之間的初始匹配特徵點對，然後用隨機採樣一致性（RANdom SAmple Consensus，RANSAC）演算法迭代求解位姿，得到初始的 T_{am} 變換；再用初始的 T_{am} 變換進行引導匹配，得到更多的匹配地圖點；最後透過非線性最佳化重投影誤差，得到更準確的變換矩陣 T_{am}。

第 3 步，融合地圖。如圖 16-3 所示，首先利用 T_{am} 把 K_m 視窗（該主要畫面格及其共視主要畫面格）內的所有主要畫面格的地圖點都投影到 K_a 視窗內；然後檢測重複的地圖點並進行地圖點融合；最後融合兩個地圖的主要畫面格連接關係、生成樹、共視圖等。

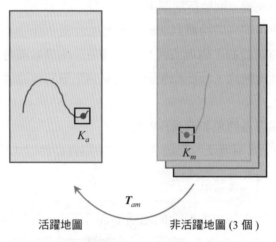

活躍地圖   非活躍地圖 (3 個)

▲圖 16-2 對齊待融合地圖的變換矩陣

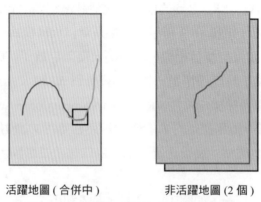

活躍地圖 (合併中)   非活躍地圖 (2 個)

▲圖 16-3 將非活躍地圖投影到活躍地圖並融合

第 4 步,在地圖熔接區域進行熔接(Welding)BA 最佳化,並進行第二次重複地圖點檢測和融合,以及更新共視圖。

第 5 步,執行位姿圖最佳化。

如圖 16-4 所示,將兩個地圖融合後變成一個活躍地圖,同時非活躍地圖的數量也會對應減少。以上就是地圖融合的大致流程。

小白:看起來地圖融合的過程還是挺複雜的,它和其他執行緒怎麼配合呢?

　　師兄：地圖融合在單獨的執行緒中，它和追蹤執行緒、局部地圖建構執行緒、全域 BA 執行緒（會根據需要啟動）是不同的子執行緒。它們之間因為有資料共用，所以需要互相配合才能避免衝突，從而完成任務。

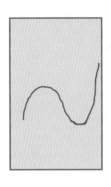 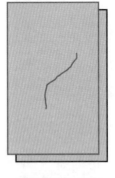

活躍地圖（合併後）　　　　非活躍地圖 (2 個)

▲ 圖 16-4　地圖融合後

- **在地圖融合開始之前**：為了避免地圖集中加入新的主要畫面格，可以先停止局部地圖建構執行緒。如果全域 BA 執行緒正在執行，則也要停止，因為生成樹在 BA 最佳化後會發生改變。
- **在地圖融合過程中**：為了保證即時性，追蹤執行緒會在原來的活躍地圖中繼續執行。其他執行緒都會停止。
- **完成地圖融合後**：恢復啟動局部地圖建構執行緒。如果全域 BA 執行緒停止了，則也要重新啟動，處理新的資料。
  以上就是在地圖融合的不同階段幾個執行緒之間的配合方式。

參考文獻

[1] ELVIRA R, TARDÓS J D, MONTIEL J M M. ORBSLAM-Atlas: a robust and accurate multi-map system[C]//2019 IEEE/RSJ International Conference on Intelligent Robots and Systems (IROS). IEEE, 2019: 6253-6259.

[2] QIN T, LI P, SHEN S. Vins-mono: A robust and versatile monocular visualinertial state estimator[J]. IEEE Transactions on Robotics, 2018, 34(4): 1004- 1020.

## 第 17 章

ORB-SLAM3 中的追蹤執行緒

17.1　追蹤執行緒流程圖

師兄：ORB-SLAM3 中的追蹤執行緒主體流程和 ORB-SLAM2 中的一樣，主要包括兩個階段。

- 第一階段包括三種追蹤方式—— 參考主要畫面格追蹤、恒速模型追蹤、重定位追蹤，它們的目的是保證能夠「跟得上」，但估計出來的位姿可能沒那麼準確。

- 第二階段是局部地圖追蹤，將當前畫面格的局部主要畫面格對應的局部地圖點投影到該畫面格中，得到更多的特徵點匹配關係，對第一階段的位姿再次進行最佳化，得到相對準確的位姿。

不過，由於引入了 IMU，因此 ORB-SLAM3 中的追蹤執行緒變得更複雜了。圖 17-1 所示是追蹤執行緒在 SLAM 模式下的完整流程圖，圖中省略了僅定位模式追蹤的流程。

17.2　追蹤執行緒的新變化

小白：ORB-SLAM3 相對於 ORB-SLAM2，追蹤執行緒有哪些新變化呢？

師兄：從整體框架上來講，基本流程變化不大。相對於 ORB-SLAM2，ORB- SLAM3 因為增加了 IMU 模式，其追蹤執行緒主要有以下不同。

（1）新增了一種追蹤狀態。RECENTLY_LOST，它的目的是在視覺 +IMU 模式下，當短期追蹤遺失後，可以用累積的 IMU 資料預測一個粗糙的位姿，希望能夠把跟丟的位姿重新找回來。

（2） 在恒速模型追蹤中。如果是 IMU 模式且滿足一定的條件，則可以用 IMU 積分代替位姿差來估計當前畫面格位姿。

（3） 在重定位追蹤中。基本流程不變，只不過將位姿估計方法中的 EPnP 換成了 MLPnP（最大似然 PnP）。主要原因是 EPnP 是根據標定好的針孔相機模型推導而來的，不具有普適性；而 MLPnP 將相機模型解耦合了，更加通用。

（4） 在局部地圖追蹤中。在 IMU 模式下，使用視覺資訊和 IMU 資訊聯合最佳化當前畫面格位姿。

（5） 插入主要畫面格。如果當前地圖未完成 IMU 初始化，且當前畫面格距離上一畫面格時間戳記超過 0.25s，則直接插入主要畫面格。

下面結合程式中具體的變化依次分析。

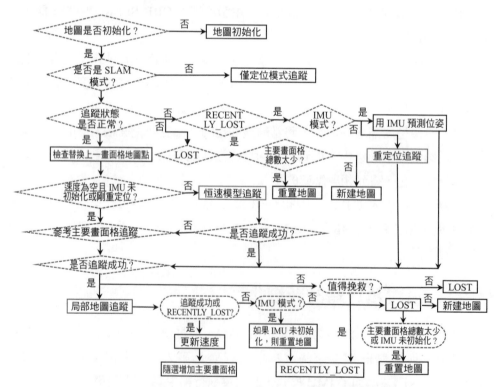

▲ 圖 17-1 ORB-SLAM3 中 SLAM 模式下的追蹤執行緒流程圖

17.2.1 新的追蹤狀態

師兄：首先看新增的一種追蹤狀態——RECENTLY_LOST。下面是 ORB-SLAM2 和 ORB-SLAM3 中追蹤狀態的對比。

```
// ORB-SLAM2 中追蹤狀態類型
enum eTrackingState{
    SYSTEM_NOT_READY=-1,        // 系統沒有準備好的狀態，一般就是在啟動後載入設定檔
                                // 和詞典檔案時的狀態

    NO_IMAGES_YET=0,            // 當前無影像
    NOT_INITIALIZED=1,          // 有影像但是沒有完成初始化
    OK=2,                       // 正常時的工作狀態
    LOST=3                      // 系統已經跟丟的狀態
};

// ORB-SLAM3 中追蹤狀態類型
enum eTrackingState{
    SYSTEM_NOT_READY=-1,        // 系統沒有準備好的狀態，一般是在啟動後載入設定檔和
                                // 詞典檔案時的狀態

    NO_IMAGES_YET=0,            // 當前無影像
    NOT_INITIALIZED=1,          // 有影像但是沒有完成初始化
    OK=2,                       // 正常追蹤狀態
    RECENTLY_LOST=3,            //IMU 模式：當前地圖中的 KF>10，且遺失時間小於 5s；
                                // 純視覺模式：沒有該狀態
    LOST=4                      //IMU 模式：當前畫面格跟丟超過 5s；純視覺模式：重定位失敗
};
```

小白：有了 LOST 狀態，為什麼還要增加 RECENTLY_LOST 狀態？

師兄：為了降低追蹤遺失的可能性。這裡將追蹤遺失的狀態分為兩種。

1. 短期追蹤遺失（RECENTLY_LOST）

在 IMU 模式下，當前地圖中的主要畫面格大於 10 畫面格，且遺失時間小於 5s。此時先用 IMU 資料預測位姿，然後在局部地圖追蹤中用預測的位姿在更大的影像視窗中進行投影匹配，最後用視覺慣性聯合最佳化位姿。在大部分的情況下，用上述方法可以恢復位姿；否則，超過 5s 後，進入 LOST 狀態。

2. 長期追蹤遺失（LOST）

在 IMU 模式下，短期追蹤遺失後 5s 內未恢復位姿，則認為進入長期追蹤遺失狀態。在純視覺模式下，重定位失敗即進入此狀態。進入此狀態需要新建地圖。

小白：RECENTLY_LOST 狀態是在追蹤執行緒中的哪個階段設定的呢？

師兄：是在參考主要畫面格追蹤、恒速模型追蹤都失敗時設定的。程式如下。

```
// Tracking.cc 檔案中 Track() 函式
// 當參考主要畫面格追蹤、恒速模型追蹤都失敗時，新增 RECENTLY_LOST 狀態
// 如果參考主要畫面格追蹤、恒速模型追蹤都失敗了，且滿足一定的條件，
// 則標記為 RECENTLY_LOST 或 LOST
if (!bOK)
{
    // 條件 1：如果當前畫面格距離上次重定位成功不到 1s
    // mnFramesToResetIMU 表示經過多少畫面格後可以重置 IMU，
    // 一般設定為和每秒顯示畫面相同，對應的時間是 1s
    // 條件 2：單目相機 +IMU 或者雙目相機 +IMU 模式
    // 同時滿足條件 1 和條件 2，標記為 LOST
    if ( mCurrentFrame.mnId<=(mnLastRelocFrameId+mnFramesToResetIMU) &&
        (mSensor==System::IMU_MONOCULAR || mSensor==System::IMU_STEREO))
    {
        mState = LOST;
    }
    else if(pCurrentMap->KeyFramesInMap()>10)
    {
        // 條件 1：當前地圖中主要畫面格數目較多 ( 大於 10 )
        // 條件 2 ( 隱藏條件 )：當前畫面格距離上次重定位畫面格超過 1s 或者在非 IMU 模式下
        // 同時滿足條件 1 和條件 2，則將狀態標記為 RECENTLY_LOST，
        // 後面會結合 IMU 預測的位姿看能否挽救回來
        mState = RECENTLY_LOST;
        // 記錄遺失時間
        mTimeStampLost = mCurrentFrame.mTimeStamp;
    }
    else
    {
        mState = LOST;
    }
}
```

下面是在 RECENTLY_LOST 狀態下不同模式的處理方法。

```
// Tracking.cc 檔案中的 Track() 函式
// RECENTLY_LOST 狀態下的處理
if (mState == RECENTLY_LOST)
{
    // 將 bOK 先置為 true
    bOK = true;
    // 如果是 IMU 模式，則用 IMU 資料預測位姿
    if((mSensor == System::IMU_MONOCULAR || mSensor == System::IMU_STEREO))
    {
        // 如果當前地圖中 IMU 已經成功初始化，則用 IMU 資料預測位姿
        if(pCurrentMap->isImuInitialized())
            PredictStateIMU();
        else
            bOK = false;
        // IMU 模式下當前畫面格距離跟丟畫面格超過 5s 還沒有被找回 ( time_recently_lost
```

```
        預設為 5s）
    // 放棄，將 RECENTLY_LOST 狀態改為 LOST 狀態
    if (mCurrentFrame.mTimeStamp-mTimeStampLost>time_recently_lost)
    {
        mState = LOST;
        bOK=false;
    }
}
else
{
    // 純視覺模式下則進行重定位，主要是 BoW 搜尋、EPnP 求解位姿
    bOK = Relocalization();
    if(!bOK)
    {
        // 純視覺模式下重定位失敗，狀態為 LOST
        mState = LOST;
        bOK=false;
    }
}
}
```

17.2.2 第一階段追蹤新變化

師兄：下面來看第一階段追蹤中的一些新變化，基本和 IMU 直接相關。

1. 第一階段追蹤新變化

參考主要畫面格追蹤的程式基本一致。不同之處在於，在 IMU 模式下追蹤成功的判斷標準更寬鬆。

（1）在 ORB-SLAM2 中。最後位姿最佳化後，需要成功匹配內點數目超過 10 才認為成功追蹤。

（2）在 ORB-SLAM3 中。最後位姿最佳化後，如果是 IMU 模式，則認為成功追蹤；如果是純視覺模式，則需要成功匹配內點數目超過 10 才認為成功追蹤。

2. 恆速模型追蹤的程式差別

（1）在 ORB-SLAM2 中。

- 直接用位姿差代替速度。
- 在擴大搜尋半徑後重新搜尋，如果成功匹配點對數目仍小於 20，則認為追蹤失敗。
- 最後位姿最佳化後，需要成功匹配內點數目超過 10 才認為成功追蹤。

（2）在 ORB-SLAM3 中。

- 在 IMU 模式下，如果 IMU 完成初始化且距離重定位比較久，不需要重置
  IMU，則用 IMU 估計位姿；否則，用位姿差代替速度。

- 在擴大搜尋半徑後重新搜尋，如果成功匹配點對數目仍小於 20，則根據感測
  器的類型進行選擇。如果是 IMU 模式，則認為成功追蹤；否則，認為追蹤
  失敗。

- 最後位姿最佳化後，如果是 IMU 模式，則認為成功追蹤；如果是純視覺模式，
  則需要成功匹配內點數目超過 10 才認為成功追蹤。
  程式實作如下。

```
// Tracking.cc 檔案
// 根據恒速模型用上一畫面格的地圖點對當前畫面格進行追蹤。追蹤成功，傳回 true
bool Tracking::TrackWithMotionModel()
{
    // 最小距離小於 0.9* 次小距離則匹配成功，檢查旋轉
    ORBmatcher matcher(0.9,true);
    // Step 1：更新上一畫面格的位姿；對於雙目相機或 RGB-D 相機模式，還會根據深度值生成臨時
    //          地圖點
    UpdateLastFrame();

    // Step 2：根據 IMU 或者恒速模型得到當前畫面格的初始位姿
    if (mpAtlas->isImuInitialized() &&
(mCurrentFrame.mnId>mnLastRelocFrameId+mnFramesToResetIMU))
    {
        // IMU 完成初始化且距離重定位比較久，不需要重置 IMU，用 IMU 來估計位姿
        PredictStateIMU();
        return true;
    }
    else
    {
        // 根據之前估計的速度，用恒速模型得到當前畫面格的初始位姿
        mCurrentFrame.SetPose(mVelocity*mLastFrame.mTcw);
    }
    // 清空當前畫面格的地圖點
    fill(mCurrentFrame.mvpMapPoints.begin(),mCurrentFrame.mvpMapPoints.end(),
static_cast<MapPoint*>(NULL));
    // 設定特徵匹配過程中的搜尋半徑
    int th;
    if(mSensor==System::STEREO)
        th=7;
    else
        th=15;
```

```
// Step 3：用上一畫面格的地圖點進行投影匹配，如果匹配點不夠，則擴大搜尋半徑再試一次
    int nmatches = matcher.SearchByProjection(mCurrentFrame,mLastFrame,th,
mSensor==System::MONOCULAR || mSensor==System::IMU_MONOCULAR);
    if(nmatches<20)
    {
    fill(mCurrentFrame.mvpMapPoints.begin(),mCurrentFrame.mvpMapPoints.end(),
static_cast<MapPoint*>(NULL));
        nmatches = matcher.SearchByProjection(mCurrentFrame,mLastFrame,2*th,
mSensor==System::MONOCULAR || mSensor==System::IMU_MONOCULAR);
    }
    if(nmatches<20) // 引入 IMU，降低了成功追蹤的要求
    {
        if (mSensor == System::IMU_MONOCULAR || mSensor == System::IMU_STEREO)
            return true;
        else
            return false;
    }

    // Step 4：利用 3D-2D 投影關係，最佳化當前畫面格位姿
    Optimizer::PoseOptimization(&mCurrentFrame);

    // Step 5：剔除地圖點中的外點
    // ......

    // 引入 IMU，降低了成功追蹤的要求
    if (mSensor == System::IMU_MONOCULAR || mSensor == System::IMU_STEREO)
        return true;
    else
        return nmatchesMap>=10;
}
```

　　ORB-SLAM3 中**重定位追蹤**的基本流程和 ORB-SLAM2 中的一樣，只不過將位姿估計方法中的 EPnP（至少需要 4 對點）換成了 MLPnP（至少需要 6 對點）。

17.2.3　第二階段追蹤新變化

　　師兄：局部地圖追蹤也有較大改進。

　　（1）在 ORB-SLAM2 中僅最佳化位姿；只要追蹤的地圖點大於 30 個，就認為成功追蹤。

　　（2）在 ORB-SLAM3 中。

- 如果 IMU 未初始化或者雖然初始化成功但距離上次重定位時間比較近（小於 1s），則僅最佳化位姿。否則，如果地圖未更換，則使用上一**普通畫面格**及當前畫面格的視覺資訊和 IMU 資訊聯合最佳化當前畫面格位姿、速度和

IMU 零偏；如果地圖更換，則使用上一**主要畫面格**及當前畫面格的視覺資訊和 IMU 資訊聯合最佳化當前畫面格位姿、速度和 IMU 零偏。

- 定義追蹤成功。在 RECENTLY_LOST 狀態下，至少成功追蹤 10 個地圖點才算成功。在 IMU 模式下，至少成功追蹤 15 個地圖點才算成功。若以上情況都不滿足，則只要追蹤的地圖點大於 30 個，就認為成功追蹤。

```cpp
// Tracking.cc 檔案
// 用局部地圖進行追蹤，進一步最佳化位姿，成功追蹤，傳回 true
bool Tracking::TrackLocalMap()
{
    // Step 1：更新局部主要畫面格和局部地圖點
    UpdateLocalMap();

    // Step 2：篩選局部地圖中新增的在視野範圍內的地圖點，投影到當前畫面格中進行搜尋匹配，
    // 得到更多的匹配關係
    SearchLocalPoints();

    // Step 3：前面新增了更多的匹配關係，執行 BA 最佳化得到更準確的位姿
    int inliers;
    if (!mpAtlas->isImuInitialized())
        // IMU 未初始化，僅最佳化位姿
        Optimizer::PoseOptimization(&mCurrentFrame);
    else
    {
        // 初始化、重定位、重新開啟一個地圖都會使 mnLastRelocFrameId 發生變化
        if(mCurrentFrame.mnId<=mnLastRelocFrameId+mnFramesToResetIMU)
        {
            // 如果距離上次重定位時間比較近 ( 小於 1s )，累積的 IMU 資料較少，
            // 則最佳化時暫不使用 IMU 資料
            Optimizer::PoseOptimization(&mCurrentFrame);
        }
        else
        {
            // 如果累積的 IMU 資料比較多，則考慮使用 IMU 資料進行最佳化
            if(!mbMapUpdated) // 未更新地圖
            {
                // 使用上一普通畫面格及當前畫面格的視覺資訊和 IMU 資訊聯合最佳化
                // 當前畫面格位姿、速度和 IMU 零偏
                inliers = Optimizer::PoseInertialOptimizationLastFrame
                        (&mCurrentFrame);
            }
            else
            {
                // 使用上一主要畫面格及當前畫面格的視覺資訊和 IMU 資訊聯合最佳化
                // 當前畫面格位姿、速度和 IMU 零偏
                inliers = Optimizer::PoseInertialOptimizationLastKeyFrame
```

```
                            (&mCurrentFrame);
            }
        }
    }
    vnKeyFramesLM.push_back(mvpLocalKeyFrames.size());
    vnMapPointsLM.push_back(mvpLocalMapPoints.size());
    mnMatchesInliers = 0;

    // Step 4：更新當前畫面格的地圖點被觀測程度，並統計追蹤局部地圖後匹配數目
    // ......

    // Step 5：根據追蹤匹配數目及重定位情況決定是否追蹤成功
    mpLocalMapper->mnMatchesInliers=mnMatchesInliers;
    // 如果剛剛發生了重定位，那麼至少成功匹配 50 個點才認為成功追蹤
    if(mCurrentFrame.mnId<mnLastRelocFrameId+mMaxFrames && mnMatchesInliers<50)
        return false;
    // 在 RECENTLY_LOST 狀態下，至少成功追蹤 10 個地圖點才算成功
    if((mnMatchesInliers>10)&&(mState==RECENTLY_LOST))
        return true;
    // 在 IMU 模式下，至少成功追蹤 15 個地圖點才算成功。其他情況下只要追蹤的地圖點大於 30 個，
    // 就認為成功追蹤，傳回 true。追蹤失敗則傳回 false
    // ......
    }
```

17.2.4 插入主要畫面格新變化

師兄：由於 ORB-SLAM3 中加入了 IMU 感測器，所以插入主要畫面格的條件也變得更加複雜。ORB-SLAM2 中插入主要畫面格的條件見第 9 章。在 ORB-SLAM3 中，總結插入主要畫面格的條件如下。

（1）同時滿足條件 1、條件 2、條件 3 可以直接插入主要畫面格。條件 1 為 IMU 模式，條件 2 為當前地圖中未完成 IMU 初始化，條件 3 為當前畫面格距離上一畫面格時間戳超過 0.25s。

（2）滿足以下程式中的條件 (((c1a||c1b||c1c) && c2)||c3 ||c4) 後，根據局部地圖建構執行緒是否空閒進一步判斷。如果局部地圖建構執行緒空閒，則直接插入主要畫面格；否則，先中斷局部地圖建構 BA 最佳化，在雙目相機、雙目相機 +IMU 或 RGB-D 相機模式下，如果佇列中沒有阻塞太多主要畫面格，則可以插入主要畫面格。

上述判斷條件的程式實作如下。

```
// Tracking.cc 檔案
```

```cpp
// 判斷當前狀態是否需要插入主要畫面格
bool Tracking::NeedNewKeyFrame()
{
    // 如果是 IMU 模式且當前地圖中未完成 IMU 初始化
    if(((mSensor == System::IMU_MONOCULAR) || (mSensor == System::IMU_STEREO))
&& !mpAtlas->GetCurrentMap()->isImuInitialized())
    {
        // 如果是 IMU 模式，當前畫面格距離上一主要畫面格時間戳記超過 0.25s，則說明需要插入
        // 主要畫面格，
        // 不再進行後續判斷
        if (mSensor == System::IMU_MONOCULAR &&
(mCurrentFrame.mTimeStamp- mpLastKeyFrame->mTimeStamp)>=0.25)
            return true;
        else if (mSensor == System::IMU_STEREO &&
(mCurrentFrame.mTimeStamp- mpLastKeyFrame->mTimeStamp)>=0.25)
            return true;
        else    // 否則，說明不需要插入主要畫面格，不再進行後續判斷
            return false;
    }
    // Step 1：在純 VO 模式下不插入主要畫面格
    // ......

    // Step 2：如果局部地圖建構執行緒被閉環檢測使用，則不插入主要畫面格
    // ......

    // 如果 IMU 正在初始化，則不插入主要畫面格
    if (mpLocalMapper->IsInitializing())
        return false;
    // 獲取當前地圖中的主要畫面格數目
    const int nKFs = mpAtlas->KeyFramesInMap();

    // Step 3：如果距離上一次重定位比較近，並且主要畫面格數目超出最大限制，則不插入主要畫面格
    // ......

    // Step 4：得到參考主要畫面格追蹤到的地圖點數量
    // 地圖點的最小觀測次數
    int nMinObs = 3;
    if(nKFs<=2)
        nMinObs=2;
    // 參考主要畫面格地圖點中觀測的數目大於或等於 nMinObs 的地圖點數目
    int nRefMatches = mpReferenceKF->TrackedMapPoints(nMinObs);

    // Step 5：查詢局部地圖建構執行緒是否繁忙，當前能否接收新的主要畫面格
    bool bLocalMappingIdle = mpLocalMapper->AcceptKeyFrames();

    // Step 6：對於雙目相機或 RGB-D 相機模式，統計成功追蹤的近點的數量。
    // 如果追蹤到的近點太少，沒有追蹤到的近點較多，則可以插入主要畫面格
    // ......
```

```
// 在雙目相機或 RGB-D 相機模式下，追蹤到的地圖點中近點太少，同時沒有追蹤到的三維點太多，
// 可以插入主要畫面格。在單目相機模式下為 false
bool bNeedToInsertClose = (nTrackedClose<100) && (nNonTrackedClose>70);

// Step 7：決策是否需要插入主要畫面格
// Step 7.1：設定比例設定值，當前畫面格和參考主要畫面格追蹤到點的比例越大，越傾向於增加主
// 要畫面格
float thRefRatio = 0.75f;
// 主要畫面格只有一畫面格，那麼插入主要畫面格的設定值設定得低一點，插入頻率較低
if(nKFs<2)
    thRefRatio = 0.4f;
// 在單目相機模式下插入主要畫面格的頻率很高
if(mSensor==System::MONOCULAR)
    thRefRatio = 0.9f;
if(mpCamera2) thRefRatio = 0.75f;
// 在單目相機 +IMU 模式下，如果匹配內點數目超過 350 個，則插入主要畫面格的頻率可以適當降低
if(mSensor==System::IMU_MONOCULAR)
{
    if(mnMatchesInliers>350)
        thRefRatio = 0.75f;
    else
        thRefRatio = 0.90f;
}

// Step 7.2：很長時間沒有插入主要畫面格，可以插入
const bool c1a = mCurrentFrame.mnId>=mnLastKeyFrameId+mMaxFrames;
// Step 7.3：滿足插入主要畫面格的最小間隔並且局部地圖建構執行緒處於空閒狀態，可以插入
const bool c1b = ((mCurrentFrame.mnId>=mnLastKeyFrameId+mMinFrames) && bLo-
calMappingIdle);
// Step 7.4：在雙目相機、RGB-D 相機模式下，當前畫面格追蹤到的點比參考主要畫面格的
//          0.25 倍還少，
// 或者滿足 bNeedToInsertClose
const bool c1c = mSensor!=System::MONOCULAR &&
mSensor!=System::IMU_MONOCULAR && mSensor!=System::IMU_STEREO &&
    (mnMatchesInliers<nRefMatches*0.25 ||  // 當前畫面格和地圖點匹配的數目非常少
    bNeedToInsertClose) ;                  // 需要插入主要畫面格
// Step 7.5：和參考畫面格相比，當前追蹤到的點太少，或者滿足 bNeedToInsertClose；
// 同時追蹤到的內點還不能太少
const bool c2 = (((mnMatchesInliers<nRefMatches*thRefRatio || bNeedToIn-
sertClose)) && mnMatchesInliers>15);
// 新增的條件 c3：在單目相機、雙目相機 +IMU 模式下，IMU 完成了初始化（隱藏條件），
// 當前畫面格和上一主要畫面格之間的時間間隔超過了 0.5 秒，則 c3=true
bool c3 = false;
if(mpLastKeyFrame)
{
    if (mSensor==System::IMU_MONOCULAR)
    {
        if ((mCurrentFrame.mTimeStamp-mpLastKeyFrame->mTimeStamp)>=0.5)
```

```
                        c3 = true;
            }
        else if (mSensor==System::IMU_STEREO)
        {
            if ((mCurrentFrame.mTimeStamp-mpLastKeyFrame->mTimeStamp)>=0.5)
            c3 = true;
        }
    }
    // 新增的條件 c4：在單目相機 +IMU 模式下，當前畫面格匹配的內點數目在 15 與 75 之間或
    // RECENTLY_ LOST 狀態，則 c4=true
    bool c4 = false;
    if ((((mnMatchesInliers<75) && (mnMatchesInliers>15)) ||
mState==RECENTLY_LOST) && ((mSensor == System::IMU_MONOCULAR)))
        c4=true;
    else
        c4=false;
    // 最終插入條件相比 ORB-SLAM2 多了 c3、c4
    if(((c1a||c1b||c1c) && c2)||c3 ||c4)
    {
        // Step 7.6：local mapping 空閒時可以直接插入，繁忙時要根據情況插入
        if(bLocalMappingIdle)
        {
            return true;
        }
        else
        {
            mpLocalMapper->InterruptBA();
            if(mSensor!=System::MONOCULAR && mSensor!=System::IMU_MONOCULAR)
            {
                // 在非單目相機模式下，如果佇列中沒有阻塞太多主要畫面格，則可以插入
                if(mpLocalMapper->KeyframesInQueue()<3)
                    // 佇列中的主要畫面格數目不是很多，可以插入
                    return true;
            else
                // 佇列中緩衝的主要畫面格數目太多，暫時不能插入
                return false;
            }
            else
                return false;
        }
    }
    else
        // 不滿足上面的條件，自然不能插入主要畫面格
        return false;
}
```

在實際建立主要畫面格時，還需要考慮追蹤狀態。

```
// 判斷是否需要插入主要畫面格
bool bNeedKF = NeedNewKeyFrame();

// 根據條件判斷是否插入主要畫面格
// 需要同時滿足下面的條件 1 和條件 2
// 條件 1：bNeedKF=true，需要插入主要畫面格
// 條件 2：bOK=true，追蹤成功或處於 IMU 模式下的 RECENTLY_LOST 狀態
if(bNeedKF && (bOK|| (mState==RECENTLY_LOST && (mSensor == System::IMU_MONOCULAR
|| mSensor == System::IMU_STEREO))))
    // 建立主要畫面格，對於雙目相機或 RGB-D 相機模式，會產生新的地圖點
    CreateNewKeyFrame();
```

第 *18* 章

ORB-SLAM3 中的
局部地圖建構執行緒

18.1　局部地圖建構執行緒的作用

　　師兄：局部地圖建構執行緒在 ORB-SLAM3 中承擔了重要的新功能，也就是 IMU 的初始化。這裡總結該執行緒的主要作用：

- 承上啟下。接收追蹤執行緒輸入的主要畫面格並進行局部地圖最佳化、刪除容錯主要畫面格等；將最佳化後的主要畫面格發送給閉環執行緒。

- 實作中期資料連結。如圖 18-1 所示，追蹤執行緒中僅使用了相鄰普通畫面格或主要畫面格的資訊，而且只最佳化當前畫面格的位姿，沒有聯合最佳化多個位姿，沒有最佳化地圖點。局部地圖建構執行緒中滿足一定共視關係的多個主要畫面格及其對應的地圖點都參與最佳化，使得主要畫面格的位姿和地圖點更加準確。

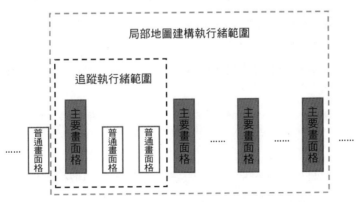

▲ 圖 18-1　追蹤執行緒和局部地圖建構執行緒操作範圍對比

- 利用共視主要畫面格之間重新匹配得到更多新的地圖點，增加地圖中地圖點的數目，可以提高追蹤的穩定性。

- 刪除容錯主要畫面格，可以降低局部 BA 最佳化的規模和次數，提高即時性。

- 依次完成 IMU 不同階段的初始化，得到比較準確的 IMU 參數、重力方向和尺度（僅針對單目慣性模式）。

18.2 局部地圖建構執行緒的流程

師兄：相比 ORB-SLAM2 的程式，ORB-SLAM3 主要增加了 IMU 三個階段的初始化過程。

ORB-SLAM2 中局部地圖建構執行緒的流程如下。

```
// LocalMapping.cc
// ORB-SLAM2 中局部地圖建構執行緒的流程
while(1)
{
    SetAcceptKeyFrames(false);
    // 等待處理的主要畫面格串列不為空
    if(CheckNewKeyFrames())
    {
        // 處理串列中的主要畫面格，包括計算 BoW，更新觀測、描述子、共視圖，插入地圖等
        ProcessNewKeyFrame();
        // 根據地圖點的觀測情況剔除品質不好的地圖點
        MapPointCulling();
        // 當前主要畫面格與相鄰主要畫面格透過三角化產生新的地圖點，使得追蹤更穩定
        CreateNewMapPoints();
        // 已經處理完佇列中的最後一個主要畫面格
        if(!CheckNewKeyFrames())
        {
            // 檢查並融合當前主要畫面格與相鄰主要畫面格（兩級相鄰）中重複的地圖點
            SearchInNeighbors();
        }
        // 已經處理完佇列中的最後一個主要畫面格，並且閉環檢測沒有請求停止局部地圖建構執行緒
        if(!CheckNewKeyFrames() && !stopRequested())
        {
            if(mpMap->KeyFramesInMap()>2)
                Optimizer::LocalBundleAdjustment(mpCurrentKeyFrame,&mbAbortBA,
mpMap);

            // 檢測並剔除當前畫面格相鄰的主要畫面格中容錯的主要畫面格
            KeyFrameCulling();
```

```
    }
    // 將當前畫面格加入閉環檢測佇列中
    mpLoopCloser->InsertKeyFrame(mpCurrentKeyFrame);
  }
  SetAcceptKeyFrames(true);
}
```

ORB-SLAM3 中局部地圖建構執行緒的流程如下。

```
// LocalMapping.cc
// ORB-SLAM3 中局部地圖建構執行緒的流程
while(1)
{
    SetAcceptKeyFrames(false);
    // 等待處理的主要畫面格串列不為空,並且 IMU 正常
    if(CheckNewKeyFrames() && !mbBadImu)
    {
        // 處理串列中的主要畫面格,包括計算 BoW,更新觀測、描述子、共視圖,插入地圖等
        ProcessNewKeyFrame();
        // 根據地圖點的觀測情況剔除品質不好的地圖點
        MapPointCulling();
        // 當前主要畫面格與相鄰主要畫面格透過三角化產生新的地圖點,使得追蹤更穩定
        CreateNewMapPoints();
        // 已經處理完佇列中的最後一個主要畫面格
        if(!CheckNewKeyFrames())
        {
            // 檢查並融合當前主要畫面格與相鄰主要畫面格 ( 兩級相鄰 ) 中重複的地圖點
            SearchInNeighbors();
        }
        // 已經處理完佇列中的最後一個主要畫面格,並且閉環檢測沒有請求停止局部地圖建構執行緒
        if(!CheckNewKeyFrames() && !stopRequested())
        {
            // 當前地圖中主要畫面格的數目大於 2
            if(mpAtlas->KeyFramesInMap()>2)
                if (/* IMU 成功完成第一階段初始化 */)
                    Optimizer::LocalInertialBA(); // 局部地圖 + 慣性 BA
                else
                    Optimizer::LocalBundleAdjustment(); // 局部地圖 BA
            if (/* IMU 未完成第一階段初始化 */)
                InitializeIMU();    // 執行 IMU 第一階段初始化。目的是快速初始化 IMU,
                                    // 儘快用 IMU 來追蹤
            // 檢測並剔除當前畫面格相鄰的主要畫面格中容錯的主要畫面格
            KeyFrameCulling();
            // 如果距離 IMU 第一階段初始化成功累計時間差小於 100s,則進行 VIBA
            if ((mTinit<100.0f) && mbInertial)
                if (/* IMU 已完成第一階段初始化並且正常追蹤 */)
                    if (/* IMU 未完成第二階段初始化並且累計時間> 5s */)
                        InitializeIMU(); // 執行 IMU 第二階段初始化。目的是快速修正 IMU,
                                         // 在短時間內使得 IMU 參數相對可靠
```

```
            else if (/* IMU 未完成第三階段初始化並且累計時間 > 15s */)
                    InitializeIMU();    // 執行 IMU 第三階段初始化。目的是再次最佳化 IMU，
                                        // 保證 IMU 參數的高準確度
            if (/* 單目慣性模式並且主要畫面格數目 <100 並且滿足一定時間間隔 */)
                    ScaleRefinement(); // 最佳化重力方向和尺度
    }
    // 將當前畫面格加入閉環檢測佇列中
    mpLoopCloser->InsertKeyFrame(mpCurrentKeyFrame);
    }
    SetAcceptKeyFrames(true);
}
```

師兄：IMU 的初始化是局部地圖建構執行緒的重點和困難，下面分別從原理和程式方面進行分析。

18.3 IMU 的初始化

18.3.1 IMU 初始化原理及方法

師兄：前面講過地圖的初始化，實際上 IMU 也需要初始化。

小白：為什麼需要初始化 IMU 呢？

師兄：IMU 初始化是為了慣性變數獲得良好的初值，這些慣性變數包括重力方向和 IMU 零偏。先說零偏，IMU 的零偏不是固定的，是隨時間變化的量。由於零偏對 IMU 的影響較大，因此通常作為一個獨立的狀態來最佳化。再說重力方向，在視覺慣性模式下，系統以視覺地圖初始化成功的第一畫面格作為世界座標系原點，此時我們是不知道座標系中重力的方向的，如果不進行 IMU 初始化，則無法消除重力對 IMU 積分的影響。IMU 初始化的目的就是把影像建立的世界座標系的 z 軸拉到和重力方向平行的狀態。

小白：那 IMU 初始化是如何進行的呢？

師兄：我們先來分析單目視覺慣性初始化的思路，主要有如下考慮。

- 在純視覺單目 SLAM 模式下，透過運動恢復結構的方式完成了地圖初始化，估計的位姿是比較準確的，但缺點是尺度未知。先解決純視覺地圖初始化，將會促進 IMU 的初始化。

- 純視覺模式估計的位姿的不確定性遠小於 IMU 的不確定性，因此可以在第一次求解 IMU 參數時忽略不計。所以，後續只進行純慣性最大後驗估計，

將缺少尺度的視覺 SLAM 軌跡看作常數。

- 尺度應該顯性地作為相對獨立的最佳化變數，而非包含在其他變數中進行間接最佳化，因為前者的收斂速度更快。

- 在 IMU 初始化過程中，應該加入感測器不確定性，否則可能會產生較大的不可預測的錯誤。

所以，在考慮 IMU 的不確定性的情況下，IMU 初始化主要分為三個步驟[1]。

1. 純視覺最大後驗估計

在純視覺單目 SLAM 模式下，用運動恢復結構的方式完成地圖初始化後，用較高的頻率（4 ～ 10 Hz）插入主要畫面格。因為主要畫面格之間的時間間隔短，所以對主要畫面格之間的 IMU 資料計算預積分量時的不確定性也比較低，通常在 2s 內，這樣就可以得到一個由 10 個主要畫面格位姿和幾百個地圖點組成的地圖。注意，此時的地圖尺度是未知的。純視覺因數圖如圖 18-2（a）所示。

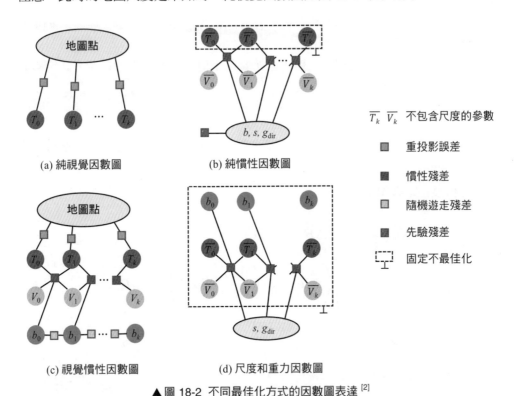

(a) 純視覺因數圖   (b) 純慣性因數圖

(c) 視覺慣性因數圖   (d) 尺度和重力因數圖

▲ 圖 18-2 不同最佳化方式的因數圖表達[2]

2. 純慣性最大後驗估計

這一步的目的是獲得慣性變數的最佳估計 [1]。為什麼沒有直接用視覺慣性聯合最佳化呢？因為上一步得到的地圖尺度是未知的，此時還沒有慣性變數的可靠估計，如果貿然地進行視覺慣性聯合最佳化，則最佳化時很容易陷入局部極小值，而且計算量也比較大。一種有效的解決方案是固定軌跡，執行純慣性最佳化。記慣性變數為

$$\mathcal{X}_k = \{s, \boldsymbol{R}_{wg}, \boldsymbol{b}, \overline{\boldsymbol{v}}_{0:k}\} \tag{18-1}$$

式中，s 是純視覺地圖中的尺度因數；$\boldsymbol{b} = (\boldsymbol{b}^a, \boldsymbol{b}^g)$ 是加速度計和陀螺儀的零偏；$\overline{\boldsymbol{v}}_{0:k}$ 是機體座標系下從第一畫面格到上一主要畫面格的不包含尺度的速度；$\boldsymbol{R}_{wg} \in \mathrm{SO}(3)$ 是重力方向，世界座標系下的重力向量可以表示為 $\boldsymbol{g} = \boldsymbol{R}_{wg}\boldsymbol{g}_I$，其中 $\boldsymbol{g}_I = (0,0,G)^\top$，而 G 表示重力加速度值。在最佳化過程中重力方向的更新方式為

$$\boldsymbol{R}_{\mathrm{wg}}^{\mathrm{new}} = \boldsymbol{R}_{\mathrm{wg}}^{\mathrm{old}} \mathrm{Exp}\left(\delta\alpha_g, \delta\beta_g, 0\right) \tag{18-2}$$

為了保證在最佳化過程中尺度因數始終為正值，尺度因數的更新方式定義如下：

$$s^{\mathrm{new}} = s^{\mathrm{old}}\exp(\delta s)$$

在這一步中只最佳化慣性殘差，結合第 15 章中殘差的推導結果，不難得到帶尺度資訊的殘差。

旋轉殘差定義如下：

$$
\begin{aligned}
\boldsymbol{r}_{\Delta\boldsymbol{R}_{ij}} &\triangleq \mathrm{Log}\left[\left(\Delta\overline{\widetilde{\boldsymbol{R}}}_{ij}\right)^\top \Delta\boldsymbol{R}_{ij}\right] \\
&= \mathrm{Log}\left[\left(\Delta\widetilde{\boldsymbol{R}}_{ij}\mathrm{Exp}\left(\frac{\partial\Delta\widetilde{\boldsymbol{R}}_{ij}}{\partial\boldsymbol{b}^g}\delta\boldsymbol{b}_i^g\right)\right)^\top \boldsymbol{R}_{wi}^\top\boldsymbol{R}_{wj}\right]
\end{aligned}
\tag{18-3}
$$

速度殘差定義如下：

$$
\begin{aligned}
\boldsymbol{r}_{\Delta\boldsymbol{v}_{ij}} &\triangleq \Delta\boldsymbol{v}_{ij} - \Delta\overline{\widetilde{\boldsymbol{v}}}_{ij} \\
&= \boldsymbol{R}_{wi}^\top\left(s\overline{\boldsymbol{v}}_{wj} - s\overline{\boldsymbol{v}}_{wi} - \boldsymbol{R}_{wg}\boldsymbol{g}_I\Delta t_{ij}\right) - \left(\Delta\tilde{\boldsymbol{v}}_{ij} + \frac{\partial\Delta\tilde{\boldsymbol{v}}_{ij}}{\partial\boldsymbol{b}^g}\delta\boldsymbol{b}_i^g + \frac{\partial\Delta\tilde{\boldsymbol{v}}_{ij}}{\partial\boldsymbol{b}^a}\delta\boldsymbol{b}_i^a\right)
\end{aligned}
\tag{18-4}
$$

位置殘差定義如下：

$$r_{\Delta p_{ij}} \triangleq \Delta p_{ij} - \Delta \overline{\widetilde{p}}_{ij}$$

$$= R_{wi}^{\top} \left(s\overline{p}_{wj} - s\overline{p}_{wi} - s\overline{v}_{wi}\Delta t_{ij} - \frac{1}{2}R_{wg}g_I\Delta t_{ij}^2 \right) \qquad (18\text{-}5)$$

$$- \left(\Delta \widetilde{p}_{ij} + \frac{\partial \Delta \widetilde{p}_{ij}}{\partial b^g}\delta b_i^g + \frac{\partial \Delta \widetilde{p}_{ij}}{\partial b^a}\delta b_i^a \right)$$

.

式中，$\overline{v}$ 和 $\overline{p}$ 表示不包含尺度資訊的速度和位置，真實的速度和位置為 $v = s\overline{v}$ 和 $p = s\overline{p}$。

當完成純慣性最佳化後，會用估計的尺度值將純視覺的結果縮放到真實的尺度，包括畫面格的位姿、速度和地圖點，並旋轉地圖座標系以使 z 軸與估計的重力方向對齊。IMU 零偏初值為 0，最佳化後更新為更合理的估計值，並且用最新的慣性參數更新 IMU 預積分結果，以減少後續的線性誤差。純慣性因數圖如圖 18-2（b）所示。

3. 視覺慣性聯合最大後驗估計

經過前兩個步驟，對慣性和視覺參數有了良好的估計，就可以執行**視覺慣性聯合最佳化**，以進一步對之前的估計結果進行最佳化。這種方法非常有效，在 EuRoC 資料集上實驗表明，在 2s 內，軌跡誤差在 5% 以內。為了提高估計準確度，在初始化後的 5 ～ 15s 執行視覺慣性聯合 BA 最佳化，誤差可以收斂到 1%。此時認為 IMU 初始化成功，尺度、IMU 參數、重力方向和地圖都是準確的。視覺慣性因數圖如圖 18-2（c）所示。

以上就是單目慣性初始化的過程。注意，IMU 初始化的過程是在局部地圖建構子執行緒中進行的，不會對追蹤執行緒的即時性造成影響。一旦完成 IMU 初始化，視覺 SLAM 系統將自動切換為視覺慣性 SLAM 系統。

小白：在雙目慣性模式下，這個過程有什麼不同嗎？

師兄：對於雙目慣性初始化，只需要將尺度因數固定為 1，並將其從純慣性的最佳化變數中刪除，目的是加速其收斂，這樣就完成了將單目慣性初始化擴充為雙目慣性初始化。

小白：那 IMU 初始化有沒有可能失敗呢？

師兄：這個問題很好。在某些特殊情況下，比如運動速度很慢，此時慣性參數不具備良好的可觀性，初始化可能在 15s 內無法收斂到精確解。

考慮到這種情況，該框架在 IMU 初始化後，加入了一種尺度精細最佳化方法。該方法在純慣性最佳化的基礎上進行了修改，雖然包含所有插入的主要畫面格，但只估計尺度和重力方向兩個參數。尺度和重力因數圖如圖 18-2（d）所示，虛線框內的狀態量都不參與最佳化。這種最佳化的計算效率非常高，它每 10s 在局部地圖建構執行緒中執行一次，直到從初始化以來在地圖中已經超過 100 個主要畫面格或超過 75s，才結束對尺度和重力方向的最佳化。

18.3.2 IMU 初始化程式實作

師兄：前面講了 IMU 初始化的原理，下面介紹其程式實作。實際上，IMU 的初始化是在視覺地圖初始化之後進行的，它是在局部地圖建構執行緒中完成的初始化。它要求地圖中存在 10 畫面格以上的主要畫面格才可以。目的就是累積足夠的資料來進行初始化。從程式實作角度來說，IMU 的初始化分成了如下幾個步驟。

- 第一階段初始化，成功標識 mbImuInitialized。目的是快速初始化 IMU，儘快用 IMU 來追蹤。在 IMU 完成第一階段的初始化後，就可以用 IMU 預積分結果來預測追蹤執行緒中當前畫面格的位姿了，同時在進入追蹤第二階段——局部地圖追蹤時，會使用視覺＋慣性資訊聯合最佳化位姿。
- 第二階段初始化，成功標識 mbIMU_BA1。目的是快速修正 IMU，在短時間內使得 IMU 參數相對可靠。
- 第三階段初始化，成功標識 mbIMU_BA2。目的是再次最佳化 IMU，保證 IMU 參數的高準確度。
- 第四階段初始化，在單目相機模式下增加了單獨最佳化重力方向和尺度。

```
//LocalMapping.cc
// 局部地圖建構執行緒中和 IMU 有關的最佳化
while(1)
{
    if (/* IMU 成功完成第一階段初始化 */)
    {
        // 局部地圖 +IMU 一起最佳化，最佳化主要畫面格位姿、地圖點、IMU 參數
        LocalInertialBA();
```

```
    }
    else
    {
        // 局部地圖 BA 最佳化，不包括 IMU 資訊。最佳化主要畫面格位姿、地圖點
        LocalBundleAdjustment();
    }
    if (/* IMU 未完成第一階段初始化 */)
    {
        // 執行 IMU 第一階段初始化
        // 目的：快速初始化 IMU，儘快用 IMU 追蹤
        InitializeIMU();
    }
    else if (/* IMU 已完成第一階段初始化並且累計時間 > 5s */)
    {
        // 執行 IMU 第二階段初始化
        // 目的：快速修正 IMU，在短時間內使得 IMU 參數相對可靠
        InitializeIMU();
    }
    else if (/* IMU 已完成第二階段初始化並且累計時間 > 15s */)
    {
        // 執行 IMU 第三階段初始化
        // 目的：再次最佳化 IMU，保證 IMU 參數的高準確度
        InitializeIMU();
    }
    if (/* 單目慣性模式並且主要畫面格數目小於 100 並且滿足一定時間間隔 */)
    {
        // 最佳化重力方向和尺度
        InertialOptimization();
    }
}
```

IMU 的初始化程式實作如下，這裡列出主要步驟。

第 1 步，對於不滿足初始化的條件，直接退出；這些條件包括有置位請求、地圖中主要畫面格數目不足（小於 10）和留存時間太短（小於 2s）。

第 2 步，在開始 IMU 的初始化前，通知追蹤執行緒不再建立新的主要畫面格，將局部地圖建構執行緒快取佇列中還未處理的新主要畫面格也加入進來。

第 3 步，正式開始 IMU 的初始化，主要目的是計算重力方向；然後純慣性最佳化尺度、重力方向及零偏。

第 4 步，用上一步得到的慣性參數恢復重力方向與尺度資訊，同時更新追蹤執行緒中普通畫面格的位姿，標記 IMU 初始化成功。

> 第 5 步，執行視覺慣性全域 BA 最佳化，然後更新地圖中主要畫面格的
> 位姿和地圖點的座標。

程式實作如下。

```
/**
* @brief IMU 的初始化
* @param priorG      陀螺儀偏置的資訊矩陣係數
* @param priorA      加速度計偏置的資訊矩陣係數
* @param bFIBA       是否進行 BA 最佳化
*/
void LocalMapping::InitializeIMU(float priorG, float priorA, bool bFIBA)
{
    // Step 1：下面是各種不滿足 IMU 初始化的條件，直接傳回
    // 如有置位請求，不進行 IMU 初始化，直接傳回
    if (mbResetRequested)
        return;
    float minTime;
    int nMinKF;
    // 從時間及畫面格數上限制初始化，不滿足下面條件的不進行初始化
    if (mbMonocular)
    {
        minTime = 2.0;   // 最後一個主要畫面格和第一個主要畫面格的時間戳記之差要大於該最小時間
        nMinKF = 10;     // 地圖中至少存在的主要畫面格數目
    }
    else
    {
        minTime = 1.0;
        nMinKF = 10;
    }
    // 當前地圖中少於 10 畫面格主要畫面格時，不進行 IMU 初始化
    if(mpAtlas->KeyFramesInMap()<nMinKF)
        return;
    // 按照時間循序串列放地圖中的所有主要畫面格，包括當前主要畫面格
    list<KeyFrame*> lpKF;
    KeyFrame* pKF = mpCurrentKeyFrame;
    while(pKF->mPrevKF)
    {
        lpKF.push_front(pKF);
        pKF = pKF->mPrevKF;
    }
    lpKF.push_front(pKF);
    // 同樣內容，再建構一個和 lpKF 一樣的容器 vpKF
    vector<KeyFrame*> vpKF(lpKF.begin(),lpKF.end());
    if(vpKF.size()<nMinKF)
        return;
```

```
// 檢查是否滿足頭尾主要畫面格時間戳記之差的條件
mFirstTs=vpKF.front()->mTimeStamp;
if(mpCurrentKeyFrame->mTimeStamp-mFirstTs<minTime)
    return;

// Step 2：該標記為 true 表示正在進行 IMU 初始化，此時追蹤執行緒不再建立新的主要畫面格
bInitializing = true;
// 將快取佇列中還未處理的新主要畫面格也放進來
while(CheckNewKeyFrames())
{
    ProcessNewKeyFrame();
    vpKF.push_back(mpCurrentKeyFrame);
    lpKF.push_back(mpCurrentKeyFrame);
}

// Step 3：正式開始 IMU 初始化
const int N = vpKF.size();
IMU::Bias b(0,0,0,0,0,0); // 零偏初值為 0
if (!mpCurrentKeyFrame->GetMap()->isImuInitialized())
{                             // 在 IMU 沒有進行任何初始化的情況下
    Eigen::Matrix3f Rwg;      // 待求的重力方向
    Eigen::Vector3f dirG;
    dirG.setZero();
    for(vector<KeyFrame*>::iterator itKF = vpKF.begin(); itKF!=vpKF.end();
itKF++)
    {
        // 去掉不滿足條件的主要畫面格
        // 當前主要畫面格到上一主要畫面格的預積分不存在則跳過
        if (!(*itKF)->mpImuPreintegrated)
            continue;
        if (!(*itKF)->mPrevKF)      // 當前畫面格的上一畫面格不存在則跳過
            continue;
        // 初始化時關於速度的預積分定義 Ri.t()*(s*Vj - s*Vi - Rwg*g*tij)
        dirG -= (*itKF)->mPrevKF->GetImuRotation() * (*itKF)->
mpImuPreintegrated->GetUpdatedDeltaVelocity();
        // 求取實際的速度，位移 / 時間
        Eigen::Vector3f _vel = ((*itKF)->GetImuPosition() - (*itKF)->
mPrevKF->GetImuPosition())/(*itKF)->mpImuPreintegrated->dT;
        (*itKF)->SetVelocity(_vel);
        (*itKF)->mPrevKF->SetVelocity(_vel);
    }
    // 歸一化
    dirG = dirG/dirG.norm();
    Eigen::Vector3f gI(0.0f, 0.0f, -1.0f);
    Eigen::Vector3f v = gI.cross(dirG);
    // 求角軸模長
    const float nv = v.norm();
    // 求轉角大小
```

```
        const float cosg = gI.dot(dirG);
        const float ang = acos(cosg);
        // 先計算旋轉向量，再除去角軸大小
        Eigen::Vector3f vzg = v*ang/nv;
        // 獲得從重力方向到世界座標系的旋轉向量
        Rwg = Sophus::SO3f::exp(vzg).matrix();
        mRwg = Rwg.cast<double>();
        mTinit = mpCurrentKeyFrame->mTimeStamp-mFirstTs;
    }
    else
    {
        mRwg = Eigen::Matrix3d::Identity();
        mbg = mpCurrentKeyFrame->GetGyroBias().cast<double>();
        mba = mpCurrentKeyFrame->GetAccBias().cast<double>();
    }
    mScale=1.0;
    // 計算殘差及偏置差，最佳化尺度、重力方向及偏置，偏置先驗為 0，雙目相機模式下不最佳化尺度
    Optimizer::InertialOptimization(mpAtlas->GetCurrentMap(), mRwg, mScale, mbg, mba,
mbMonocular, infoInertial, false, false, priorG, priorA);
    if (mScale<1e-1)
    { // 尺度太小則認為初始化失敗
        cout << "scale too small" << endl;
        bInitializing=false;
        return;
    }
    { // 後續改變地圖，所以加鎖
        unique_lock<mutex> lock(mpAtlas->GetCurrentMap()->mMutexMapUpdate);
        // 尺度變化超過設定值，或者在雙目慣性模式下進行如下操作
        if ((fabs(mScale - 1.f) > 0.00001) || !mbMonocular)
            { Sophus::SE3f Twg(mRwg.cast<float>().transpose(),
Eigen::Vector3f::Zero());
            // 恢復重力方向與尺度資訊
            mpAtlas->GetCurrentMap()->ApplyScaledRotation(Twg, mScale, true);
            // 更新追蹤執行緒中普通畫面格的位姿，主要是當前畫面格與上一畫面格
            mpTracker->UpdateFrameIMU(mScale, vpKF[0]->GetImuBias(),
mpCurrentKeyFrame);
            }
    }

    // Step 4：初始化成功
    mpTracker->UpdateFrameIMU(1.0,vpKF[0]->GetImuBias(),mpCurrentKeyFrame);
    if (!mpAtlas->isImuInitialized())
    {
        // 標記初始化成功
        mpAtlas->SetImuInitialized();
        mpTracker->t0IMU = mpTracker->mCurrentFrame.mTimeStamp;
        mpCurrentKeyFrame->bImu = true;
    }
```

```
    if (bFIBA)
    {
        // 在純慣性最佳化的基礎上進行一次視覺慣性全域最佳化，這次最佳化變數包括地圖點
        if (priorA!=0.f)
            Optimizer::FullInertialBA(mpAtlas->GetCurrentMap(), 100, false,
mpCurrentKeyFrame->mnId, NULL, true, priorG, priorA);
        else
            Optimizer::FullInertialBA(mpAtlas->GetCurrentMap(), 100, false,
mpCurrentKeyFrame->mnId, NULL, false);
    }
    // 更新地圖中主要畫面格的位姿和地圖點的座標，刪除並清空局部地圖建構執行緒中快取的主要畫面格
    // ......
    bInitializing = false;
    return;
}
```

參考文獻

[1] CAMPOS C, MONTIEL J M M, TARDÓS J D. Inertial-only optimization for visual-inertial initialization[C]//2020 IEEE International Conference on Robotics and Automation (ICRA). IEEE, 2020: 51-57.

[2] CAMPOS C, ELVIRA R, RODRÍGUEZ J J G, et al. Orb-slam3: An accurate open-source library for visual, visual–inertial, and multimap slam[J]. IEEE Transactions on Robotics, 2021, 37(6): 1874-1890.

ORB-SLAM3 中的閉環及
地圖融合執行緒

　　師兄：由於 ORB-SLAM3 支援多地圖系統，相比 ORB-SLAM2，它除了閉環，還多了地圖融合執行緒。閉環及地圖融合執行緒是重點知識，其主要作用如下。

- 建立更多的中長期資料連結，包括尋找閉環或融合候選主要畫面格、視窗內熔接（Welding）BA、本質圖 BA 及全域 BA 等。
- 地圖融合可以將多個子地圖融合成一個精確的全域地圖。
- 極大地降低整體位姿和地圖點的誤差，從而獲得全域一致的地圖和準確的位姿估計。

　　小白：閉環和地圖融合有什麼區別呢？

　　師兄：該執行緒會檢測活躍地圖和整個地圖集是否存在共同區域。如果檢測到共同區域發生在當前畫面格和活躍地圖中，則執行閉環操作；如果檢測到共同區域發生在當前畫面格和非活躍地圖中，則執行地圖融合操作。如果同時檢測到閉環和地圖融合，則忽略閉環，執行地圖融合操作。對應程式如下。

```
// KeyFrameDatabase.cc 檔案中的 DetectNBestCandidates 函式
// 如果候選畫面格 pKFi 與當前主要畫面格 pKF 在同一個地圖中，
// 且候選者數量還不足夠 ( nNumCandidates=3 )
if(pKF->GetMap() == pKFi->GetMap() && vpLoopCand.size() < nNumCandidates)
{
    // 增加到閉環候選畫面格裡中
    vpLoopCand.push_back(pKFi);
}
// 候選者與當前主要畫面格不在同一個地圖中，且候選者數量還不足夠，且候選者所在地圖有效
else if(pKF->GetMap() != pKFi->GetMap() && vpMergeCand.size() < nNumCandidates
&& !pKFi->GetMap()->IsBad())
{
    // 增加到融合候選畫面格中
    vpMergeCand.push_back(pKFi);
}
```

其中，閉環候選畫面格 vpLoopCand 和融合候選畫面格 vpMergeCand 分別對應閉環操作和地圖融合操作。

為了方便釐清閉環及地圖融合執行緒的流程，我們對程式進行了抽象，如下所示。

```
// LoopClosing.cc 檔案
// ORB-SLAM3 的閉環及地圖融合執行緒的流程
while(1)
{
    // 檢查佇列中是否有新主要畫面格
    if(CheckNewKeyFrames())
    {
        // 如果檢測到共同區域
        if(NewDetectCommonRegions())
        {
            // 如果檢測到共同區域發生在當前畫面格和非活躍地圖中，則執行地圖融合操作
            if(mbMergeDetected)
            {
                if (/* 視覺慣性模式 */)
                {
                    // 視覺 +IMU 地圖融合及最佳化
                    MergeLocal2();
                }
                else /* 純視覺模式 */
                {
                    // 視覺地圖融合及最佳化
                    MergeLocal();
                }
            }
            // 如果檢測到共同區域發生在當前畫面格和活躍地圖中，則執行閉環操作
            if(mbLoopDetected)
            {
                // 閉環矯正及位姿圖最佳化
                CorrectLoop();
            }
        }
    }
}
```

下面分別介紹共同區域檢測和地圖融合。

19.1 檢測共同區域

師兄：檢測共同區域的目的是找出當前主要畫面格的閉環或融合候選主要畫面格，並求解它們之間的位姿變換。

小白：ORB-SLAM3 中的檢測共同區域和 ORB-SLAM2 中的檢測閉環候選主要畫面格有何區別呢？

師兄：如表 19-1 所示，兩者都是為了尋找具有公共單字的區域。只是在具有多地圖系統的 ORB-SLAM3 中，查詢的範圍會擴大到多個地圖中，同時驗證方式也進行了改進，用計算量略微增大的代價，換取召回率和準確度的提高。

▼ 表 19-1 檢測共同區域（ORB-SLAM3）和檢測閉環候選主要畫面格（ORB-SLAM2）的對比

對比專案	ORB-SLAM2	ORB-SLAM3
候選主要畫面格	閉環候選主要畫面格	同時檢測閉環和融合候選主要畫面格
候選主要畫面格驗證方式	時間連續性檢驗	先進行幾何連續性檢驗，後進行時間連續性檢驗
召回率	較低	較高
準確度	較低	較高
計算量	正常	略有增加

小白：ORB-SLAM3 使用了什麼方法來提高召回率和準確度呢？

師兄：在 ORB-SLAM2 中驗證閉環候選主要畫面格時，需要滿足時序上連續 3 次成功驗證才能透過。這就需要檢測至少 3 個新進來的主要畫面格，這種方法犧牲了召回率來提升準確度。而在 ORB-SLAM3 中，採用了新的位置辨識演算法，該演算法首先檢查幾何一致性，也就是當前主要畫面格的 5 個共視主要畫面格（已經在地圖中）中只要有 3 個滿足條件（和候選主要畫面格組匹配成功），即可認為檢測到共同區域。如果不夠 3 個滿足條件，則再檢查後續新進來的主要畫面格（不在地圖中）的時間一致性。這種策略在最理想的情況下，不需要等待新進來的主要畫面格就可以完成驗證，不僅提高了召回率，也提高了地圖準確度，不過計算量也略有增加。

檢測共同區域的程式如下。

```
// LoopClosing.cc 檔案
// 程式順序和實際執行順序不同，見註釋
LoopClosing::NewDetectCommonRegions(){
```

```
        mnLoopNumCoincidences=0                // 閉環候選主要畫面格成功驗證的總次數
        mnMergeNumCoincidences=0;               // 融合候選主要畫面格成功驗證的總次數
        bMergeDetectedInKF = false;             // 某次閉環候選主要畫面格時序驗證是否成功
        bLoopDetectedInKF = false;              // 某次融合候選主要畫面格時序驗證是否成功

        // 實際執行順序 3，時序幾何驗證。注意，當順序 2 沒完成時才執行，若順序 2 完成任務，
        // 則不執行順序 3
        if(mnLoopNumCoincidences > 0){
            // ......
            bLoopDetectedInKF = true; // 成功進行一次時序驗證
            mbLoopDetected = mnLoopNumCoincidences >= 3; // 最終成功驗證
            // ......
        }
        if(mnMergeNumCoincidences > 0){
            // ......
            bMergeDetectedInKF = true;                     // 成功進行一次時序驗證
            mnMergeNumCoincidences++;                       // 總驗證成功次數 +1
            mbMergeDetected = mnMergeNumCoincidences >= 3; // 最終成功驗證
            // ......
        }

        // 實際執行順序 1
        vector<KeyFrame*> vpMergeBowCand, vpLoopBowCand;
        if(!bMergeDetectedInKF || !bLoopDetectedInKF){
            DetectNBestCandidates(vpLoopBowCand, vpMergeBowCand);
        }

        // 實際執行順序 2
        if(!bLoopDetectedInKF && !vpLoopBowCand.empty()){
            // 超過 3 次幾何驗證 (mnLoopNumCoincidences>=3)，就認為最終驗證成功
            // （mbLoopDetected=true），不超過則繼續進行時序驗證
            mbLoopDetected = DetectCommonRegionsFromBoW(vpLoopBowCand, mnLoopNumCo-
incidences);
        }
        if(!bMergeDetectedInKF && !vpMergeBowCand.empty()){
            // 超過 3 次幾何驗證 (mnMergeNumCoincidences>=3)，就認為最終驗證成功
            // （mbMergeDetected=true），不超過則繼續進行時序驗證
            mbMergeDetected = DetectCommonRegionsFromBoW(vpMergeBowCand,
mnMergeNumCoincidences);
        }

        // 實際執行順序 4，只要滿足以下一種條件，就傳回 true
        if(mbMergeDetected || mbLoopDetected){
            return true;
        }
    }
```

19.1.1 尋找初始候選主要畫面格

師兄：尋找初始候選主要畫面格的目的是找到和當前主要畫面格 K_a 對應的最佳的 3 個閉環候選畫面格和融合候選畫面格，統一稱為 K_m。該步驟對應的函式是 KeyFrameDatabase::DetectNBestCandidates()。在 ORB-SLAM2 中，尋找初始候選主要畫面格使用 3 個相對設定值篩選，並且不限制數量，只要滿足條件均可。但在 ORB-SLAM3 中，對這個步驟進行了簡化，只使用了一個相對設定值，且只取前 3 個最佳的候選畫面格。具體步驟如下。

第 1 步，找出和當前畫面格具有公共單字的所有主要畫面格，不包括與當前畫面格連接的主要畫面格。

第 2 步，只保留和其中共同單字超過 minCommonWords（設定為最大共同單字數的 0.8 倍）的主要畫面格。

第 3 步，計算上述候選畫面格對應的共視主要畫面格組的總得分，閉環候選主要畫面格和融合候選主要畫面格分別從中取得分最高的前 N（程式中 $N = 3$）個組中單一分數最高的主要畫面格。

19.1.2 求解位姿變換

師兄：在獲得了初始的候選主要畫面格 K_m 後，下面要求解 K_m 到 K_a 的相對位姿變換 T_{am}，如圖 19-1 所示。在單目相機或單目相機 +IMU 模式下，T_{am} 就是相似變換 Sim(3)；在其他模式下，T_{am} 就是 SE(3)。為方便描述，後面統一用 T_{am} 表示。以下操作都在函式 LoopClosing::DetectCommonRegionsFromBoW() 中進行。

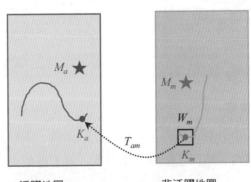

活躍地圖　　　　　　　　非活躍地圖

▲ 圖 19-1 融合候選主要畫面格 K_m 和當前主要畫面格 K_a 的關係示意圖

1. 定義局部視窗

如圖 19-1 所示，對於每個候選畫面格 K_m，定義一個局部視窗 W_m，視窗內包含如下內容。

- 候選主要畫面格 K_m 及其前 5 個共視關係最好的主要畫面格，程式中對應為 vpCov- KFi。
- 把候選主要畫面格及其共視主要畫面格組的所有地圖點記為 M_m。
- 透過詞袋找到 M_m 和當前主要畫面格匹配的地圖點，程式中對應為 vvpMatchedMPs。

小白：為什麼要用局部視窗呢？

師兄：這是為了找到局部視窗內和當前主要畫面格詞袋匹配點數目最多的主要畫面格（pMostBoWMatchesKF），這樣後續計算的初始位姿會更準確。

2. 計算初始相對位姿變換

師兄：然後用上面得到的匹配結果，求解當前主要畫面格和匹配主要畫面格 pMost- BoWMatchesKF 的 Sim(3) 變換。構造 Sim3Solver，利用隨機採樣一致性求解 Sim(3) 的過程和 ORB-SLAM2 中一樣。但是資料連結方式不同。如表 19-2 所示，在 ORB-SLAM3 中，主要使用 1 對 N 的資料連結，其中 1 指的是當前主要畫面格，N 指的是候選主要畫面格視窗內的主要畫面格數目。最終得到初始相對位姿 T_{am}。

▼ 表 19-2 ORB-SLAM2 和 ORB-SLAM3 求解 Sim(3) 的過程對比

不同時期的資料連結	ORB-SLAM2	ORB-SLAM3
Sim(3) 初值計算	1-1	1-N
以初值為基礎的 Sim(3) 最佳化	1-1	1-N
Sim(3) 驗證	1-N	1-N
熔接 BA	無	N -N 熔接 BA

3. 引導匹配最佳化位姿

師兄：透過上一步計算，獲得了位姿 T_{am} 的初值，由於採用的匹配關係是透過詞袋搜尋匹配得到的，所以匹配點對並不多。為了得到更多的匹配關係和更精

確的位姿 T_{am}，用引導匹配再次最佳化位姿。

　　小白：引導匹配是什麼？

　　師兄：所謂「引導」就是指已經有了一定的「指引」，也就是初始位姿 T_{am}。用這個可能並不準確的初始位姿，透過投影的方式搜尋當前主要畫面格更多的匹配點對，然後用新的匹配點對進一步進行非線性最佳化，得到最佳化後的位姿 T_{am}。具體流程如下。

- 用初始相對位姿 T_{am} 把 M_m 投影到當前主要畫面格 K_a 中，尋找更多的匹配點對。
- 利用 T_{am} 和 T_{am}^{-1} 進行雙向投影匹配，只有兩次相互匹配誤差都滿足要求才認為是可靠的匹配關係，然後非線性最佳化重投影誤差，得到更精確的相對位姿 T_{am}。
- 如果最後成功匹配內點數目超過一定的設定值，則用更嚴格的搜尋半徑和漢明距離重新進行上述引導匹配操作。最終得到最高準確度的相對位姿 T_{am}。

19.1.3　驗證候選主要畫面格

　　師兄：前面獲得了比較精確的位姿 T_{am}，那麼這個位姿是否能直接用於閉環或地圖融合呢？還不行。

　　小白：為什麼呢？位姿 T_{am} 不是已經很準確了嗎？

　　師兄：因為它本質上還是 K_m 和當前主要畫面格 K_a 之間的相對位姿變換。它能否適用於 K_a 視窗中 W_a 內的共視主要畫面格還不清楚。這裡的驗證就是驗證 T_{am} 是否能用於 K_m 視窗中 W_m 和 K_a 視窗中 W_a 之間的引導匹配。ORB-SLAM3 採用的驗證模式是比較有趣的集卡式。

　　回到問題本身。這裡集卡式驗證過程分為兩步。

步驟 1：共視幾何驗證

　　如圖 19-2 所示，用 W_a 視窗內的 5 個最佳共視畫面格依次對候選畫面格 K_m 進行幾何驗證。注意，此時所有的主要畫面格都已經在地圖中，所以無須等待。

- 如果 5 個共視主要畫面格中有 3 個成功驗證，則直接跳過步驟 2，最終驗證成功。
- 如果成功驗證數目大於 0 個且小於 3 個，則進入步驟 2 繼續進行時序幾何驗證。

- 如果成功驗證數目等於 0，則認為最終驗證失敗。

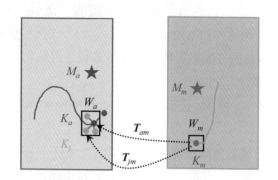

活躍地圖　　　　　　　　非活躍地圖

▲ 圖 19-2　共視幾何驗證示意圖

步驟 2：時序幾何驗證（步驟 1 驗證未成功才會進入步驟 2）

在時間上連續進來的新的主要畫面格對候選主要畫面格進行幾何驗證。注意，此時新的主要畫面格還沒有進入地圖中，需要等待。

- 步驟 1 和步驟 2 中總共集齊 3 個主要畫面格，則最終驗證成功。
- 如果連續兩個新進來的主要畫面格時序驗證都失敗，則認為最終驗證失敗。

小白：這裡的共視幾何驗證具體是如何做的呢？怎麼利用 T_{am}？

師兄：為方便理解，下面進行簡單的推導。記當前主要畫面格為 K_a，K_a 的某個共視主要畫面格為 K_j，K_a 到 K_j 的變換矩陣為 T_{ja}，候選主要畫面格為 K_m。K_m 到 K_a 的變換矩陣為 T_{am}，則 K_m 到 K_j 的變換矩陣為 $T_{ja}T_{am} = T_{jm}$。幾何驗證就是將 W_m 內的地圖點用 T_{jm} 投影到 K_j，然後判斷成功匹配的特徵點數目是否滿足設定值要求，如果滿足，則認為幾何驗證成功。

共視幾何驗證的程式實作如下。

```
// LoopClosing.cc 檔案中的 LoopClosing::DetectCommonRegionsFromBoW 函式
// 共視幾何驗證實作程式
// 用當前主要畫面格的相鄰主要畫面格驗證前面得到的 Tam
// 統計驗證成功的主要畫面格數量
int nNumKFs = 0;
// 獲得用來驗證的主要畫面格組，也就是當前主要畫面格的 5 個共視主要畫面格 nNumCovisibles = 5;
vector<KeyFrame*> vpCurrentCovKFs = mpCurrentKF->
GetBestCovisibilityKeyFrames(nNumCovisibles);
```

```
int j = 0;
// 遍歷驗證組，當有 3 個主要畫面格驗證成功或遍歷完所有的主要畫面格後結束迴圈
while(nNumKFs < 3 && j<vpCurrentCovKFs.size())
{
    // 拿出驗證組中的 1 個主要畫面格
    KeyFrame* pKFj = vpCurrentCovKFs[j];
    // 準備一個初始位姿，用來引導搜尋匹配
    cv::Mat mTjc = pKFj->GetPose() * mpCurrentKF->GetPoseInverse();
    g2o::Sim3 gSjc(Converter::toMatrix3d(mTjc.rowRange(0, 3).colRange(0, 3)),
Converter::toVector3d(mTjc.rowRange(0, 3).col(3)),1.0);
    g2o::Sim3 gSjw = gSjc * gScw;
    int numProjMatches_j = 0;
    vector<MapPoint*> vpMatchedMPs_j;
    // 幾何驗證函式。透過計算的位姿轉換地圖點和投影搜尋匹配點，若大於設定值，則成功驗證一次
    bool bValid = DetectCommonRegionsFromLastKF(pKFj,pMostBoWMatchesKF,
gSjw,numProjMatches_j, vpMapPoints, vpMatchedMPs_j);
    if(bValid)
        nNumKFs++;  // 統計成功驗證的畫面格的數量
    j++;
}
```

小白：那時序幾何校驗和共視幾何驗證的區別是什麼？

師兄：時序幾何驗證的流程和共視幾何驗證幾乎一樣，不同的是，在時序幾何驗證中 K_j 是上一次進入閉環或地圖融合的當前主要畫面格，需要提前記錄它的位姿。時序幾何驗證的程式實作如下。

```
// LoopClosing.cc 檔案中的 LoopClosing::NewDetectCommonRegions() 函式
// 融合畫面格的時序幾何驗證
bool bMergeDetectedInKF = false; // 某次時序驗證是否成功
// mnMergeNumCoincidences 表示成功驗證總次數，初始化為 0
// 會先進行後面的共視幾何驗證，如果主要畫面格數目小於 3，則進入如下判斷開始進行時序幾何驗證
if(mnMergeNumCoincidences > 0)
{
    // 透過上一主要畫面格的資訊，計算新的當前畫面格的 Sim(3) 變換矩陣。原理為 Tcl = Tcw*Twl
    cv::Mat mTcl = mpCurrentKF->GetPose() * mpMergeLastCurrentKF->
GetPoseInverse();
    g2o::Sim3 gScl(Converter::toMatrix3d(mTcl.rowRange(0, 3).colRange(0, 3)),
Converter::toVector3d(mTcl.rowRange(0, 3).col(3)),1.0);
    // mg2oMergeSlw 中的 w 指的是融合候選主要畫面格世界座標系
    g2o::Sim3 gScw = gScl * mg2oMergeSlw;
    int numProjMatches = 0;
    vector<MapPoint*> vpMatchedMPs;
    // 透過把候選畫面格局部視窗內的地圖點向新進來的主要畫面格投影，來驗證閉環檢測結果，
    // 並最佳化 Sim(3) 位姿
    bool bCommonRegion = DetectAndReffineSim3FromLastKF(mpCurrentKF, mpMerge-
MatchedKF, gScw, numProjMatches, mvpMergeMPs, vpMatchedMPs);
    // 如果找到共同區域，則表示時序驗證成功一次
```

```
if(bCommonRegion)
{
    // 標記時序驗證成功一次
    bMergeDetectedInKF = true;
    // 成功驗證的總次數 +1
    mnMergeNumCoincidences++;
    // 不再參與新的閉環檢測
    mpMergeLastCurrentKF->SetErase();
    mpMergeLastCurrentKF = mpCurrentKF;
    mg2oMergeSlw = gScw;
    mvpMergeMatchedMPs = vpMatchedMPs;
    // 如果驗證數大於或等於 3，則成功
    mbMergeDetected = mnMergeNumCoincidences >= 3;
}
else // 如果沒找到共同區域，則認為時序驗證失敗一次，連續失敗兩次則認為整個融合檢測失敗
{
    mbMergeDetected = false;
    // 當前時序驗證失敗
    bMergeDetectedInKF = false;
    // 遞增失敗的時序驗證次數
    mnMergeNumNotFound++;
    // 若連續兩畫面格時序驗證失敗，則整個融合檢測失敗
    if(mnMergeNumNotFound >= 2)
    {
        // 失敗後標記重置一些資訊
        mpMergeLastCurrentKF->SetErase();
        mpMergeMatchedKF->SetErase();
        mnMergeNumCoincidences = 0;
        mvpMergeMatchedMPs.clear();
        mvpMergeMPs.clear();
        mnMergeNumNotFound = 0;
    }
}
}
```

小白：明白啦，如果在共視幾何驗證中直接驗證成功，就不會執行時序幾何驗證了吧？

師兄：是的，在這種情況下，其實所有的主要畫面格都已經在地圖中，並不需要再等待新進來的主要畫面格進行驗證，這是提高召回率的關鍵因素。

19.2 地圖融合

師兄：下面介紹地圖融合過程。地圖融合的目的是根據上一步檢測到的共同區域及地圖之間的變換矩陣 T_{am}，將兩個地圖融合為一個地圖。融合後的地圖作

為當前的活躍地圖。根據不同的感測器類型,地圖融合分為純視覺地圖融合和視覺慣性地圖融合。

19.2.1 純視覺地圖融合

師兄: 純視覺地圖融合對應函式 LoopClosing::MergeLocal(),步驟如下。

第 1 步,開始地圖融合之前,先停止全域 BA 和局部地圖建構執行緒。

第 2 步,建構當前主要畫面格和融合主要畫面格的局部視窗。局部視窗包括一級相鄰共視主要畫面格和二級相鄰共視主要畫面格,以及它們的地圖點。

第 3 步,利用 T_{am} 進行位姿傳播和矯正。如圖 19-3 所示,這裡的操作和 ORB-SLAM2 中 Sim(3) 位姿傳播和矯正非常類似(原理參考圖 13-5 的解讀),不同的是,當前主要畫面格和融合主要畫面格不在同一個世界座標系下。

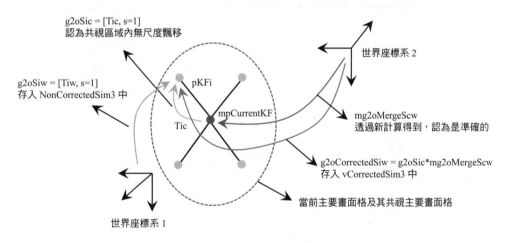

▲ 圖 19-3 位姿傳播和矯正

第 4 步,用新地圖(當前畫面格所在地圖)的主要畫面格位姿和地圖點替換舊地圖(融合畫面格所在地圖)中的主要畫面格位姿和地圖點。然後把當前地圖設定為非活躍地圖,將舊地圖設定為活躍地圖。實現程式如下。

```cpp
// LoopClosing.cc 中 LoopClosing::MergeLocal() 函式
// 以新 ( 當前畫面格所在地圖 ) 地圖換舊 ( 融合畫面格所在地圖 ) 地圖，包括主要畫面格及地圖點連結地圖的
// 以新換舊、地圖集的以新換舊
{   // 當前地圖會被更新，舊地圖中的重複地圖點會被剔除
    unique_lock<mutex> currentLock(pCurrentMap->mMutexMapUpdate);
    unique_lock<mutex> mergeLock(pMergeMap->mMutexMapUpdate);
    // 更新當前主要畫面格共視視窗內的每一個主要畫面格
    for(KeyFrame* pKFi : spLocalWindowKFs)
    {
        if(!pKFi || pKFi->isBad())
            continue;
        // 記錄融合矯正前的位姿
        pKFi->mTcwBefMerge = pKFi->GetPose();
        pKFi->mTwcBefMerge = pKFi->GetPoseInverse();
        // 把這個主要畫面格的位姿設定為融合矯正後的初始位姿
        pKFi->SetPose(pKFi->mTcwMerge);
        // 把這個主要畫面格的地圖設定為融合畫面格所在的地圖
        pKFi->UpdateMap(pMergeMap);
        // 記錄這個主要畫面格是被哪個當前主要畫面格融合的
        pKFi->mnMergeCorrectedForKF = mpCurrentKF->mnId;
        // 把這個主要畫面格的所有權給到融合畫面格所在的地圖中
        pMergeMap->AddKeyFrame(pKFi);
        // 把這個主要畫面格從當前活躍地圖中刪除
        pCurrentMap->EraseKeyFrame(pKFi);
    }
    // 將當前主要畫面格共視畫面格視窗所能觀測到的地圖點增加到融合畫面格所在的地圖中
    for(MapPoint* pMPi : spLocalWindowMPs)
    {
        if(!pMPi || pMPi->isBad())
            continue;
        // 把地圖點的位置設定成融合矯正之後的位置
        pMPi->SetWorldPos(pMPi->mPosMerge);
        // 把地圖點 normal 設定成融合矯正之後的法向量
        pMPi->SetNormalVector(pMPi->mNormalVectorMerge);
        // 把地圖點所在的地圖設定成融合畫面格所在的地圖
        pMPi->UpdateMap(pMergeMap);
        // 把地圖點增加進融合畫面格所在的地圖中
        pMergeMap->AddMapPoint(pMPi);
        // 把地圖點從當前活躍地圖中刪除
        pCurrentMap->EraseMapPoint(pMPi);
    }
    // 在 Altas 中把當前地圖休眠，重新啟動舊地圖 ( 融合畫面格所在地圖 )
    mpAtlas->ChangeMap(pMergeMap);
    // 當前地圖的資訊都增加到融合畫面格所在的地圖中了，可以設定為 bad
    mpAtlas->SetMapBad(pCurrentMap);
    // 記錄地圖變化次數
    pMergeMap->IncreaseChangeIndex();
}
```

第 5 步，融合新舊地圖的生成樹。由於兩個地圖的生成樹無法粗暴地直接相連，因此需要用特殊的方法將生成樹進行融合。

第 6 步，把融合主要畫面格的共視視窗中的地圖點投影到當前主要畫面格的共視視窗中，檢查並融合重複的地圖點。

第 7 步，因為融合導致地圖點變化。需要更新主要畫面格中圖的連接關係。

第 8 步，在熔接區域進行局部 BA 最佳化。如圖 19-4 所示，這裡的熔接區域就是指活躍地圖中 K_a 的共視視窗 W_a 和非活躍地圖中 K_m 的共視視窗 W_m。最佳化的內容包括視窗 W_a 裡的主要畫面格位姿、W_a 中主要畫面格觀測到的所有地圖點 M_a 和 W_m 中主要畫面格觀測到的所有地圖點 M_m。同時固定視窗 W_m 中的主要畫面格位姿不最佳化。因為是純視覺 BA 最佳化，所以因數圖中只有重投影誤差項。完成熔接 BA 最佳化後，釋放局部地圖建構執行緒。

活躍地圖共視視窗 W_a

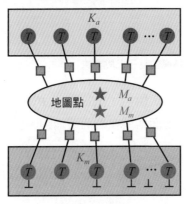

■　重投影誤差項

⊥　固定不最佳化

非活躍地圖共視視窗 W_m

▲ 圖 19-4　純視覺熔接 BA 最佳化因數圖 [1]

第 9 步，用熔接 BA 最佳化後的位姿對當前地圖中所有的主要畫面格位姿和地圖點進行校正傳播，然後進行本質圖最佳化。本質圖最佳化時固定熔接視窗 W_a 和 W_m 內的所有主要畫面格位姿，只最佳化視窗外的主要畫面格位姿。本質圖最佳化後，用最新的位姿更新所有地圖點的位置。這樣就把最佳化和矯正過程從熔接視窗傳遞到整個地圖了。

第 10 步，如果需要，則進行全域 BA 最佳化。

以上就是純視覺地圖融合的過程。

小白：在第 5 步中，融合新舊地圖的生成樹，為什麼不能將兩個地圖的生成樹直接相連？

師兄：先回憶一下樹的結構，如圖 19-5 所示，一個父節點可以有多個子節點，但一個子節點不能有多個父節點。這也和常識相符。

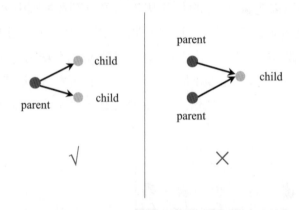

▲圖 19-5 樹結構的父子節點要求

假設需要融合的兩個生成樹如圖 19-6 所示，藍色點表示融合主要畫面格所在的非活躍地圖，紫色點表示當前主要畫面格所在的活躍地圖。

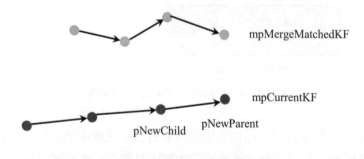

▲圖 19-6 待融合的兩個生成樹

如果直接將當前主要畫面格 mpCurrentKF 作為融合主要畫面格 mpMergeMatchedKF 的子節點，那麼 mpCurrentKF 節點就會有兩個父節點，這不符合樹結構的要求；反過來也不符合要求。

小白：那怎麼做才能正確地融合兩個地圖的生成樹呢？

師兄：看下面的具體步驟。

首先，記當前主要畫面格 mpCurrentKF 的別名為 pNewParent，mpCurrentKF 的父節點別名為 pNewChild。

其次，把 mpCurrentKF 的父節點更換為融合主要畫面格 mpMerge MatchedKF。最後，開始執行 while 迴圈，判斷 pNewChild 是否存在，如果存在：

- 將 pNewChild 和 pNewParent 的父子關係刪除，如圖 19-7 中的紅色叉號所示。

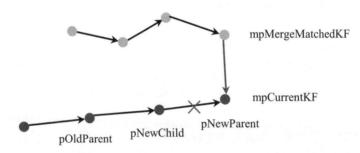

▲圖 19-7 在融合生成樹中刪除 pNewChild 和 pNewParent 的父子關係

- 將 pNewChild 的父主要畫面格命名為 pOldParent。
- 將 pNewChild 和 pNewParent 的父子關係互換。這樣就完成了當前地圖中生成樹一對父子關係的調換。
- 指標賦值。如圖 19-8 所示，將 pNewChild 變成 pNewParent，將 pOldParent 變成 pNewChild。然後依次迴圈，直到完成當前地圖中所有父子關係的調換。最後得到融合後的生成樹。

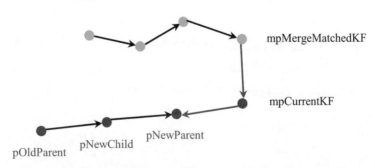

▲圖 19-8 在融合生成樹中完成一次迴圈後重新賦值

以上過程對應的程式如下。

```
// LoopClosing.cc 中的 MergeLocal() 函式

// 融合新舊地圖的生成樹
// 設定當前地圖的第一個主要畫面格不再是第一次生成樹了
pCurrentMap->GetOriginKF()->SetFirstConnection(false);
// 將當前畫面格 mpCurrentKF 的父節點命名為 pNewChild
pNewChild = mpCurrentKF->GetParent();
// mpCurrentKF 的別名為 pNewParent
pNewParent = mpCurrentKF;
// 把當前畫面格的父主要畫面格更換為融合畫面格
mpCurrentKF->ChangeParent(mpMergeMatchedKF);
// 從當前主要畫面格開始反向遍歷整個地圖
while(pNewChild)
{
    // 刪除父子關係
    pNewChild->EraseChild(pNewParent);
    // 將 pNewChild 的父主要畫面格命名為 pOldParent
    KeyFrame * pOldParent = pNewChild->GetParent();
    // 父子關係互換
    pNewChild->ChangeParent(pNewParent);
    // 指標賦值，用於遍歷下一組父子主要畫面格
    pNewParent = pNewChild;
    pNewChild = pOldParent;
}
```

19.2.2 視覺慣性地圖融合

師兄：視覺慣性地圖融合對應函式 LoopClosing::MergeLocal2()。它和純視覺地圖融合過程基本一致，但更簡單粗暴，比如省略了本質圖最佳化。步驟如下。

第 1 步，在開始地圖融合之前，停止正在進行的全域 BA、局部地圖建構執行緒。

第 2 步，利用之前計算的從當前畫面格所在的活躍地圖世界座標系（w1）到融合畫面格所在的非活躍地圖世界座標系（w2）的位姿變換 gSw2w1，把當前活躍地圖中的主要畫面格位姿及地圖點變換到融合畫面格所在的非活躍地圖中。

第 3 步，如果當前活躍地圖 IMU 沒有完全初始化，那麼再進行一次 IMU 快速最佳化，強制認為已經完成了 IMU 初始化。

第 4 步，地圖以舊換新（和純視覺地圖融合中相反）。把融合畫面格所在的地圖中的主要畫面格和地圖點從原地圖中刪除，增加到當前主要畫面格所在的活躍地圖中。

第 5 步，融合新舊地圖的生成樹（和純視覺地圖融合中一樣）。

第 6 步，把融合主要畫面格的共視視窗中的地圖點投影到當前主要畫面格的共視視窗中，檢查並融合重複的地圖點。

第 7 步，在熔接視窗內進行熔接 BA。視覺慣性熔接 BA 最佳化因數圖如圖 19-9 所示。

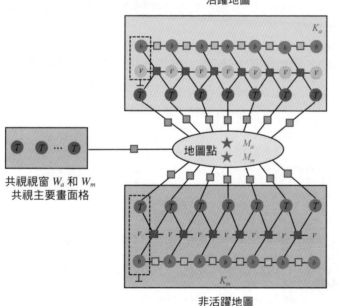

▲ 圖 19-9　視覺慣性熔接 BA 最佳化因數圖[1]

視覺慣性地圖融合的程式如下。

```
/**
 * @brief 視覺慣性地圖融合
 */
```

```
void LoopClosing::MergeLocal2()
{
    // 用來重新構造本質圖
    KeyFrame* pNewChild;
    KeyFrame* pNewParent;
    // 記錄用初始 Sim(3) 計算出來的當前主要畫面格局部共視畫面格視窗內的所有主要畫面格矯正前的
    // 值和矯正後的初值
    KeyFrameAndPose CorrectedSim3, NonCorrectedSim3;

    // Step 1：如果正在進行全域 BA，則停止
    // ......

    暫停局部地圖建構執行緒，直到完全停止
    mpLocalMapper->RequestStop();
    // ......

    // 當前主要畫面格地圖的指標
    Map* pCurrentMap = mpCurrentKF->GetMap();
    // 融合主要畫面格地圖的指標
    Map* pMergeMap = mpMergeMatchedKF->GetMap();
    // Step 2：利用前面計算的座標系變換位姿，把整個當前地圖 (主要畫面格及地圖點) 變換到融合畫
    // 面格所在的地圖中
    {
        // 把當前主要畫面格所在的地圖位姿帶到融合主要畫面格所在的地圖中
        // mSold_new = gSw2w1 記錄的是當前主要畫面格世界座標系到融合主要畫面格世界座標系的變換
        float s_on = mSold_new.scale();
        cv::Mat R_on=Converter::toCvMat(mSold_new.rotation().toRotationMatrix());
        cv::Mat t_on=Converter::toCvMat(mSold_new.translation());
        // 鎖住 altas 是為了更新地圖
        unique_lock<mutex> lock(mpAtlas->GetCurrentMap()->mMutexMapUpdate);
        // 清空佇列中還沒來得及處理的主要畫面格
        mpLocalMapper->EmptyQueue();
        // 是否更新尺度的標識
        bool bScaleVel=false;
        if(s_on!=1)
            bScaleVel=true;
        // 利用 mSold_new 位姿把整個當前地圖中的主要畫面格和地圖點變換到融合畫面格所在地圖
           的座標系下
        mpAtlas->GetCurrentMap()->ApplyScaledRotation(R_on,s_on,bScaleVel,t_on);
        // 將尺度更新到普通畫面格位姿
        mpTracker->UpdateFrameIMU(s_on,mpCurrentKF->GetImuBias(),mpTracker-
>GetLastKeyFrame());
    }

    // Step 3：如果當前地圖中 IMU 沒有完全初始化，則幫助 IMU 快速最佳化，並強制設定 IMU
    // 已經完成初始化
    const int numKFnew=pCurrentMap->KeyFramesInMap();
    if((mpTracker->mSensor==System::IMU_MONOCULAR || mpTracker->mSensor==
```

```
System::IMU_STEREO) && !pCurrentMap->GetIniertialBA2()){
        // 進入 if 敘述表示地圖中 IMU 沒有完全初始化
        Eigen::Vector3d bg, ba;
        bg << 0., 0., 0.;
        ba << 0., 0., 0.;
        // 最佳化當前地圖中的零偏參數 bg、ba
        Optimizer::InertialOptimization(pCurrentMap,bg,ba);
        IMU::Bias b (ba[0],ba[1],ba[2],bg[0],bg[1],bg[2]);
        unique_lock<mutex> lock(mpAtlas->GetCurrentMap()->mMutexMapUpdate);
        // 用最佳化得到的零偏更新普通畫面格位姿
        mpTracker->UpdateFrameIMU(1.0f,b,mpTracker->GetLastKeyFrame());
        // 強制設定 IMU 已經完成初始化
        pCurrentMap->SetIniertialBA2();
        pCurrentMap->SetIniertialBA1();
        pCurrentMap->SetImuInitialized();
    }

    // Step 4：地圖以舊換新。把融合畫面格所在地圖中的主要畫面格和地圖點從原地圖中刪除，
    // 變更為當前主要畫面格所在的地圖。
    {
        // 地圖加互斥鎖，這裡會停止追蹤執行緒
        unique_lock<mutex> currentLock(pCurrentMap->mMutexMapUpdate);
        unique_lock<mutex> mergeLock(pMergeMap->mMutexMapUpdate);
        // 取出融合畫面格所在地圖的所有主要畫面格和地圖點
        vector<KeyFrame*> vpMergeMapKFs = pMergeMap->GetAllKeyFrames();
        vector<MapPoint*> vpMergeMapMPs = pMergeMap->GetAllMapPoints();
        // 遍歷每個融合畫面格所在地圖的主要畫面格
        for(KeyFrame* pKFi : vpMergeMapKFs)
        {
            if(!pKFi || pKFi->isBad() || pKFi->GetMap() != pMergeMap)
            {
            continue;
            }
            // 把該主要畫面格從融合畫面格所在的地圖中刪除，加入當前的地圖中
        pKFi->UpdateMap(pCurrentMap);
        pCurrentMap->AddKeyFrame(pKFi);
        pMergeMap->EraseKeyFrame(pKFi);
    }
    // 遍歷每個融合畫面格所在地圖的地圖點
    for(MapPoint* pMPi : vpMergeMapMPs)
    {
        if(!pMPi || pMPi->isBad() || pMPi->GetMap() != pMergeMap)
            continue;
            // 把地圖點增加到當前畫面格所在的地圖中，從融合畫面格所在的地圖中刪除
            pMPi->UpdateMap(pCurrentMap);
            pCurrentMap->AddMapPoint(pMPi);
            pMergeMap->EraseMapPoint(pMPi);
        }
```

```
    // 保存所有主要畫面格在融合矯正之前的位姿
    vector<KeyFrame*> vpKFs = pCurrentMap->GetAllKeyFrames();
    for(KeyFrame* pKFi : vpKFs)
    {
        cv::Mat Tiw=pKFi->GetPose();
        cv::Mat Riw = Tiw.rowRange(0,3).colRange(0,3);
        cv::Mat tiw = Tiw.rowRange(0,3).col(3);
        g2o::Sim3 g2oSiw(Converter::toMatrix3d(Riw),
Converter::toVector3d(tiw),1.0);
        NonCorrectedSim3[pKFi]=g2oSiw;
    }
}

// Step 5：融合新舊地圖的生成樹
pMergeMap->GetOriginKF()->SetFirstConnection(false);
pNewChild = mpMergeMatchedKF->GetParent();  // 將父節點命名為 pNewChild
pNewParent = mpMergeMatchedKF;              // 記別名為 pNewParent
mpMergeMatchedKF->ChangeParent(mpCurrentKF); // 將融合主要畫面格父節點更換為當前畫面格
while(pNewChild)                            // 開始反向遍歷整個地圖
{
    pNewChild->EraseChild(pNewParent);        // 刪除父子關係
    // 將 pNewChild 的父主要畫面格命名為 pOldParent
    KeyFrame * pOldParent = pNewChild->GetParent();
    pNewChild->ChangeParent(pNewParent); // 父子關係互換
    pNewParent = pNewChild; // 指標賦值，用於遍歷下一組父子主要畫面格
    pNewChild = pOldParent;
}
vector<MapPoint*> vpCheckFuseMapPoint;
vector<KeyFrame*> vpCurrentConnectedKFs;
// 為後續 SearchAndFuse 準備資料
// 拿出融合畫面格的局部視窗：融合畫面格 +5 個共視主要畫面格
mvpMergeConnectedKFs.push_back(mpMergeMatchedKF);
vector<KeyFrame*> aux = mpMergeMatchedKF->GetVectorCovisibleKeyFrames();
mvpMergeConnectedKFs.insert(mvpMergeConnectedKFs.end(), aux.begin(),
aux.end());
if (mvpMergeConnectedKFs.size()>6)
    mvpMergeConnectedKFs.erase(mvpMergeConnectedKFs.begin()+6,
mvpMergeConnectedKFs.end());
// 拿出當前主要畫面格的局部視窗：當前畫面格 +5 個共視主要畫面格
mpCurrentKF->UpdateConnections();
vpCurrentConnectedKFs.push_back(mpCurrentKF);
aux = mpCurrentKF->GetVectorCovisibleKeyFrames();

vpCurrentConnectedKFs.insert(vpCurrentConnectedKFs.end(), aux.begin(),
aux.end());
if (vpCurrentConnectedKFs.size()>6)
    vpCurrentConnectedKFs.erase(vpCurrentConnectedKFs.begin()+6,
vpCurrentConnectedKFs.end());
```

```
    // 取出所有融合畫面格局部視窗中的地圖點，設定上限數量為 1000
    set<MapPoint*> spMapPointMerge;
    for(KeyFrame* pKFi : mvpMergeConnectedKFs)
    {
        set<MapPoint*> vpMPs = pKFi->GetMapPoints();
        spMapPointMerge.insert(vpMPs.begin(),vpMPs.end());
        if(spMapPointMerge.size()>1000)
            break;
    }
    vpCheckFuseMapPoint.reserve(spMapPointMerge.size());
    std::copy(spMapPointMerge.begin(), spMapPointMerge.end(),
std::back_inserter(vpCheckFuseMapPoint));

    // Step 6：把融合主要畫面格的共視視窗中的地圖點投影到當前主要畫面格的共視視窗中，
    // 把重複的點融合掉（以舊換新）
    SearchAndFuse(vpCurrentConnectedKFs, vpCheckFuseMapPoint);
    // 更新當前主要畫面格和融合主要畫面格共視視窗內所有主要畫面格的連接
    // ......

    bool bStopFlag=false;
    KeyFrame* pCurrKF = mpTracker->GetLastKeyFrame();
    // Step 7：針對熔接區域視窗內的主要畫面格和地圖點進行熔接 BA 最佳化
    Optimizer::MergeInertialBA(pCurrKF, mpMergeMatchedKF, &bStopFlag,
pCurrentMap, CorrectedSim3);
    // 釋放局部地圖建構執行緒
    mpLocalMapper->Release();
    return;
}
```

參考文獻

[1]　CAMPOS C, ELVIRA R, RODRÍGUEZ J J G, et al. Orb-slam3: An accurate open-source library for visual, visual–inertial, and multimap slam[J]. IEEE Transactions on Robotics, 2021, 37(6): 1874-1890.

第 *20* 章
視覺 SLAM 的現在與未來

20.1 視覺 SLAM 的發展歷程

視覺 SLAM 的發展歷程可以分為三個階段[1]。

20.1.1 第一階段：早期緩慢發展

第一階段主要解決了 SLAM 的基礎理論問題。1960 年，文獻 [2] 提出了卡爾曼濾波。1979 年，文獻 [3] 將卡爾曼濾波擴充到非線性領域，稱為擴充卡爾曼濾波（Extended Kalman Filter，EKF）。1990 年，文獻 [4] 第一次將 EKF 用於機器人增量位姿估計，在這之後出現了大量以 EKF 為基礎的改進研究工作。2007 年，文獻 [5] 提出了以 EKF 為基礎的 MonoSLAM，這是第一個使用低成本的單目相機進行 SLAM 的方法，具有劃時代的意義。

20.1.2 第二階段：快速發展時期

在第二階段，視覺 SLAM 成為 SLAM 領域的研究重點，並且引入了新的硬體（如雙目相機、RGB-D 相機和 GPU 等）。根據最終得到的地圖形式，視覺 SLAM 可以分為三種：稀疏地圖視覺 SLAM、半稠密地圖視覺 SLAM 和稠密地圖視覺 SLAM。

1. 稀疏地圖視覺 SLAM

2007 年，牛津大學提出了具有並行追蹤和地圖建構功能的 PTAM 演算法[6]。它將即時處理影像追蹤的部分稱為前端，將在後台執行的地圖建構部分稱為後端，這種前後端的稱謂沿用至今。PTAM 是第一個使用非線性最佳化而非傳統濾波器作為後端的方案。之後，視覺 SLAM 逐漸轉向以非線性最佳化為主的後端，開啟了視覺 SLAM 的新時代。

2017 年，薩拉哥薩大學開放原始碼的 ORB-SLAM2 [7] 是稀疏視覺 SLAM 的巔峰之作。它是第一個同時支持單目相機、雙目相機和 RGB-D 相機的完整開放原始碼 SLAM 方案，能夠實現閉環檢測和重新定位的功能。它創新性地使用了追蹤、局部地圖建構、閉環三個執行緒完成 SLAM，並且在所有的任務（包括詞袋）中都採用相同的 ORB 特徵，使得系統內資料互動更高效、穩定可靠。該演算法內部還包括了大量的最佳化和專案化技巧，程式清晰，具有較高的定位準確度，適合延伸開發，成為視覺 SLAM 領域的代表作，之後有大量的研究者以此進行延伸和拓展研究為基礎。

2. 半稠密地圖視覺 SLAM

2014 年，慕尼黑工業大學提出的 LSD-SLAM [8] 是用單目直接法來實現半稠密視覺 SLAM 的典範。它可以在 CPU 上實現大場景下的半稠密地圖建構。LSD-SLAM 演算法對相機本身參數和曝光比較敏感，相機高速運動時容易遺失。由於直接法難以實現閉環檢測，因此它必須依賴特徵點法的閉環檢測，從這點來說，LSD-SLAM 沒有完全擺脫特徵點的計算。LSD-SLAM 後續的改進研究支持雙目相機 [9] 和全向魚眼相機 [10]。該演算法已開放原始碼。

2014 年，蘇黎世大學提出了一種半直接視覺里程計 SVO [11]。它將特徵點法和直接法混合使用，各取所長：透過直接法中的最小化光度誤差來估計畫面格間運動，然後用特徵點的幾何約束來進行 BA 最佳化位姿和三維點。SVO 支持魚眼相機和折反射相機，但沒有後端最佳化、閉環和重定位功能。它最大的優勢是執行速度極快，在筆記型電腦（Intel i7 2.8 GHz CPU）上可以達到 300 畫面格 /s，比較適合無人機、智慧型手機或 AR 可穿戴裝置等運算資源受限但對即時性要求較高的場景。該演算法已開放原始碼。

2017 年，慕尼黑工業大學提出了一種結合稀疏法和直接法的單目視覺里程計 DSO [12]。它是第一個使用直接法來聯合最佳化所有模型參數（包括相機位姿、本身參數和逆深度值）的演算法，利用光度相機標定提高準確性和堅固性，可在 CPU 上即時執行。DSO 對相機硬體和標定要求較高（全域快門、光度標定等），沒有後端最佳化、閉環和重定位功能。該演算法已開放原始碼。

3. 稠密地圖視覺 SLAM

2011 年，帝國理工學院提出的 DTAM [13] 是稠密單目視覺 SLAM 方法的先驅。DTAM 可以透過 GPU 平行計算即時執行。該研究工作還展示了重建的稠密模型在擴增實境應用中和物理世界的即時互動。

2011 年，帝國理工學院和微軟提出了第一個利用消費級 RGB-D 相機實現稠密重建的框架 KinectFusion [14]。它使用 ICP 演算法估計當前深度圖和全域模型的相對位姿進行追蹤。KinectFusion 透過 GPU 並行加速，可實現室內場景的即時稠密重建。該演算法已開放原始碼。之後出現了很多以 KinectFusion 為基礎的改進演算法，比如 2012 年的 Kintinuous: Spatially extended kinectfusion 增加了以網格為基礎的三維重建，並可擴充到更大場景的重建。

2013 年，舍布魯克大學提出的 RTAB-MAP [15] 最初是作為一種以外觀為基礎的閉環檢測方法，使用記憶體管理來處理大規模和長時期的線上執行。經過多年發展，RTAB-MAP 已經發展成為一個功能齊全的 SLAM 開放原始碼演算法框架，整合在 ROS 中作為一個獨立的軟體套件 [16]。它支持雙目相機、RGB-D 相機、2D 和 3D 雷射雷達作為輸入感測器，可輸出稠密點雲地圖、八叉樹地圖和 2D 佔據柵格地圖。不過，由於集成度較高，RTAB-MAP 框架比較難以進行延伸開發。

2015 年，帝國理工學院提出了用 RGB-D 相機實現以面元（surfel）為基礎的稠密三維重建框架 ElasticFusion [17]。該方法使用稠密畫面格到模型追蹤，利用非剛性表面變形提高了相機的位姿準確度和表面重建品質。全域閉環降低累計飄移誤差，實現了全域一致的稠密三維重建。該演算法已開放原始碼。

2015 年，牛津大學提出了一個以 RGB-D 相機為基礎的快速、靈活的輕量級稠密三維重建演算法 InfiniTAM [18]。該演算法經過幾個版本的迭代 [19]，目前支持 Linux、iOS、Android 平臺，僅靠 CPU 就可以即時重建。其思路是相機追蹤、場景表達和新資料融合，這些步驟可以根據使用者需求進行替換。該演算法已開放原始碼。

2017 年，史丹佛大學提出了以 RGB-D 相機為基礎的即時（GPU）點對點稠密重建框架 Bundle Fusion [20]。其核心是一種堅固的位姿估計策略，考慮了 RGB-D 輸入的完整歷史，採用高效的分層策略最佳化全域相機位姿。該演算法重建效果細節豐富且比較完整，但是需要比較強的 GPU 算力才可以即時執行。該演算法已開放原始碼。

2019 年，帝國理工學院提出了 KO-Fusion [21]，它將稠密的 RGB-D SLAM 系統與輪式機器人擷取的運動和里程測量資料以緊耦合的方式進行資料融合。該系統可以在 GPU 上即時執行。

20.1.3 第三階段：穩定成熟時期

這一階段的主要目標是提高 SLAM 的穩定性，促進演算法的落地應用。視覺和 IMU 結合的視覺慣性 SLAM 系統在準確度和堅固性方面都明顯優於純視覺 SLAM，湧現出一大批優秀的演算法。

2007 年，明尼蘇達大學提出了 MSCKF [22]。它以多狀態約束為基礎擴充卡爾曼濾波實現視覺慣性 SLAM 系統，計算複雜度僅與特徵數量呈線性關係，能夠在大場景真實環境中進行高準確度的位姿估計。MSCKF 成功應用於 Google Project Tango，但程式未開放原始碼。MSCKF-VIO [23] 是以 MSCKF 為基礎的雙目版本，程式已經開放原始碼。

2013 年，蘇黎世聯邦理工學院提出了 OKVIS [24]。它沒有採用濾波方案，而是採用在性能和計算複雜度上具有顯著優勢的非線性最佳化方案。它將 IMU 誤差項和視覺路標點的重投影誤差項組合成代價函式來聯合非線性最佳化。舊的主要畫面格被邊緣化，以維持一個有限大小的最佳化視窗，來保證即時執行。該演算法已開放原始碼。

2015 年，蘇黎世聯邦理工學院提出了以擴充卡爾曼濾波為基礎的視覺慣性 SLAM 系統 ROVIO [25]。該演算法直接利用影像區塊的像素亮度誤差實現準確和堅固地追蹤，在高動態環境下的無人機上取得了不錯的效果。該演算法已開放原始碼。

2018 年，蘇黎世聯邦理工學院提出了一個開放的、面向研究的視覺慣性 SLAM 框架 Maplab [26]。它提供了一個包含地圖合併、視覺慣性批次處理最佳化和閉環檢測的多場景地圖建構工具的集合。Maplab 所有的元件都靈活可撰寫、可擴充，並提供了測試評估方法，非常適合演算法研究。該框架已開放原始碼。

2018 年，香港科技大學提出了一種堅固的多用途的單目視覺慣性系統 VINS-Mono [27]。其前端使用光流追蹤角點，後端使用滑動視窗進行非線性最佳化，包含閉環檢測、地圖保存和載入功能。該團隊後續提出了 VINS-Mono 的升級版

VINS- Fusion[28]，支持單目慣性、雙目慣性模式和僅雙目模式，可實現線上時空標定和視覺閉環。該演算法已開放原始碼。

2018 年，百度和浙江大學提出了 ICE-BA[29]。傳統用於視覺慣性的最佳化求解器只能使用數量有限的近期測量值進行即時位姿估計，很可能得到次優的定位準確度。ICE-BA 提出了一個新的以滑動視窗為基礎的求解器，利用 SLAM 測量值的增量特性，計算效率可以提升 10 倍；還提出了一種解決滑動視窗邊緣化偏置和全域閉環約束之間衝突的方法。該演算法已開放原始碼。

2019 年，慕尼黑工業大學提出了 BASALT[30]。該方法提出了一種新的雙層視覺慣性地圖建構方法，透過非線性因數恢復將以關鍵點為基礎的 BA 最佳化和慣性測量、短期視覺追蹤結合。BASALT 與其他使用 IMU 預積分的方法不同，它將高每秒顯示畫面的視覺慣性資訊歸入非線性因數中，該因數是從 VIO 層的邊緣化先驗中提取的。這種策略不僅使得最佳化規模降低，而且在重力和地圖對齊後提高了位姿估計的準確度。該演算法已開放原始碼。

2019 年，上海交通大學提出了 StructVIO[31]。它在 Atlantas 世界假設下將點、線段和結構化線特徵融合到一個視覺慣性緊耦合 SLAM 系統中。該演算法未開放原始碼，但提供了一個二進位測試檔案。

2020 年，麻省理工學院提出了 Kimera[32]。它是一個用於即時度量語義的視覺慣性 SLAM 開放原始碼函式庫，支持 3D 網格重建和語義標注。它由 4 個模組組成，分別是用於狀態估計的 VIO、全域軌跡估計的姿態圖最佳化器、快速網格重建的輕型 3D 網格劃分器模組和稠密 3D 度量語義重建模組。這些模組既可以單獨執行，也可以組合執行。Kimera 可以在 CPU 上即時執行，它為本領域提供了很好的測試基準。該演算法已開放原始碼。

2021 年，薩拉哥薩大學提出了 ORB-SLAM3[33]，它是第一個可以執行視覺、視覺慣性和多地圖，支援單目相機、雙目相機和 RGB-D 相機，且支援針孔鏡頭和魚眼鏡頭模型的 SLAM 系統。其具有地圖保存和載入、閉環檢測、重定位等功能。該演算法已開放原始碼。

把上述介紹的主流視覺（慣性）SLAM 按照文獻發表時間排列，可以得到圖 20-1。注意，有些研究工作程式的開放原始碼時間早於文獻發表時間，圖中以文獻發表時間為參考。

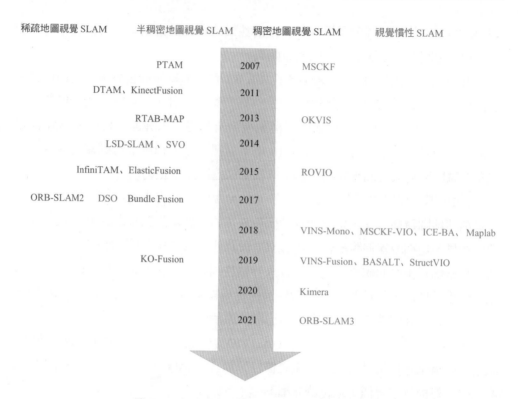

稀疏地圖視覺 SLAM　　　半稠密地圖視覺 SLAM　　　稠密地圖視覺 SLAM　　　視覺慣性 SLAM

	PTAM	2007	MSCKF
	DTAM、KinectFusion	2011	
	RTAB-MAP	2013	OKVIS
	LSD-SLAM 、SVO	2014	
	InfiniTAM、ElasticFusion	2015	ROVIO
ORB-SLAM2　DSO　Bundle Fusion		2017	
		2018	VINS-Mono、MSCKF-VIO、ICE-BA、 Maplab
	KO-Fusion	2019	VINS-Fusion、BASALT、StructVIO
		2020	Kimera
		2021	ORB-SLAM3

▲ 圖 20-1 主流視覺（慣性）SLAM 文獻發佈時間表

20.2 視覺慣性 SLAM 框架對比及資料集

　　視覺慣性 SLAM 根據不同的參考標準有不同的分類方法。根據視覺和 IMU 感測器融合方法的不同，視覺慣性 SLAM 系統可以分為鬆散耦合和緊耦合。根據後端最佳化方法不同，可以將 SLAM 分為以濾波為基礎的方法和以最佳化為基礎的方法。

　　表 20-1 所示是主流視覺慣性 SLAM 的對比。其中，MSCKF 的雙目是由 MSCKF-VIO [23] 實現的。

▼ 表 20-1　主流視覺慣性 SLAM 的對比

名稱	MSCKF	ROVIO	OKVIS	ICE-BA	Kimera	BASALT	VINS-Fusion	ORB-SLAM3
前端	特徵點	直接法	特徵點	特徵點+ 光流	特徵點	特徵點 + 光流	特徵點 + 光流	特徵點
後端	EKF 濾波	EKF 濾波	最佳化	最佳化	最佳化	最佳化	最佳化	最佳化
閉環	-	-	-	√	√	√	√	√
感測器耦合方式	緊耦合	緊耦合	緊耦合	緊耦合	緊耦合	緊耦合	緊耦合	緊耦合
多地圖	-	-	-	-	-	-	√	√
單目	-	-	-	-	-	-	-	√
雙目	-	-	-	-	-	-	√	√
RGB-D	-	-	-	-	-	-	-	√
單目 +IMU	√	√	√	√	√	-	√	√
雙目 +IMU	√	-	√	√	√	√	√	√
RGB-D+IMU	-	-	-	-	-	-	-	√
魚眼相機	-	-	-	-	-	-	√	√

註：√ 表示具備某功能，- 表示沒有某功能。

有許多優秀的公開資料集可以用來評測、對比不同的視覺慣性 SLAM 方法，如表 20-2 所示。常用的公開資料集如下。

1. EuRoC [34]

這是用微型飛行器（Micro Aerial Vehicle，MAV）擷取的視覺慣性資料集。它包含雙目相機和 IMU 同步測量資料及位姿的真值。第一批資料集是在工廠環境中擷取的，用雷射追蹤系統獲取了毫米級準確度的位姿真值，用於根據真實飛行資料設計和評估視覺慣性定位演算法。第二批資料集是在一個配備了運動捕捉系統的房間中進行記錄擷取的，包含位姿真值和環境的三維掃描結果，適用於精確的三維環境重建。其總共提供了 11 個資料集，包括良好視覺條件下的慢速飛行、運動模糊和光源不足的動態飛行，方便研究人員能夠全面測試和評估他們的演算法。所有的資料集都包含原始的感測器測量值、時空對齊的感測器資料和真值、定向參數和本身參數標定。

▼ 表 20-2　視覺慣性 SLAM 常用資料集對比

資料集	EuRoC	TUM VI	Zurich Urban MAV	Canoe	PennCOSYVIO
發佈時間	2016 年	2018 年	2017 年	2018 年	2017 年
載體	MAV	手持裝置	MAV	獨木舟	手持裝置
相機	1 個雙目灰度相機，解析度為 2 像素 ×752 像素 ×480 像素，全域快門 20Hz	1 個雙目灰度相機，解析度為 2 像素 ×1024 像，素 ×1024 像素 20Hz	1 個 RGB 相機，解析度為 1920，素 ×1080 像素，捲簾快門 30Hz	1 個雙目 RGB 相機，解析度為 2 像素 ×1600 像素 ×1200 像素 20Hz	4 個 RGB 相機，解析度為 1920 像素 ×1080 像素，捲簾快門，30Hz。1 個雙目灰度相機，解析度為 2 像素，×752 像素 ×480 像素，20Hz。1 個魚眼相機，解析度為 640 像素 ×480 像素，30Hz
IMU	ADIS16448，200Hz	BMI160，200Hz	10Hz	ADIS16448，200Hz	ADIS16488，200Hz
同步方法	硬體同步	硬體同步	軟體同步	軟體同步	硬體同步
真值獲取	Vicon 動作捕捉系統、Leica MS50 雷射追蹤及 3D 結構掃描，準確度約 1mm	部分使用 OptiTrack 運動捕捉系統，120Hz 準確度約 1mm	Pix4D、GPS	GPS、INS	AprilTag 二維碼，30Hz，精度 15cm
環境	室內	室內、室外	室外	室外	室內、室外
資料集數目	11 個序列，0.9km	28 個序列，20km	1 個序列，2km	28 個序列，2.7km	4 個序列，150m

2. TUM VI [35]

　　該資料集採用的相機和 IMU 感測器在硬體上進行了時間同步，提供的影像具有高動態範圍，事先進行了光度標定，用 20Hz 的每秒顯示畫面擷取，解析度為 1024 像素 × 1024 像素。三軸 IMU 採樣頻率是 200Hz，可測量加速度和角速度。為方便進行軌跡評估，在序列開始和結束時，透過運動捕捉系統在 120Hz 每秒顯示畫面提供準確的位姿真值，並且和相機、IMU 資料精確對齊。

3. Zurich Urban MAV [36]

　　這是世界上第一個用 MAV 在城市街道上低空飛行（離地面 5~15 米）的資料集。資料集覆蓋 2km 範圍，包括時間同步的航空高解析度影像、GPS 和 IMU 感測器資料、地面街景影像和真值。該資料集可用於評價城市環境中 MAV 的以外觀為基礎的拓撲定位、單目視覺里程計、SLAM 及線上三維重建演算法。

4. Canoe [37]

　　該資料集是用一艘獨木舟在伊利諾州桑加蒙河上擷取的。這艘獨木舟裝有雙目相機、IMU、GPS 裝置，提供單目和雙目圖像資料、IMU 測量值和位置真值。資料集記錄了獨木舟在河上來回航行 44min、行程 2.7km 的資料。

5. PennCOSYVIO [38]

　　資料集擷取硬體包括雙目相機和 IMU 感測器，2 個 Project Tango 手持裝置和 3 個 GoPro Hero 4 相機，所有感測器都進行了硬體同步和內外參數標定。資料集記錄了在美國賓夕法尼亞大學用手持裝置從室外到室內的 150m 長的路程，並提供用 AprilTag 二維碼標記獲得的位姿真值。該資料集可測試 SLAM 演算法在複雜環境下（快速旋轉、光源變化、不同紋理、重複結構和大型玻璃表面）的執行效果。

20.3　未來發展趨勢

　　視覺（慣性）SLAM 發展至今，誕生了大量優秀的演算法，很多演算法也已經用於無人機、可穿戴 AR 裝置、智慧型手機、自主機器人、自動駕駛車輛等移動智慧體。但是，視覺（慣性）SLAM 還有很多研究方向正處於起步階段，演算法在很多剛需細分場景還難以落地應用。這裡總結了該領域未來的幾個發展趨勢，供讀者參考。

20.3.1　與深度學習的結合

　　最近幾年，深度學習在電腦視覺領域獲得了高速發展，相比傳統的視覺SLAM，深度學習的方法有以下幾大優勢 [39]。

　　第一，深度學習方法訓練的模型泛化性好，能夠適用各種複雜的場景，比如紋理缺乏場景、動態場景、相機高速運動場景等，這些都是傳統視覺 SLAM 的困難。

第二，深度學習方法可以從過去的經驗中學習，並將其用於新的場景中。比如用新視圖合成技術作為自監督，可以從未標記的視訊中恢復自身運動和深度資訊。

第三，深度學習方法能充分利用不斷增長的感測器資料和計算性能，在大型態資料集上進行訓練來迭代最佳化。

不過，深度學習方法訓練的模型也有一些缺點，比如模型缺乏可解釋性，比較依賴大量的訓練資料集，而且通常比傳統視覺 SLAM 計算成本高。

關於深度學習和視覺 SLAM 的結合點，主要分為以下幾個方面。

1. 語義資訊和 SLAM 的結合

目前傳統視覺 SLAM 系統主要使用角點或者像素梯度等低層次特徵來進行資料連結，建構的地圖也主要是環境的幾何特徵。當環境中存在動態物體、場景存在較多弱紋理區域、光源強度變化等情況時，以幾何方法為基礎的傳統 SLAM 系統性能會明顯下降，甚至故障。這無法滿足機器人在複雜空間自主探索、自主導航、人機互動等應用的需求。

我們不妨回想一下人類自己是如何進行視覺定位的，我們觀察環境的基礎要素是整個物體而非一個個孤立的點，我們會說「我前面有一個限速 80km/h 的交通標識」，而非「我前面有幾十個什麼樣的三維點」。以這個模素為基礎的道理，視覺 SLAM 系統或許更應該傾向於以物體級為基礎而以像素級為基礎的。這種以物體為基礎的環境語義資訊大多是透過深度學習技術從影像中直接學習高層次特徵來得到。語義資訊和 SLAM 的結合可以幫助機器人理解物體的類別、物體和環境之間的關係，從而實現更可靠的定位和閉環，建構更準確的、資訊更加豐富的地圖。

語義資訊和 SLAM 是互相補充、相輔相成的關係 [40]。

一方面，語義資訊中涉及的物體辨識和分割需要大量的訓練資料集，而SLAM 可以估計相機的空間位置，以及物體在不同影像中的位置和對應關係，從而輔助建構大規模資料集，降低資料集標注難度。

另一方面，語義資訊提供的同一物體在不同角度、不同時刻下的資料連結可以為 SLAM 系統提供大量的約束資訊,從而提高 SLAM 的準確度和穩定性。文獻 [41] 透過語義實例分割檢測物體,聯合最佳化物體位置和相機位姿,從而實現高品質的物體重建。文獻 [42] 同時進行物體偵測和位姿估計,同時考慮物體之間的上下文關係和物體位姿的時間一致性,使得機器人可以在物體級層面進行更準確的語義地圖建構。

2. 深度學習視覺里程計

傳統的視覺里程計(Visual Odometry,VO)透過人工定義的特徵來估計相機的運動,深度學習方法能夠從影像中提取高級的特徵,實現里程計的功能。根據實現方法分為如下幾種[39]。

(1)有監督學習 VO。該方法需要大規模的資料集用於訓練,並提供真實的相機位姿作為標籤。它有一個很大的優點,就是可以解決傳統單目相機 SLAM 方法中無法獲取絕對尺度的問題。這是因為深度神經網路可以隱式地從大量的帶標記影像中學習並預測絕對尺度。比如 DeepVO [43] 是一個典型的點對點 VO 框架,它對駕駛車輛位姿的估計優於傳統的代表性單目 VO 方法。

(2)無監督學習 VO。製作帶標籤的大規模資料集工作量巨大,所以如果能夠用未標記的資料集進行無監督學習,並且在新場景下具有較好的泛化性會非常有意義。不過無監督的 VO 在性能上仍無法與有監督的 VO 競爭。典型的無監督 VO 由預測深度圖的深度神經網路和生成影像之間運動變化的位姿網路組成。比如文獻 [44] 透過引入幾何一致性損失來解決深度圖尺度一致性問題。文獻 [45] 使用了生成對抗神經網路來生成真實的深度圖和位姿,使用了鑑別器代替人工製作的度量標準來評估合成影像生成的品質。

(3)混合 VO。前面兩種均是點對點的 VO,混合 VO 則整合了經典的幾何模型和深度學習方法。一種直接的思路是,將學習到的深度估計值合併到傳統的視覺里程計算法中,以恢復位姿的絕對尺度 [46]。還有些研究工作 [47] 將學習到的深度和光流預測整合到一個傳統的視覺里程計測量模型中,獲得了更好的性能。結合幾何理論和深度學習的優點,混合模型通常比點對點 VO 更精確,性能甚至超過了目前最優秀的傳統單目 VO 或 VIO 系統[48]。

3. 深度學習視覺慣性里程計

深度學習方法的視覺慣導里程計(Visual Inertial Odometry,VIO)無須人工操作或校準，可以直接從視覺和 IMU 資料中學習 6 自由度位姿。不過，它的性能不如傳統的 VIO 系統，但由於深度神經網路在特徵提取和運動建模方面的強大能力，它通常對測量雜訊、錯誤的時間同步等實際問題更具有堅固性。代表性研究工作是 VINet [49]，它是第一個將 VIO 定義為順序學習問題的工作，並提出了一個點對點深度神經網路框架實作 VIO。它使用卷積神經網路的視覺編碼器從兩個連續的 RGB 影像中提取視覺特徵，同時使用了長短期記憶（LSTM）網路從 IMU 資料序列中提取慣導特徵，然後將兩種特徵連接在一起，作為 LSTM 模組的輸入，預測相機相對位姿。無監督 VIO 的代表作有 DeepVIO [50]，透過新的視圖合成以自監督的方式求解相機位姿。

4. 閉環檢測

閉環檢測是為了判斷機器人是否經過同一地點，一旦檢測成功，即可進行全域最佳化，從而消除累計軌跡誤差和地圖誤差。閉環檢測本質上屬於影像辨識問題。傳統視覺 SLAM 中的閉環檢測和位置辨識通常是以視覺特徵點為基礎的詞袋模型來實現的，但是由於詞袋使用的特徵比較低級，對於複雜的現實場景（如光源、天氣、角度和移動物體的變化）泛化性並不好。而深度學習可以透過深度神經網路訓練大量的資料集，從而學習影像的不同層次特徵，影像辨識率可以達到很高的水準，而且泛化性能也比較好。和傳統閉環檢測演算法相比，以深度學習為基礎的方法表達影像資訊更充分，對光源、季節等環境變化有更強的堅固性。

文獻 [51] 提出了一種無監督深度神經網路結構閉環檢測方法。在訓練網路時，對輸入資料施加隨機雜訊，比如用隨機投影變換扭曲影像，以模仿機器人運動造成的自然角度變化。該方法還利用幾何資訊和光源不變性提供的方向梯度長條圖，迫使編碼器重構其描述符號。因此，訓練模型可以從原始影像中提取出對外觀極端變化具有堅固性的特徵，並且不需要標記訓練資料或在特定環境下訓練。實驗表明，該深度閉環模型在有效性和效率方面始終優於最先進的方法。

文獻 [52] 利用了深度學習中更高級、更抽象的特徵來進行閉環檢測。該方法不需要生成佔用記憶體很高的詞袋，只需要非常少的記憶體。它同時使用兩個深度神經網路來加速閉環檢測，並忽略移動物件對閉環檢測的影響。該方法和以詞袋為基礎的方法（DBoW2、DBoW3、iBoW-LCD）相比，閉環檢測速度提升了 8 倍以上。

5. 深度學習方法地圖建構

　　深度學習方法可以透過深度估計、語義分割等幫助傳統 SLAM 實作三維重建。稀疏視覺 SLAM 系統可以準確、可靠地估計相機軌跡和路標位置。雖然這些稀疏地圖對定位很有用，但它們不能像稠密地圖那樣用於更高級別的避障或場景理解等任務。文獻 [53] 將 ORB-SLAM3 產生的相機位姿、主要畫面格和稀疏地圖點作為輸入，並為每個主要畫面格預測稠密深度圖。地圖建構模組以鬆散耦合方式和 SLAM 系統並行執行，最終透過 TSDF（Truncated Signed Distance Field）融合得到全域一致的稠密三維重建。

　　文獻 [54] 是一個線上物體級 SLAM 系統，當 RGB-D 相機在室內掃描時，Mask-RCNN 實例分割用於初始化每個掃描物體的重建模型，物體重建結果透過深度融合後細節逐漸清晰，並用於追蹤、重定位和閉環檢測執行緒。該系統可以建立任意重建物件的精確且一致的三維地圖。

　　文獻 [55] 將傳統的直接 VO 和以學習為基礎的 MVS 重建網路無縫結合，實現了單目即時稠密三維重建。

6. 深度學習特徵提取和匹配

　　傳統的特徵提取主要透過人工設計的特徵點實現，特徵匹配依賴一些幾何約束，雖然在一些場景下取得了不錯的效果，但是由於人工方法主要依賴經驗，並且涉及大量的參數，在一些具有挑戰性的場景下泛化性能並不好。最近幾年出現了一些深度學習的特徵提取和匹配方法解決該問題。

　　SuperPoint [56] 提出了一個用於特徵點檢測和描述子的自監督框架。它使用單應自我調整技術在 MS-COCO 通用圖像資料集上訓練，與傳統特徵點和初始預適應的深度模型相比，該模型總可以檢測到更豐富的特徵點。

　　SuperGlue [57] 是一種能夠同時進行特徵匹配及濾除外點的網路，它透過影像對的點對點訓練來學習三維世界的幾何變換和規律。與傳統的人工設計演算法相比，SuperGlue 在具有挑戰性的室內和室外環境中取得了最優效果。該方法可在 GPU 上即時進行匹配，並可方便地整合到 SfM 或 SLAM 系統中。

20.3.2　動態環境下的應用

　　SLAM 演算法通常假設在靜態環境下執行。但實際上，移動智慧體的工作環境通常是動態的，比如周圍即時運動的行人和車輛（高動態物體），還有偶爾開關的門和臨時放置的貨物（低動態物體）。動態物體會直接影響特徵點之間的資料連結，導致定位準確度降低，地圖建構中出現動態物體的「鬼影」等現象。

由於高動態物體會對即時 SLAM 過程產生較大干擾，因此我們需要儘快去除其影響。一般透過幾何、時序約束及物體偵測分割等方法判定，然後直接過濾掉動態特徵點。比如文獻 [58] 首先用光流金字塔演算法進行運動一致性驗證，然後結合語義分割網路獲取的物體輪廓，剔除位於移動物體上的特徵點，減少動態物件對位姿估計的影響。文獻 [59] 先使用分割網路產生像素級的語義分割結果，將影像分為靜態、潛在動態和動態區域。捨棄動態和潛在動態區域的匹配結果，只用靜態區域的匹配估計位姿並用對極約束剔除外點。對於低動態物體，一般是把這些變化更新到地圖中，實現動態地圖更新。

20.3.3 演算法與硬體緊密結合

未來，視覺 SLAM 技術將廣泛應用於各種嵌入式平臺，這對視覺 SLAM 系統的輕量化、整合化、邊緣計算化提出了挑戰。整合化的 SLAM 模組將會有巨大的市場需求，它包括針對 SLAM 演算法進行最佳化和加速的專用晶片和標定同步好的智慧感測器，這種高度整合的 SLAM 模組將極大地促進視覺 SLAM 在各行各業的應用落地。

20.3.4 多智慧體協作 SLAM

本書中到目前為止討論的都是以單一智慧體為基礎的 SLAM 技術。實際上，多智慧體協作 SLAM 有非常廣闊的應用前景。比如在大場景擴增實境應用中，多使用者在同一場景下即時 AR 互動就需要多智慧終端機能夠實現協作 SLAM。再如大型建築物的三維重建，多智慧體協作 SLAM 系統可以實現多機並行工作，協作進行高效的地圖建構，極大地提高工作效率，而且單機故障不影響整體的執行，系統具有較強的容錯性和抗干擾性。目前，多智慧體協作視覺 SLAM 還會有諸多技術挑戰，比如如何設計有效的分散式演算法來解決多智慧體間的協作和資訊共用，如何實現多智慧體之間的軌跡和地圖的準確、高效閉環等。

20.4 總結

　　SLAM 領域許多的開放原始碼方案極大地降低了初學者的學習門檻，同時促進了 SLAM 技術在各行各業的應用，在此感謝所有開放原始碼專案的貢獻者。本書只是對視覺（慣性）SLAM 中 ORB-SLAM 系列演算法的管中窺豹，該領域還有很多重要的問題和方法本書並沒有涉及，期待各位讀者自己去研究和探索。

　　SLAM 研究者們，加油！

參考文獻

[1] SERVIÈRES M, RENAUDIN V, DUPUIS A, et al. Visual and visual-inertial slam: State of the art, classification, and experimental benchmarking[J]. Journal of Sensors, 2021, 2021.

[2] KALMAN R E. A new approach to linear filtering and prediction problems[J]. 1960.

[3] MAYBECK P S. Stochastic models, estimation, and control. Volume 1(Book) [J]. New York, Academic Press, Inc. (Mathematics in Science and Engineering, 1979, 141: 438.

[4] SMITH R, SELF M, CHEESEMAN P. Estimating uncertain spatial relationships in robotics[M]//Autonomous robot vehicles. Springer, New York, NY, 1990: 167-193.

[5] DAVISON A J, REID I D, MOLTON N D, et al. MonoSLAM: Real-time single camera SLAM[J]. IEEE transactions on pattern analysis and machine intelligence, 2007, 29(6): 1052-1067.

[6] KLEIN G, MURRAY D. Parallel tracking and mapping for small AR workspaces[C]//2007 6th IEEE and ACM international symposium on mixed and augmented reality. IEEE, 2007: 225-234.

[7] MUR-ARTAL R, TARDÓS J D. Orb-slam2: An open-source slam system for monocular, stereo, and rgb-d cameras[J]. IEEE transactions on robotics, 2017, 33(5): 1255-1262.

[8] ENGEL J, SCHÖPS T, CREMERS D. LSD-SLAM: Large-scale direct monocular SLAM[C]//European conference on computer vision. Springer, Cham, 2014: 834-849.

[9] ENGEL J, STÜCKLER J, CREMERS D. Large-scale direct SLAM with stereo cameras[C]//2015 IEEE/RSJ International Conference on Intelligent Robots and Systems (IROS). IEEE, 2015: 1935-1942.

[10] CARUSO D, ENGEL J, CREMERS D. Large-scale direct slam for omnidirectional cameras[C]//2015 IEEE/RSJ International Conference on Intelligent Robots and Systems (IROS). IEEE, 2015: 141-148.

[11] FORSTER C, PIZZOLI M, SCARAMUZZA D. SVO: Fast semi-direct monocular visual odometry[C]//2014 IEEE international conference on robotics and automation (ICRA). IEEE, 2014: 15-22.

[12] ENGEL J, KOLTUN V, CREMERS D. Direct sparse odometry[J]. IEEE transactions on pattern analysis and machine intelligence, 2017, 40(3): 611- 625.

[13] NEWCOMBE R A, LOVEGROVE S J, DAVISON A J. DTAM: Dense tracking and mapping in real-time[C]//2011 international conference on computer vision. IEEE, 2011: 2320-2327.

[14] NEWCOMBE R A, IZADI S, HILLIGES O, et al. Kinectfusion: Real-time dense surface mapping and tracking[C]//2011 10th IEEE international symposium on mixed and augmented reality. IEEE, 2011: 127-136.

[15] LABBE M, MICHAUD F. Appearance-based loop closure detection for online large-scale and long-term operation[J]. IEEE Transactions on Robotics, 2013, 29(3): 734-745.

[16] LABBÉ M, MICHAUD F. RTAB-Map as an open-source lidar and visual simultaneous localization and mapping library for large-scale and long-term online operation[J]. Journal of Field Robotics, 2019, 36(2): 416-446.

[17] WHELAN T, LEUTENEGGER S, SALAS-MORENO R, et al. ElasticFusion: Dense SLAM without a pose graph[C]. Robotics: Science and Systems, 2015.

[18] KÄHLER O, PRISACARIU V A, REN C Y, et al. Very high frame rate volumetric integration of depth images on mobile devices[J]. IEEE transactions on visualization and computer graphics, 2015, 21(11): 1241-1250.

[19] KÄHLER O, PRISACARIU V A, MURRAY D W. Real-time large-scale dense 3D reconstruction with loop closure[C]//European Conference on Computer Vision. Springer, Cham, 2016: 500-516.

[20] DAI A, NIEßNER M, ZOLLHÖFER M, et al. Bundlefusion: Real-time globally consistent 3d reconstruction using on-the-fly surface reintegration[J]. ACM Transactions on Graphics (ToG), 2017, 36(4): 1.

[21] HOUSEAGO C, BLOESCH M, LEUTENEGGER S. KO-Fusion: dense visual SLAM with tightly-coupled kinematic and odometric tracking[C]//2019 International Conference on Robotics and Automation (ICRA). IEEE, 2019: 4054-4060.

[22] MOURIKIS A I, ROUMELIOTIS S I. A Multi-State Constraint Kalman Filter for Vision-aided Inertial Navigation[C]//ICRA. 2007, 2: 6.

[23] SUN K, MOHTA K, PFROMMER B, et al. Robust stereo visual inertial odometry for fast autonomous flight[J]. IEEE Robotics and Automation Letters, 2018, 3(2): 965-972.

[24] LEUTENEGGER S, FURGALE P, RABAUD V, et al. Keyframe-based visual-inertial slam using nonlinear optimization[J]. Proceedings of Robotis Science and Systems (RSS) 2013, 2013.

[25] BLOESCH M, OMARI S, HUTTER M, et al. Robust visual inertial odometry using a direct EKF-based approach[C]//2015 IEEE/RSJ international conference on intelligent robots and systems (IROS). IEEE, 2015: 298-304.

[26] SCHNEIDER T, DYMCZYK M, FEHR M, et al. maplab: An open framework for research in visual-inertial mapping and localization[J]. IEEE Robotics and Automation Letters, 2018, 3(3): 1418-1425.

[27] QIN T, LI P, SHEN S. Vins-mono: A robust and versatile monocular visual-inertial state estimator[J]. IEEE Transactions on Robotics, 2018, 34(4): 1004- 1020.

[28] QIN T, CAO S, PAN J, et al. A general optimizati on-based framework for global pose estimation with multiple sensors[J]. arXiv preprint arXiv:1901. 03642, 2019.

[29] LIU H, CHEN M, ZHANG G, et al. Ice-ba: Incremental, consistent and efficient bundle adjustment for visual-inertial slam[C]//Proceedings of the IEEE Conference on Computer Vision and Pattern Recognition. 2018: 1974- 1982.

[30] USENKO V, DEMMEL N, SCHUBERT D, et al. Visual-inertial mapping with non-linear factor recovery[J]. IEEE Robotics and Automation Letters, 2019, 5(2): 422-429.

[31] ZOU D, WU Y, PEI L, et al. StructVIO: visual-inertial odometry with structural regularity of man-made environments[J]. IEEE Transactions on Robotics, 2019, 35(4): 999-1013.

[32] ROSINOL A, ABATE M, CHANG Y, et al. Kimera: an open-source library for real-time metric-semantic localization and mapping[C]//2020 IEEE International Conference on Robotics and Automation (ICRA). IEEE, 2020: 1689-1696.

[33] CAMPOS C, ELVIRA R, RODRÍGUEZ J J G, et al. Orb-slam3: An accurate open-source library for visual, visual–inertial, and multimap slam[J]. IEEE Transactions on Robotics, 2021, 37(6): 1874-1890.

[34] BURRI M, NIKOLIC J, GOHL P, et al. The EuRoC micro aerial vehicle datasets[J]. The International Journal of Robotics Research, 2016, 35(10): 1157-1163.

[35] SCHUBERT D, GOLL T, DEMMEL N, et al. The TUM VI benchmark for evaluating visual-inertial odometry[C]//2018 IEEE/RSJ International Conference on Intelligent Robots and Systems (IROS). IEEE, 2018: 1680- 1687.

[36] MAJDIK A L, TILL C, SCARAMUZZA D. The Zurich urban micro aerial vehicle dataset[J]. The International Journal of Robotics Research, 2017, 36(3): 269-273.

[37] MILLER M, CHUNG S J, HUTCHINSON S. The visual–inertial canoe dataset[J]. The International Journal of Robotics Research, 2018, 37(1): 13- 20.

[38] PFROMMER B, SANKET N, DANIILIDIS K, et al. Penncosyvio: A challenging visual inertial odometry benchmark[C]//2017 IEEE International Conference on Robotics and Automation (ICRA). IEEE, 2017: 3847-3854.

[39] CHEN C, WANG B, LU C X, et al. A survey on deep learning for localization and mapping: Towards the age of spatial machine intelligence[J]. arXiv preprint arXiv:2006.12567, 2020.

[40] XIAO-QIAN L I, WEI H E, SHI-QIANG Z H U, et al. Survey of simultaneous localization and mapping based on environmental semantic information[J]. 工程科學學報, 2021, 43(6): 754-767.

[41] WANG J, RÜNZ M, AGAPITO L. DSP-SLAM: Object Oriented SLAM with Deep Shape Priors[C]//2021 International Conference on 3D Vision (3DV). IEEE, 2021: 1362-1371.

[42] ZENG Z, ZHOU Y, JENKINS O C, et al. Semantic mapping with simultaneous object detection and localization[C]//2018 IEEE/RSJ International Conference on Intelligent Robots and Systems (IROS). IEEE, 2018: 911-918.

[43] WANG S, CLARK R, WEN H, et al. Deepvo: Towards end-to-end visual odometry with deep recurrent convolutional neural networks[C]//2017 IEEE international conference on robotics and automation (ICRA). IEEE, 2017: 2043-2050.

[44] BIAN J, LI Z, WANG N, et al. Unsupervised scale-consistent depth and ego-motion learning from monocular video[J]. Advances in neural information processing systems, 2019, 32.

[45] LI S, XUE F, WANG X, et al. Sequential adversarial learning for self-supervised deep visual odometry[C]//Proceedings of the IEEE/CVF International Conference on Computer Vision. 2019: 2851-2860.

[46] YIN X, WANG X, DU X, et al. Scale recovery for monocular visual odometry using depth estimated with deep convolutional neural fields[C]//Proceedings of the IEEE international conference on computer vision. 2017: 5870-5878.

[47] ZHAN H, WEERASEKERA C S, BIAN J W, et al. Visual odometry revis- ited: What should be learnt?[C]//2020 IEEE International Conference on Robotics and Automation (ICRA). IEEE, 2020: 4203-4210.

[48] YANG N, STUMBERG L, WANG R, et al. D3vo: Deep depth, deep pose and deep uncertainty for monocular visual odometry[C]//Proceedings of the IEEE/CVF Conference on Computer Vision and Pattern Recognition. 2020: 1281-1292.

[49] CLARK R, WANG S, WEN H, et al. Vinet: Visual-inertial odometry as a sequence-to-sequence learning problem[C]//Proceedings of the AAAI Conference on Artificial Intelligence. 2017, 31(1).

[50] HAN L, LIN Y, DU G, et al. Deepvio: Self-supervised deep learning of monocular visual inertial odometry using 3d geometric constraints[C]//2019 IEEE/ RSJ International Conference on Intelligent Robots and Systems (IROS). IEEE, 2019: 6906-6913.

[51] MERRILL N, HUANG G. Lightweight unsupervised deep loop closure[J]. arXiv preprint arXiv:1805.07703, 2018.

[52] MEMON A R, WANG H, HUSSAIN A. Loop closure detection using supervised and unsupervised deep neural networks for monocular SLAM systems[J]. Robotics and Autonomous Systems, 2020, 126: 103470.

[53] MATSUKI H, SCONA R, CZARNOWSKI J, et al. CodeMapping: RealTime Dense Mapping for Sparse SLAM using Compact Scene Representations[J]. IEEE Robotics and Automation Letters, 2021, 6(4): 7105-7112.

[54] MCCORMAC J, CLARK R, BLOESCH M, et al. Fusion++: Volumetric object-level slam[C]//2018 international conference on 3D vision (3DV). IEEE, 2018: 32-41.

[55] KOESTLER L, YANG N, ZELLER N, et al. TANDEM: Tracking and Dense Mapping in Real-time using Deep Multi-view Stereo[C]//Conference on Robot Learning. PMLR, 2022: 34-45.

[56] DETONE D, MALISIEWICZ T, RABINOVICH A. Superpoint: Self-supervised interest point detection and description[C]//Proceedings of the IEEE conference on computer vision and pattern recognition workshops. 2018: 224-236.

[57] SARLIN P E, DETONE D, MALISIEWICZ T, et al. Superglue: Learning feature matching with graph neural networks[C]//Proceedings of the IEEE/ CVF conference on computer vision and pattern recognition. 2020: 4938- 4947.

[58] YU C, LIU Z, LIU X J, et al. DS-SLAM: A semantic visual SLAM towards dynamic environments[C]//2018 IEEE/RSJ International Conference on Intelligent Robots and Systems (IROS). IEEE, 2018: 1168-1174.

[59] CUI L, MA C. SOF-SLAM: A semantic visual SLAM for dynamic environments[J]. IEEE access, 2019, 7: 166528-166539.

Note